明日科技·编著

電子工業出版社
Publishing House of Electronics Industry
北京•BEIJING

内 容 简 介

本书是针对零基础编程学习者研发的 Python 入门教程。从初学者角度出发，通过通俗易懂的语言、有趣的实例，详细介绍了使用 IDLE 及 Python 框架进行程序管理的知识和技术。全书共分 16 章，包括初识 Python、Python 语言基础、流程控制语句、序列的应用、Pygame 游戏编程、网络爬虫开发等。书中所有的知识都结合具体实例进行讲解，涉及的程序代码给出了详细的注释，可以使读者轻松领会 Python 程序开发的精髓，快速提高程序开发技能。

图书在版编目（CIP）数据

零基础学 Python：升级版 / 明日科技编著. -- 北京：电子工业出版社，2024.1
ISBN 978-7-121-47212-1

Ⅰ. ①零… Ⅱ. ①明… Ⅲ. ①软件工具－程序设计Ⅳ. ① TP311.56

中国国家版本馆 CIP 数据核字 (2024) 第 012536 号

责任编辑：张彦红
文字编辑：白　涛
印　　刷：中国电影出版社印刷厂
装　　订：三河市良远印务有限公司
出版发行：电子工业出版社
　　　　　北京市海淀区万寿路 173 信箱　　　　邮编：100036
开　　本：880×1230　1/16　　印张：21.75　　字数：679 千字
版　　次：2024 年 1 月第 1 版
印　　次：2024 年 1 月第 1 次印刷
定　　价：109.00 元
凡所购买电子工业出版社图书有缺损问题，请向购买书店调换。若书店售缺，请与本社发行部联系，联系及邮购电话：（010）88254888，88258888。
质量投诉请发邮件至 zlts@phei.com.cn，盗版侵权举报请发邮件至 dbqq@phei.com.cn。
本书咨询联系方式：faq@phei.com.cn。

前言

“零基础学”系列图书于 2017 年 8 月首次面世，该系列图书是国内全彩印刷的软件开发类图书的先行者，书中的代码颜色及程序效果与开发环境基本保持一致，真正做到让读者在看书学习与实际编码间无缝切换；而且因编写细致、易学实用及配备海量学习资源，在软件开发类图书市场上产生了很大反响。自出版以来，系列图书迄今已加印百余次，累计销量达 50 多万册，不仅深受广大程序员的喜爱，还被百余所高校选为计算机、软件等相关专业的教学参考用书。

“零基础学”系列图书升级版在继承前一版优点的基础上，将开发环境和工具更新为目前最新版本，并结合当今的市场需要，进一步对图书品种进行了增补，对相关内容进行了更新、优化，更适合读者学习。同时，为了方便教学使用，本系列图书全部提供配套教学 PPT 课件。另外，针对 AI 技术在软件开发领域，特别是在自动化测试、代码生成和优化等方面的应用，我们专门为本系列图书开发了一个微视频课程——“AI 辅助编程”，以帮助读者更好地学习编程。

升级版包括 10 本书：《零基础学 Python》（升级版）、《零基础学 C 语言》（升级版）、《零基础学 Java》（升级版）、《零基础学 C++》（升级版）、《零基础学 C#》（升级版）、《零基础学 Python 数据分析》（升级版）、《零基础学 Python GUI 设计：PyQt》（升级版）、《零基础学 Python GUI 设计：tkinter》（升级版）、《零基础学 SQL》（升级版）、《零基础学 Python 网络爬虫》（升级版）。

Python 是由荷兰人 Guido van Rossum 发明的一种面向对象的解释型高级编程语言，它可以把用其他语言（如 C 语言、C++）制作的各种模块很轻松地联结在一起，所以 Python 又被称为“胶水”语言。Python 语法简洁、清晰，代码可读性强，编程模式符合人类的思维方式和习惯，因而很多学校都开设了这门课程，甚至有些小学也开设了 Python 课程。您还在等什么呢？快快加入 Python 开发者的阵营吧！

本书内容

本书从初学者角度出发，提供了从入门到成为程序开发高手所需要掌握的各方面知识和技术，图书知识体系如下图所示。

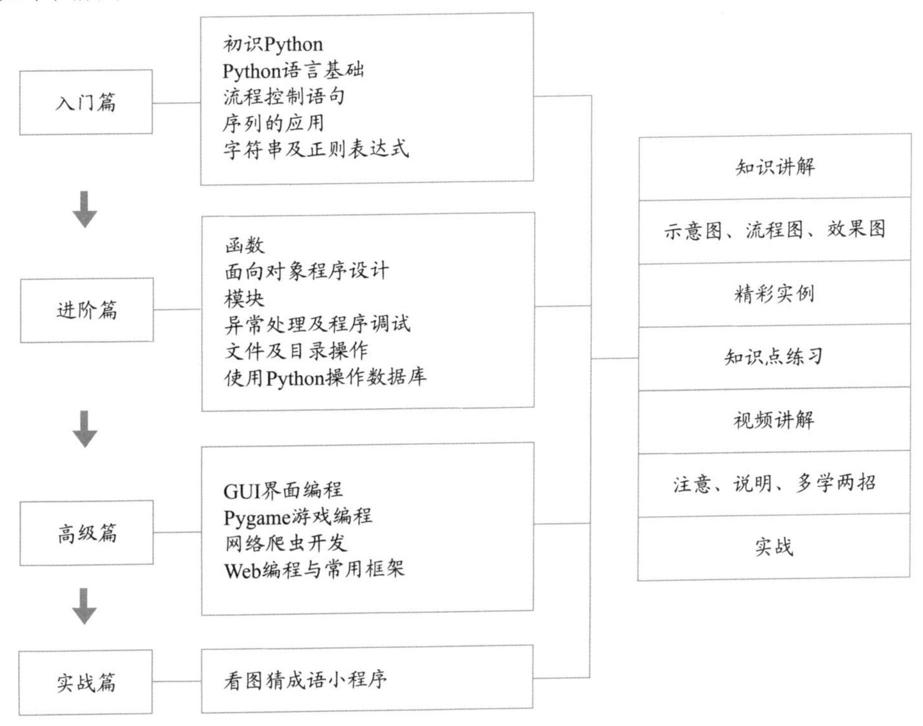

本书特色（如何使用本书）

☑ 书网合一——扫描书中的二维码，学习线上视频课程及拓展内容

（1）视频讲解

1.2 搭建开发环境

1.2.1 Python 开发环境概述

视频讲解：资源包\Video\01\1.2.1 开发环境概述.mp4

所谓“工欲善其事，必先利其器”。在正式学习 Python 开发前，需要先搭建 Python 开发环境。Python 是跨平台的开发工具，可以在多个操作系统中进行编程，编写好的程序也可以在不同的系统中运行。进行 Python 开发常用的操作系统及说明如表 1.1 所示。

表 1.1 进行 Python 开发常用的操作系统

操 作 系 统	说 明
Windows	推荐使用 Windows 10 或以上版本。另外，Python 3.9 及以上版本不能在 Windows 7 或更早版本的系统上使用
macOS	从 Mac OS X 10.3（Panther）开始已经包含 Python
Linux	推荐 Ubuntu 版本

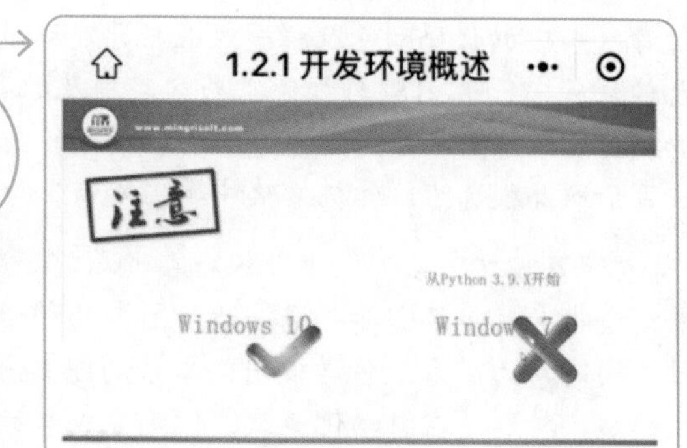

（2）动图学习

在 1.2.3 节我们已经使用 IDLE 输出了简单的语句，但是在实际开发时，通常不会只包含一行代码。当需要编写多行代码时，可以单独创建一个文件保存这些代码，在全部编写完成后一起执行。具体方法如下：

（1）在 IDLE 主窗口的菜单栏上，选择“File”→“New File”菜单项，将打开一个新窗口，在该窗口中，可以直接编写 Python 代码。在输入一行代码后再按下 <Enter> 键，将自动换到下一行，等待继续输入，如图 1.20 所示。

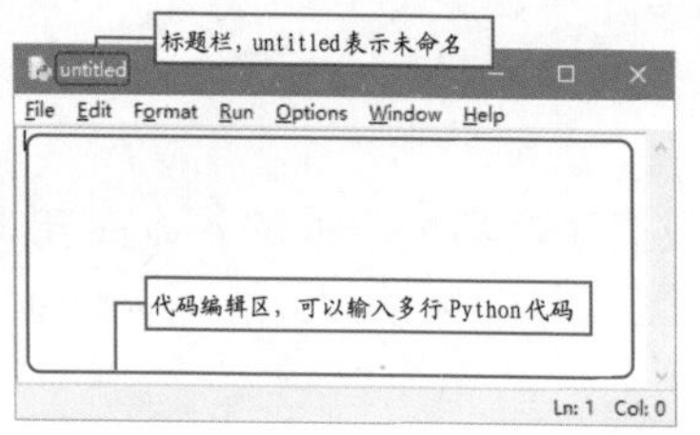

图 1.20 新创建的 Python 文件窗口

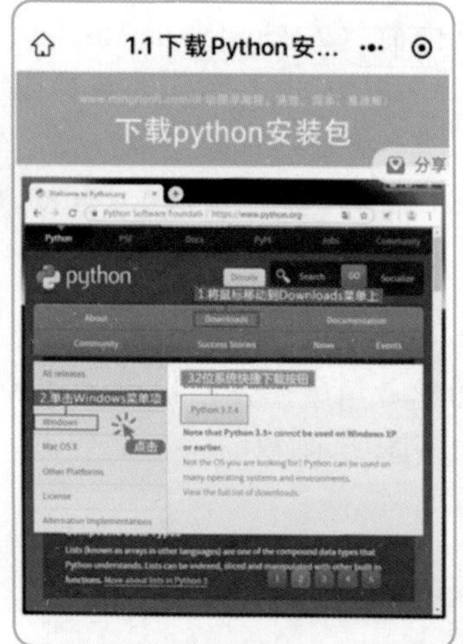

（3）e 学码：关键知识点拓展阅读

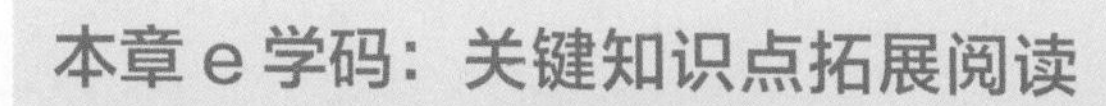

本章 e 学码：关键知识点拓展阅读

Guido van Rossum	print() 函数	环境变量
HPC 集群	PyDev 插件	
IDLE	Python 解释器	
IEEE Spectrum	TIOBE	

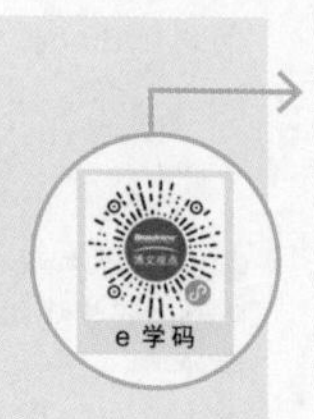

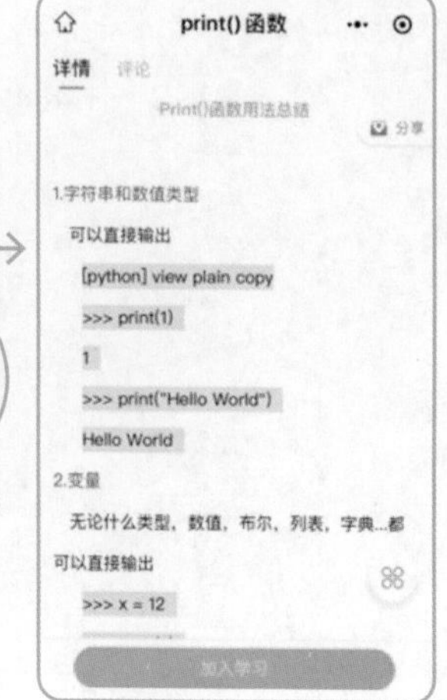

☑ 源码提供——配套资源包提供书中示例源码（扫描封底读者服务二维码获取）

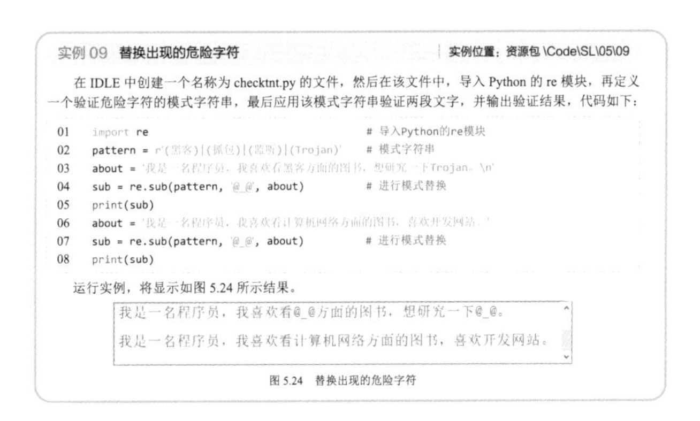

实例 09　替换出现的危险字符　　　　实例位置：资源包 \Code\SL\05\09

在 IDLE 中创建一个名称为 checktnt.py 的文件，然后在该文件中，导入 Python 的 re 模块，再定义一个验证危险字符的模式字符串，最后应用该模式字符串验证两段文字，并输出验证结果，代码如下：

```
01    import re                                          # 导入Python的re模块
02    pattern = r'(黑客)|(抓包)|(监听)|(Trojan)'          # 模式字符串
03    about = '我是一名程序员，我喜欢看黑客方面的图书，想研究一下Trojan。\n'
04    sub = re.sub(pattern, '@_@', about)                # 进行模式替换
05    print(sub)
06    about = '我是一名程序员，我喜欢看计算机网络方面的图书，喜欢开发网站。'
07    sub = re.sub(pattern, '@_@', about)                # 进行模式替换
08    print(sub)
```

运行实例，将显示如图 5.24 所示结果。

```
我是一名程序员，我喜欢看@_@方面的图书，想研究一下@_@。
我是一名程序员，我喜欢看计算机网络方面的图书，喜欢开发网站。
```

图 5.24　替换出现的危险字符

☑ AI 辅助编程——独家微视频课程，助你利用 AI 辅助编程

近几年，AI 技术已经被广泛应用于软件开发领域，特别是在自动化测试、代码生成和优化等方面。例如，AI 可以通过分析大量的代码库来识别常见的模式和结构，并根据这些模式和结构生成新的代码。此外，AI 还可以通过学习程序员的编程习惯和风格，提供更加个性化的建议和推荐。尽管 AI 尚不能完全取代程序员，但利用 AI 辅助编程，可以帮助程序员提高工作效率。本系列图书配套的“AI 辅助编程”微视频课程可以给读者一些启发。

☑ 全彩印刷——还原真实开发环境，让编程学习更轻松

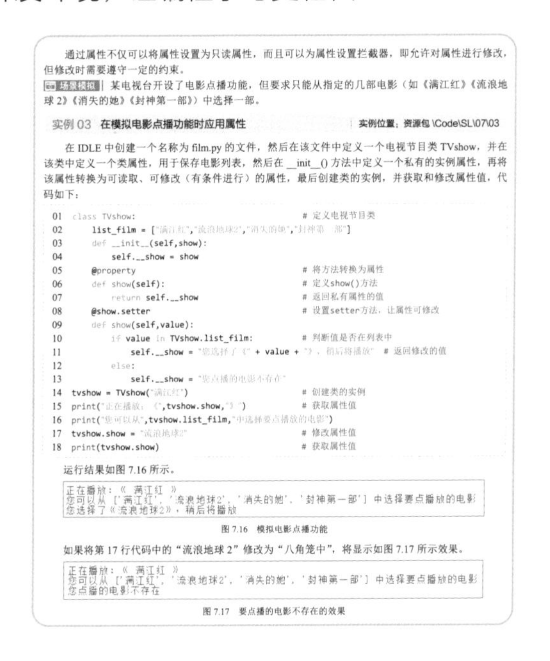

通过属性不仅可以将属性设置为只读属性，而且可以为属性设置拦截器，即允许对属性进行修改，但修改时需要遵守一定的约束。

场景模拟 | 某电视台开设了电影点播功能，但要求只能从指定的几部电影（如《满江红》《流浪地球 2》《消失的她》《封神第一部》）中选择一部。

实例 03　在模拟电影点播功能时应用属性　　　　实例位置：资源包 \Code\SL\07\03

在 IDLE 中创建一个名称为 film.py 的文件，然后在该文件中定义一个电视节目类 TVshow，并在该类中定义一个类属性，用于保存电影列表，然后在 __init__() 方法中定义一个私有的实例属性，再将该属性转换为可读取、可修改（有条件进行）的属性，最后创建类的实例，并获取和修改属性值，代码如下：

```
01 class TVshow:                                         # 定义电视节目类
02     list_film = ["满江红","流浪地球2","消失的她","封神第一部"]
03     def __init__(self,show):
04         self.__show = show
05     @property                                         # 将方法转换为属性
06     def show(self):                                   # 定义show()方法
07         return self.__show                            # 返回私有属性的值
08     @show.setter                                      # 设置setter方法，让属性可修改
09     def show(self,value):
10         if value in TVshow.list_film:                 # 判断值是否在列表中
11             self.__show = "您选择了《" + value + "》，稍后将播放"  # 返回修改的值
12         else:
13             self.__show = "您点播的电影不存在"
14 tvshow = TVshow("满江红")                              # 创建类的实例
15 print("正在播放：《",tvshow.show,"》")                  # 获取属性值
16 print("您可以从",tvshow.list_film,"中选择要点播放的电影")
17 tvshow.show = "流浪地球2"                              # 修改属性值
18 print(tvshow.show)                                    # 获取属性值
```

运行结果如图 7.16 所示。

```
正在播放：《 满江红 》
您可以从 ['满江红', '流浪地球2', '消失的她', '封神第一部'] 中选择要点播放的电影
您选择了《流浪地球2》，稍后将播放
```

图 7.16　模拟电影点播功能

如果将第 17 行代码中的“流浪地球 2”修改为“八角笼中”，将显示如图 7.17 所示效果。

```
正在播放：《 满江红 》
您可以从 ['满江红', '流浪地球2', '消失的她', '封神第一部'] 中选择要点播放的电影
您点播的电影不存在
```

图 7.17　要点播的电影不存在的效果

☑ 作者答疑——每本书均配有“读者服务”微信群，作者会在群里解答读者的问题

☑ 海量资源——配有实例源码文件、PPT 课件、阶段学习成果测试题等，即查即练，方便拓展学习

资源
PPT 课件
【附赠资源】Python 背记手册
【附赠资源】强化训练手册
【附赠资源】阶段学习成果测试题
【附赠资源】Python 编程专属魔卡
【附赠资源】《零基础学 Python》应用地图
【附赠资源】最全开发环境视频及文档
【附赠资源】飞控实例 -Python 编程控制无人机
零基础学 Python 虚拟机开发环境下载【可选项】

如何获得答疑支持和配套资源包

微信扫码回复：47212

• 加入读者交流群，获得作者答疑支持；

• 获得本书配套海量资源包。

读者对象

☑ 零基础的编程自学者

☑ 相关培训机构的老师和学生

☑ 编程爱好者

☑ 高等院校的老师和学生

☑ 参加毕业设计的学生

☑ 初级、中级程序开发人员

在编写本书的过程中，编者本着科学、严谨的态度，力求精益求精，但疏漏之处在所难免，敬请广大读者批评指正。

感谢您阅读本书，希望本书能成为您编程路上的领航者。

编者

2024 年 1 月

目录

入门篇

进阶篇

第 7 章 面向对象程序设计 155

视频讲解：1 小时 51 分钟

精彩实例：5 个

e 学码：3 个

第 8 章 模块 174

视频讲解：1 小时 46 分钟

精彩实例：4 个

e 学码：4 个

高级篇

扫码看视频，三大系统轻松学 Python

在 Windows 系统中安装 Python

在 Linux 系统中安装 Python

在 macOS 系统中安装 Python

Python 定向学习目标

	网络爬虫	Web 开发	游戏开发	大数据处理	人工智能	自动化运维
第 1 章 初识 Python	了解	了解	了解	了解	了解	了解
第 2 章 Python 语言基础	必读	必读	掌握	必读	必读	必读
第 3 章 流程控制语句	掌握	掌握	掌握	掌握	掌握	掌握
第 4 章 序列的应用	掌握	掌握	掌握	掌握	掌握	掌握
第 5 章 字符串及正则表达式	掌握	必读	必读	掌握	必读	必读
第 6 章 函数	掌握	掌握	掌握	掌握	掌握	掌握
第 7 章 面向对象程序设计	必读	必读	必读	必读	必读	必读
第 8 章 模块	掌握	掌握	掌握	掌握	掌握	掌握
第 9 章 异常处理及程序调试	必读	必读	必读	必读	必读	必读
第 10 章 文件及目录操作	必读	了解	必读	必读	必读	必读
第 11 章 使用 Python 操作数据库	必读	掌握	了解	必读	了解	了解
第 12 章 GUI 界面编程	掌握		掌握	必读	了解	了解
第 13 章 Pygame 游戏编程			掌握			
第 14 章 网络爬虫开发	掌握			必读		
第 15 章 Web 编程与常用框架	了解	掌握		了解		必读

入门篇

第1章 初识 Python

（视频讲解：1 小时）

本章概览

Python 是一种跨平台的、开源的、免费的、解释型的高级编程语言。近几年，Python 的发展势头迅猛，在 2020 年 12 月的 TIOBE 编程语言排行榜中已经升到第 3 名，而在 IEEE Spectrum 发布的 2020 年度编程语言排行榜中，Python 连续第 4 年夺冠。另外，Python 的应用领域非常广泛，在 Web 编程、图形处理、黑客编程、大数据处理、网络爬虫和科学计算等领域都能找到 Python 的身影。

本章将先介绍 Python 语言的一些基础内容，然后重点介绍搭建 Python 开发环境的方法，最后介绍几种常见的 Python 开发工具。

知识框架

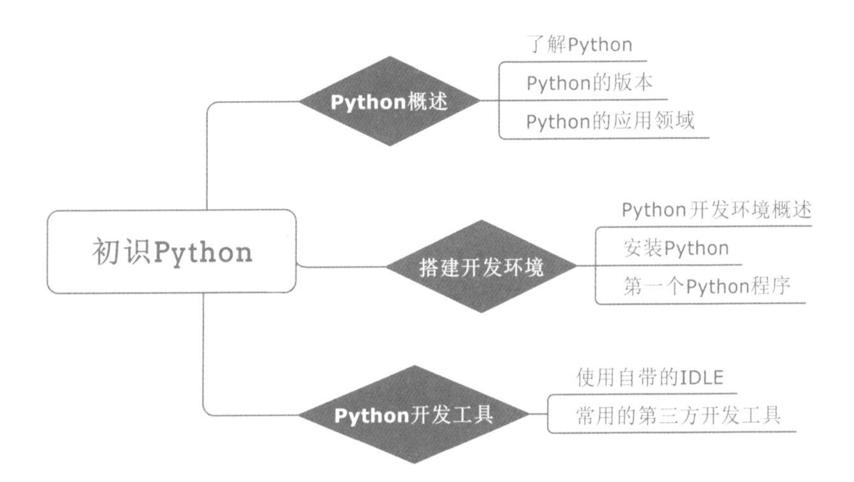

1.1 Python 概述

视频讲解：资源包\Video\01\1.1 Python简介.mp4

1.1.1 了解 Python

Python，本义是指“蟒蛇”。1989 年，荷兰人 Guido van Rossum 发明了一种面向对象的解释型高级编程语言，将其命名为 Python，标志如图 1.1 所示。Python 的设计哲学为优雅、明确、简单，实际上，Python 始终贯彻着这一理念，以至于现在网络上流传着“人生苦短，我用 Python”的说法。可见，Python 有着简单、开发速度快、节省时间和容易学习等特点。

Python 是一种扩充性强大的编程语言。它具有丰富和强大的库，能够把使用其他语言制作的各种模块（尤其是 C/C++）很轻松地联结在一起。所以 Python 常被称为“胶水”语言。

1991 年，Python 的第一个公开发行版问世。从 2004 年开始，其使用率呈线性增长，Python 逐渐受到编程者的欢迎和喜爱。2010 年，Python 荣膺 TIOBE 2010 年度语言桂冠；2020 年，IEEE Spectrum 发布的 2020 年度编程语言排行榜中，Python 位居第 1 名，在 2022~2023 年的 TIOBE 编程语言排行榜中持续占据着第一的位置，如图 1.2 所示。

图 1.1　Python 的标志

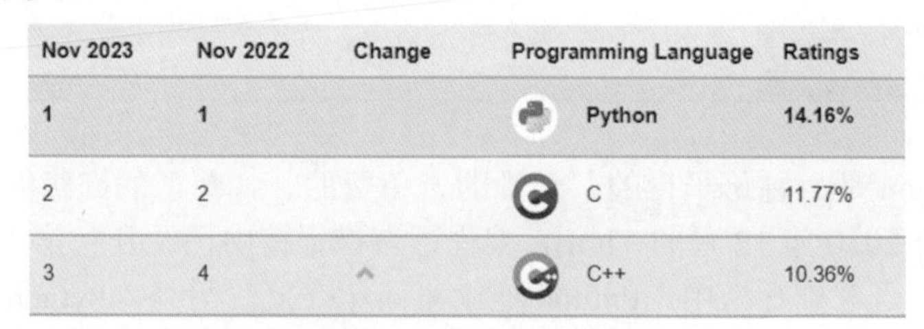

Nov 2023	Nov 2022	Change	Programming Language	Ratings
1	1		Python	14.16%
2	2		C	11.77%
3	4	^	C++	10.36%

图 1.2　TIOBE 编程语言排行榜

1.1.2 Python 的版本

Python 自发布以来，主要有三个版本：1994 年发布的 Python 1.0 版本（已过时）、2000 年发布的 Python 2.0 版本（到 2020 年 4 月更新到 2.7.18，现在已经停止更新）和 2008 年发布的 3.0 版本（2023 年 10 月已经更新到 3.12.0）。

1.1.3 Python 的应用领域

Python 作为一种功能强大的编程语言，因其简单易学而受到很多开发者的青睐。那么，Python 的应用领域有哪些呢？概括起来主要有以下几个应用领域：

☑ Web 开发
☑ 大数据处理
☑ 人工智能
☑ 自动化运维开发
☑ 云计算
☑ 爬虫
☑ 游戏开发

例如，我们经常访问的集电影、读书、音乐于一体的创新型社区豆瓣网、美国最大的在线云存储网站 Dropbox、由 NASA（美国国家航空航天局）和 Rackspace 合作的云计算管理平台 OpenStack、国际上知名的游戏 SidMeier's Civilization（文明）等项目都是使用 Python 实现的。

目前，全球最大的搜索引擎 Google 在其网络搜索系统中广泛应用了 Python 语言，曾经聘用了 Python 之父 Guido van Rossum；Facebook 网站大量的基础库和 YouTube 视频分享服务的大部分也是由 Python 语言编写的，如图 1.3 所示。

图 1.3　应用 Python 的公司

说明

Python 语言不仅可以应用到网络编程、游戏开发等领域，还可以在图形图像处理、智能机器人、爬取数据、自动化运维等多方面崭露头角，为开发者提供简约、优雅的编程体验。

1.2 搭建开发环境

1.2.1 Python 开发环境概述

视频讲解

视频讲解：资源包\Video\01\1.2.1 开发环境概述.mp4

所谓“工欲善其事，必先利其器”。在正式学习 Python 开发前，需要先搭建 Python 开发环境。Python 是跨平台的开发工具，可以在多个操作系统中进行编程，编写好的程序也可以在不同的系统中运行。进行 Python 开发常用的操作系统及说明如表 1.1 所示。

表 1.1　进行 Python 开发常用的操作系统

操作系统	说明
Windows	推荐使用 Windows 10 或以上版本。另外，Python 3.9 及以上版本不能在 Windows 7 或更早版本的系统上使用
macOS	从 Mac OS X 10.3（Panther）开始已经包含 Python
Linux	推荐 Ubuntu 版本

说明

在个人开发学习阶段推荐使用 Windows 操作系统。本书采用的就是 Windows 操作系统。

1.2.2 安装 Python

视频讲解

视频讲解：资源包\Video\01\1.2.2 安装Python.mp4

若要进行 Python 开发，则需要先安装 Python 解释器。由于 Python 是解释型编程语言，所以需要一个解释器，这样才能运行编写的代码。这里说的安装 Python 实际上就是安装 Python 解释器。下面以 Windows 操作系统为例介绍安装 Python 的方法。

1. 下载 Python 安装包

动图学习

在 Python 的官方网站上，可以很方便地下载到 Python 的开发环境，具体下载步骤如下。

（1）打开浏览器（如 Google Chrome 浏览器），进入 Python 官方网站，如图 1.4 所示。

图 1.4 Python 官方网站首页

注意

如果选择 Windows 菜单项时没有显示右侧的下载按钮，应该是页面没有加载完成，加载完成后就会显示了，请耐心等待。

（2）将鼠标光标移动到 Downloads 菜单上，将显示和下载有关的菜单项。如果使用的是 32 位 Windows 操作系统，那么直接单击“Python 3.12.0”按钮下载 32 位的安装包，否则，单击 Windows 菜单项，进入详细的下载列表。由于笔者的电脑安装的是 64 位 Windows 操作系统，所以直接单击 Windows 菜单项，进入如图 1.5 所示下载列表。

图 1.5 适合 Windows 系统的 Python 下载列表

说明

在如图 1.5 所示列表中，带有“32-bit”字样的，表示是在 32 位 Windows 操作系统上使用的；而带有“64-bit”字样的，则表示是在 64 位 Windows 操作系统上使用的。另外，名字中有“embeddable package”字样，表示嵌入式版本，可以集成到其他应用中。

（3）在 Python 下载列表页面中，列出了提供的 Python 各个版本的下载链接。读者可以根据需要下载。当前 Python 3.X 的最新稳定版本是 3.12.0，所以找到如图 1.6 所示位置，单击“Download Windows installer(64-bit)”超链接，下载适用于 64 位 Windows 操作系统的离线安装包。

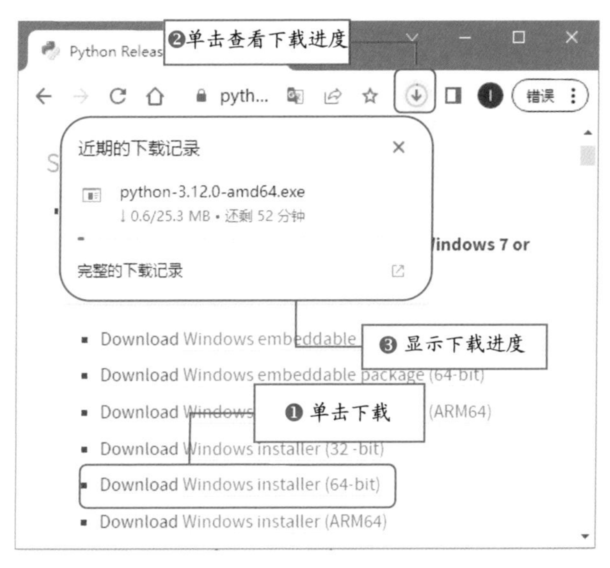

图 1.6　正在下载 Python

（4）下载完成后，浏览器会自动提示“此类型的文件可能会损害您的计算机。您仍然要保留 python-3.12.0-am···.exe 吗？”，此时，单击“保留”按钮，保留该文件即可。

（5）下载完成后，将得到一个名称为“python-3.12.0-amd64.exe”的安装文件。

2. 在 64 位 Windows 系统中安装 Python

在 64 位 Windows 系统上安装 Python 3.X 的步骤如下。

（1）双击下载后得到的安装文件 python-3.12.0-amd64.exe，将显示安装向导对话框。选中“Add python.exe to PATH”复选框，表示将自动配置环境变量，如图 1.7 所示。

图 1.7　Python 安装向导

（2）单击“Customize installation”按钮，进行自定义安装（自定义安装可以修改安装路径），这里保持默认选择，如图 1.8 所示。

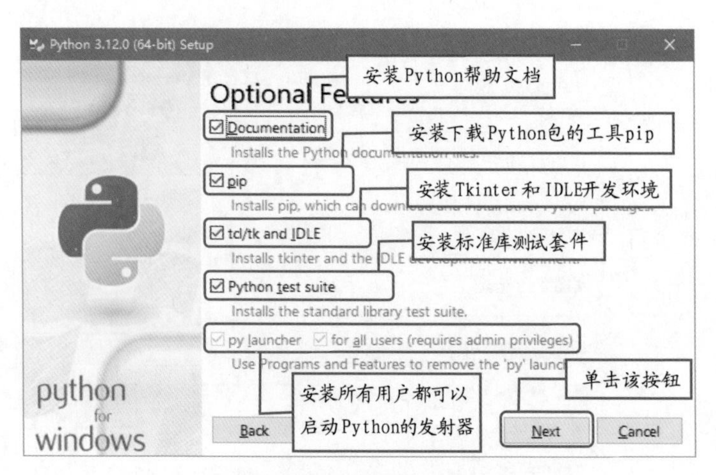

图 1.8 设置要安装选项对话框

（3）单击“Next”按钮，将打开高级选项对话框，在该对话框中，设置安装路径为“G:\Python\Python312”，其他保持默认设置，如图 1.9 所示。

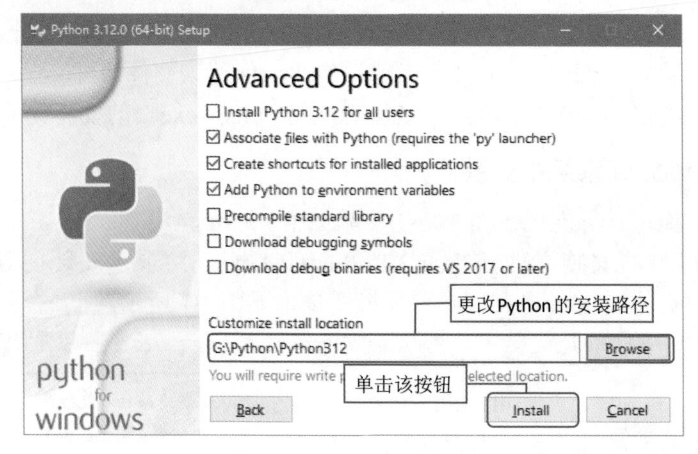

图 1.9 高级选项对话框

（4）单击“Install”按钮，将开始安装 Python，并且显示安装进度。安装完成后，将显示如图 1.10 所示对话框。

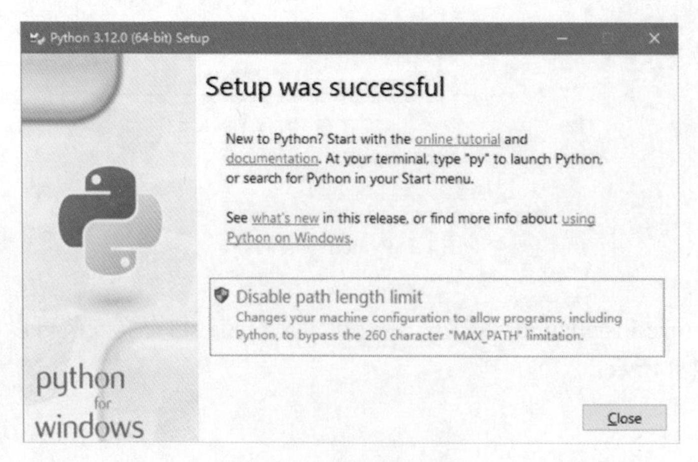

图 1.10 安装完成对话框

3. 测试 Python 是否安装成功

Python 安装成功后，需要检测 Python 是否真的安装成功。例如，在 Windows 10 系统中检测 Python 是否真的安装成功，可以在 Windows 10 系统的“搜索”文本框中输入 cmd 命令，然后按 <Enter> 键，启动命令行窗口，再在当前的命令提示符后面输入 python，并且按 <Enter> 键，如果出现如图 1.11 所示信息，则说明 Python 安装成功，同时进入交互式 Python 解释器中。

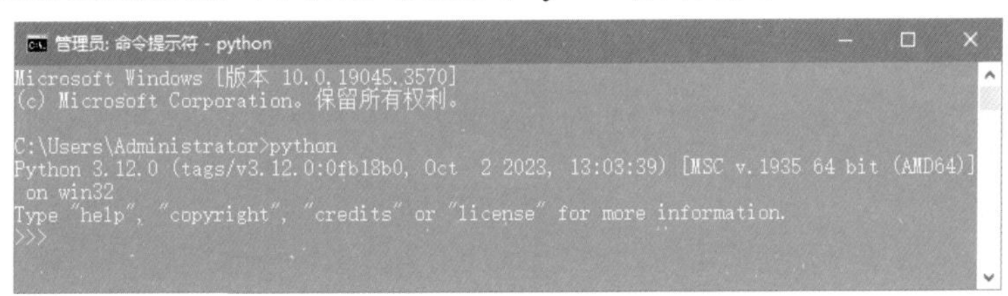

图 1.11　在命令行窗口中运行的 Python 解释器

图 1.11 中的信息是笔者电脑中安装的 Python 的相关信息：Python 的版本、该版本发行的时间、安装包的类型等。因为选择的版本不同，这些信息可能会有所差异，但命令提示符变为“>>>”即说明 Python 已经安装成功，正在等待用户输入 Python 命令。

如果输入 python 后，没有出现如图 1.11 所示信息，而是显示“‘python’不是内部或外部命令，也不是可运行的程序或批处理文件”，这时，需要在环境变量中配置 Python。

1.2.3 第一个 Python 程序

视频讲解：资源包\Video\01\1.2.3 第一个Python程序.mp4

作为程序开发人员，学习新语言的第一步就是学习输出。学习 Python 也不例外，首先从学习输出简单的词句开始，下面通过两种方法实现同一输出。

1. 在命令行窗口中启动的 Python 解释器中实现

实例 01　在命令行窗口中输出“人生苦短，我用 Python”　　实例位置：资源包 \Code\SL\01\01

在命令行窗口中启动的 Python 解释器中输出励志语句的步骤如下：

（1）在 Windows 10 系统的“开始”菜单右侧的“在这里输入你要搜索的内容”文本框中输入 cmd 命令，并按下 <Enter> 键，启动命令行窗口，然后在当前的 Python 提示符后面输入 python，并且按 <Enter> 键，进入 Python 解释器。

（2）在当前的 Python 提示符“>>>”的右侧输入以下代码，并且按下 <Enter> 键。

```
print("人生苦短，我用Python")
```

在上面的代码中，小括号和双引号都需要在英文半角状态下输入，并且 print 全部为小写字母。因为 Python 的语法是区分字母大小写的。

运行结果如图 1.12 所示。

图 1.12　在命令行窗口中输出“人生苦短，我用 Python”

拓展训练

（1）在命令行窗口中输出如图 1.13 所示玫瑰花。（资源包 \Code\Try\001）

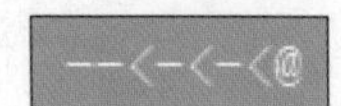

图 1.13 输出字符画玫瑰花

（2）在命令行窗口中输出扎克伯格的一句话“要么出众，要么出局”。（资源包 \Code\Try\002）

2. 在 Python 自带的 IDLE 中实现

通过实例 01 可以看出，在命令行窗口中的 Python 解释器中，编写 Python 代码时，代码颜色是单色的，不方便阅读。实际上，在安装 Python 时，会自动安装一个开发工具 IDLE，通过它编写 Python 代码时，会用不同的颜色显示代码，这样代码将更容易阅读。下面将通过一个具体的实例演示如何打开 IDLE，并且实现与实例 01 相同的输出结果。

实例 02　在 IDLE 中输出“人生苦短，我用 Python”　|　实例位置：资源包 \Code\SL\01\02

在 IDLE 中输出励志语句的步骤如下：

（1）单击 Windows 10 系统的“开始”菜单，依次选择“所有程序”→“Python 3.12”→“IDLE (Python 3.12 64-bit)”菜单项，即可打开 IDLE 窗口，如图 1.14 所示。

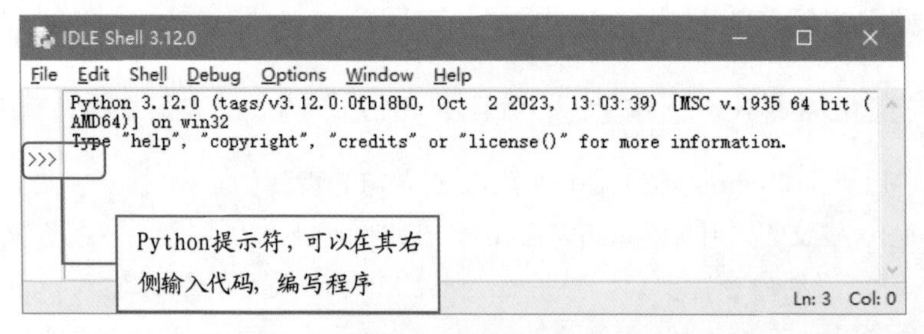

图 1.14 IDLE 窗口

（2）在当前的 Python 提示符“>>>”的右侧输入以下代码，然后按下 <Enter> 键。

```
print("人生苦短，我用Python")
```

运行结果如图 1.15 所示。

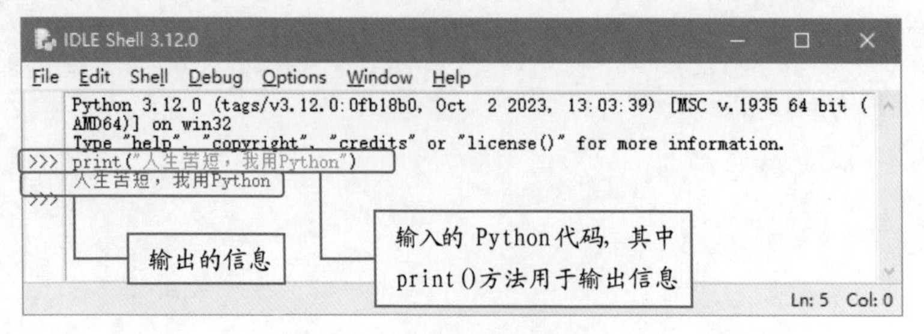

图 1.15　在 IDLE 中输出“人生苦短，我用 Python”

常见错误

如果在中文状态下输入代码中的小括号或者双引号，那么将产生语法错误。例如，在 IDLE 开发环境中输入并执行下面的代码：

```
print（“人生苦短，我用Python”）
```

将会出现如图 1.16 所示错误提示。

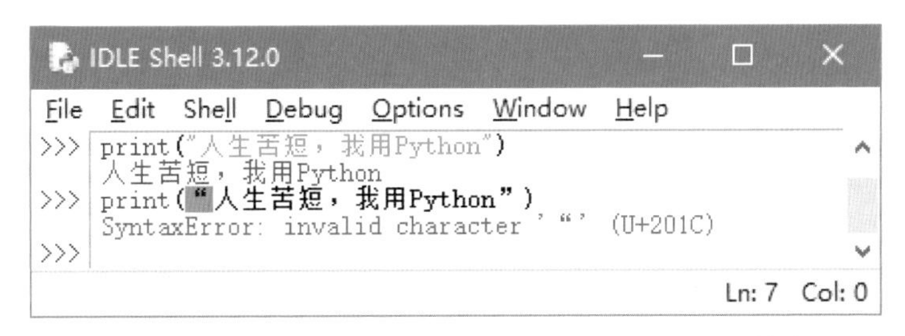

图 1.16　在中文状态下输入双引号后出现的错误

拓展训练

（1）在 IDLE 中输出如图 1.17 所示笑猫图案。（资源包 \Code\Try\003）

（2）在 IDLE 中输出如图 1.18 所示古诗《滁州西涧》，也可以输出你自己喜欢的一首古诗。（资源包 \Code\Try\004）

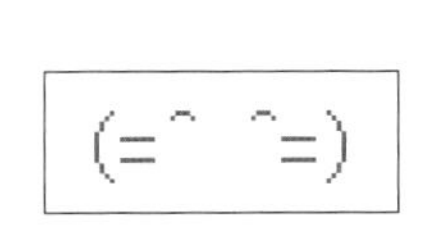

图 1.17　笑猫图案

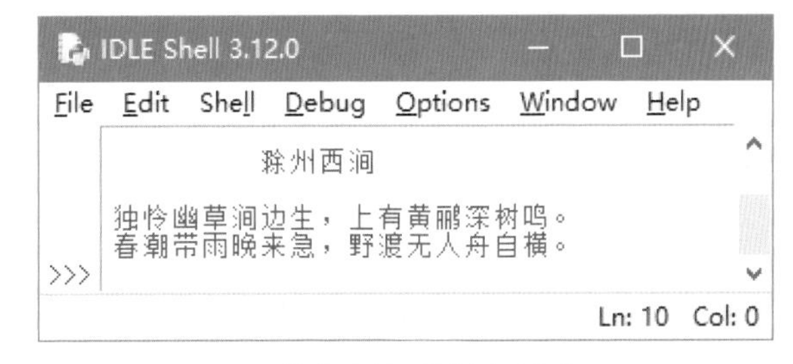

1.18 输出古诗《滁州西涧》

说明

在 Python 中，通过 print() 函数输出字符串时，如果想要换行，可以使用换行符“\n”。

1.3 Python 开发工具

通常情况下，为了提高开发效率，需要使用相应的开发工具。进行 Python 开发也可以使用开发工具。下面将详细介绍 Python 自带的 IDLE 和常用的第三方开发工具。

1.3.1 使用自带的 IDLE

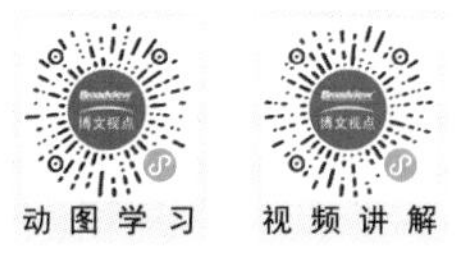

视频讲解：资源包\Video\01\1.3.1 使用自带的IDLE.mp4

在安装 Python 后，会自动安装一个 IDLE。它是一个 Python Shell（可以在打开的 IDLE 窗口的标题栏上看到），程序开发人员可以利用 Python Shell 与 Python 交互。下面将详细介绍如何使用 IDLE 开发 Python 程序。

1. 打开 IDLE 并编写代码

单击 Windows 10 系统的“开始”菜单，然后依次选择“所有程序”→“Python 3.12”→“IDLE (Python 3.12 64-bit)”菜单项，即可打开 IDLE 窗口，如图 1.19 所示。

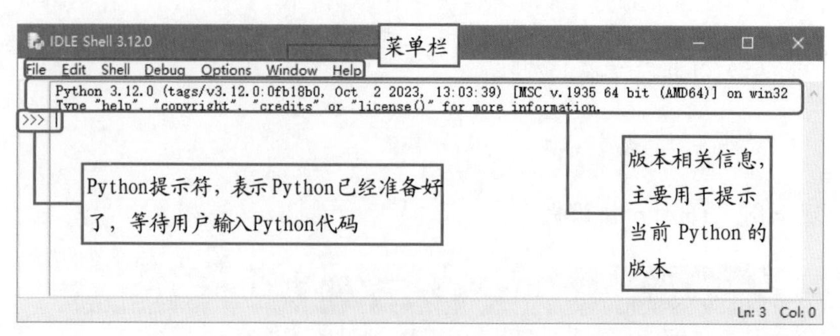

图 1.19　IDLE 主窗口

在 1.2.3 节我们已经使用 IDLE 输出了简单的语句，但是在实际开发时，通常不会只包含一行代码。当需要编写多行代码时，可以单独创建一个文件保存这些代码，在全部编写完成后一起执行。具体方法如下：

（1）在 IDLE 主窗口的菜单栏上，选择“File”→“New File”菜单项，将打开一个新窗口，在该窗口中，可以直接编写 Python 代码。在输入一行代码后再按下 <Enter> 键，将自动换到下一行，等待继续输入，如图 1.20 所示。

动图学习

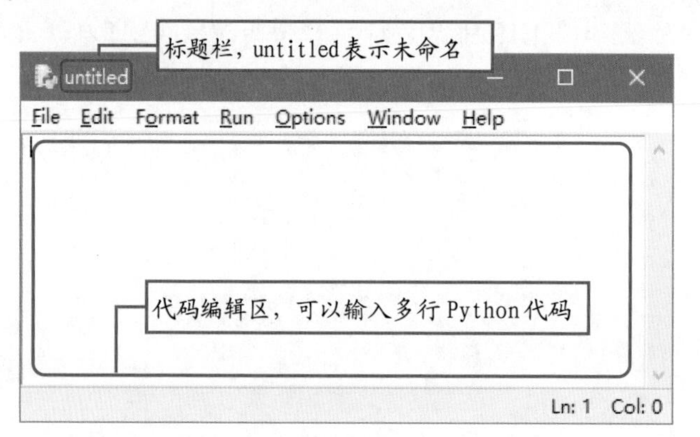

图 1.20　新创建的 Python 文件窗口

（2）在代码编辑区中，编写多行代码。例如，输出古诗《游子吟》的代码如下：

```
01  print(" "*3+"游子吟")
02  print(" "*6+"孟郊\n")
03  print("慈母手中线，")
04  print("游子身上衣")
05  print("临行密密缝，")
06  print("意恐迟迟归。")
07  print("谁言寸草心，")
08  print("报得三春晖。")
```

在上面的代码中，“" "*3”表示输出 3 个空格；“+”表示字符串连接。例如，第 01 行代码表示输出 3 个空格和游子吟。第 02 行中的“\n”表示换行。

（3）按下快捷键 <Ctrl+S> 保存文件，这里将文件名称设置为 demo.py。其中，.py 是 Python 文件的扩展名。

（4）运行程序。在菜单栏中选择“Run”→“Run Module”菜单项，如图 1.21 所示。

运行程序后，将打开 Python Shell 窗口显示运行结果，如图 1.22 所示。

常见错误

如果在中文状态下输入代码中的小括号或者双引号，那么将产生语法错误。例如，在 IDLE 开发环境中输入并执行下面的代码：

```
print（“人生苦短，我用Python”）
```

将会出现如图 1.16 所示错误提示。

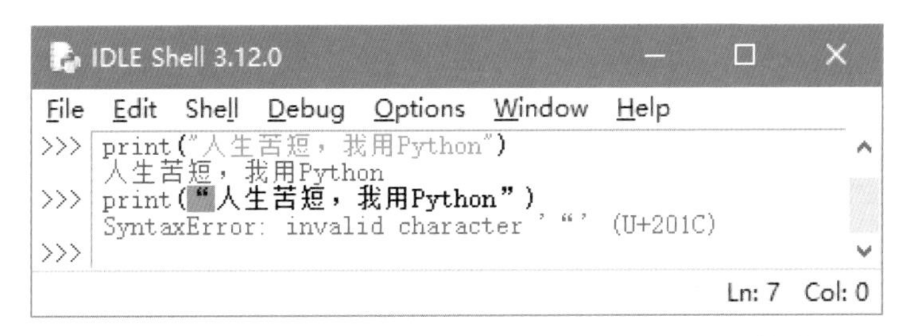

图 1.16　在中文状态下输入双引号后出现的错误

拓展训练

（1）在 IDLE 中输出如图 1.17 所示笑猫图案。（资源包 \Code\Try\003）

（2）在 IDLE 中输出如图 1.18 所示古诗《滁州西涧》，也可以输出你自己喜欢的一首古诗。（资源包 \Code\Try\004）

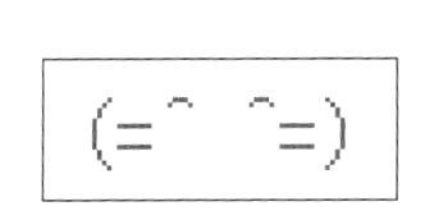

图 1.17　笑猫图案

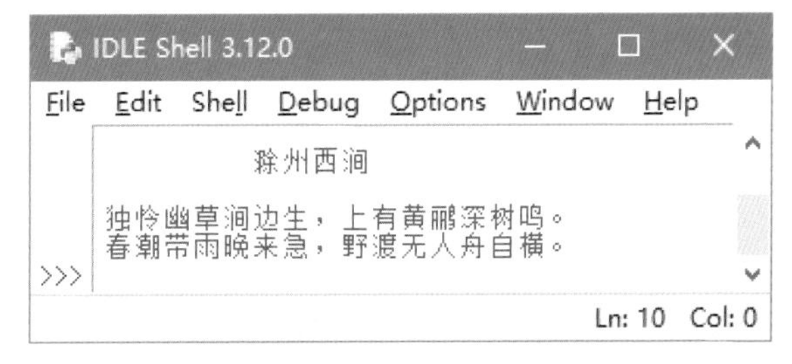

1.18 输出古诗《滁州西涧》

说明

在 Python 中，通过 print() 函数输出字符串时，如果想要换行，可以使用换行符“\n”。

1.3 Python 开发工具

通常情况下，为了提高开发效率，需要使用相应的开发工具。进行 Python 开发也可以使用开发工具。下面将详细介绍 Python 自带的 IDLE 和常用的第三方开发工具。

1.3.1 使用自带的 IDLE

视频讲解：资源包\Video\01\1.3.1 使用自带的IDLE.mp4

在安装 Python 后，会自动安装一个 IDLE。它是一个 Python Shell（可以在打开的 IDLE 窗口的标题栏上看到），程序开发人员可以利用 Python Shell 与 Python 交互。下面将详细介绍如何使用 IDLE 开发 Python 程序。

1. 打开 IDLE 并编写代码

单击 Windows 10 系统的“开始”菜单，然后依次选择“所有程序”→“Python 3.12”→“IDLE (Python 3.12 64-bit)”菜单项，即可打开 IDLE 窗口，如图 1.19 所示。

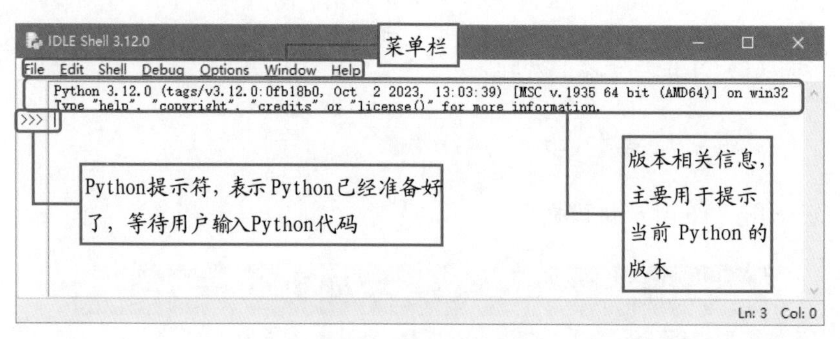

图 1.19 IDLE 主窗口

在 1.2.3 节我们已经使用 IDLE 输出了简单的语句，但是在实际开发时，通常不会只包含一行代码。当需要编写多行代码时，可以单独创建一个文件保存这些代码，在全部编写完成后一起执行。具体方法如下：

（1）在 IDLE 主窗口的菜单栏上，选择“File”→“New File”菜单项，将打开一个新窗口，在该窗口中，可以直接编写 Python 代码。在输入一行代码后再按下 <Enter> 键，将自动换到下一行，等待继续输入，如图 1.20 所示。

动图学习

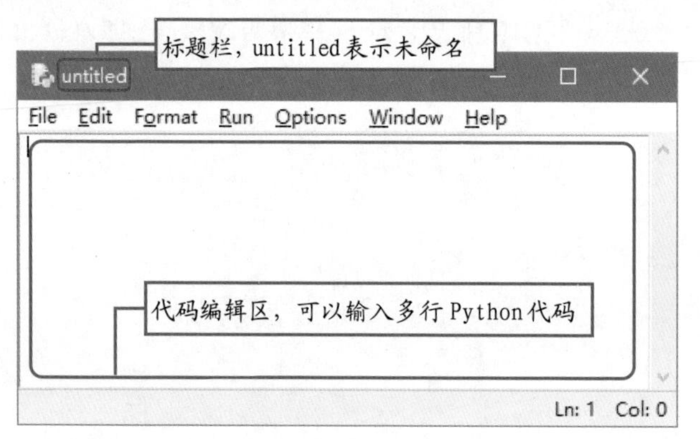

图 1.20 新创建的 Python 文件窗口

（2）在代码编辑区中，编写多行代码。例如，输出古诗《游子吟》的代码如下：

```
01  print(" "*3+"游子吟")
02  print(" "*6+"孟郊\n")
03  print("慈母手中线，")
04  print("游子身上衣")
05  print("临行密密缝，")
06  print("意恐迟迟归。")
07  print("谁言寸草心，")
08  print("报得三春晖。")
```

在上面的代码中，“" "*3”表示输出 3 个空格；“+”表示字符串连接。例如，第 01 行代码表示输出 3 个空格和游子吟。第 02 行中的“\n”表示换行。

（3）按下快捷键 <Ctrl+S> 保存文件，这里将文件名称设置为 demo.py。其中，.py 是 Python 文件的扩展名。

（4）运行程序。在菜单栏中选择“Run”→“Run Module”菜单项，如图 1.21 所示。

运行程序后，将打开 Python Shell 窗口显示运行结果，如图 1.22 所示。

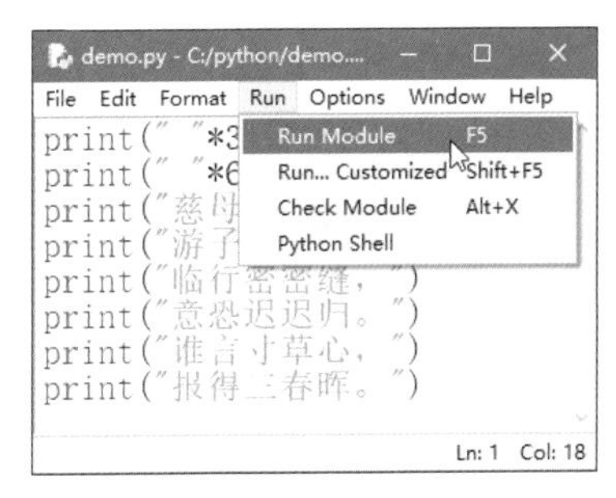

图 1.21　运行程序

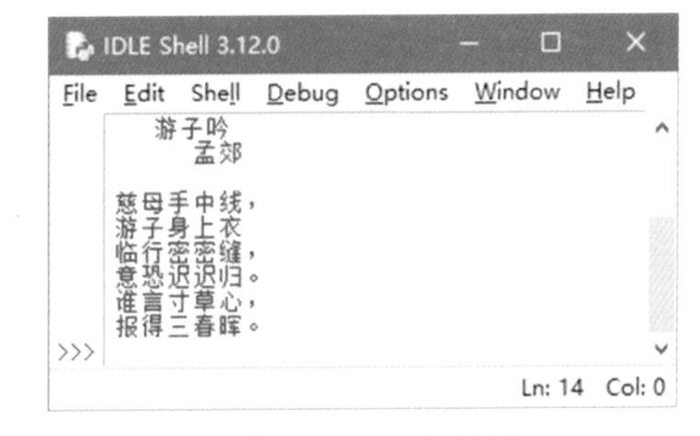

图 1.22　运行结果

说明

运行程序时，也可以直接按下快捷键〈F5〉。

2. IDLE 中常用的快捷键

在程序开发过程中，合理使用快捷键，不但可以降低代码的出错概率，而且可以提高开发效率。在 IDLE 中，可通过选择“Options”→“Configure IDLE”菜单项，在打开的“Settings”对话框的“Keys”选项卡中查看快捷键列表，但是该界面是英文的，不便于学习。为方便读者学习，表 1.2 列出了 IDLE 中一些常用的快捷键。

表 1.2　IDLE 提供的常用快捷键

快　捷　键	说　　明	适　用　于
F1	打开 Python 帮助文档	Python 文件窗口和 Shell 窗口均可用
Alt+P	浏览历史命令（上一条）	仅 Python Shell 窗口可用
Alt+N	浏览历史命令（下一条）	仅 Python Shell 窗口可用
Alt+/	自动补全前面出现过的单词，如果之前有多个单词具有相同的前缀，可以连续按下该快捷键，在多个单词中循环选择	Python 文件窗口和 Shell 窗口均可用
Alt+3	注释代码块	仅 Python 文件窗口可用
Alt+4	取消代码块注释	仅 Python 文件窗口可用
Alt+g	转到某一行	仅 Python 文件窗口可用
Ctrl+Z	撤销一步操作	Python 文件窗口和 Shell 窗口均可用
Ctrl+Shift+Z	恢复上一次的撤销操作	Python 文件窗口和 Shell 窗口均可用
Ctrl+S	保存文件	Python 文件窗口和 Shell 窗口均可用
Ctrl+]	缩进代码块	仅 Python 文件窗口可用
Ctrl+[	取消代码块缩进	仅 Python 文件窗口可用
Ctrl+F6	重新启动 Python Shell	仅 Python Shell 窗口可用

说明

由于 IDLE 简单、方便，很适合练习，所以本书如果没有特殊说明，均使用 IDLE 作为开发工具。

1.3.2 常用的第三方开发工具

视频讲解：资源包\Video\01\1.3.2 常用的第三方开发工具.mp4

除了 Python 自带的 IDLE，还有很多能够进行 Python 编程的开发工具。下面将对几个常用的第三方开发工具进行简要介绍。

☑ PyCharm

PyCharm 是由 JetBrains 公司开发的一款 Python 开发工具。在 Windows、macOS 和 Linux 操作系统中都可以使用。它具有语法高亮显示、项目管理、代码跳转、智能提示、自动完成、调试、单元测试和版本控制等一般开发工具都具有的功能。另外，它还支持在 Django（Python 的 Web 开发框架）下进行 Web 开发。PyCharm 的主窗口如图 1.23 所示。

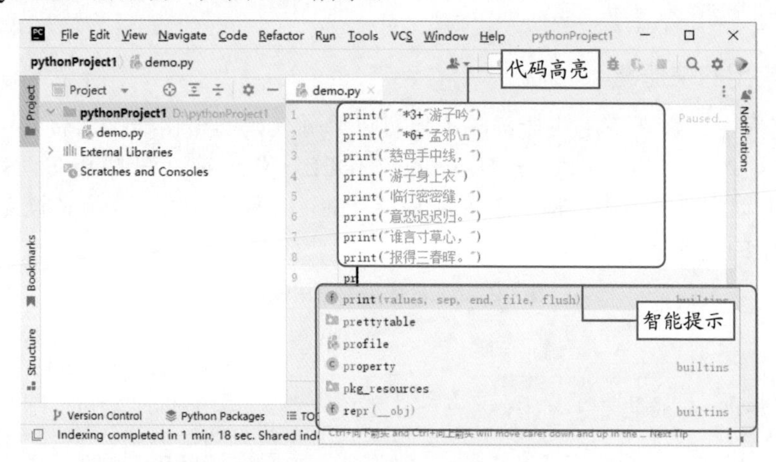

图 1.23　PyCharm 的主窗口

在 PyCharm 的官方网站中，提供了两个版本的 PyCharm，一个是社区版（免费并且提供源程序），另一个是专业版（免费试用）。读者可以根据需要选择。

☑ Microsoft Visual Studio

Microsoft Visual Studio 是 Microsoft（微软）公司开发的用于 C# 和 ASP.NET 等的开发工具。Visual Studio 也可以作为 Python 的开发工具，只需要在安装时选择安装 PTVS 插件即可。安装 PTVS 插件后，在 Visual Studio 中就可以进行 Python 应用开发了。开发界面如图 1.24 所示。

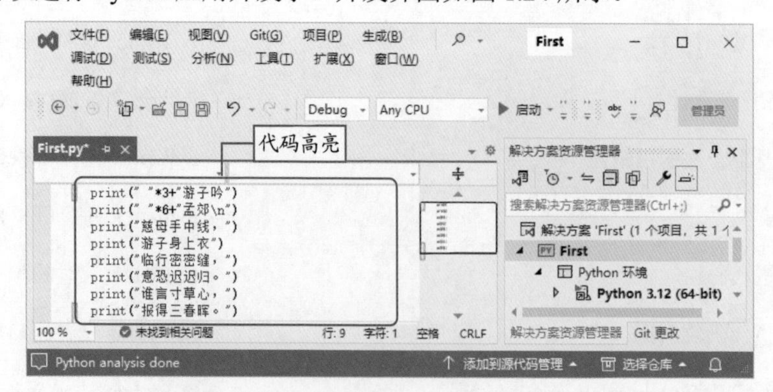

图 1.24　应用 Visual Studio 开发 Python 项目

PTVS 插件是一个自由、开源的插件，它支持编辑、浏览、智能感知、混合 Python/C++ 调试、性能分析、HPC 集群、Django，并适用于 Windows、Linux 和 macOS 的客户端的云计算。

☑ Eclipse+PyDev

Eclipse 是一个开源的、基于 Java 的可扩展开发平台。该平台最初主要用于 Java 语言的开发，不过通过安装不同的插件，也可以进行不同语言的开发。在安装 PyDev 插件后，Eclipse 就可以进行 Python 应用开发了。使用安装有 PyDev 插件的 Eclipse 进行 Python 开发的界面如图 1.25 所示。

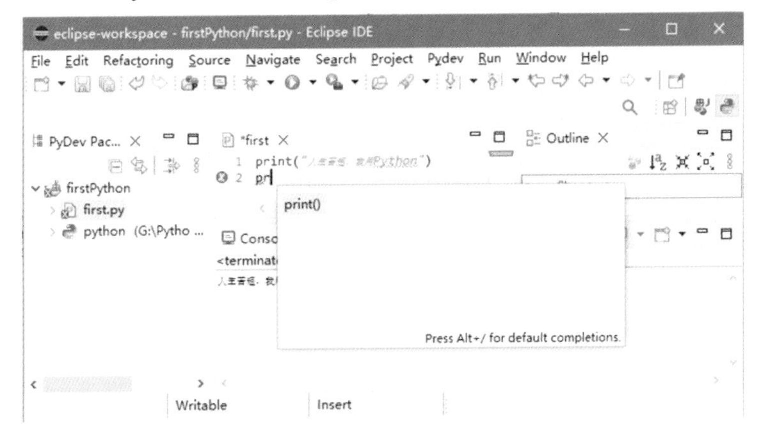

图 1.25　使用 Eclipse+PyDev 开发 Python

PyDev 是一款功能强大的 Eclipse 插件。它提供了语法高亮、语法分析、语法错误提示，以及大纲视图显示导入的类、库和函数、源代码内部的超链接等。安装 PyDev 插件后，用户完全可以利用 Eclipse 进行 Python 应用开发。

1.4 实战

实战一：输出“人因梦想而伟大”

使用 print() 函数在命令行窗口中输出小米董事长雷军的经典语录“人因梦想而伟大”，效果如图 1.26 所示。

实战二：输出台阶

使用 print() 函数在命令行窗口中输出由不同字符组成的台阶图案，效果如图 1.27 所示。

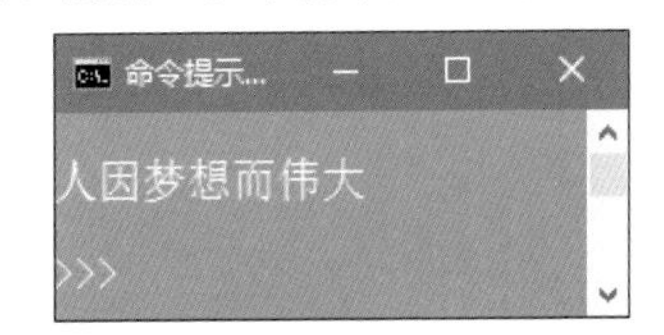

图 1.26　输出名人语录：人因梦想而伟大

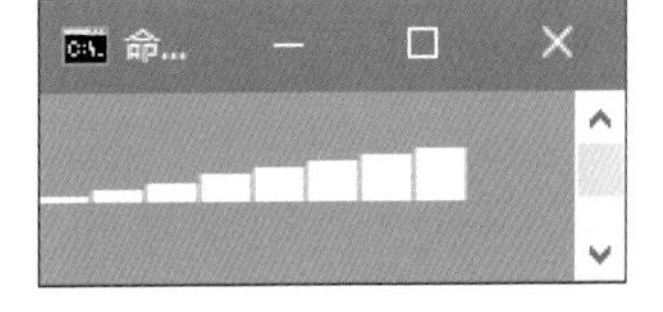

图 1.27　输出台阶

实战三：输出个性签名

微信提供了设置属于自己的个性签名功能，每个人都可以设置属于自己的个性签名，请应用 print() 函数，在 IDLE 窗口中输出如图 1.28 所示的个性签名。

实战四：打印田字格

使用 print() 函数在 IDLE 窗口中输出一个“田字格”图案，效果如图 1.29 所示。

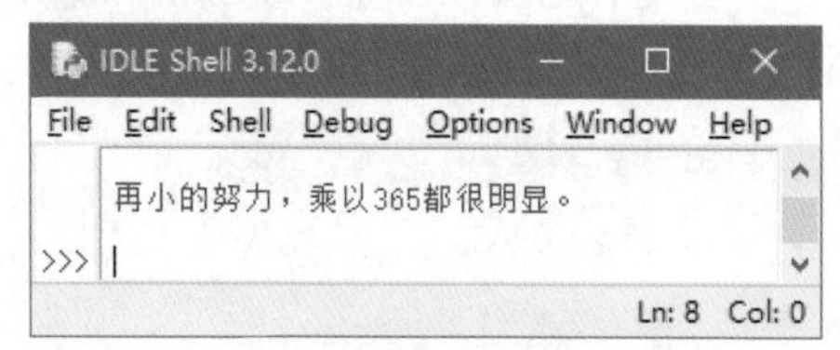

图 1.28　输出个性签名

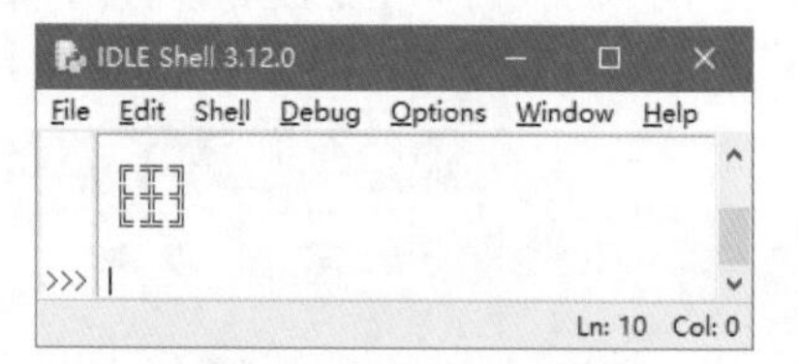

图 1.29　输出田字格图案

实战二和实战四中的图形是通过输入法提供的相关符号输入的。例如，可以在搜狗输入法的工具箱中打开“符号大全”进行查找。另外，在 Windows 7 系统的命令行窗口中，不能直接输入这些符号（Windows 10 中则可以直接输入），需要先把它们输出到“记事本”或者其他编辑器中，再粘贴到命令行窗口中。

1.5 小结

本章首先对 Python 进行了简要的介绍，然后介绍了搭建 Python 的开发环境的方法，接下来介绍了使用两种方法编写第一个 Python 程序，最后介绍了如何使用 Python 自带的 IDLE，以及常用的第三方开发工具。搭建 Python 开发环境和使用自带的 IDLE 是本章学习的重点。在学习了本章的内容后，希望读者能够搭建完成学习时需要的开发环境，并且完成第一个 Python 程序，迈出 Python 开发的第一步。

本章 e 学码：关键知识点拓展阅读

Guido van Rossum
HPC 集群
IDLE
IEEE Spectrum
print() 函数
PyDev 插件
Python 解释器
TIOBE
环境变量

第2章

Python 语言基础

（视频讲解：3 小时 14 分钟）

本章概览

熟练掌握一门编程语言，最好的方法就是充分了解、掌握基础知识，并亲自体验，多编写代码，熟能生巧。

从本章开始，我们将正式踏上 Python 开发之旅，体验 Python 带给我们的简单、快乐。本章将详细介绍 Python 的语法特点，然后介绍 Python 中的保留字、标识符、变量、基本数据类型及数据类型间的转换，接下来介绍运算符与表达式，最后介绍通过输入和输出函数进行交互的方法。

知识框架

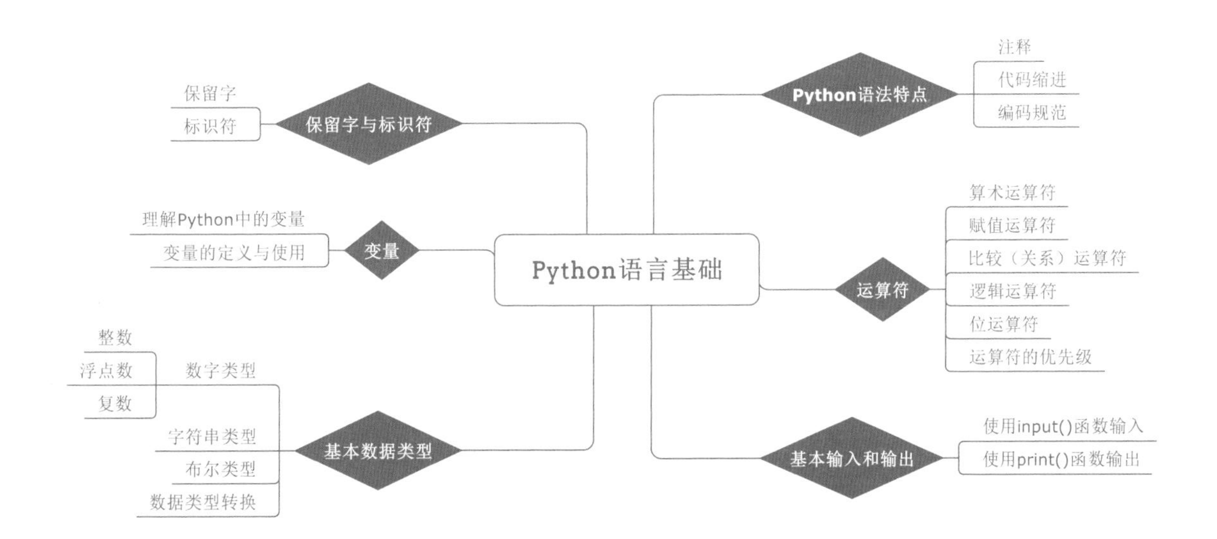

2.1 Python 语法特点

学习 Python 需要了解它的语法特点，如注释规则、代码缩进、编码规范等。下面将详细介绍 Python 的这些语法特点。

2.1.1 注释

视频讲解：资源包\Video\02\2.1.1 注释.mp4

视频讲解

在手机卖场中的手机价格标签，对手机的品牌、型号、内存大小、价格等信息进行说明，如图 2.1 所示。在程序中，注释就是对代码的解释和说明，如同价格标签一样，让他人了解代码实现的功能，从而帮助程序员更好地阅读代码。注释的内容将被 Python 解释器忽略，并不会在执行结果中体现出来。

图 2.1　手机的价格标签相当于注释

在 Python 中，通常包括 3 种类型的注释，分别是单行注释、多行注释和文件编码声明注释。这些注释在 IDLE 中的效果如图 2.2 所示。

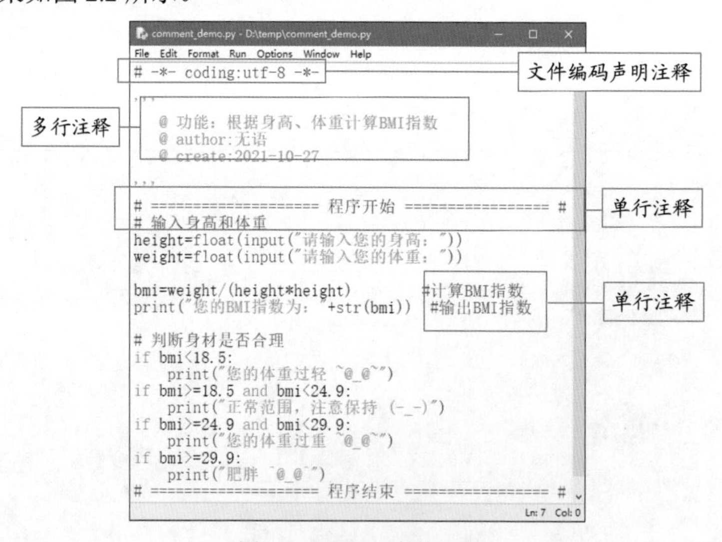

图 2.2　Python 中的注释

1. 单行注释

在 Python 中，使用“#”作为单行注释的符号。从符号“#”开始直到换行为止，“#”后面所有的内容都将作为注释的内容，并被 Python 编译器忽略。

语法如下：

```
# 注释内容
```

单行注释可以放在要注释代码的前一行，也可以放在要注释代码的右侧。例如，下面的两种注释形式都是正确的。

第一种形式：

```
# 要求输入身高，单位为m（米），如1.70
height=float(input("请输入您的身高："))
```

第二种形式：

```
height=float(input("请输入您的身高："))          # 要求输入身高，单位为m（米），如1.70
```

上面两种形式的运行结果是相同的，如图 2.3 所示。

```
请输入您的身高：1.80
```

图 2.3　运行结果

在添加注释时，一定要有意义，即注释能充分解释代码的功能及用途。例如，图 2.4 所示的注释就是冗余的注释。如果将其修改为如图 2.5 所示形式，就能清楚地知道代码的用途了。

```
bmi=weight/(height*height)        #Magic，请勿改动
```

图 2.4　冗余的注释

```
bmi=weight/(height*height)        # 用于计算BMI指数，公式为“体重/身高的平方”
```

图 2.5　推荐的注释

注释可以出现在代码的任意位置，但是不能分隔关键字和标识符。例如，下面的代码注释是错误的：

```
height=float(#要求输入身高 input("请输入您的身高："))
```

注释除了可以解释代码的功能及用途，也可以用于临时关掉不想执行的代码。在 IDLE 开发环境中，通过选择主菜单中的“Format”→“Comment Out Region”菜单项（快捷键 <Alt+3>），可将选中的代码注释掉；通过选择主菜单中的“Format”→“Uncomment Region”菜单项（快捷键 <Alt+4>），则取消注释。

2. 多行注释

在 Python 中，并没有一个单独的多行注释标记，而是将包含在一对三引号（'''……''' 或者 """……"""）之间，并且不属于任何语句的内容视为注释，这样的代码将被解释器忽略。由于这样的代码可以分为多行编写，所以也称为多行注释。

语法格式如下：

```
'''
注释内容1
注释内容2
……
'''
```

或者

```
"""
注释内容1
注释内容2
……
"""
```

多行注释通常用来为 Python 文件、模块、类或者函数等添加版权、功能说明等信息。例如，下面的代码使用多行注释为 demo.py 文件添加版权、功能说明及修改日志等信息：

```
01  '''
02  @ 版权所有：吉林省明日科技有限公司©版权所有
03  @ 文件名：demo.py
04  @ 文件功能描述：根据身高、体重计算BMI指数
05  @ 创建日期：2023年10月31日
06  @ 创建人：无语
07  @ 修改标识：2023年11月2日
08  @ 修改描述：增加根据BMI指数判断身材是否合理功能代码
09  @ 修改日期：2023年11月2日
10  '''
```

注意

在 Python 中，三引号（'''……''' 或者 """……"""）是字符串定界符。如果三引号作为语句的一部分出现，就不是注释，而是字符串，这一点要注意区分。例如，图 2.6 所示的代码为多行注释，图 2.7 所示的代码为字符串。

```
'''
    @ 功能：根据身高、体重计算BMI指数
    @ author:无语
'''
```

图 2.6　三引号内的内容为多行注释

```
print('''根据身高、体重计算BMI指数''')
```

图 2.7　三引号内的内容为字符串

3. 文件编码声明注释

在 Python 3 中，默认采用的文件编码是 UTF-8。这种编码支持世界上大多数语言的字符，也包括中文。如果不想使用默认编码，则需要在文件的第一行声明文件的编码，也就是需要使用文件编码声明注释。

语法格式如下：

```
# -*- coding:编码 -*-
```

或者

```
# coding=编码
```

在上面的语法中，“编码”为文件所使用的字符编码类型，如果采用 GBK 编码，则设置为 gbk 或 cp936。

例如，指定编码为 GBK，可以使用下面的文件编码声明注释：

```
# -*- coding:gbk -*-
```

注意

在上面的代码中，“-*-”没有特殊的作用，只是为了美观才加上的。所以上面的代码也可以使用“# coding:gbk”代替。

另外，下面的代码也是正确的文件编码声明注释：

```
# coding=gbk
```

2.1.2 代码缩进

动图学习

视频讲解

视频讲解：资源包\Video\02\2.1.2 代码缩进.mp4

Python 不像其他程序设计语言（如 Java 或者 C 语言）采用大括号“{}”分隔代码块，而是采用代码缩进和冒号“:”区分代码之间的层次。

说明

缩进可以使用空格或者 Tab 键实现。其中，使用空格时，通常情况下采用 4 个空格作为一个缩进量；而使用 Tab 键时，则采用一个 Tab 键作为一个缩进量。通常情况下，建议采用空格进行缩进。

在 Python 中，对于类定义、函数定义、流程控制语句、异常处理语句等，行尾的冒号和下一行的缩进表示一个代码块的开始，而缩进结束则表示一个代码块的结束。

例如，下面代码中的缩进为正确的缩进：

```
01  height=float(input("请输入您的身高："))      # 输入身高
02  weight=float(input("请输入您的体重："))      # 输入体重
03  bmi=weight/(height*height)                   # 计算BMI指数
04
05  # 判断身材是否合理
06  if bmi<18.5:
07      print("您的BMI指数为："+str(bmi))        # 输出BMI指数
08      print("体重过轻 ~@_@~")
09  if bmi>=18.5 and bmi<24.9:
10      print("您的BMI指数为："+str(bmi))        # 输出BMI指数
11      print("正常范围，注意保持 (-_-)")
12  if bmi>=24.9 and bmi<29.9:
13      print("您的BMI指数为："+str(bmi))        # 输出BMI指数
14      print("体重过重 ~@_@~")
15  if bmi>=29.9:
16      print("您的BMI指数为："+str(bmi))        # 输出BMI指数
17      print("肥胖 ^@_@^")
```

Python 对代码缩进要求非常严格，同一级别的代码块的缩进量必须相同。如果不采用合理的代码缩进，将抛出 SyntaxError 异常。例如，代码中有的缩进量是 4 个空格，还有的是 3 个空格，就会出现 SyntaxError 错误，如图 2.8 所示。

图 2.8　缩进量不同导致的 SyntaxError 错误

在 IDLE 开发环境中，一般以 4 个空格作为基本缩进量位。不过也可以选择“Options”→“Configure IDLE”菜单项，在打开的“Settings”对话框（如图 2.9 所示）的“Windows”选项卡中修改基本缩进量。

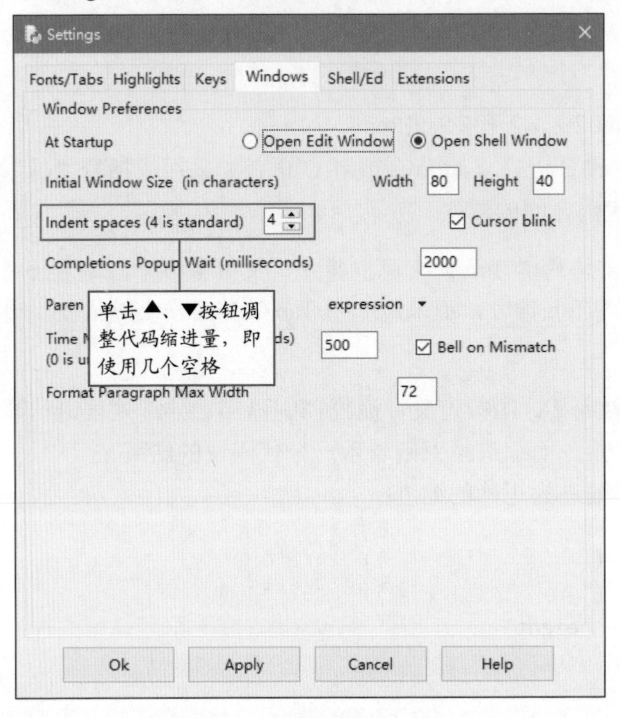

图 2.9　修改基本缩进量

多学两招

在 IDLE 开发环境的文件窗口中，可以通过选择主菜单中的“Format”→“Indent Region”菜单项（快捷键<Ctrl+]>），将选中的代码缩进（向右移动指定的缩进量），也可通过选择主菜单中的“Format”→“Dedent Region”菜单项（快捷键<Ctrl+[>），对代码进行反缩进（向左移动指定的缩进量）。

2.1.3 编码规范

视频讲解：资源包\Video\02\2.1.3 编码规范.mp4

下面给出两段实现同样功能的代码，如图 2.10 所示。

```
# 输入身高和体重
height=float(input("请输入您的身高："))
weight = float(input("请输入您的体重："))
bmi= weight/(height * height)# 计算BMI指数
print("您的BMI指数为：" + str(bmi))  #输出BMI指数
# 判断身材是否合理
if bmi < 18.5:print("体重过轻 ~@_@~")
if bmi >= 18.5 and bmi < 24.9:
    print("正常范围，注意保持 (-_-)")
if bmi >= 24.9 and bmi < 29.9:print("体重过重 ~@_@~")
if bmi >= 29.9 :
    print("肥胖 ^@_@^")
```

```
# 输入身高和体重
height = float(input("请输入您的身高："))
weight = float(input("请输入您的体重："))
bmi = weight/(height * height)          # 计算BMI指数
print("您的BMI指数为：" + str(bmi))      # 输出BMI指数

# 判断身材是否合理
if bmi < 18.5:
    print("体重过轻 ~@_@~")
if bmi >= 18.5 and bmi < 24.9:
    print("正常范围，注意保持 (-_-)")
if bmi >= 24.9 and bmi < 29.9:
    print("体重过重 ~@_@~")
if bmi >= 29.9 :
    print("肥胖 ^@_@^")
```

图 2.10　两段功能相同的 Python 代码

在图 2.10 中，右侧的代码段看上去比左侧的代码段更加规整，阅读起来也会比较轻松、畅快，这是一种最基本的代码编写规范。遵循一定的代码编写规则和命名规范可以使代码更加规范化，对代码的理解与维护都会起到至关重要的作用。

本节将对 Python 代码的编写规则及命名规范进行介绍。

1. 编写规则

Python 采用 PEP 8 作为编码规范，其中 PEP 是 Python Enhancement Proposal（Python 增强建议书）的缩写，8 表示版本号。PEP 8 是 Python 代码的样式指南。下面给出 PEP 8 编码规范中的一些应该严格遵守的条目。

☑ 每个 import 语句只导入一个模块，尽量避免一次导入多个模块。如图 2.11 所示为推荐写法，而图 2.12 所示的代码为不推荐的写法。

```
import os
import sys
```

图 2.11　推荐的写法

```
import os, sys
```

图 2.12　不推荐的写法

☑ 不要在行尾添加分号“;”，也不要用分号将两条命令放在同一行。图 2.13 所示代码为不规范的写法。

```
height = float(input("请输入您的身高: "));
weight = float(input("请输入您的体重: "));
```

图 2.13　不规范写法

☑ 建议每行不超过 80 个字符，如果超过，则建议使用小括号“()”将多行内容隐式连接，而不推荐使用反斜杠“\”进行连接。例如，如果一个字符串文本不能在一行中完全显示，那么可以使用小括号“()”将其分行显示，代码如下：

```
s=("我一直认为我是一只蜗牛。我一直在爬，也许还没有爬到金字塔的顶端。"
   "但是只要你在爬，就足以给自己留下令生命感动的日子。")
```

以下通过反斜杠“\”进行连接的做法是不推荐使用的：

```
s="我一直认为我是一只蜗牛。我一直在爬，也许还没有爬到金字塔的顶端。\
但是只要你在爬，就足以给自己留下令生命感动的日子。"
```

不过以下两种情况除外：

- 导入模块的语句过长。
- 注释里的 URL。

☑ 使用必要的空行可以提升代码的可读性。一般在顶级定义（如函数或者类的定义）之间空两行，而在方法定义之间空一行。另外，在用于分隔某些功能的位置也可以空一行。

☑ 通常情况下，运算符两侧、函数参数之间、“,”两侧建议使用空格进行分隔。

☑ 应该避免在循环中使用“+”和“+=”运算符累加字符串。这是因为字符串是不可变的，这样做会创建不必要的临时对象。推荐将每个子字符串加入列表，然后在循环结束后使用 join() 方法连接列表。

☑ 适当使用异常处理结构提高程序的容错性，但不能过多地依赖异常处理结构，适当的显式判断还是必要的。

说明

在编写 Python 程序时，建议严格遵循 PEP 8 编码规范。完整的 Python 编码规范请参考 PEP 8。

2. 命名规范

命名规范在编写代码中起到很重要的作用，虽然不遵循命名规范程序也可以运行，但是遵循命名规范可以更加直观地了解代码所代表的含义。本节将介绍 Python 中常用的一些命名规范。

☑ 模块名尽量短小，并且全部使用小写字母，可以使用下画线分隔多个字母。例如，game_main、game_register、bmiexponent 都是推荐使用的模块名称。

☑ 包名尽量短小，并且全部使用小写字母，不推荐使用下画线。例如，com.mingrisoft、com.mr、com.mr.book 都是推荐使用的包名称，而 com_mingrisoft 则是不推荐的。

☑ 类名采用单词首字母大写形式（即 Pascal 风格）。例如，定义一个借书类，可以命名为 BorrowBook。

☑ 模块内部的类采用下画线“_”+Pascal 风格的类名组成。例如，在 BorrowBook 类中的内部类，可以使用 _BorrowBook 命名。

☑ 函数、类的属性和方法的命名规则同模块类似，也全部使用小写字母，多个字母间用下画线“_”分隔。

☑ 常量命名时全部使用大写字母，可以使用下画线。

☑ 使用单下画线“_”开头的模块变量或者函数是受保护的，在使用 from ××× import * 语句从模块中导入时，这些变量或者函数不能被导入。

☑ 使用双下画线“__”开头的实例变量或方法是类私有的。

2.2 保留字与标识符

视频讲解：资源包\Video\02\2.2 保留字与标识符.mp4

2.2.1 保留字

保留字是 Python 语言中一些已经被赋予特定意义的单词。在开发程序时，不可以把这些保留字作为变量、函数、类、模块和其他对象的名称来使用。Python 语言中的保留字如表 2.1 所示。

表 2.1　Python 语言中的保留字

and	as	assert	break	class	continue
def	del	elif	else	except	finally
for	from	False	global	if	import
in	is	lambda	nonlocal	not	None
or	pass	raise	return	try	True
while	with	yield			

在 Python 中，所有保留字都是区分字母大小写的。例如，if 是保留字，但是 IF 就不属于保留字。如图 2.14 所示。

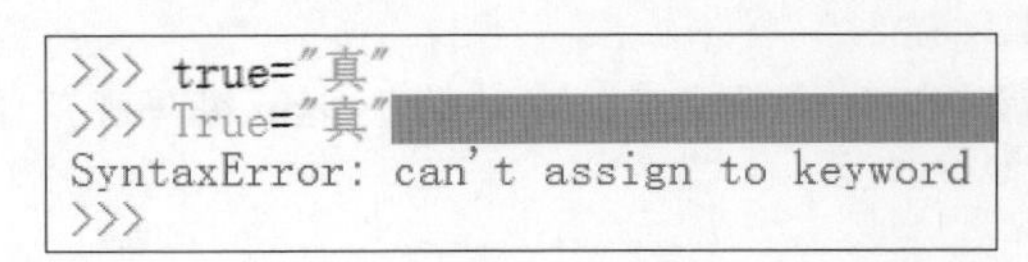

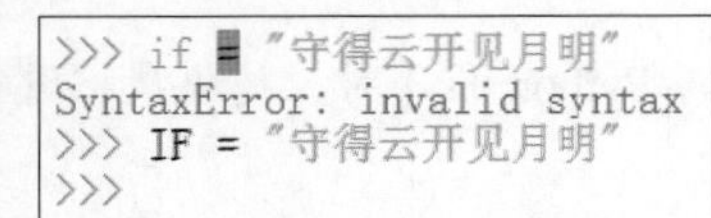

图 2.14　Python 中的保留字区分字母大小写

多学两招

可以在 IDLE 中输入以下两行代码查看 Python 中的保留字。

```
import keyword
keyword.kwlist
```

执行结果如图 2.15 所示。

```
IDLE Shell
File  Edit  Shell  Debug  Options  Window  Help
>>> import keyword
>>> keyword.kwlist
['False', 'None', 'True', 'and', 'as', 'assert', 'async', 'await', 'break'
, 'class', 'continue', 'def', 'del', 'elif', 'else', 'except', 'finally',
'for', 'from', 'global', 'if', 'import', 'in', 'is', 'lambda', 'nonlocal',
'not', 'or', 'pass', 'raise', 'return', 'try', 'while', 'with', 'yield']
>>>
Ln: 1  Col: 89
```

图 2.15　查看 Python 中的保留字

常见错误

如果在开发程序时，使用 Python 中的保留字作为模块、类、函数或者变量等的名称，则会提示“invalid syntax”错误信息。下面的代码使用了 Python 保留字 if 作为变量的名称：

```
if = "坚持下去不是因为我很坚强，而是因为我别无选择"
print(if)
```

执行以上程序时，就会出现如图 2.16 所示错误提示信息。

图 2.16　使用 Python 保留字作为变量名时的错误信息

2.2.2 标识符

标识符可以简单地理解为一个名字，比如每个人都有自己的名字，它主要用来标识变量、函数、类、模块和其他对象的名称。

Python 语言标识符命名规则如下：

☑ 由字母、下画线“_”和数字组成。第一个字符不能是数字。

☑ 不能使用 Python 中的保留字。

例如，下面是合法的标识符：

```
USERID
name
model2
user_age
```

下面是非法的标识符：

```
4word                    # 以数字开头
try                      # Python中的保留字
$money                   # 不能使用特殊字符$
```

注意

Python 的标识符中不能包含空格、@、% 和 $ 等特殊字符。

☑ 区分字母大小写。

在 Python 中，标识符中的字母是严格区分大小写的，两个同样的单词，如果大小写格式不一样，所代表的意义是完全不同的。例如，下面 3 个变量是完全独立、毫无关系的，就像相貌相似的三胞胎，彼此之间都是独立的个体。

```
# 全部小写
number = 0
# 部分大写
Number = 1
# 全部大写
NUMBER = 2
```

☑ Python 中以下画线开头的标识符有特殊意义，一般应避免使用相似的标识符。

- 以双下画线开头的标识符（如 __add）表示类的私有成员。
- 以双下画线开头和结尾的是 Python 里专用的标识，如 __init__() 表示构造函数。

说明

在 Python 语言中允许使用汉字作为标识符，如“我的名字 =" 明日科技 "”，在程序运行时并不会出现错误（如图 2.17 所示），但是尽量不要使用汉字作为标识符。

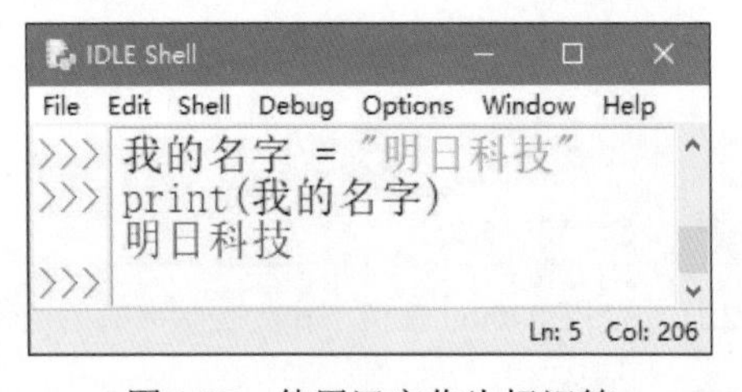

图 2.17 使用汉字作为标识符

2.3 变量

视频讲解：资源包\Video\02\2.3 变量.mp4

2.3.1 理解 Python 中的变量

在 Python 中，变量从严格意义上说应该被称为“名字”，也可以理解为标签。如果将值“学会 Python 还可以飞”赋给 python，那么 python 就是变量。在大多数编程语言中，都把这一过程称为“把值存储在变量中”，意思是在计算机内存中的某个位置，字符串序列“学会 Python 还可以飞”已经存在。你不需要准确地知道它们到底在哪里，只要告诉 Python 这个字符串序列的名字是 python，就可以通过这个名字来引用这个字符串序列了。这个过程就像快递员取快递一样，内存就像一个巨大的货物架，在 Python 中定义变量就如同给快递盒子贴标签，如图 2.18 所示。

你的快递存放在货物架上，上面贴着写有你名字的标签。当你来取快递时，并不需要知道它们存放在这个大型货架的具体位置，只需要提供你的名字，快递员就会把你的快递交给你。实际上，变量也一样，你不需要知道信息存储在内存中的准确位置，只需要记住存储变量时所用的名字，再调用这个名字就可以了。

图 2.18　货物架中贴着标签的快递

2.3.2 变量的定义与使用

动图学习

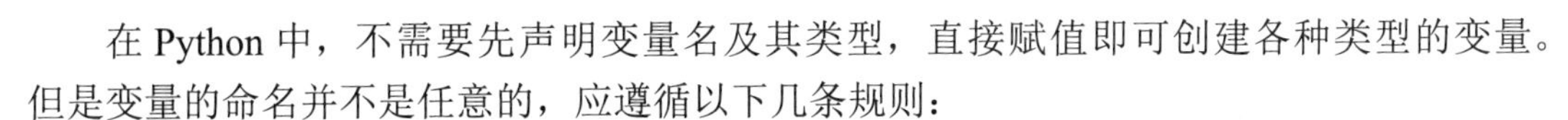

在 Python 中，不需要先声明变量名及其类型，直接赋值即可创建各种类型的变量。但是变量的命名并不是任意的，应遵循以下几条规则：

☑ 变量名必须是一个有效的标识符。
☑ 变量名不能使用 Python 中的保留字。
☑ 慎用小写字母 l 和大写字母 O。
☑ 应选择有意义的单词作为变量名。

为变量赋值可以通过等号（=）来实现。语法格式如下：

```
变量名 = value
```

例如，创建一个整型变量，并为其赋值 1024，可以使用下面的语句：

```
number = 1024            # 创建变量number并赋值为1024，该变量为数值型
```

这样创建的变量就是数值型的变量。如果直接为变量赋值一个字符串值，那么该变量即为字符串类型。例如下面的语句：

```
nickname = "碧海苍梧"   # 字符串类型的变量
```

另外，Python 是一种动态类型的语言。也就是说，变量的类型可以随时变化。例如，在 IDLE 中，首先创建变量 nickname，并赋值为字符串“碧海苍梧”，然后输出该变量的类型，可以看到该变量为字符串类型。也可以将该变量赋值为数值 1024，并输出该变量的类型，可以看到该变量为整型。执行过程如下：

```
>>> nickname = "碧海苍梧"        # 字符串类型的变量
>>> print(type(nickname))
<class 'str'>
>>> nickname = 1024              # 整型的变量
>>> print(type(nickname))
<class 'int'>
```

说明

在 Python 语言中，使用内置函数 type() 可以返回变量类型。

在 Python 中，允许多个变量指向同一个值。例如：将两个变量都赋值为数字 2048，再分别应用内置函数 id() 获取变量的内存地址，将得到相同的结果。执行过程如下：

```
>>> no = number = 2048
>>> id(no)
49364880
>>> id(number)
49364880
```

说明

在 Python 语言中，使用内置函数 id() 可以返回变量所指的内存地址。

说明

常量就是程序在运行过程中，值不能改变的量，比如现实生活中的居民身份证号码、数学运算中的 π 值等，这些都是不会发生改变的，它们都可以定义为常量。在 Python 中，并没有提供定义常量的保留字。不过，在 PEP 8 规范中规定了常量由大写字母和下画线组成，在实际项目中，常量首次赋值后，还是可以被其他代码修改的。

2.4 基本数据类型

在内存中存储的数据可以有多种类型。例如：一个人的姓名可以用字符串类型存储，年龄可以使用数值类型存储，婚姻状况可以使用布尔类型存储。这里的字符串类型、数值类型、布尔类型都是 Python 语言中提供的基本数据类型。下面将详细介绍基本数据类型。

2.4.1 数值类型

视频讲解：资源包\Video\02\2.4.1 数字类型.mp4

在生活中，经常使用数字记录比赛得分、公司的销售数据和网站的访问量等信息。在 Python 语言中，提供了数值类型用于保存这些数值，并且它们是不可改变的数据类型。如果修改数值类型变量的值，那么会先把新值存放到内存中，然后修改变量让其指向新的内存地址。

在 Python 语言中，数值类型主要包括整数、浮点数和复数。

1. 整数

整数用来表示整数数值，即没有小数部分的数值。在 Python 语言中，整数包括正整数、负整数和 0，并且它的位数是任意的（当超过计算机自身的计算功能时，会自动转用高精度计算），如果要指定一个非常大的整数，只需要写出其所有的位数即可。

整数类型包括十进制整数、八进制整数、十六进制整数和二进制整数。

（1）十进制整数：十进制整数的表现形式大家都很熟悉。例如，下面的数值都是有效的十进制整数。

```
31415926535897932384626
6666666666666666666666666666666666666666666666666666666666666666666666666666
-2018
0
```

在 IDLE 中执行的结果如图 2.19 所示。

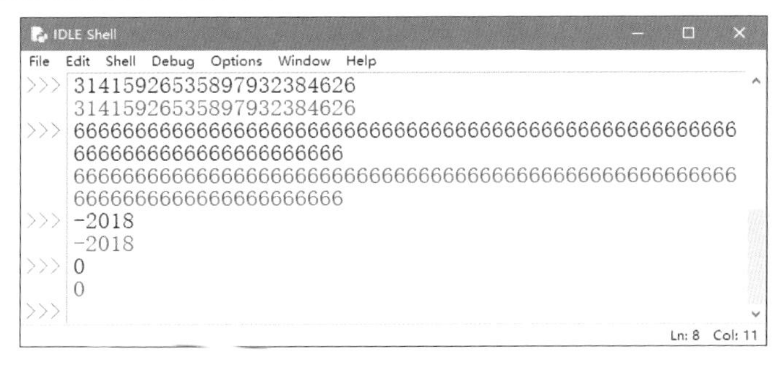

图 2.19　有效的整数

不能以 0 作为十进制整数的开头（0 除外）。

注意

（2）八进制整数：由 0~7 组成，进位规则为“逢八进一”，并且以 0o/0O 开头，如 0o123（转换成十进制为 83）、-0o123（转换成十进制为 -83）。

在 Python 3.X 中，八进制整数必须以 0o/0O 开头。但在 Python 2.x 中，八进制整数可以以 0 开头。

注意

（3）十六进制整数：由 0~9，A~F 组成，进位规则为“逢十六进一”，并且以 0x/0X 开头，如 0x25（转换成十进制为 37）、0Xb01e（转换成十进制为 45086）。

十六进制整数必须以 0X 或 0x 开头。

注意

（4）二进制整数：由 0 和 1 组成，进位规则是“逢二进一”，如 101（转换成十进制为 5）、1010（转换成十进制为 10）。

2. 浮点数

浮点数由整数部分和小数部分组成，主要用于处理包括小数的数，例如：1.414、0.5、-1.732、3.14159265358979323846 26 等。浮点数也可以使用科学记数法表示，例如：2.7e2、-3.14e5 和 6.16e-2 等。

在使用浮点数进行计算时，可能会出现小数位数不确定的情况。例如，计算 0.1+0.1 时，将得到想要的 0.2，而计算 0.1+0.2 时，将得到 0.30000000000000004（想要的结果为 0.3），执行过程如下：

注意

```
>>> 0.1+0.1
0.2
>>> 0.1+0.2
0.30000000000000004
```

对于这种情况，所有的语言都存在这个问题，暂时忽略多余的小数位数即可。

实例 01　根据身高、体重计算 BMI 指数　　实例位置：资源包 \Code\SL\02\01

在 IDLE 中创建一个名称为 bmiexponent.py 的文件，然后在该文件中定义两个变量：一个用于记录身高（单位为米），另一个用于记录体重（单位为千克），根据公式“BMI= 体重 /（身高 × 身高）”计算 BMI 指数，代码如下：

```
01  height = 1.70                              # 保存身高的变量，单位为米
02  print("您的身高：" + str(height))
03  weight = 48.5                              # 保存体重的变量，单位为千克
04  print("您的体重：" + str(weight))
05  bmi=weight/(height*height)                 # 用于计算BMI指数，公式：BMI=体重/身高的平方
06  print("您的BMI指数为："+str(bmi))            # 输出BMI指数
07  # 判断身材是否合理
08  if bmi<18.5:
09      print("您的体重过轻 ~@_@~")
10  if bmi>=18.5 and bmi<24.9:
11      print("正常范围，注意保持 (-_-)")
12  if bmi>=24.9 and bmi<29.9:
13      print("您的体重过重 ~@_@~")
14  if bmi>=29.9:
15      print("肥胖 ^@_@^")
```

说明

上面的代码只是为了展示浮点数的实际应用，其中，str() 函数用于将数值转换为字符串，if 语句用于进行条件判断。如需了解更多关于函数和条件判断的知识，请查阅后面的章节。

运行结果如图 2.20 所示。

```
您的身高：1.7
您的体重：48.5
您的BMI指数为：16.782006920415228
您的体重过轻 ~@_@~
```

图 2.20　根据身高、体重计算 BMI 指数

3. 复数

Python 中的复数与数学中的复数的形式几乎完全一致，都由实部和虚部组成，只不过使用 j 或 J 表示虚部。当表示一个复数时，可以将其实部和虚部相加，例如，一个复数，实部为 3.14，虚部为 12.5j，则这个复数为 3.14+12.5j。

2.4.2 字符串类型

视频讲解：资源包\Video\02\2.4.2 字符串类型.mp4

视频讲解

字符串就是连续的字符序列，可以是计算机所能表示的一切字符的集合。在 Python 中，字符串属于不可变序列，通常使用单引号“' '”、双引号“" "”，或者三引号“''' '''或""" """”括起来。这 3 种引号形式在语义上没有差别，只是在形式上有些差别。其中单引号和双引号中的字符序列必须在一行上，而三引号内的字符序列可以分布在连续的多行上。例如，定义 3 个字符串类型变量，并且应用 print() 函数输出，代码如下：

```
01  title = '我喜欢的名言警句'                                  # 使用单引号，字符串内容必须在一行
02  mot_cn = "命运给予我们的不是失望之酒，而是机会之杯。"        # 使用双引号，字符串内容必须在一行
03  # 使用三引号，字符串内容可以分布在多行
04  mot_en = '''Our destiny offers not the cup of despair,
05  but the chance of opportunity.'''
06  print(title)
07  print(mot_cn)
08  print(mot_en)
```

执行结果如图 2.21 所示。

```
我喜欢的名言警句
命运给予我们的不是失望之酒，而是机会之杯。
Our destiny offers not the cup of despair,
but the chance of opportunity.
```

图 2.21　使用 3 种形式定义字符串

注意

字符串开始和结尾使用的引号形式必须一致。另外，当需要表示复杂的字符串时，还可以嵌套使用引号。例如，下面的字符串也都是合法的。

```
'在Python中也可以使用双引号（" "）定义字符串'
"'(··)nnn'也是字符串"
"""'---' "_"***"""
```

实例 02　输出 007 号坦克　　实例位置：资源包 \Code\SL\02\02

在 IDLE 中先创建一个名称为 tank.py 的文件，然后在该文件中输出一个表示字符画的字符串，由于该字符画有多行，所以需要使用三引号作为字符串的定界符。具体代码如下：

```
01  print('''
02                            ▶ 学编程，你不是一个人在战斗~~
03                            |
04                    __\--__|_
05  II=======OOOOO[/ ★007___|
06             _____\______|/-----.
07           /___mingrisoft.com___|
08            \◎◎◎◎◎◎◎◎◎⊙/
09              ~~~~~~~~~~~~~~~~~~
10  ''')
```

运行结果如图 2.22 所示。

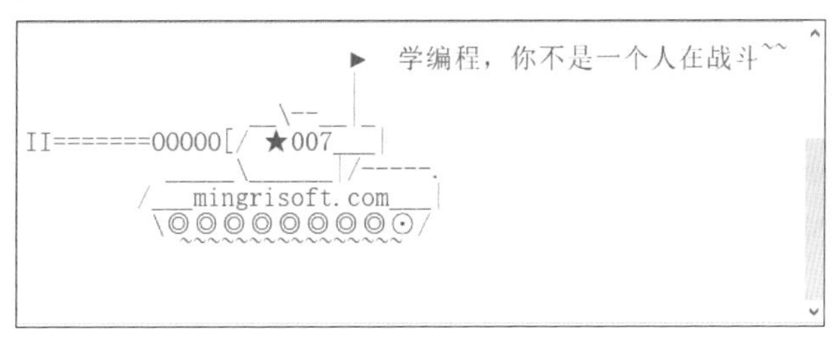

图 2.22　输出 007 号坦克

Python 中的字符串还支持转义字符。所谓转义字符，是指使用反斜杠“\”对一些特殊字符进行转义。常用的转义字符如表 2.2 所示。

表 2.2　常用的转义字符及其说明

转义字符	说　明
\	续行符
\n	换行符
\0	空
\t	水平制表符，用于横向跳到下一制表位
\"	双引号
\'	单引号
\\	一个反斜杠
\f	换页
\0dd	八进制数，dd 代表字符，如 \012 代表换行
\xhh	十六进制数，hh 代表字符，如 \x0a 代表换行

注意

如果在字符串定界符引号的前面加上字母 r（或 R），那么该字符串将原样输出，其中的转义字符将不进行转义。例如，输出字符串“" 失望之酒 \x0a 机会之杯 "”，将输出转义字符换行，而输出字符串“r" 失望之酒 \x0a 机会之杯 "”，则原样输出，执行结果如图 2.23 所示。

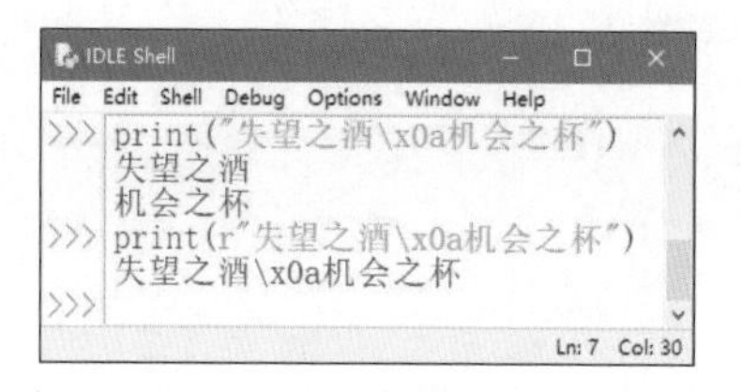

图 2.23　转义和原样输出的对比

2.4.3 布尔类型

视频讲解：资源包\Video\02\2.4.3 布尔类型.mp4

布尔类型主要用来表示真值或假值。在 Python 中，标识符 True 和 False 被解释为布尔值。另外，Python 中的布尔值可以转化为数值，True 表示 1，False 表示 0。

说明

Python 中的布尔类型的值可以进行数值运算，例如，“False + 1”的结果为 1。但是不建议对布尔类型的值进行数值运算。

在 Python 中，所有的对象都可以进行真值测试。其中，只有下面列出的几种情况得到的值为假，其他对象在 if 或者 while 语句中都表现为真。

☑ False 或 None。
☑ 数值中的零，包括 0、0.0、虚数 0。
☑ 空序列，包括空字符串、空元组、空列表、空字典。
☑ 自定义对象的实例，该对象的 __bool__ 方法返回 False 或者 __len__ 方法返回 0。

2.4.4 数据类型转换

视频讲解：资源包\Video\02\2.4.4 数据类型转换.mp4

Python 是动态类型的语言（也称为弱类型语言），不需要像 Java 或者 C 语言一样在使用变量前声明变量的类型。虽然 Python 不需要先声明变量的类型，但有时仍然需要用到类型转换。例如，在实例 01 中，要想通过一个 print() 函数输出提示文字“您的身高：”和浮点型变量 height 的值，就需要将浮点型变量 height 转换为字符串，否则将显示如图 2.24 所示错误。

```
Traceback (most recent call last):
  File "C:\python\demo.py", line 2, in <module>
    print("您的身高：" + height)
TypeError: can only concatenate str (not "float") to str
```

图 2.24　字符串和浮点型变量连接时出错

在 Python 中，提供了如表 2.3 所示函数进行数据类型的转换。

表 2.3　常用类型转换函数及其作用

函　数	作　用
int(x)	将 x 转换成整数类型
float(x)	将 x 转换成浮点数类型
complex(real [,imag])	创建一个复数
str(x)	将 x 转换为字符串
repr(x)	将 x 转换为表达式字符串
eval(str)	计算在字符串中的有效 Python 表达式，并返回一个对象
chr(x)	将整数 x 转换为一个字符
ord(x)	将一个字符 x 转换为它对应的整数值
hex(x)	将一个整数 x 转换为一个十六进制字符串
oct(x)	将一个整数 x 转换为一个八进制字符串
bin(x)	将一个整数 x 转换为一个二进制字符串
round(x[,ndigits])	将浮点数 x 四舍五入到指定位数

场景模拟 | 假设某超市因为找零麻烦，特设抹零行为。现编写一段 Python 代码，实现模拟超市的这种带抹零的结账行为。

实例 03　模拟超市抹零结账行为　　实例位置：资源包 \Code\SL\02\03

在 IDLE 中创建一个名称为 erase_zero.py 的文件，在该文件中，首先将各个商品的金额累加，计算出商品总金额，并转换为字符串输出，然后应用 int() 函数将浮点型的变量转换为整型，从而实现抹零处理，并转换为字符串输出。关键代码如下：

```
01  money_all = 56.75 + 72.91 + 88.50 + 26.37 + 68.51      # 累加总计金额
02  money_all_str = str(money_all)                         # 转换为字符串
03  print("商品总金额为：" + money_all_str)
04  money_real = int(money_all)                            # 进行抹零处理
05  money_real_str = str(money_real)                       # 转换为字符串
06  print("实收金额为：" + money_real_str)
```

运行结果如图 2.25 所示。

```
商品总金额为：313.04
实收金额为：313
```

图 2.25　模拟超市抹零结账行为

在进行数据类型转换时，如果把一个非数字字符串转换为整型，将产生如图 2.26 所示错误。

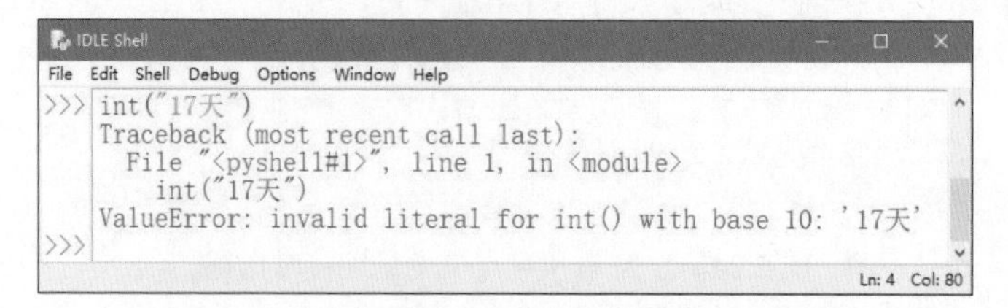

图 2.26　将非数字字符串转换为整型产生的错误

2.5 运算符

运算符是一些特殊的符号，主要用于数学计算、比较大小和逻辑运算等。Python 的运算符主要包括算术运算符、赋值运算符、比较（关系）运算符、逻辑运算符和位运算符。使用运算符将不同类型的数据按照一定的规则连接起来的式子，称为表达式。例如，使用算术运算符连接起来的式子称为算术表达式，使用逻辑运算符连接起来的式子称为逻辑表达式。下面介绍一些常用的运算符。

2.5.1 算术运算符

视频讲解：资源包\Video\02\2.5.1 算术运算符.mp4

算术运算符是处理四则运算的符号，在数字的处理中应用得最多。常用的算术运算符如表 2.4 所示。

表 2.4　常用的算术运算符

运　算　符	说　　明	实　　例	结　　果
+	加	12.45+15	27.45
-	减	4.56-0.26	4.3
*	乘	5*3.6	18.0
/	除	7/2	3.5
%	求余，即返回除法的余数	7%2	1
//	取整除，即返回商的整数部分	7//2	3
**	幂，即返回 x 的 y 次方	2**4	16，即 2^4

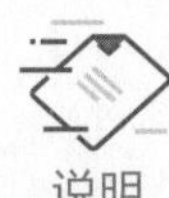

在算术运算符中使用 % 求余，如果除数（第二个操作数）是负数，那么取得的结果也是一个负值。

使用除法（/ 或 //）运算符和求余运算符时，除数不能为 0，否则将会出现异常，如图 2.27 所示。

```
IDLE Shell
File Edit Shell Debug Options Window Help
>>> 5//0
Traceback (most recent call last):
  File "<pyshell#2>", line 1, in <module>
    5//0
ZeroDivisionError: integer division or modulo by zero
>>> 5/0
Traceback (most recent call last):
  File "<pyshell#3>", line 1, in <module>
    5/0
ZeroDivisionError: division by zero
>>> 5%0
Traceback (most recent call last):
  File "<pyshell#4>", line 1, in <module>
    5%0
ZeroDivisionError: integer division or modulo by zero
>>>
                                                   Ln: 9  Col: 28
```

图 2.27　除数为 0 时出现的错误提示

实例 04　计算学生成绩的分差及平均分　｜实例位置：资源包 \Code\SL\02\04

某学员 3 门课程成绩如下：

课程	分数
Python	95
English	92
C 语言	89

编程实现：

☑ Python 课程和 C 语言课程的分数之差。

☑ 3 门课程的平均分。

在 IDLE 中创建一个名称为 score_handle.py 的文件，在该文件中，首先定义 3 个变量，用于存储各门课程的分数，然后应用减法运算符计算分数差，再应用加法运算符和除法运算符计算平均成绩，最后输出计算结果。代码如下：

```
01  python = 95                          # 定义变量，存储Python课程的分数
02  english = 92                         # 定义变量，存储English课程的分数
03  c = 89                               # 定义变量，存储C语言课程的分数
04  sub = python - c                     # 计算Python课程和C语言课程的分数差
05  avg = (python + english + c) / 3     # 计算平均成绩
06  print("Python课程和C语言课程的分数之差： " + str(sub) + " 分\n")
07  print("3门课的平均分： " + str(avg) + " 分")
```

运行结果如图 2.28 所示。

```
Python课程和C语言课程的分数之差： 6 分

3门课的平均分： 92.0 分
```

图 2.28　计算学生成绩的分差及平均分

2.5.2 赋值运算符

视频讲解：资源包\Video\02\2.5.2 赋值运算符.mp4

赋值运算符主要用来为变量等赋值。在使用时，可以直接把赋值运算符“=”右边的值赋给左边的

变量，也可以进行某些运算后再赋值给左边的变量。在 Python 中常用的赋值运算符如表 2.5 所示。

表 2.5　常用的赋值运算符

运 算 符	说　明	举　例	展 开 形 式
=	简单的赋值运算	x=y	x=y
+=	加赋值	x+=y	x=x+y
-=	减赋值	x-=y	x=x-y
*=	乘赋值	x*=y	x=x*y
/=	除赋值	x/=y	x=x/y
%=	取余数赋值	x%=y	x=x%y
**=	幂赋值	x**=y	x=x**y
//=	取整除赋值	x//=y	x=x//y

注意

混淆 = 和 == 是编程中最常见的错误之一。很多语言（不只是 Python）都使用了这两个符号。另外，很多程序员也经常会用错这两个符号。

2.5.3 比较（关系）运算符

视频讲解：资源包\Video\02\2.5.3 比较运算符.mp4

比较运算符也称关系运算符用于对变量或表达式的结果进行大小、真假等比较。如果比较结果为真，则返回 True，如果为假，则返回 False。比较运算符通常用在条件语句中作为判断的依据。Python 中的比较运算符如表 2.6 所示。

表 2.6　Python 的比较运算符

运 算 符	作　用	举　例	结　果
>	大于	'a' > 'b'	False
<	小于	156 < 456	True
==	等于	'c' == 'c'	True
!=	不等于	'y' != 't'	True
>=	大于或等于	479 >= 426	True
<=	小于或等于	62.45 <= 45.5	False

多学两招

在 Python 中，当需要判断一个变量是否介于两个值之间时，可以采用“值 1 < 变量 < 值 2”的形式，例如“0 < a < 100”。

实例 05　使用比较运算符比较大小关系　　实例位置：资源包 \Code\SL\02\05

在 IDLE 中创建一个名称为 comparison_operator.py 的文件，在该文件中定义 3 个变量，并分别使用 Python 中的各种比较运算符对它们的大小关系进行比较，代码如下：

```
01  python = 95        # 定义变量，存储Python课程的分数
02  english = 92       # 定义变量，存储English课程的分数
03  c = 89             # 定义变量，存储C语言课程的分数
04  # 输出3个变量的值
05  print("python = " + str(python) + " english = " +str(english) + " c = " +str(c) + "\n")
06  print("python < english的结果: " + str(python < english))      # 小于操作
07  print("python > english的结果: " + str(python > english))      # 大于操作
08  print("python == english的结果: " + str(python == english))    # 等于操作
09  print("python != english的结果: " + str(python != english))    # 不等于操作
10  print("python <= english的结果: " + str(python <= english))    # 小于或等于操作
11  print("english >= c的结果: " + str(python >= c))               # 大于或等于操作
```

运行结果如图 2.29 所示。

```
python = 95 english = 92 c = 89

python < english的结果: False
python > english的结果: True
python == english的结果: False
python != english的结果: True
python <= english的结果: False
english >= c的结果: True
```

图 2.29　使用比较运算符比较大小关系

2.5.4 逻辑运算符

视频讲解：资源包\Video\02\2.5.4 逻辑运算符.mp4

某手机店在每周二的 10 点至 11 点和每周五的 14 点至 15 点，对华为 Mate 10 系列手机进行折扣让利活动，如果顾客想参加折扣活动，就要在时间上满足两个条件：周二 10:00 a.m.~11:00 a.m.，周五 2:00 p.m.~3:00 p.m.。这里用到了逻辑关系，Python 中提供了逻辑运算符来进行这样的逻辑运算。

逻辑运算符是对真和假两种布尔值进行运算，运算后的结果仍是一个布尔值，Python 中的逻辑运算符主要包括 and（逻辑与）、or（逻辑或）、not（逻辑非）。表 2.7 列出了逻辑运算符的用法和说明。

表 2.7　逻辑运算符

运　算　符	含　　义	用　　法	结 合 方 向
and	逻辑与	op1 and op2	从左到右
or	逻辑或	op1 or op2	从左到右
not	逻辑非	not op	从右到左

使用逻辑运算符进行逻辑运算时，其运算结果如表 2.8 所示。

表 2.8　使用逻辑运算符进行逻辑运算的结果

表达式 1	表达式 2	表达式 1 and 表达式 2	表达式 1 or 表达式 2	not 表达式 1
True	True	True	True	False
True	False	False	True	False
False	False	False	False	True
False	True	False	True	True

实例 06　参加手机店的打折活动　　实例位置：资源包 \Code\SL\02\06

在 IDLE 中创建一个名称为 sale.py 的文件，然后在该文件中，使用代码实现 2.5.4 节开始描述的场景，代码如下：

```
01  print("\n手机店正在打折，活动进行中……")                              # 输出提示信息
02  strWeek = input("请输入中文星期（如星期一）：")                        # 输入星期，例如，星期一
03  intTime = int(input("请输入时间中的小时（范围：0~23）："))             # 输入时间
04  # 判断是否满足活动参与条件（使用了if条件语句）
05  if (strWeek == "星期二" and  (intTime >= 10 and intTime <= 11)) or (strWeek == "星期五"
and (intTime >= 14 and intTime <= 15)):
06      print("恭喜您，获得了折扣活动参与资格，快快选购吧！")               # 输出提示信息
07  else:
08      print("对不起，您来晚一步，期待下次活动……")                        # 输出提示信息
```

代码注解

（1）第 2 行代码中，input() 函数用于接收用户输入的字符序列。
（2）第 3 行代码中，由于 input() 函数返回的结果为字符串类型，所以需要进行类型转换。
（3）第 5 行和第 7 行代码使用了 if…else 条件判断语句，该语句主要用来判断程序是否满足某种条件。该语句将在第 3 章进行详细讲解，这里只需要了解即可。
（4）第 5 行代码中，对条件进行判断时使用了逻辑运算符 and、or 和比较运算符 ==、>=、<=。

按下快捷键 <F5> 运行实例，首先输入星期为“星期五”，然后输入时间为“19”，将显示如图 2.30 所示结果；再次运行实例，输入星期为“星期二”，时间为“10”，将显示如图 2.31 所示结果。

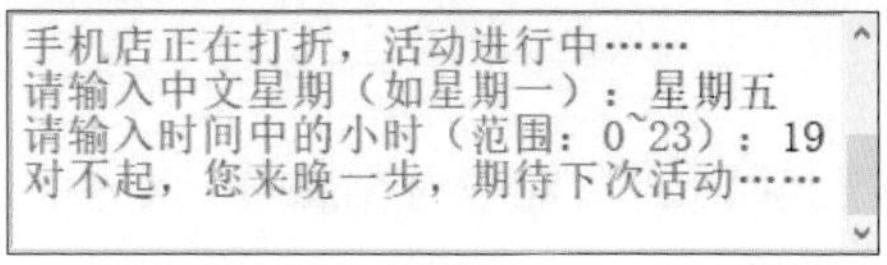

```
手机店正在打折，活动进行中……
请输入中文星期（如星期一）：星期五
请输入时间中的小时（范围：0~23）：19
对不起，您来晚一步，期待下次活动……
```

图 2.30　不符合条件的运行效果

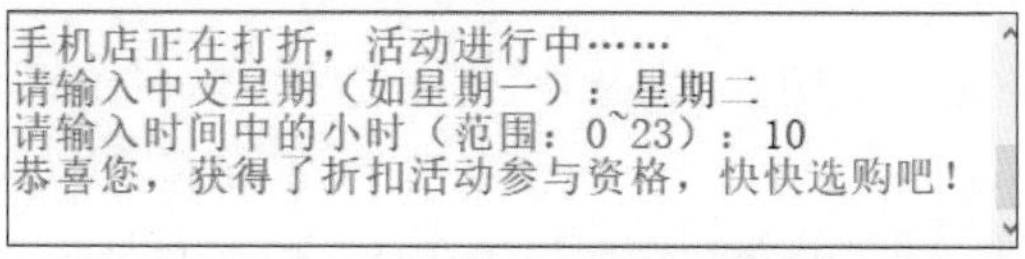

```
手机店正在打折，活动进行中……
请输入中文星期（如星期一）：星期二
请输入时间中的小时（范围：0~23）：10
恭喜您，获得了折扣活动参与资格，快快选购吧！
```

图 2.31　符合条件的运行效果

说明

本实例未对输入错误信息进行校验，所以为保证程序的正确性，请输入合法的星期和时间。另外，有兴趣的读者可以自行添加校验功能。

2.5.5 位运算符

视频讲解

视频讲解：资源包\Video\02\2.5.5 位运算符.mp4

位运算符是把数字看作二进制数来进行计算的，因此，需要先将要执行运算的数据转换为二进制数，然后才能进行运算。Python 中的位运算符有位与（&）、位或（|）、位异或（^）、取反（~）、左移位（<<）和右移位（>>）。

说明

整型数据在内存中以二进制的形式表示，如 7 的 32 位二进制形式如下：

00000000 00000000 00000000 00000111

其中，左边最高位是符号位，最高位是 0，表示正数，若为 1，则表示负数。负数采用补码表示，如 -7 的 32 位二进制形式如下：

11111111 11111111 11111111 11111001

1. “位与”运算

“位与”运算的运算符为“&”，“位与”运算的运算法则是：两个操作数的二进制表示，只有对应数位都是 1 时，结果数位才是 1，否则为 0。如果两个操作数的精度不同，则结果的精度与精度高的操作数相同，如图 2.32 所示。

```
  0000 0000 0000 1100
& 0000 0000 0000 1000
---------------------
  0000 0000 0000 1000
```

图 2.32　12&8 的运算过程

2. “位或”运算

“位或”运算的运算符为“|”，“位或”运算的运算法则是：两个操作数的二进制表示，只有对应数位都是 0，结果数位才是 0，否则为 1。如果两个操作数的位数不同，则结果的位数与位数较高的操作数相同，如图 2.33 所示。

```
  0000 0000 0000 0100
| 0000 0000 0000 1000
---------------------
  0000 0000 0000 1100
```

图 2.33　4|8 的运算过程

3. “位异或”运算

“位异或”运算的运算符是“^”，“位异或”运算的运算法则是：当两个操作数的二进制表示相同（同时为 0 或同时为 1）时，结果为 0，否则为 1。若两个操作数的位数不同，则结果的位数与位数较高的操作数相同，如图 2.34 所示。

```
  0000 0000 0001 1111
^ 0000 0000 0001 0110
---------------------
  0000 0000 0000 1001
```

图 2.34　31^22 的运算过程

4. “位取反”运算

“位取反”运算也称“位非”运算，运算符为“~”。“位取反”运算就是将操作数中对应的二进制数 1 修改为 0，0 修改为 1，如图 2.35 所示。

```
~ 0000 0000 0111 1011
---------------------
  1111 1111 1000 0100
```

图 2.35　~123 的运算过程

在 Python 中使用 print() 函数输出图 2.32~ 图 2.35 的运算结果，代码如下：

```
print("12&8 = "+str(12&8))          # 位与计算整数的结果
print("4|8 = "+str(4|8))            # 位或计算整数的结果
print("31^22 = "+str(31^22))        # 位异或计算整数的结果
print("~123 = "+str(~123))          # 位取反计算整数的结果
```

运算结果如图 2.36 所示。

```
12&8 = 8
4|8 = 12
31^22 = 9
~123 = -124
```

图 2.36　图 2.32~ 图 2.35 的运算结果

5. 左移位运算符 <<

左移位运算符 << 是将一个二进制操作数向左移动指定的位数，左边（高位端）溢出的位被丢弃，右边（低位端）的空位用 0 补充。左移位运算相当于乘以 2 的 *n* 次幂。

例如，int 类型数据 16 对应的二进制数为 00010000，将其左移 1 位，根据左移位运算符的运算规则可以得出 (00010000<<1)=00100000，所以转换为十进制数就是 32（16×2）；将其左移 2 位，根据左移位运算符的运算规则可以得出 (00010000<<2)=01000000，所以转换为十进制数就是 64（16×2^2）。其执行过程如图 2.37 所示。

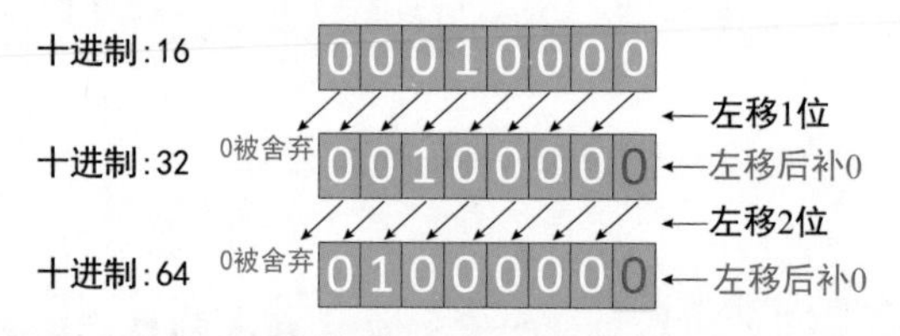

图 2.37　左移位运算

6. 右移位运算符 >>

右移位运算符 >> 是将一个二进制操作数向右移动指定的位数，右边（低位端）溢出的位被丢弃，而在填充左边（高位端）的空位时，如果最高位是 0（正数），左侧空位填入 0；如果最高位是 1（负数），左侧空位填入 1。右移位运算相当于除以 2 的 *n* 次幂。

正数 48 右移 1 位的运算过程如图 2.38 所示。

负数 -80 右移 2 位的运算过程如图 2.39 所示。

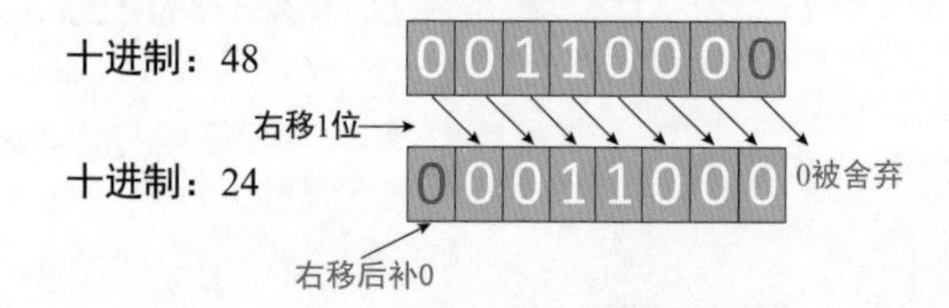

图 2.38　正数 48 右移 1 位的运算过程

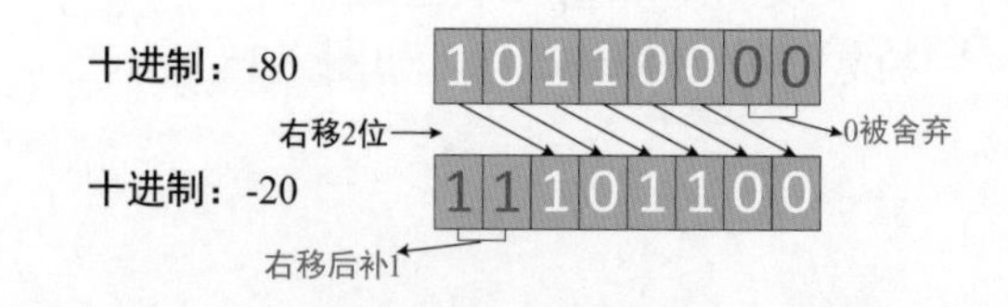

图 2.39　负数 -80 右移 2 位的运算过程

2.5.6 运算符的优先级

视频讲解：资源包\Video\02\2.5.6 运算符的优先级.mp4

视频讲解

所谓运算符的优先级，是指在应用中哪一个运算符先计算，哪一个后计算，与数学的四则运算应遵循的“先乘除，后加减”是一个道理。

Python 的运算符的运算规则是：优先级高的运算先执行，优先级低的运算后执行，同一优先级的操作按照从左到右的顺序进行。也可以像四则运算那样使用小括号，括号内的运算最先执行。表 2.9

按从高到低的顺序列出了运算符的优先级。同一行中的运算符具有相同的优先级，此时它们的结合方向决定求值顺序。

表 2.9　运算符的优先级

运　算　符	说　　明
**	幂
~、+、-	取反、正号和负号
*、/、%、//	算术运算符
+、-	算术运算符
<<、>>	位运算符中的左移和右移
&	位运算符中的位与
^	位运算符中的位异或
|	位运算符中的位或
<、<=、>、>=、!=、==	比较运算符

多学两招

在编写程序时尽量使用括号“()”来限定运算次序，避免运算次序发生错误。

2.6 基本输入和输出

基本输入和输出是指我们平时从键盘上输入字符，然后在屏幕上显示，如图 2.40 所示。

图 2.40　输入与输出

从第一个 Python 程序开始，我们一直在使用 print() 函数向屏幕上输出一些字符，这就是 Python 的基本输出函数。除了 print() 函数，Python 还提供了一个用于进行标准输入的 input() 函数，用于接收用户从键盘上输入的内容。

2.6.1 使用 input() 函数输入

视频讲解

视频讲解：资源包\Video\02\2.6.1 使用input()函数输入.mp4

在 Python 中，使用内置函数 input() 可以接收用户的键盘输入。input() 函数的基本用法如下：

```
variable = input("提示文字")
```

其中，variable 为保存输入结果的变量，双引号内的文字用于提示要输入的内容。例如，想要接收用户输入的内容，并保存到变量 tip 中，可以使用下面的代码：

```
tip = input("请输入文字：")
```

在 Python 3.X 中，无论输入的是数字还是字符，都将被作为字符串读取。如果想要接收数值，需要把接收到的字符串进行类型转换。例如，想要接收整型的数字并保存到变量 age 中，可以使用下面的代码：

```
age = int(input("请输入数字："))
```

实例 07　根据身高、体重计算 BMI 指数（改进版）　　实例位置：资源包 \Code\SL\02\07

在 2.4.1 节的实例 01 中，实现根据身高、体重计算 BMI 指数时，身高和体重是固定的，下面将其修改为使用 input() 函数输入，修改后的代码如下：

```
01 height = float(input("请输入您的身高（单位为米）：")) 　　　　# 输入身高，单位为米
02 weight = float(input("请输入您的体重（单位为千克）：")) # 输入体重，单位为千克
03 bmi=weight/(height*height)              # 用于计算BMI指数，公式: BMI=体重/身高的平方
04 print("您的BMI指数为: "+str(bmi))       # 输出BMI指数
05 # 判断身材是否合理
06 if bmi<18.5:
07     print("您的体重过轻 ~@_@~")
08 if bmi>=18.5 and bmi<24.9:
09     print("正常范围，注意保持 (-_-)")
10 if bmi>=24.9 and bmi<29.9:
11     print("您的体重过重 ~@_@~")
12 if bmi>=29.9:
13     print("肥胖 ^@_@^")
```

运行结果如图 2.41 所示。

```
请输入您的身高（单位为米）：1.68
请输入您的体重（单位为千克）：53
您的BMI指数为：18.77834467120182
正常范围，注意保持 (-_-)
```

图 2.41　根据身高和体重计算 BMI 指数

2.6.2 使用 print() 函数输出

视频讲解：资源包\Video\02\2.6.2 使用print()函数输出.mp4

在 Python 中，默认情况下使用内置的 print() 函数可以将结果输出到 IDLE 或者标准控制台上。其基本语法格式如下：

```
print(输出内容)
```

其中，输出内容可以是数字和字符串（字符串需要使用引号括起来），此类内容将直接输出；也可以是包含运算符的表达式，此类内容将计算结果输出。例如：

```
a = 10                                    # 变量a，值为10
b = 6                                     # 变量b，值为6
print(6)                                  # 输出数字6
print(a*b)                                # 输出变量a*b的结果60
print(a if a>b else b)                    # 输出条件表达式的结果10
print("成功的唯一秘诀——坚持最后一分钟")    # 输出字符串“成功的唯一秘诀——坚持最后一分钟”
```

多学两招

在 Python 中，默认情况下，一条 print() 语句输出后会自动换行，如果想要一次输出多个内容，而且不换行，可以将要输出的内容使用英文半角逗号分隔。例如，下面的代码将在一行输出变量 a 和 b 的值：

```
# 输出变量a和b，结果为：10 6
print(a,b)
```

在输出时，也可以把结果输出到指定文件，例如，将一个字符串“命运给予我们的不是失望之酒，而是机会之杯。”输出到 D:\mot.txt 中，代码如下：

```
fp = open(r'D:\mot.txt','a+')                          # 打开文件
print("命运给予我们的不是失望之酒，而是机会之杯。",file=fp)  # 输出到文件中
fp.close()                                             # 关闭文件
```

多学两招

在上面的代码中应用了打开文件、关闭文件等文件操作的内容。关于这部分内容的详细介绍请参见本书第 10 章，这里了解即可。

执行上面的代码后，将在 D 盘根目录下生成一个名称为 mot.txt 的文件，该文件的内容为文字“命运给予我们的不是失望之酒，而是机会之杯。”，如图 2.42 所示。

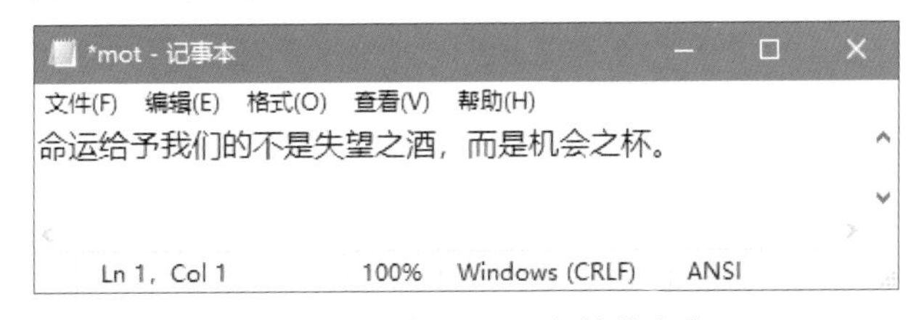

图 2.42　文件 mot.txt 文件的内容

2.7 实战

实战一：模拟手机充值场景

编写 Python 程序，模拟以下场景。

计算机输出：欢迎使用 XXX 充值业务，请输入充值金额：

用户输入：100

计算机输出：充值成功，您本次充值 100 元。

效果如图 2.43 所示。

```
欢迎使用XXX充值业务，请输入充值金额：
100
充值成功，您本次充值 100 元
```

图 2.43　模拟手机充值场景

实战二：绘制《植物大战僵尸》中的石头怪

对于《植物大战僵尸》中的石头怪大家一定不会陌生，请在 Python 中应用“*”号和“@”符号输出一个石头怪，效果如图 2.44 所示。

实战三：根据父母的身高预测儿子的身高

本实战将实现根据输入的父亲和母亲的身高，预测出儿子的身高，并打印出来。计算公式为：儿子身高 =（父亲身高 + 母亲身高）×0.54。实现效果如图 2.45 所示。

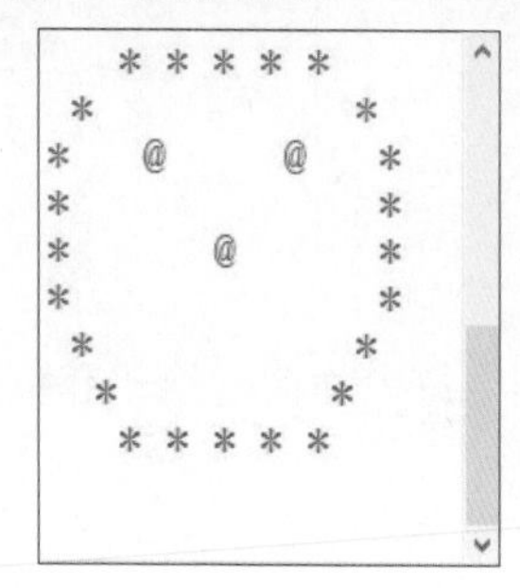

图 2.44　绘制《植物大战僵尸》中的石头怪

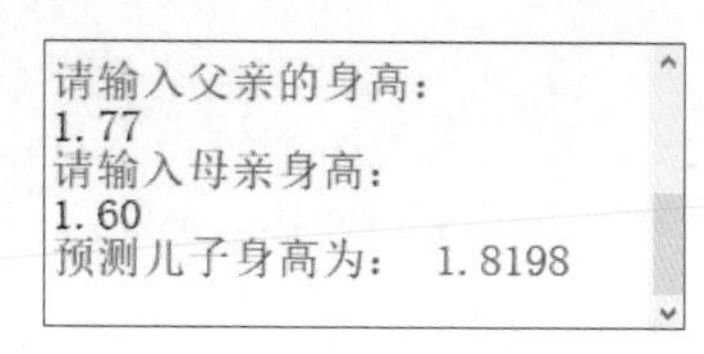

图 2.45　根据父母的身高预测儿子的身高

实战四：根据总步数计算消耗的热量值

本实战将实现根据当天的总步数，计算消耗的热量值。由于行走速度不同，卡路里的消耗计算也不同，这里假设走一步消耗 28 卡路里。实现效果如图 2.46 所示。

```
请输入当天行走的步数！
23006
今天共消耗卡路里： 644168 （即 644.168 千卡）
```

图 2.46　根据总步数计算消耗的热量值

2.8 小结

本章首先对 Python 的语法特点进行了介绍，主要包括注释、代码缩进和编码规范，然后介绍了 Python 中的保留字、标识符及定义变量的方法，接下来介绍了 Python 中的基本数据类型、运算符和表达式，最后介绍了基本输入和输出函数的使用。本章的内容是学习 Python 的基础，读者需要重点掌握，为后续学习打下良好的基础。

本章 e 学码：关键知识点拓展阅读

GBK 编码——GBK 编码详细介绍
input() 函数
keyword
PEP 8 编码规范
SyntaxError 异常
UTF-8 编码 - 介绍
标识符 -Python 标识符介绍
关键字 -Python 关键字
模块——定义
内置函数 -Python 内置函数详细介绍

e 学码

第 3 章

流程控制语句

（视频讲解：1 小时 55 分钟）

本章概览

人们做任何事情都要遵循一定的原则。例如，到图书馆去借书，就需要有借书证，并且借书证不能过期，这两个条件缺一不可。程序设计也是如此，需要利用流程控制实现与用户的交流，并根据用户的需求决定程序“做什么”“怎么做”。

流程控制对于任何一门编程语言来说都是至关重要的，它提供了控制程序如何执行的方法。如果没有流程控制语句，整个程序将按照线性顺序来执行，而不能根据用户的需求决定程序执行的顺序。本章将对 Python 中的流程控制语句进行详细讲解。

知识框架

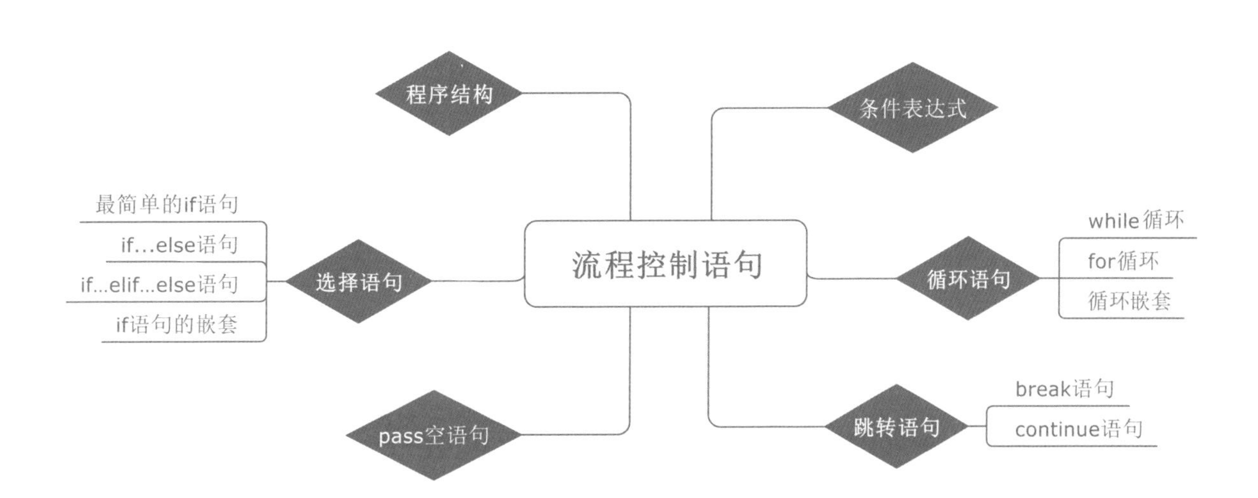

3.1 程序结构

视频讲解：资源包\Video\03\3.1 程序结构.mp4

视 频 讲 解

计算机在解决某个具体问题时，主要有 3 种情形，分别是顺序执行所有的语句、选择执行部分语句和循环执行部分语句。程序设计中的 3 种基本结构为顺序结构、选择结构和循环结构。这 3 种结构的执行流程如图 3.1 所示。

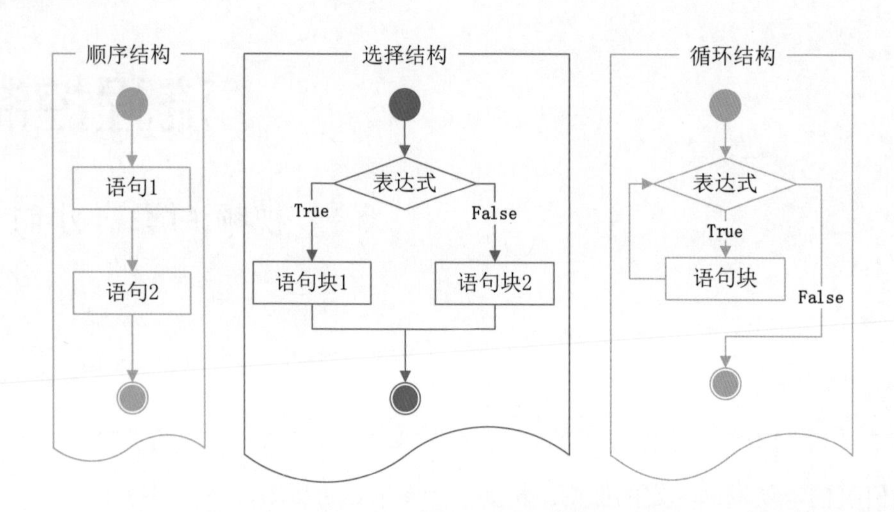

图 3.1 3 种基本结构的执行流程

其中，第一幅图是顺序结构的流程图，编写完毕的语句按照编写顺序依次被执行；第二幅图是选择结构的流程图，它主要根据条件语句的结果选择执行不同的语句；第三幅图是循环结构的流程图，它是在一定条件下反复执行某段程序的流程结构，其中，被反复执行的语句称为循环体，决定循环是否终止的判断条件称为循环条件。

本章之前编写的多数实例采用的都是顺序结构。例如，定义一个字符串类型的变量，然后输出该变量，代码如下：

```
mot_cn = "命运给予我们的不是失望之酒，而是机会之杯。"  # 使用双引号，字符串内容必须在一行
print(mot_cn)
```

看过金庸的小说《射雕英雄传》的人可能会记得，黄蓉与瑛姑见面时，曾出过这样一道数学题："今有物不知其数，三三数之剩二，五五数之剩三，七七数之剩二，问几何？"

解决这道题，有以下两个要素：

☑ 需要满足的条件是一个数，除以三余二，除以五余三，除以七余二。这就涉及条件判断，需要通过选择语句实现。

☑ 依次尝试符合条件的数。这就需要循环执行，需要通过循环语句实现。

3.2 选择语句

在生活中，我们总是要做出许多选择，编写程序也是一样。下面给出几个常见的例子：

☑ 如果购买成功，用户余额减少，用户积分增多。

☑ 如果输入的用户名和密码正确，提示登录成功，进入网站，否则，提示登录失败。

☑ 如果用户使用微信登录，则使用微信扫一扫；如果使用 QQ 登录，则输入 QQ 号和密码；如果使用微博登录，则输入微博账号和密码；如果使用手机号登录，则输入手机号和密码。

以上例子中的判断就是程序中的选择语句，也称为条件语句，即按照条件选择执行不同的代码片段。Python 中选择语句主要有 3 种形式，分别为 if 语句、if…else 语句和 if…elif…else 多分支语句。

说明

在其他语言（如 C、C++、Java 等）中，选择语句还包括 switch 语句，也可以实现多重选择。但是在 Python 3.12 以前的版本中没有 switch 语句，所以实现多重选择的功能时，只能使用 if…elif…else 语句或者 if 语句的嵌套。

3.2.1 最简单的 if 语句

视频讲解：资源包\Video\03\3.2.1　最简单的if语句.mp4

在 Python 中使用 if 保留字来组成简单的选择语句，语法格式如下：

```
if 表达式:
    语句块
```

其中，表达式可以是一个单纯的布尔值或变量，也可以是比较表达式或逻辑表达式（例如：a > b and a != c），如果表达式的值为真，则执行“语句块”；如果表达式的值为假，就跳过“语句块”，继续执行后面的语句，这种形式的 if 语句相当于汉语里的关联词语“如果……就……”，其流程图如图 3.2 所示。

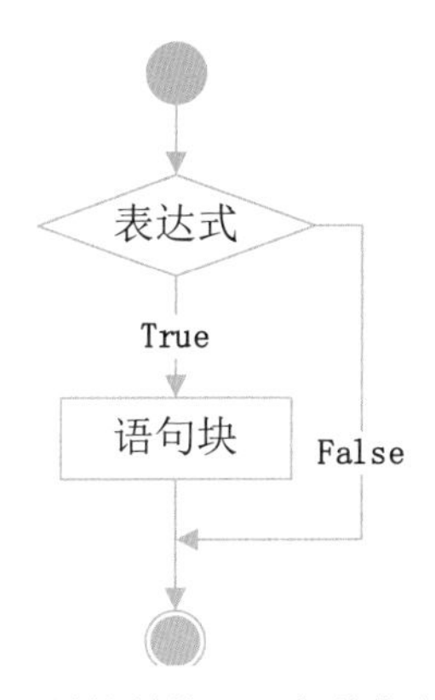

图 3.2　最简单的 if 语句的执行流程

说明

在 Python 中，当表达式的值为非零的数或者非空的字符串时，if 语句也认为是条件成立（即为真值）。具体都有哪些值才是假，可以参见 2.5.3 节。

下面通过一个具体的实例来解决黄蓉给瑛姑所出难题中的第一个要素：判断一个数，除以三余二，除以五余三，除以七余二。

实例 01　判断输入的是不是黄蓉所说的数　　实例位置：资源包 \Code\SL\03\01

使用 if 语句判断用户输入的数字是不是黄蓉所说的除以三余二，除以五余三，除以七余二的数，代码如下：

```
01    print("今有物不知其数，三三数之剩二，五五数之剩三，七七数之剩二，问几何？\n")
02    # 输入一个数
03    number = int(input("请输入您认为符合条件的数："))
04    # 判断是否符合条件
05    if number%3 == 2 and number%5 == 3 and number%7 == 2:
06        print(number,"符合条件：三三数之剩二，五五数之剩三，七七数之剩二")
```

运行程序，当输入 23 时，效果如图 3.3 所示；当输入 17 时，效果如图 3.4 所示。

```
今有物不知其数，三三数之剩二，五五数之剩三，七七数之剩二，问几何？

请输入您认为符合条件的数：23
23 符合条件：三三数之剩二，五五数之剩三，七七数之剩二
```

图 3.3　输入的是符合条件的数

```
今有物不知其数，三三数之剩二，五五数之剩三，七七数之剩二，问几何？

请输入您认为符合条件的数：17
```

图 3.4　输入的是不符合条件的数

说明

使用 if 语句时，如果只有一条语句，那么语句块可以直接写到冒号“:”的右侧，例如下面的代码：

```
if a > b:max = a
```

但是，为了程序代码的可读性，建议不要这么做。

常见错误

（1）if 语句后面未加冒号，例如下面的代码：

```
number = 5
if number == 5
    print("number的值为5")
```

运行后，将产生如图 3.5 所示语法错误。

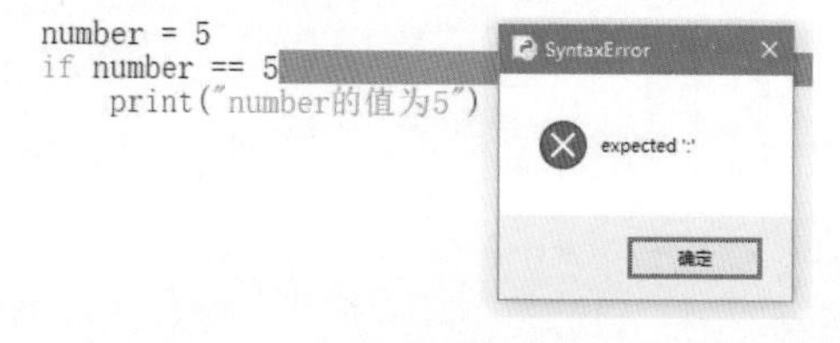

图 3.5　语法错误

解决的方法是在第 2 行代码的结尾处添加英文半角的冒号。正确的代码如下：

```
number = 5
if number == 5:
    print("number的值为5")
```

（2）使用 if 语句时，如果符合条件，则需要执行多个语句，例如，程序的真正意图是当 bmi 的值小于 18.5 时，才输出 bmi 的值和提示信息“您的体重过轻 ~@_@~”，那么正确的代码如下：

```
if bmi<18.5:
    print("您的BMI指数为："+str(bmi))          # 输出BMI指数
    print("您的体重过轻 ~@_@~")
```

在上面的代码中，如果第二个输出语句没有缩进，代码如下：

```
if bmi<18.5:
    print("您的BMI指数为："+str(bmi))          # 输出BMI指数
print("您的体重过轻 ~@_@~")
```

在执行程序时，无论 bmi 的值是否小于 18.5，都会输出“您的体重过轻 ~@_@~”。这显然与程序的本意是不符的，但程序并不会报告异常，因此这种 bug 很难发现。

3.2.2 if…else 语句

视频讲解：资源包\Video\03\3.2.2 if…else语句.mp4

如果遇到只能二选一的条件，例如，某大学毕业生到知名企业实习期满后留用，现在需要选择 Python 开发的方向，示意图如图 3.6 所示。

图 3.6　选择 Python 开发的方向

Python 中提供了 if…else 语句解决类似问题，其语法格式如下：

```
if 表达式:
    语句块1
else:
    语句块2
```

使用 if…else 语句时，表达式可以是一个单纯的布尔值或变量，也可以是比较表达式或逻辑表达式，如果满足条件，则执行 if 后面的语句块，否则，执行 else 后面的语句块，这种形式的选择语句相当于汉语里的关联词语“如果……否则……”，其流程图如图 3.7 所示。

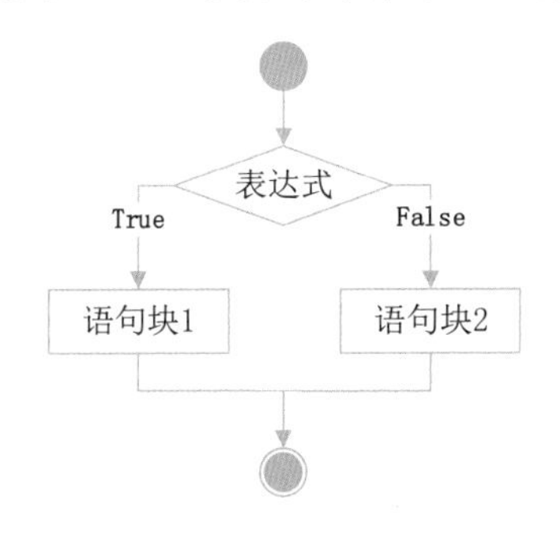

图 3.7　if…else 语句流程图

技巧：　if...else 语句可以使用条件表达式进行简化，如下面的代码:

```
a = -9
if a > 0:
    b = a
else:
    b = -a
print(b)
```

可以简写成:

```
a = -9
b = a if a>0 else -a
print(b)
```

上段代码主要实现求绝对值的功能，如果 a > 0，就把 a 的值赋值给变量 b，否则将 -a 赋值给变量 b。使用条件表达式的好处是可以使代码简洁，并且有一个返回值。

下面增加实例 01 的功能：如果输入的数不符合条件，则给出相应的提示。

实例 02　验证瑛姑给出的答案是否正确　　实例位置：资源包 \Code\SL\03\02

使用 if…else 语句判断输入的数字是不是黄蓉所说的除以三余二，除以五余三，除以七余二的数，并给予相应的提示，代码如下：

```
01  print("今有物不知其数，三三数之剩二，五五数之剩三，七七数之剩二，问几何？\n")
02  number = int(input("请输入瑛姑给出的数："))            # 输入一个数
03  if number%3 ==2 and number%5 ==3 and number%7 ==2:     # 判断是否符合条件
04      print(number,"符合条件")
05  else:                                                 # 不符合条件
06      print(number,"不符合条件")
```

运行程序，当输入 23 时，效果如图 3.8 所示；当输入 21 时，效果如图 3.9 所示。

```
今有物不知其数，三三数之剩二，五五数之剩三，七七数之剩二，问几何？

请输入瑛姑给出的数：23
23 符合条件
```

图 3.8　输入的是符合条件的数

```
今有物不知其数，三三数之剩二，五五数之剩三，七七数之剩二，问几何？

请输入瑛姑给出的数：21
21 不符合条件
```

图 3.9　输入的是不符合条件的数

注意

在使用 else 语句时，else 一定不可以单独使用，它必须和保留字 if 一起使用，例如，下面的代码是错误的：

```
else:
    print(number,"不符合条件")
```

程序中使用 if…else 语句时，如果出现 if 语句多于 else 语句的情况，那么该 else 语句将会根据缩进确定属于哪个 if 语句。如下面的代码：

```
01  a = -1
02  if a >= 0:
03      if a > 0:
04          print("a大于0")
05      else:
06          print("a等于0")
```

上面的语句将不输出任何提示信息，这是因为 else 语句属于第 3 行的 if 语句，所以当 a 小于 0 时，else 语句将不执行。而如果将上面的代码修改为以下内容：

```
01  a = -1
02  if a >= 0:
03      if a > 0:
04          print("a大于0")
05  else:
06      print("a小于0")
```

将输出提示信息“a 小于 0”。此时，else 语句和第 2 行的 if 语句配套使用。

3.2.3 if…elif…else 语句

视频讲解：资源包\Video\03\3.2.3 if…elif…else语句.mp4

大家平时在网上购物时，通常都有多种付款方式供选择，如图 3.10 所示。

图 3.10　购物时的付款页面

图 3.10 中提供了 5 种付款方式，这时用户就需要从多个选项中选择一个。在开发程序时，如果遇到多选一的情况，则可以使用 if…elif…else 语句，该语句是一个多分支选择语句，通常表现为“如果满足某种条件，就会进行某种处理，否则，如果满足另一种条件，则执行另一种处理……”。if…elif…else 语句的语法格式如下：

```
if 表达式1:
    语句块1
elif 表达式2:
    语句块2
elif 表达式3:
    语句块3
… …
else:
    语句块n
```

使用 if…elif…else 语句时，表达式可以是一个单纯的布尔值或变量，也可以是比较表达式或逻辑表达式，如果表达式的值为真，执行其下的语句；而如果表达式的值为假，则跳过该语句，进行下一个 elif 的判断，只有在所有表达式都为假的情况下，才会执行 else 中的语句。if…elif…else 语句的流程如图 3.11 所示。

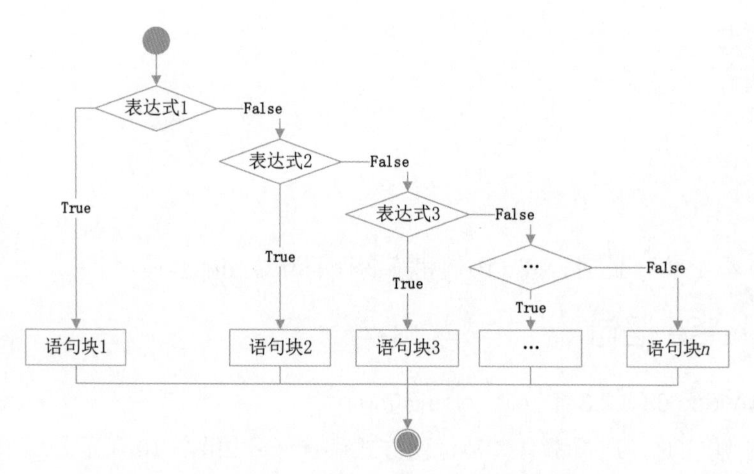

图 3.11　if…elif…else 语句的流程图

注意

if 和 elif 都需要判断表达式的真假，而 else 则不需要判断；另外，elif 和 else 都必须与 if 一起使用，不能单独使用。

实例 03　输出玫瑰花语　　实例位置：资源包 \Code\SL\03\03

使用 if…elif…else 多分支语句实现根据用户输入的玫瑰花的朵数输出其代表的含义，代码如下：

```
01  print("在古希腊神话中，玫瑰集爱情与美丽于一身，所以人们常用玫瑰来表达爱情。")
02  print("但是不同朵数的玫瑰花代表的含义是不同的。\n")
03  # 获取用户输入的朵数，并转换为整型
04  number = int(input("输入您想送几朵玫瑰花，小默会告诉您含义："))
05  if number == 1:                    # 判断输入的数是否为1，代表1朵
06      # 如果等于1则输出提示信息
07      print("1朵：你是我的唯一！")
08  elif number == 3:                  # 判断是否为3朵
09      print("3朵：I Love You！")
10  elif number == 10:                 # 判断是否为10朵
11      print("10朵：十全十美！")
12  elif number == 99:                 # 判断是否为99朵
13      print("99朵：天长地久！")
14  elif number == 108:                # 判断是否为108朵
15      print("108朵：求婚！")
16  else:
17      print("小默也不知道了！可以考虑送1朵、3朵、10朵、99朵或108朵哟！")
```

说明

第 4 行代码中的 int() 函数将用户的输入强制转换成整型。

运行程序，输入一个数值，并按下 <Enter> 键，即可显示相应的提示信息，效果如图 3.12 所示。

```
在古希腊神话中，玫瑰集爱与美于一身。人们常用玫瑰来表达爱情。
送不同朵数的玫瑰花代表的含义也不同。

输入您想送几朵玫瑰花，小默会告诉您含义：10
10朵：十全十美！
```

图 3.12　if…elif…else 多分支语句的使用

多学两招

使用 if 选择语句时，尽量遵循以下原则：

（1）当使用布尔类型的变量作为判断条件时，假设布尔型变量为 flag，较为规范的格式如下：

```
# 表示为真
if flag:
# 表示为假
if not flag:
```

不符合规范的格式如下：

```
if flag == True:
if flag == False:
```

（2）使用“if 1 == a:”这样的书写格式可以防止错写成“if a = 1:”这种形式，从而避免逻辑上的错误。

3.2.4 if 语句的嵌套

视频讲解

视频讲解：资源包\Video\03\3.2.4 if语句的嵌套.mp4

前面介绍了 3 种形式的 if 选择语句，这 3 种形式的选择语句之间都可以互相嵌套。

在最简单的 if 语句中嵌套 if…else 语句，形式如下：

```
if 表达式1:
    if 表达式2:
        语句块1
    else:
        语句块2
```

在 if…else 语句中嵌套 if…else 语句，形式如下：

```
if 表达式1:
    if 表达式2:
        语句块1
    else:
        语句块2
else:
    if 表达式3:
        语句块3
    else:
        语句块4
```

说明

if 选择语句可以有多种嵌套方式，开发程序时，可以根据自身需要选择合适的嵌套方式，但一定要严格控制好不同级别代码块的缩进量。

场景模拟｜国家质量监督检验检疫局发布的《车辆驾驶人员血液、呼气酒精含量阈值与检验》中规定：车辆驾驶人员血液中的酒精含量小于 20mg/100ml 不构成饮酒驾驶行为；酒精含量大于或等于 20mg/100m、小于 80mg/100ml 为饮酒驾车；酒精含量大于或等于 80mg/100ml 为醉酒驾车。现编写一段 Python 代码判断是否酒后驾车。

实例 04　判断是否为酒后驾车　　实例位置：资源包 \Code\SL\03\04

通过使用嵌套的 if 语句实现根据输入的酒精含量值判断是否为酒后驾车的功能，代码如下：

```
01  print("\n为了您和他人的安全，严禁酒后开车！\n")
02  proof = int(input("请输入每100毫升血液的酒精含量：")) # 获取用户输入的酒精含量，并转换为整型
03  if proof <20:                          # 酒精含量小于20毫克，不构成饮酒行为
04      print("\n您还不构成饮酒行为，可以开车，但要注意安全!")
05  else:                                  # 酒精含量大于或等于20毫克，已经构成饮酒驾车行为
06      if proof <80:                      # 酒精含量小于80毫克，达到饮酒驾驶标准
07              print("\n已经达到酒后驾驶标准，请不要开车！")
08      else:                              # 酒精含量大于或等于80毫克，已经达到醉酒驾驶标准
09          print("\n已经达到醉酒驾驶标准，千万不要开车！")
```

在上面的代码中，应用了 if 语句的嵌套，其具体的执行流程如图 3.13 所示。

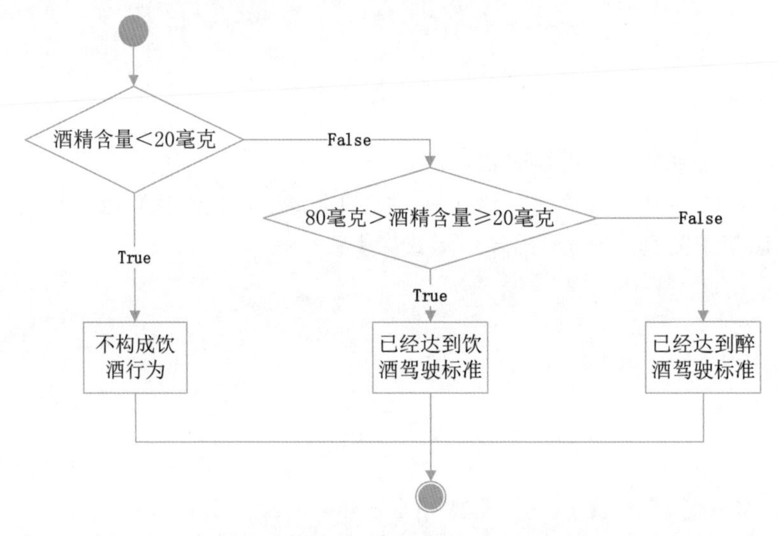

图 3.13　判断是否酒后驾车的执行流程

运行程序，当输入每 100 毫升酒精含量为 10 毫克时，将显示不构成饮酒行为，效果如图 3.14 所示；当输入酒精含量为 90 毫克时，将显示已经达到醉酒驾驶标准，效果如图 3.15 所示。

```
为了您和他人的安全，严禁酒后开车！
请输入每100毫升血液的酒精含量：10
您还不构成饮酒行为，可以开车，但要注意安全!
```

图 3.14　不构成饮酒行为

```
为了您和他人的安全，严禁酒后开车！
请输入每100毫升血液的酒精含量：90
已经达到醉酒驾驶标准，千万不要开车！
```

图 3.15　已经达到醉酒驾车标准

3.3 条件表达式

视频讲解：资源包\Video\03\3.3　条件表达式.mp4

在程序开发时，经常会根据表达式的结果，有条件地进行赋值。例如，要返回两个数中较大的数，可以使用下面的 if 语句：

```
a = 10
b = 6
if a>b:
    r = a
else:
    r = b
```

针对上面的代码，可以使用条件表达式进行简化，代码如下：

```
a = 10
b = 6
r = a if a > b else b
```

使用条件表达式时，先计算中间的条件（a>b），如果结果为 True，返回 if 语句左边的值，否则返回 else 右边的值。例如上面表达式中 r 的值为 10。

说明

Python 中提供的条件表达式，可以根据表达式的结果进行有条件的赋值。

3.4 循环语句

日常生活中很多问题都无法一次解决，如盖楼，所有高楼都是一层一层垒起来的。还有一些事情必须周而复始地运转才能保证其存在的意义，如公交车、地铁等交通工具必须每天往返于始发站和终点站之间。类似这样反复做同一件事的情况，称为循环。循环主要有两种类型：

☑ 重复一定次数的循环，称为计次循环，如 for 循环。

☑ 一直重复，直到条件不满足时才结束的循环，称为条件循环。只要条件为真，这种循环会一直持续下去，如 while 循环。

说明

在其他语言（例如，C、C++、Java 等）中，条件循环还包括 do…while 循环。但是，在 Python 中没有 do…while 循环。

3.4.1 while 循环

视频讲解：资源包\Video\03\3.4.1 while循环.mp4

while 循环是通过一个条件来控制是否要继续反复执行循环体的语句。

语法如下：

```
while 条件表达式:
    循环体
```

说明

循环体是指一组被重复执行的语句。

当条件表达式的返回值为真时，则执行循环体中的语句，执行完毕后，重新判断条件表达式的返回值，直到表达式返回的结果为假时，退出循环。while 循环语句的执行流程如图 3.16 所示。

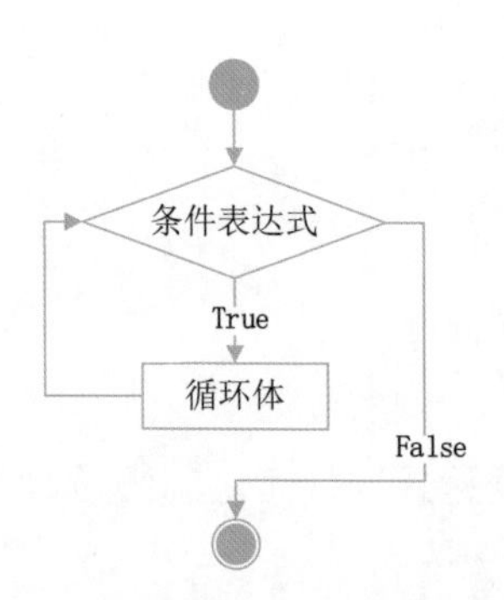

图 3.16 while 循环语句的执行流程图

我们用现实生活中的例子来理解 while 循环的执行流程。在体育课上，体育老师要求同学们沿着环形操场跑圈，要求当听到老师吹的哨子声时就停下来。同学们每跑一圈，都可能会请求老师吹哨子。如果老师吹哨子，则停下来，即循环结束，否则继续跑步，即执行循环。

下面通过一个具体的实例来解决 3.1 节给出的应用场景中的第二个要素：依次尝试符合条件的数，此时，需要用到第一个要素确定是否符合条件。

实例 05 助力瑛姑 ①：while 循环版解题法 | 实例位置：资源包 \Code\SL\03\05

使用 while 循环语句实现从 1 开始依次尝试符合条件的数，直到找到符合条件的数时，才退出循环。具体的实现方法是：首先定义一个用于计数的变量 number 和一个作为循环条件的变量 none（默认值为真），然后编写 while 循环语句，在循环体中，将变量 number 的值加 1，并且判断 number 的值是否符合条件，当符合条件时，将变量 none 设置为假，从而退出循环。具体代码如下：

```
01  print("今有物不知其数，三三数之剩二，五五数之剩三，七七数之剩二，问几何？\n")
02  none = True                                  # 作为循环条件的变量
03  number = 0                                   # 计数的变量
04  while none:
05      number += 1                                                # 计数加1
06      if number%3 ==2 and number%5 ==3 and number%7 ==2:         # 判断是否符合条件
07          print("答曰：这个数是",number)                         # 输出符合条件的数
08          none = False                                           # 将循环条件的变量赋值为否
```

运行程序，将显示如图 3.17 所示效果。从图 3.17 中可以看出第一个符合条件的数是 23，这就是黄蓉想要的答案。

```
今有物不知其数，三三数之剩二，五五数之剩三，七七数之剩二，问几何？
答曰：这个数是 23
```

图 3.17 助力瑛姑 ①：while 循环版解题法

注意

在使用 while 循环语句时，一定不要忘记添加将循环条件改变为 False 的代码（例如实例 05 中的第 08 行代码一定不能少），否则，将产生死循环。

3.4.2 for 循环

视频讲解：资源包\Video\03\3.4.2 for循环.mp4

for 循环是一个依次重复执行的循环。通常适用于枚举或遍历序列，以及迭代对象中的元素。

语法如下：

```
for 迭代变量 in 对象:
    循环体
```

其中，迭代变量用于保存读取出的值；对象为要遍历或迭代的对象，该对象可以是任何有序的序列对象，如字符串、列表和元组等；循环体为一组被重复执行的语句。

for 循环语句的执行流程如图 3.18 所示。

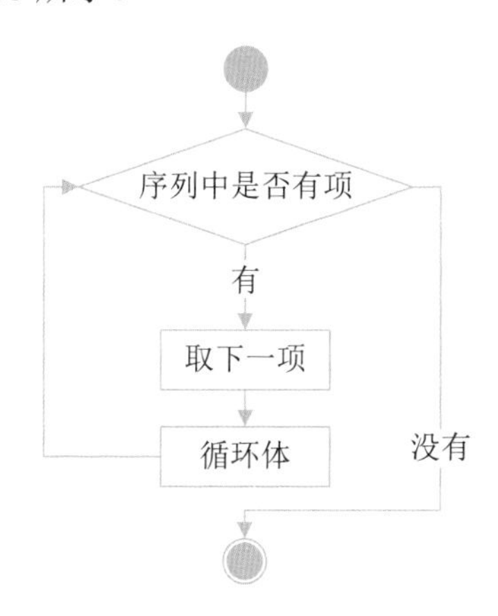

图 3.18　for 循环语句的执行流程图

我们用现实生活中的例子来理解 for 循环的执行流程。在体育课上，体育老师要求同学们排队进行踢毽球测试，每个同学一次机会，毽球落地则换另一个同学，直到全部同学都测试完毕，即循环结束。

1. 进行数值循环

在使用 for 循环时，最基本的应用就是进行数值循环。例如，想要实现从 1 到 100 的累加，可以通过下面的代码实现：

```
print("计算1+2+3+……+100的结果为：")
result = 0                          # 保存累加结果的变量
for i in range(101):
    result += i                     # 实现累加功能
print(result)                       # 在循环结束时输出结果
```

在上面的代码中，使用了 range() 函数，该函数是 Python 内置的函数，用于生成一系列连续的整数，多用于 for 循环语句中。其语法格式如下：

```
range(start,end,step)
```

参数说明：

☑ start：用于指定计数的起始值，可以省略，如果省略则从 0 开始。

☑ end：用于指定计数的结束值（但不包括该值，如 range(7)，则得到的值为 0~6，不包括 7），不能省略。当 range() 函数中只有一个参数时，即表示指定计数的结束值。

☑ step：用于指定步长，即两个数之间的间隔，可以省略，如果省略则表示步长为 1。例如，range(1,7) 将得到 1、2、3、4、5、6。

注意

在使用 range() 函数时，如果只有一个参数，那么表示指定的是 end；如果有两个参数，则表示指定的是 start 和 end；只有 3 个参数都存在时，最后一个参数才表示步长。

例如，使用下面的 for 循环语句，将输出 10 以内的所有奇数：

```
for i in range(1,10,2):
    print(i,end = ' ')
```

得到的结果如下：

```
1 3 5 7 9
```

多学两招

在 Ptyhon 3.X 中，使用 print() 函数时，不能直接加逗号，需要加上“,end = ' 分隔符 '”，在上面的代码中使用的分隔符为一个空格。

说明

在 Python 3.X 中删除了老式 xrange() 函数。

下面通过一个具体的实例来演示 for 循环语句进行数值循环的具体应用。

实例 06　助力瑛姑 ②：for 循环版解题法　　实例位置：资源包 \Code\SL\03\06

使用 for 循环语句实现从 1 循环到 100（不包含 100），并且记录符合黄蓉要求的数。具体的实现方法是：应用 for 循环语句从 1 迭代到 99，在循环体中，判断迭代变量 number 是否符合“三三数之剩二，五五数之剩三，七七数之剩二”的要求，如果符合则应用 print() 函数输出，否则继续循环。具体代码如下：

```
01  print("今有物不知其数，三三数之剩二，五五数之剩三，七七数之剩二，问几何？\n")
02  for number in range(100):
03      if number%3 ==2 and number%5 ==3 and number%7 ==2:  # 判断是否符合条件
04          print("答曰：这个数是",number)                   # 输出符合条件的数
```

运行程序，将显示如图 3.17 所示效果。

常见错误

for 语句后面未加冒号。例如下面的代码：

```
for number in range(100)
    print(number)
```

运行后，将产生如图 3.19 所示语法错误。解决的方法是在第一行代码的结尾处添加一个冒号。

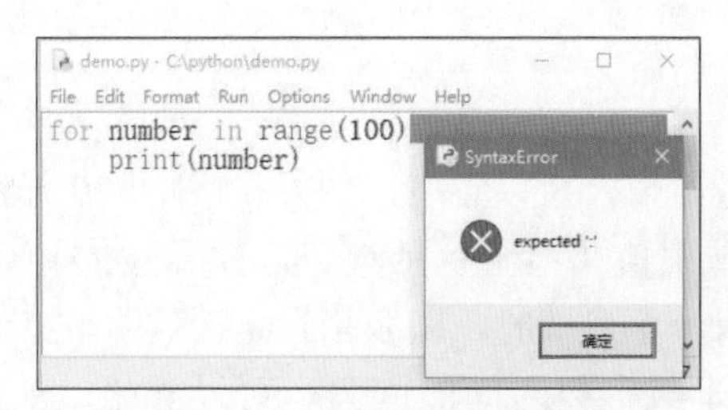

图 3.19　for 循环语句的常见错误

2. 遍历字符串

使用 for 循环语句除了可以循环数值，还可以逐个遍历字符串，例如，下面的代码可

以将横向显示的字符串转换为纵向显示：

```
string = '不要再说我不能'
print(string)                                           # 横向显示
for ch in string:
    print(ch)                                           # 纵向显示
```

上面代码的运行结果如图 3.20 所示。

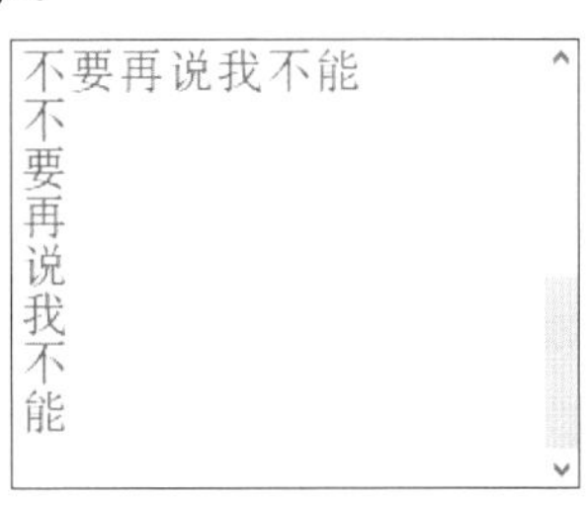

图 3.20　将字符串转换为纵向显示

for 循环语句还可以用于迭代（遍历）列表、元组、集合和字典等，具体的方法将在第 4 章进行介绍。

3.4.3 循环嵌套

视频讲解：资源包\Video\03\3.4.3 循环嵌套.mp4

在 Python 中，允许在一个循环体中嵌入另一个循环，这称为循环嵌套。例如，在电影院找座位号，需要知道第几排第几列才能准确找到自己的座位号，假如寻找如图 3.21 所示第二排第三列座位，首先寻找第二排，然后在第二排再寻找第三列，这个寻找座位的过程就类似循环嵌套。

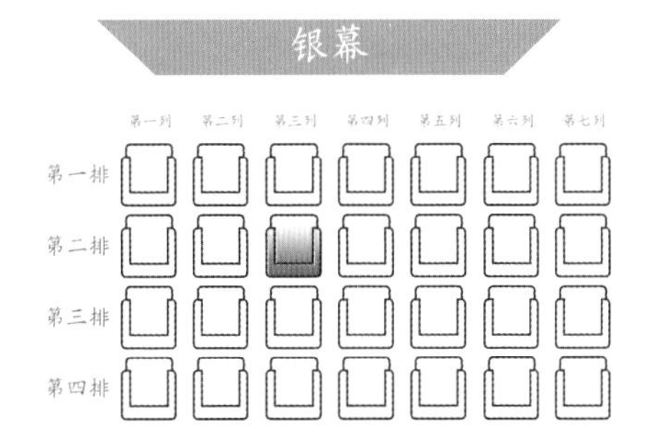

图 3.21　寻找座位的过程就类似循环嵌套

在 Python 中，for 循环和 while 循环都可以进行循环嵌套。

例如，在 while 循环中套用 while 循环的格式如下：

```
while 条件表达式1:
    while 条件表达式2:
        循环体2
    循环体1
```

在 for 循环中套用 for 循环的格式如下：

```
for 迭代变量1 in 对象1:
    for 迭代变量2 in 对象2:
        循环体2
    循环体1
```

在 while 循环中套用 for 循环的格式如下：

```
while 条件表达式:
    for 迭代变量 in 对象:
        循环体2
    循环体1
```

在 for 循环中套用 while 循环的格式如下：

```
for 迭代变量 in 对象:
    while 条件表达式:
        循环体2
    循环体1
```

除了上面介绍的 4 种嵌套格式，还可以实现更多层的嵌套，因为与上面的嵌套方法类似，这里就不再一一列出了。

实例 07 打印九九乘法表 | 实例位置：资源包 \Code\SL\03\07

使用嵌套的 for 循环打印九九乘法表，代码如下：

```
01  for i in range(1, 10):              # 输出9行
02      for j in range(1, i + 1):       # 输出与行数相等的列
03          print(str(j) + "×" + str(i) + "=" + str(i * j) + "\t", end='')
04      print('')                       # 换行
```

代码注解 本实例的代码使用了双层 for 循环（循环流程如图 3.22 所示），第一个循环可以看成是对乘法表行数的控制，同时也是每一个乘法公式的第二个因数；第二个循环控制乘法表的列数，列数的最大值应该等于行数，因此第二个循环的条件应该是建立在第一个循环的基础上的。

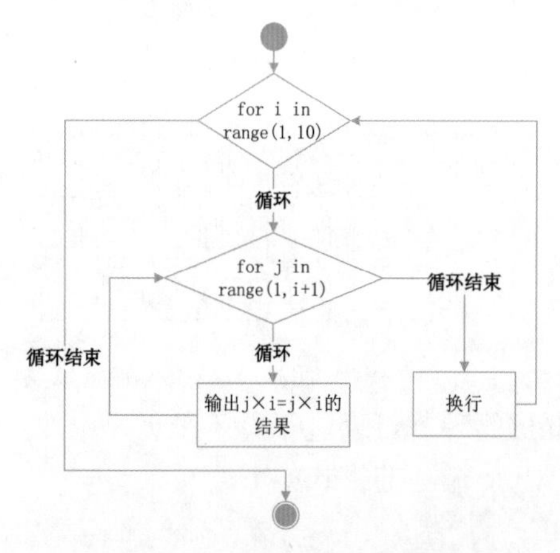

图 3.22 实例 07 的循环流程

程序运行结果如图 3.23 所示。

```
1×1=1
1×2=2  2×2=4
1×3=3  2×3=6   3×3=9
1×4=4  2×4=8   3×4=12  4×4=16
1×5=5  2×5=10  3×5=15  4×5=20  5×5=25
1×6=6  2×6=12  3×6=18  4×6=24  5×6=30  6×6=36
1×7=7  2×7=14  3×7=21  4×7=28  5×7=35  6×7=42  7×7=49
1×8=8  2×8=16  3×8=24  4×8=32  5×8=40  6×8=48  7×8=56  8×8=64
1×9=9  2×9=18  3×9=27  4×9=36  5×9=45  6×9=54  7×9=63  8×9=72  9×9=81
```

图 3.23 使用循环嵌套打印九九乘法表

3.5 跳转语句

当循环条件一直满足时，程序将会一直执行下去，就像一辆迷路的车，在某个地方不停地转圈。如果希望在中间离开循环，也就是 for 循环结束重复之前，或者 while 循环找到结束条件之前，有两种方法来做到：

☑ 使用 continue 语句直接跳到循环的下一次迭代。

☑ 使用 break 完全终止循环。

3.5.1 break 语句

动图学习

视频讲解

视频讲解：资源包\Video\03\3.5.1 break语句.mp4

break 语句可以终止当前的循环，包括 while 和 for 在内的所有控制语句。以独自一人沿着操场跑步为例，原计划跑 10 圈。可是在跑到第 2 圈的时候，遇到自己的女神或者男神，于是果断停下来，终止跑步，这就相当于使用了 break 语句提前终止了循环。break 语句的语法比较简单，只需要在相应的 while 或 for 语句中加入即可。

说明

break 语句一般会结合 if 语句进行搭配使用，表示在某种条件下跳出循环。如果使用嵌套循环，break 语句将跳出最内层的循环。

在 while 语句中使用 break 语句的形式如下：

```
while 条件表达式1:
    执行代码
    if 条件表达式2:
        break
```

其中，条件表达式 2 用于判断何时调用 break 语句跳出循环。在 while 语句中使用 break 语句的流程如图 3.24 所示。

在 for 语句中使用 break 语句的形式如下：

```
for 迭代变量 in 对象:
    if 条件表达式:
        break
```

其中，条件表达式用于判断何时调用 break 语句跳出循环。在 for 语句中使用 break 语句的流程如图 3.25 所示。

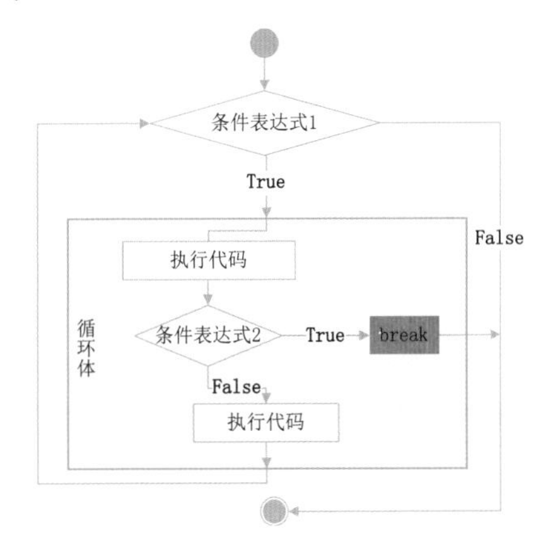

图 3.24　在 while 语句中使用 break 语句的流程图

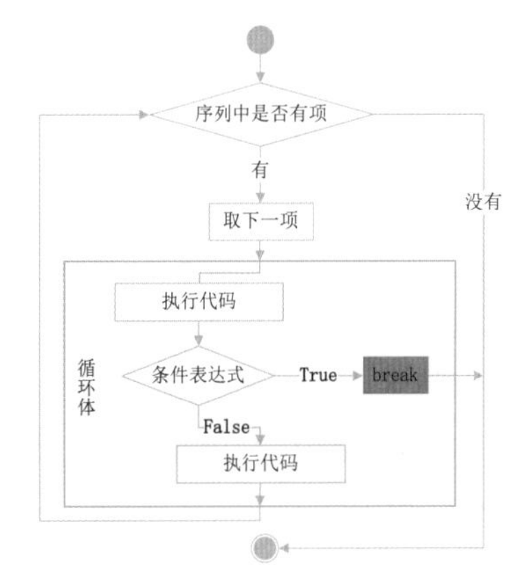

图 3.25　在 for 语句中使用 break 语句的流程图

在实例 06 中，使用 for 循环语句解决了黄蓉难倒瑛姑的数学题。但是，在该实例中，尽管在循环到 23 时已经找到了符合要求的数，但依然要一直循环到 99。下面对实例 06 进行改进，实现当找到第一个符合条件的数后就跳出循环，这样可以提高程序的执行效率。

实例 08　助力瑛姑 ③：for 循环改进版解题法　　实例位置：资源包 \Code\SL\03\08

在实例 06 的最后一行代码下方再添加一个 break 语句，即可以实现找到符合要求的数后直接退出 for 循环。修改后的代码如下：

```
01  print("今有物不知其数，三三数之剩二，五五数之剩三，七七数之剩二，问几何？\n")
02  for number in range(100):
03      if number%3 ==2 and number%5 ==3 and number%7 ==2:        # 判断是否符合条件
04          print("答曰：这个数是",number)                           # 输出符合条件的数
05          break                                                    # 跳出for循环
```

运行程序，将显示如图 3.17 所示效果。如果想要看出实例 08 和实例 06 的区别，可以在上面第 02 和 03 行代码之间添加“print(number)”语句输出 number 的值。添加 break 语句后的执行效果如图 3.26 所示，未添加 break 语句时的执行效果如图 3.27 所示。

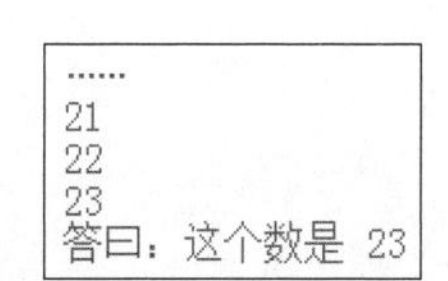

图 3.26　添加 break 语句时的效果

图 3.27　未添加 break 语句时的效果

3.5.2 continue 语句

视频讲解：资源包\Video\03\3.5.2 continue语句.mp4

continue 语句的作用没有 break 语句强大，它只能终止本次循环而提前进入到下一次循环中。仍然以独自一人沿着操场跑步为例，原计划跑步 10 圈。当跑到第 2 圈一半的时候，遇到自己的女神或者男神也在跑步，于是果断停下来，跑回起点等待，制造一次完美邂逅，然后从第 3 圈开始继续。

continue 语句的语法比较简单，只需要在相应的 while 或 for 语句中加入即可。

说明

continue 语句一般会与 if 语句搭配使用，表示在某种条件下，跳过当前循环的剩余语句，然后继续进行下一轮循环。如果使用嵌套循环，continue 语句将只跳过最内层循环中的剩余语句。

在 while 语句中使用 continue 语句的形式如下：

```
while 条件表达式1:
    执行代码
    if 条件表达式2:
        continue
```

其中，条件表达式 2 用于判断何时调用 continue 语句跳出循环。在 while 语句中使用 continue 语句的流程如图 3.28 所示。

在 for 语句中使用 continue 语句的形式如下：

```
for 迭代变量 in 对象:
    if 条件表达式:
        continue
```

其中，条件表达式用于判断何时调用 continue 语句跳出循环。在 for 语句中使用 continue 语句的流程如图 3.29 所示。

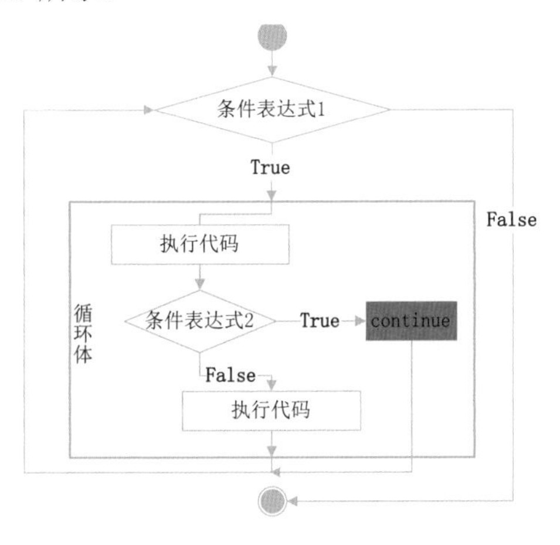

图 3.28　在 while 语句中使用 continue 语句的流程图

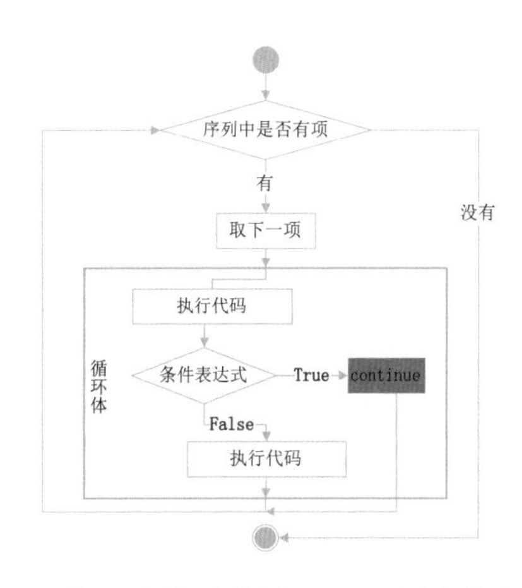

图 3.29　在 for 语句中使用 continue 语句的流程图

场景模拟 | 几个好朋友一起玩逢七拍腿游戏，即从 1 开始依次数数，当数到尾数是 7 的数或 7 的倍数时，则不报出该数，而是拍一下腿。现在编写程序，从 1 数到 99，假设每个人都没有出错，计算一共要拍多少次腿。

实例 09　逢七拍腿游戏

实例位置：资源包 \Code\SL\03\09

通过在 for 循环中使用 continue 语句实现计算拍腿次数，即计算从 1 到 100（不包括 100），一共有多少个尾数为 7 或 7 的倍数这样的数，代码如下：

```
01  total = 99                                # 记录拍腿次数的变量
02  for number in range(1,100):               # 创建一个从1到100（不包括）的循环
03      if number % 7 ==0:                    # 判断是否为7的倍数
04          continue                          # 继续下一次循环
05      else:
06          string = str(number)              # 将数值转换为字符串
07          if string.endswith('7'):          # 判断是否以数字7结尾
08              continue                      # 继续下一次循环
09      total -= 1                            # 可拍腿次数-1
10  print("从1数到99共拍腿",total,"次。")      # 显示拍腿次数
```

说明

第 3 行代码实现的是：当所判断的数字是 7 的倍数时，会执行第 4 行的 continue 语句，跳过后面的减 1 操作，直接进入下一次循环；同理，第 7 行代码用于判断是否以数字 7 结尾，如果是，直接进入下一次循环。

程序运行结果如图 3.30 所示。

```
从1数到99共拍腿 22 次。
```

图 3.30　逢七拍腿游戏的运行结果

3.6 pass 空语句

视频讲解：资源包\Video\03\3.6 pass空语句.mp4

在 Python 中还有一个 pass 语句，表示空语句。它不做任何事情，一般起到占位作用。例如，在应用 for 循环输出 1~10 之间（不包括 10）的偶数时，在不是偶数时，应用 pass 语句占个位置，方便以后对不是偶数的数进行处理。代码如下：

```
for i in range(1,10):
    # 判断是否为偶数
    if i%2 == 0:
        print(i,end = ' ')
    # 不是偶数
    else:
        # 占位符，不做任何事情
        pass
```

程序运行结果如下：

```
2 4 6 8
```

3.7 实战

实战一：模拟支付宝蚂蚁森林的能量产生过程

支付宝的蚂蚁森林中通过日常的走路、生活缴费、线下支付、网络购票、共享单车等低碳、环保行为可以积攒能量，当能量达到一定数量后，可以种一棵真正的树。那么本实战将模拟支付宝蚂蚁森林的能量产生过程。效果如图 3.31 所示。

```
查询能量请输入能量来源！退出程序请输入0
能量来源如下：
生活缴费、行走捐、共享单车、线下支付、网络购票
行走捐
200g
查询能量请输入能量来源！退出程序请输入0
能量来源如下：
生活缴费、行走捐、共享单车、线下支付、网络购票
0
已退出！
```

图 3.31　模拟支付宝蚂蚁森林的能量产生过程

实战二：猜数字游戏

编写一个猜数字的小游戏，随机生成一个 1 到 10 之间（包括 1 和 10）的数字作为基准数，玩家每次通过键盘输入一个数字，如果输入的数字和基准数相同，则成功过关，否则重新输入。如果玩家输入 -1，则表示退出游戏。效果如图 3.32 所示。

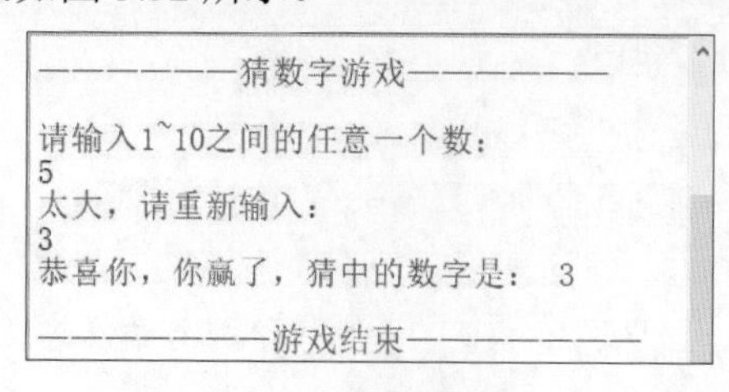

图 3.32　猜数字游戏

实战三：模拟“跳一跳”小游戏的加分块

“跳一跳”小游戏中提供了一些加分块，当跳到这些加分块上时，会有额外的加分。本实战将模拟“跳一跳”小游戏，实现输入不同的加分块，显示应加的分数，效果如图 3.33 所示。

实战四：模拟 10086 查询功能

编写 Python 程序，模拟 10086 自助查询系统的功能：

输入 1，显示您当前的余额；

输入 2，显示您当前剩余的流量，单位为 G；

输入 3，您当前的剩余通话时长，单位为分钟；

输入 0，退出自助查询系统。

效果如图 3.34 所示。

```
--------------跳一跳-------------

欢迎回来，请开始游戏……
请输入（中心、音乐块、微信支付块）：
请输入：中心
您的分数为：2
请输入：音乐块
您的分数为：32
请输入：微信支付块
您的分数为：42
请输入：
```

图 3.33　“跳一跳”小游戏的加分块

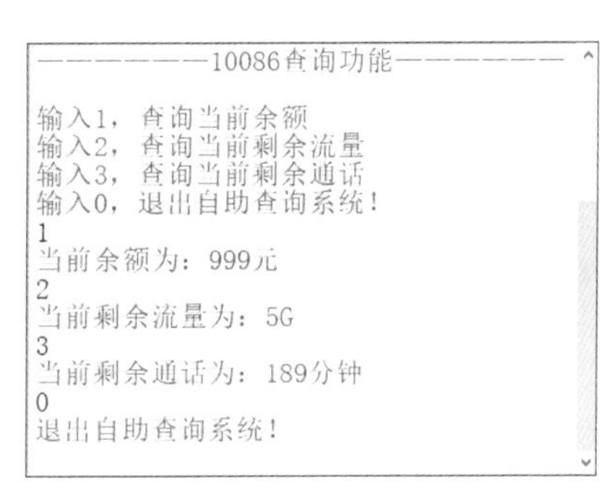

图 3.34　模拟 10086 查询功能

3.8 小结

本章详细介绍了选择语句、循环语句、break 语句、continue 跳转语句及 pass 空语句的概念及用法。在程序中，语句是程序完成一次操作的基本单位，而流程控制语句是用于控制语句的执行顺序的。在讲解流程控制语句时，通过实例演示了每种语句的用法。在学习本章内容时，读者要重点掌握 if 语句、while 语句和 for 语句的用法，这几种语句在程序开发中会经常用到。希望通过对本章的学习，读者能够熟练掌握 Python 中流程控制语句的使用，并能够应用到实际开发中。

本章 e 学码：关键知识点拓展阅读

bmi　　　　switch 语句　　　　死循环

range() 函数　　　　迭代

第 4 章

序列的应用

（视频讲解：4 小时 51 分钟）

本章概览

在数学里，序列也称为数列，是指按照一定顺序排列的一列数，而在程序设计中，序列是一种常用的数据存储方式，几乎每一种程序设计语言都提供了类似的数据结构。例如，C 语言或 Java 中的数组等。

在 Python 中序列是最基本的数据结构。它是一块用于存放多个值的连续内存空间。Python 中内置了 5 个常用的序列结构，分别是列表、元组、集合、字典和字符串。本章将详细介绍列表、元组、集合和字典，关于字符串的内容将在第 5 章详细介绍。

知识框架

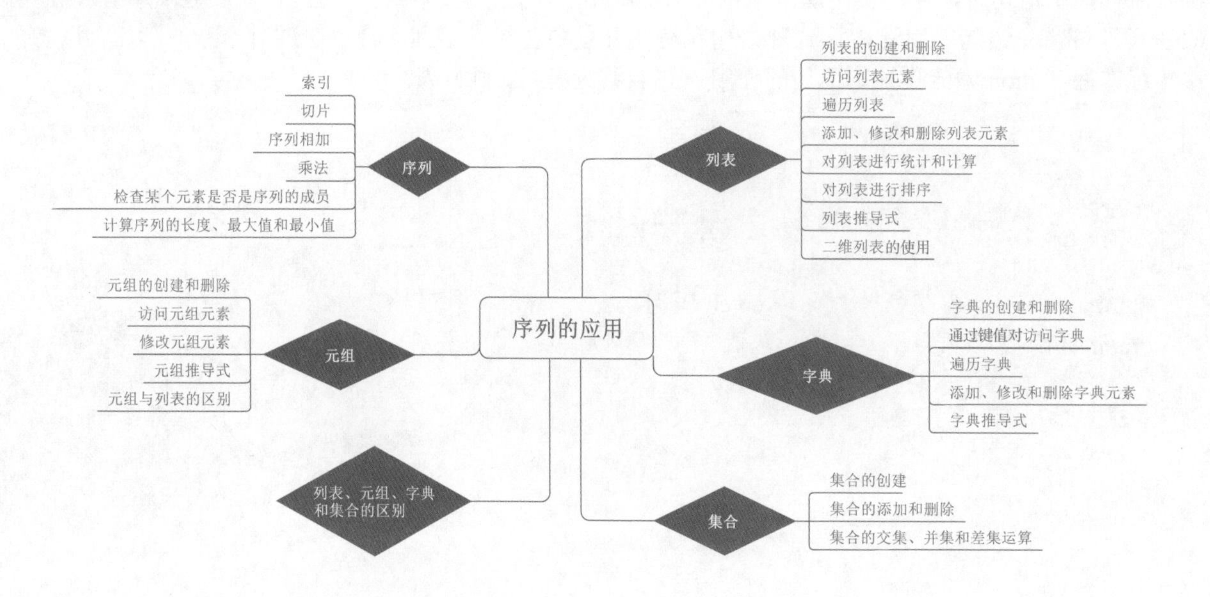

4.1 序列

序列是一块用于存放多个值的连续内存空间，并且按一定顺序排列，每一个值（称为元素）都分配一个数字，称为索引或位置。通过该索引可以取出相应的值。例如，我们可以把一家酒店看作一个序列，那么酒店里的每个房间都可以看作是这个序列的元素。而房间号就相当于索引，可以通过房间号找到对应的房间。

在 Python 中，序列结构主要有列表、元组、集合、字典和字符串，对于这些序列结构有以下几个通用的操作。其中，集合和字典不支持索引、切片、相加和相乘操作。

4.1.1 索引

视频讲解：资源包\Video\04\4.1.1 索引（Indexing）.mp4

序列中的每一个元素都有一个编号，也称为索引。这个索引是从 0 开始递增的，即下标为 0 表示第一个元素，下标为 1 表示第 2 个元素，以此类推。如图 4.1 所示。

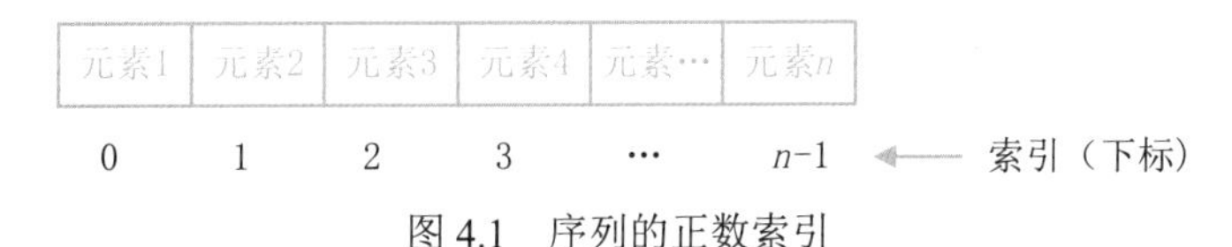

图 4.1　序列的正数索引

Python 比较神奇，它的索引可以是负数。此时索引从右向左计数，也就是从最后的一个元素开始计数，即最后一个元素的索引值是 -1，倒数第二个元素的索引值为 -2，以此类推。如图 4.2 所示。

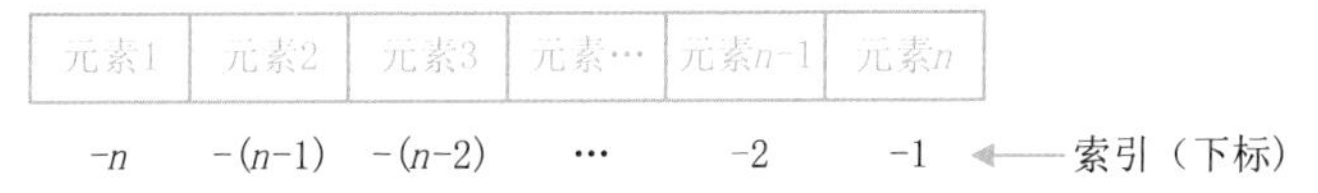

图 4.2　序列的负数索引

注意：在采用负数作为索引值时，是从 -1 开始，而不是从 0 开始的，即最后一个元素的下标为 -1，这是为了防止与第一个元素的正数索引重合。

通过索引可以访问序列中的任何元素。例如，定义一个包括 4 个元素的列表，要访问它的第 3 个元素和最后一个元素，可以使用下面的代码：

```
verse = ["春眠不觉晓","Python不得了","夜来爬数据","好评知多少"]
print(verse[2])          # 输出第3个元素
print(verse[-1])         # 输出最后一个元素
```

结果如下：

```
夜来爬数据
好评知多少
```

说明：关于列表的详细介绍请参见 4.2 节。

4.1.2 切片

视频讲解：资源包\Video\04\4.1.2 切片（Sliceing）.mp4

切片操作是访问序列中元素的另一种方法，它可以访问一定范围内的元素。通过切片操作可以生成一个新的序列。实现切片操作的语法格式如下：

```
sname[start : end : step]
```

参数说明：

☑ sname：表示序列的名称。

☑ start：表示切片的开始位置（包括该位置），如果不指定，则默认为0。

☑ end：表示切片的截止位置（不包括该位置），如果不指定，则默认为序列的长度。

☑ step：表示切片的步长，如果省略，则默认为1，当省略该步长时，最后一个冒号也可以省略。

说明　在进行切片操作时，如果指定了步长，那么将按照该步长遍历序列的元素，否则将一个一个遍历序列。

例如，通过切片先获取NBA历史上十大巨星列表中的第2个到第5个元素，再获取第1个、第3个和第5个元素，可以使用下面的代码：

```
nba = ["迈克尔・乔丹","比尔・拉塞尔","卡里姆・阿布杜尔・贾巴尔","威尔特・张伯伦",
       "埃尔文・约翰逊","科比・布莱恩特","蒂姆・邓肯","勒布朗・詹姆斯","拉里・伯德",
       "沙奎尔・奥尼尔"]
print(nba[1:5])              # 获取第2个到第5个元素
print(nba[0:5:2])            # 获取第1个、第3个和第5个元素
```

运行上面的代码，将输出以下内容：

```
['比尔·拉塞尔', '卡里姆·阿布杜尔·贾巴尔', '威尔特·张伯伦', '埃尔文·约翰逊']
['迈克尔·乔丹', '卡里姆·阿布杜尔·贾巴尔', '埃尔文·约翰逊']
```

说明　如果想要复制整个序列，可以将start和end参数都省略，但是中间的冒号需要保留。例如，nba[:]就表示复制整个名称为nba的序列。

4.1.3 序列相加

视频讲解：资源包\Video\04\4.1.3 序列相加（Adding）.mp4

在Python中，支持两种相同类型序列的相加操作，即将两个序列进行连接，不会去除重复的元素，使用加（+）运算符实现。例如，将两个列表相加，可以使用下面的代码：

```
nba1 = ["德怀特・霍华德","德维恩・韦德","凯里・欧文","保罗・加索尔"]
nba2 = ["迈克尔・乔丹","比尔・拉塞尔","卡里姆・阿布杜尔・贾巴尔","威尔特・张伯伦",
        "埃尔文・约翰逊","科比・布莱恩特","蒂姆・邓肯","勒布朗・詹姆斯","拉里・伯德",
        "沙奎尔・奥尼尔"]
print(nba1+nba2)
```

运行上面的代码，将输出以下内容：

```
['德怀特·霍华德', '德维恩·韦德', '凯里·欧文', '保罗·加索尔', '迈克尔·乔丹', '比尔·拉塞尔', '卡里姆·阿布杜尔·贾巴尔', '威尔特·张伯伦', '埃尔文·约翰逊', '科比·布莱恩特', '蒂姆·邓肯', '勒布朗·詹姆斯', '拉里·伯德', '沙奎尔·奥尼尔']
```

从上面的输出结果中，可以看出，两个列表被合成一个列表了。

在进行序列相加时，相同类型的序列是指同为列表、元组、集合等，序列中的元素类型可以不同。例如，下面的代码也是正确的：

```
num = [7,14,21,28,35,42,49,56]
nba = ["德怀特・霍华德","德维恩・韦德","凯里・欧文","保罗・加索尔"]
print(num + nba)
```

相加后的结果如下：

```
[7, 14, 21, 28, 35, 42, 49, 56, '德怀特·霍华德', '德维恩·韦德', '凯里·欧文', '保罗·加索尔']
```

但是不能将列表和元组相加，也不能将列表和字符串相加。例如，下面的代码就是错误的：

```
num = [7,14,21,28,35,42,49,56,63]
print(num + "输出的数是7的倍数")
```

上面的代码，在运行后，将产生如图 4.3 所示异常信息。

```
Traceback (most recent call last):
  File "E:\program\Python\Code\datatype_test.py", line 2, in <module>
    print(num + "输出的数是7的倍数")
TypeError: can only concatenate list (not "str") to list
>>>
```

图 4.3　将列表和字符串相加产生的异常信息

4.1.4 乘法

视频讲解：资源包\Video\04\4.1.4 乘法（Multiplying）.mp4

在 Python 中，使用数字 *n* 乘以一个序列会生成新的序列。新序列的内容为原来序列被重复 *n* 次的结果。例如，下面的代码，将实现把一个序列乘以 3 生成一个新的序列并输出，从而达到“重要事情说三遍”的效果。

```
phone = ["华为Mate 10","Vivo X100"]
print(phone * 3)
```

运行上面的代码，将显示以下内容：

```
['华为Mate 60', 'Vivo 100', '华为Mate 60', 'Vivo 100', '华为Mate 60', 'Vivo 100']
```

在进行序列的乘法运算时，还可以实现初始化指定长度列表的功能。例如下面的代码，将创建一个长度为 5 的列表，列表的每个元素都是 None，表示什么都没有。

```
emptylist = [None]*5
print(emptylist)
```

运行上面的代码，将显示以下内容：

```
[None, None, None, None, None]
```

4.1.5 检查某个元素是否是序列的成员

视频讲解：资源包\Video\04\4.1.5 检查某个元素是否是序列的成员.mp4

在 Python 中，可以使用 in 关键字检查某个元素是否为序列的成员，即检查某个元素是否包含在某个序列中。语法格式如下：

```
value in sequence
```

其中，value 表示要检查的元素，sequence 表示指定的序列。

例如，要检查名称为 nba 的序列中，是否包含元素“保罗 · 加索尔”，可以使用下面的代码：

```
nba = ["德怀特・霍华德","德维恩・韦德","凯里・欧文","保罗・加索尔"]
print("保罗·加索尔" in nba)
```

运行上面的代码，将显示结果 True，表示在序列中存在指定的元素。

另外，在 Python 中，也可以使用 not in 关键字实现检查某个元素是否不包含在指定的序列中。例如下面的代码，将显示结果 False。

```
nba = ["德怀特・霍华德","德维恩・韦德","凯里・欧文","保罗・加索尔"]
print("保罗·加索尔"  not in nba)
```

4.1.6 计算序列的长度、最大值和最小值

视频讲解：资源包\Video\04\4.1.6 计算序列的长度、最大值和最小值.mp4

在 Python 中，提供了内置函数计算序列的长度、最大值和最小值。分别是：使用 len() 函数计算序列的长度，即返回序列包含多少个元素；使用 max() 函数返回序列中的最大元素；使用 min() 函数返回序列中的最小元素。

例如，定义一个包括 9 个元素的列表，并通过 len() 函数计算列表的长度，可以使用下面的代码：

```
num = [7,14,21,28,35,42,49,56,63]
print("序列num的长度为",len(num))
```

运行上面的代码，将显示以下结果：

```
序列num的长度为 9
```

例如，定义一个包括 9 个元素的列表，并通过 max() 函数计算列表的最大元素，可以使用下面的代码：

```
num = [7,14,21,28,35,42,49,56,63]
print("序列",num,"中的最大值为",max(num))
```

运行上面的代码，将显示以下结果：

```
序列 [7, 14, 21, 28, 35, 42, 49, 56, 63] 中的最大值为 63
```

例如，定义一个包括 9 个元素的列表，并通过 min() 函数计算列表的最小元素，可以使用下面的代码：

```
num = [7,14,21,28,35,42,49,56,63]
print("序列",num,"中的最小值为",min(num))
```

运行上面的代码，将显示以下结果：

```
序列 [7, 14, 21, 28, 35, 42, 49, 56, 63] 中的最小值为 7
```

除了上面介绍的 3 个内置函数，Python 还提供了如表 4.1 所示内置函数。

表 4.1　Python 提供的内置函数及其作用

函　　数	作　　用
list()	将序列转换为列表
str()	将序列转换为字符串
sum()	计算元素和
sorted()	对元素进行排序
reversed()	反向序列中的元素
enumerate()	将序列组合为一个索引序列，多用在 for 循环中

4.2 列表

对于歌曲列表大家一定很熟悉，在列表中记录着要播放的歌曲名称，如图 4.4 所示的手机 App 歌曲列表页面。

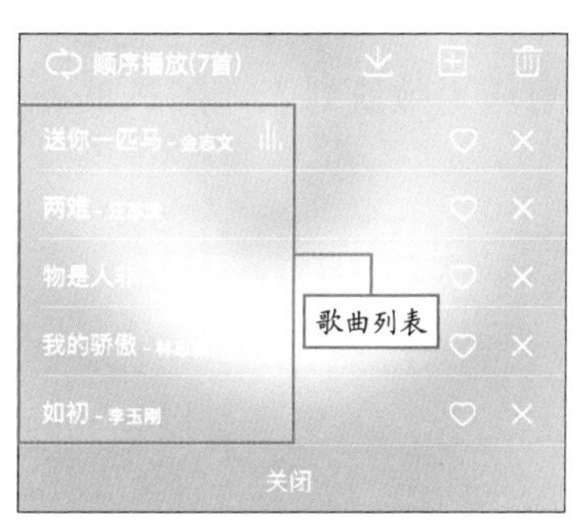

图 4.4　歌曲列表

Python 中的列表和歌曲列表类似，也是由一系列按特定顺序排列的元素组成的。它是 Python 中内置的可变序列。在形式上，列表的所有元素都放在一对中括号“[]”中，两个相邻元素间使用逗号“,”分隔。在内容上，可以将整数、实数、字符串、列表、元组等任何类型的内容放入列表，并且同一个列表中，元素的类型可以不同，因为它们之间没有任何关系。由此可见，Python 中的列表是非常灵活的，这一点与其他语言是不同的。

4.2.1 列表的创建和删除

动 图 学 习　　视 频 讲 解

视频讲解：资源包\Video\04\4.2.1　列表的创建和删除.mp4

在 Python 中提供了多种创建列表的方法，下面分别进行介绍。

1. 使用赋值运算符直接创建列表

同其他类型的 Python 变量一样，创建列表时，也可以使用赋值运算符“=”直接将一个列表赋值给变量，语法格式如下：

```
listname = [element 1,element 2,element 3,…,element n]
```

其中，listname 表示列表的名称，可以是任何符合 Python 命名规则的标识符；“element 1,element 2,element 3,…,element n”表示列表中的元素，个数没有限制，并且只要是 Python 支持的数据类型就可以。

例如，下面定义的列表都是合法的：

```
num = [7,14,21,28,35,42,49,56,63]
verse = ["自古逢秋悲寂寥","我言秋日胜春朝","晴空一鹤排云上","便引诗情到碧霄"]
untitle = ['Python',28,"人生苦短，我用Python",["爬虫","自动化运维","云计算","Web开发"]]
python = ['优雅',"明确",'''简单''']
```

说明

在使用列表时，虽然可以将不同类型的数据放入同一个列表，但是通常情况下，我们不这样做，而是在一个列表中只放入一种类型的数据。这样可以提高程序的可读性。

2. 创建空列表

在 Python 中，也可以创建空列表，例如，要创建一个名称为 emptylist 的空列表，可以使用下面的代码：

```
emptylist = []
```

3. 创建数值列表

在 Python 中，数值列表很常用。例如，在考试系统中记录学生的成绩，或者在游戏中记录每个角色的位置、各个玩家的得分情况等都可应用数值列表。在 Python 中，可以使用 list() 函数直接将 range() 函数循环出来的结果转换为列表。

list() 函数的基本语法如下：

```
list(data)
```

其中，data 表示可以转换为列表的数据，其类型可以是 range 对象、字符串、元组或者其他可迭代类型。

例如，创建一个 10~20 之间（不包括 20）所有偶数的列表，可以使用下面的代码：

```
list(range(10, 20, 2))
```

运行上面的代码后，将得到下面的列表：

```
[10, 12, 14, 16, 18]
```

说明

使用 list() 函数不仅能通过 range 对象创建列表，还可以通过其他对象创建列表。

4. 删除列表

对于已经创建的列表，不再使用时，可以使用 del 语句将其删除。语法格式如下：

```
del listname
```

其中，listname 为要删除列表的名称。

说明

del 语句在实际开发时并不常用。因为 Python 自带的垃圾回收机制会自动销毁不用的列表，所以即使我们不手动将其删除，Python 也会自动将其回收。

例如，定义一个名称为 team 的列表，然后再应用 del 语句将其删除，可以使用下面的代码：

```
team = ["皇马","罗马","利物浦","拜仁"]
del team
```

在删除列表前，一定要保证输入的列表名称是已经存在的，否则将出现如图 4.5 所示错误。

```
Traceback (most recent call last):
  File "C:\python\demo.py", line 2, in <module>
    del t
NameError: name 't' is not defined
```

图 4.5　删除的列表不存在产生的异常信息

4.2.2 访问列表元素

视频讲解：资源包\Video\04\4.2.2 访问列表元素.mp4

在 Python 中，如果想将列表的内容输出，也比较简单，直接使用 print() 函数即可。例如，创建一个名称为 untitle 的列表，并打印该列表，可以使用下面的代码：

```
untitle = ['Python',28,"人生苦短，我用Python",["爬虫","自动化运维","云计算","Web开发"]]
print(untitle)
```

执行结果如下：

```
['Python', 28, '人生苦短，我用Python', ['爬虫', '自动化运维', '云计算', 'Web开发']]
```

从上面的执行结果中可以看出，在输出列表时，是包括左右两侧的中括号的。如果不想要输出全部的元素，也可以通过列表的索引获取指定的元素。例如，要获取 untitle 列表中索引为 2 的元素，可以使用下面的代码：

```
print(untitle[2])
```

执行结果如下：

```
人生苦短，我用Python
```

从上面的执行结果中可以看出，在输出单个列表元素时，不包括中括号，如果是字符串，还不包括左右的引号。

实例 01　输出每日一帖　｜ 实例位置：资源包 \Code\SL\04\01

在 IDLE 中创建一个名称为 tips.py 的文件，然后在该文件中导入日期时间类，然后定义一个列表（保存 7 条励志文字作为每日一帖的内容），再获取当前的星期，最后将当前的星期作为列表的索引，输出元素内容，代码如下：

```
01  import datetime                                  # 导入日期时间类
02  # 定义一个列表
03  mot = ["今天星期一：\n坚持下去不是因为我很坚强，而是因为我别无选择。",
04         "今天星期二：\n含泪播种的人一定能笑着收获。",
05         "今天星期三：\n做对的事情比把事情做对重要。",
06         "今天星期四：\n命运给予我们的不是失望之酒，而是机会之杯。",
```

```
07          "今天星期五：\n不要等到明天，明天太遥远，今天就行动。",
08          "今天星期六：\n求知若饥，虚心若愚。",
09          "今天星期日：\n成功将属于那些从不说“不可能”的人。"]
10  day=datetime.datetime.now().weekday()          # 获取当前星期
11  print(mot[day])                                # 输出每日一帖
```

说明

在上面的代码中，datetime.datetime.now() 方法用于获取当前日期，而 weekday() 方法则是从日期时间对象中获取星期值，其值为 0~6 中的一个，为 0 时代表星期一，为 1 时代表星期二，以此类推，为 6 时代表星期日。

运行结果如图 4.6 所示。

今天星期二：
含泪播种的人一定能笑着收获。

图 4.6　根据星期输出每日一帖

说明

上面介绍的是访问列表中的单个元素。实际上，列表还可以通过切片操作实现处理列表中的部分元素。

4.2.3 遍历列表

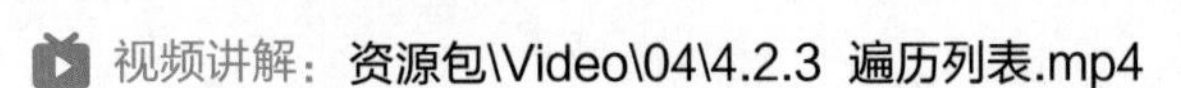

视频讲解：资源包\Video\04\4.2.3 遍历列表.mp4

遍历列表中的所有元素是常用的一种操作，在遍历的过程中可以完成查询、处理等功能。在生活中，如果想要去商场买一件衣服，就需要在商场中逛一遍，看是否有想要的衣服，逛商场的过程就相当于列表的遍历操作。在 Python 中遍历列表的方法有多种，下面介绍两种常用的方法：

1. 直接使用 for 循环实现

直接使用 for 循环遍历列表，只能输出元素的值，语法格式如下：

```
for item in listname:
    # 输出item
```

其中，item 用于保存获取到的元素值，要输出元素内容时，直接输出该变量即可；listname 为列表名称。

例如，定义一个保存某年 NBA 常规赛西部球队排名的列表，然后通过 for 循环遍历该列表，并输出各个球队名称，代码如下：

```
print("某年NBA常规赛西部排名：")
team = ["休斯顿 火箭","金州 勇士","波特兰 开拓者","犹他 爵士","新奥尔良 鹈鹕","圣安东尼奥 马刺
","俄克拉荷马城 雷霆","明尼苏达 森林狼"]
for item in team:
    print(item)
```

执行上面的代码，将显示如图 4.7 所示结果。

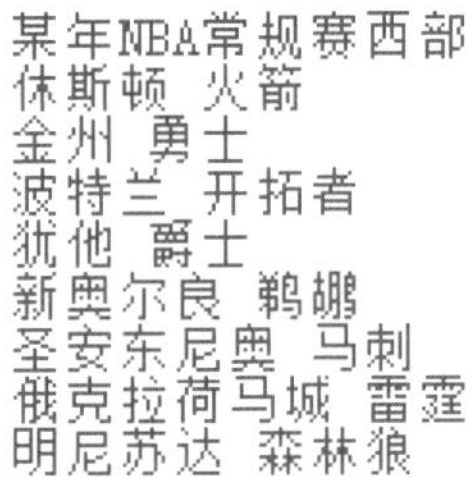

```
某年NBA常规赛西部排名：
休斯顿 火箭
金州 勇士
波特兰 开拓者
犹他 爵士
新奥尔良 鹈鹕
圣安东尼奥 马刺
俄克拉荷马城 雷霆
明尼苏达 森林狼
```

图 4.7　通过 for 循环遍历列表

2. 使用 for 循环和 enumerate() 函数实现

使用 for 循环和 enumerate() 函数可以实现同时输出索引值和元素内容，语法格式如下：

```
for index,item in enumerate(listname):
    # 输出index和item
```

参数说明：

☑ index：用于保存元素的索引。

☑ item：用于保存获取到的元素值，要输出元素内容时，直接输出该变量即可。

☑ listname：列表名称。

例如，定义一个保存某年 NBA 常规赛西部球队排名的列表，然后通过 for 循环和 enumerate() 函数遍历该列表，并输出索引和球队名称，代码如下：

```
print("某年NBA常规赛西部排名：")
team = ["休斯顿 火箭","金州 勇士","波特兰 开拓者","犹他 爵士","新奥尔良 鹈鹕","圣安东尼奥 马刺
","俄克拉荷马城 雷霆","明尼苏达 森林狼"]
for index,item in enumerate(team):
    print(index + 1,item)
```

执行上面的代码，将显示下面的结果：

```
某年NBA常规赛西部排名
1 休斯顿 火箭
2 金州 勇士
3 波特兰 开拓者
4 犹他 爵士
5 新奥尔良 鹈鹕
6 圣安东尼奥 马刺
7 俄克拉荷马城 雷霆
8 明尼苏达 森林狼
```

如果想实现分两列显示某年 NBA 常规赛西部球队排名，也就是两个球队一行输出各个球队名称，请看下面的实例。

实例 02　分两列显示某年 NBA 常规赛西部球队排名　　实例位置：资源包 \Code\SL\04\02

在 IDLE 中创建一个名称为 printteam.py 的文件，并且在该文件中先输出标题，然后定义一个列表（保存球队名称），再应用 for 循环和 enumerate() 函数遍历列表，在循环体中通过 if…else 语句判断是否为偶数，如果为偶数则不换行输出，否则换行输出。代码如下：

```
01  print("某年NBA常规赛西部排名\n")
02  team = ["火箭","勇士","开拓者","雷霆","爵士","鹈鹕","马刺","森林狼"]
03  for index,item in enumerate(team):
04      if index%2 == 0:                              # 判断是否为偶数，为偶数时不换行
05          print(item +"\t\t", end='')
06      else:
07          print(item + "\n")                        # 换行输出
```

说明

在上面的代码中，在 print() 函数中使用“, end=""”表示不换行输出，即下一条 print() 函数的输出内容会和这个内容在同一行输出。。

运行结果如图 4.8 所示。

```
某年NBA常规赛西部排名
火箭            勇士
开拓者          雷霆
爵士            鹈鹕
马刺            森林狼
```

图 4.8　分两列显示某年 NBA 西部联盟前八名的球队

4.2.4 添加、修改和删除列表元素

视频讲解：资源包\Video\04\4.2.4 添加、修改和删除列表元素.mp4

动图学习

添加、修改和删除列表元素也称为更新列表。在实际开发时，经常需要对列表进行更新。下面我们介绍如何实现列表元素的添加、修改和删除。

1. 添加元素

在 4.1 节介绍了可以通过“+”号将两个序列连接，通过该方法也可以实现为列表添加元素。但是这种方法的执行速度要比直接使用列表对象的 append() 方法慢，所以建议在实现添加元素时，使用列表对象的 append() 方法。列表对象的 append() 方法用于在列表的末尾追加元素，语法格式如下：

```
listname.append(obj)
```

其中，listname 为要添加元素的列表名称，obj 为要添加到列表末尾的对象。

例如，定义一个包括 4 个元素的列表，然后应用 append() 方法向该列表的末尾添加一个元素，可以使用下面的代码：

```
phone = ["摩托罗拉","诺基亚","三星","OPPO"]
len(phone)              # 获取列表的长度
phone.append("iPhone")
len(phone)              # 获取列表的长度
print(phone)
```

上面的代码在 IDEL Shell 窗口中逐行执行的过程如图 4.9 所示。

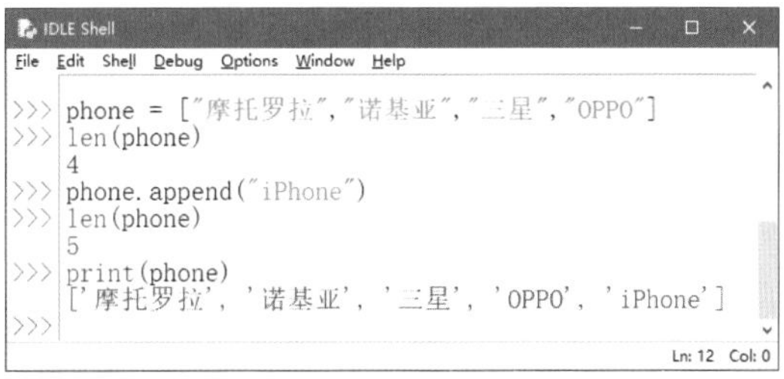

```
>>> phone = ["摩托罗拉","诺基亚","三星","OPPO"]
>>> len(phone)
4
>>> phone.append("iPhone")
>>> len(phone)
5
>>> print(phone)
['摩托罗拉', '诺基亚', '三星', 'OPPO', 'iPhone']
>>>
```

图 4.9　向列表中添加元素

多学两招

列表对象除了提供 append() 方法向列表中添加元素，还提供了 insert() 方法向列表中添加元素。后者用于向列表的指定位置插入元素，但是由于该方法的执行效率没有 append() 方法高，所以不推荐这种方法。

上面介绍的是向列表中添加一个元素，如果想要将一个列表中的全部元素添加到另一个列表中，可以使用列表对象的 extend() 方法实现。extend() 方法的语法如下：

```
listname.extend(seq)
```

其中，listname 为原列表，seq 为要添加的列表。语句执行后，seq 的内容将追加到 listname 的后面。

下面通过一个具体的实例演示将一个列表添加到另一个列表中。

场景模拟 | NBA 名人堂差不多每年都有新增加的球星。某年又新增了三位，现编程实现将他们添加到 NBA 名人堂列表中。

实例 03　向 NBA 名人堂列表中追加某年新进入球星　　| 实例位置：资源包 \Code\SL\04\03

在 IDLE 中创建一个名称为 nba.py 的文件，然后在该文件中定义一个保存 NBA 名人堂原有球星名字的列表，然后创建一个保存某年新进入球星名字的列表，再调用列表对象的 extend() 方法追加元 素，最后输出追加元素后的列表，代码如下：

```
01  # NBA名人堂原有人员
02  oldlist = ["迈克尔・乔丹","卡里姆・阿布杜尔・贾巴尔","哈基姆・奥拉朱旺","查尔斯・巴克利","姚明"]
03  newlist = ["贾森・基德","史蒂夫・纳什","格兰特・希尔"]          # 新增人员列表
04  oldlist.extend(newlist)                                         # 追加新球星
05  print(oldlist)                                                  # 显示新的NBA名人堂人员列表
```

运行结果如图 4.10 所示。

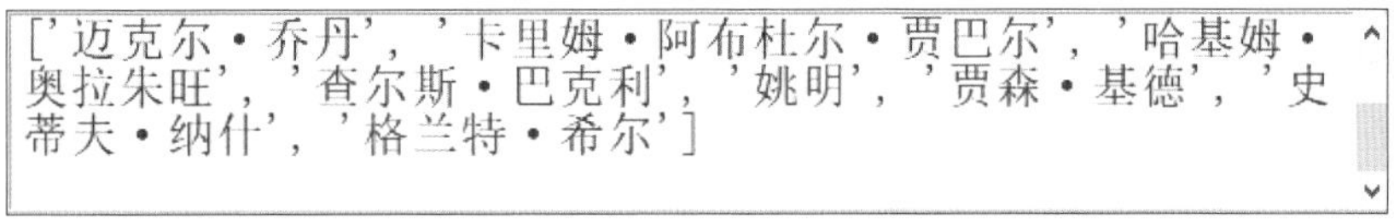

```
['迈克尔・乔丹', '卡里姆・阿布杜尔・贾巴尔', '哈基姆・奥拉朱旺', '查尔斯・巴克利', '姚明', '贾森・基德', '史蒂夫・纳什', '格兰特・希尔']
```

图 4.10　向 NBA 名人堂列表中追加某年新进入的球星

2. 修改元素

修改列表中的元素只需要通过索引获取该元素，然后再为其重新赋值即可。例如，定义一个保存 3 个元素的列表，然后修改索引值为 2 的元素，代码如下：

```
verse = ["长亭外","古道边","芳草碧连天"]
print(verse)
verse[2] = "一行白鹭上青天"                          # 修改列表的第3个元素
print(verse)
```

上面的代码在 IDLE 中的执行过程如图 4.11 所示。

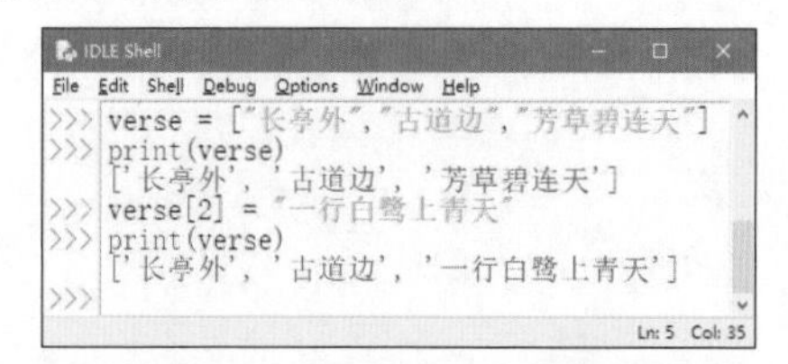

图 4.11　修改列表的指定元素

3. 删除元素

删除元素主要有两种情况，一种是根据索引删除，另一种是根据元素值进行删除。

☑ 根据索引删除

删除列表中的指定元素和删除列表类似，也可以使用 del 语句实现。所不同的是在指定列表名称时，换为列表元素。例如，定义一个保存 3 个元素的列表，删除最后一个元素，可以使用下面的代码：

```
verse = ["长亭外","古道边","芳草碧连天"]
del verse[-1]
print(verse)
```

上面的代码在 IDLE 中的执行过程如图 4.12 所示。

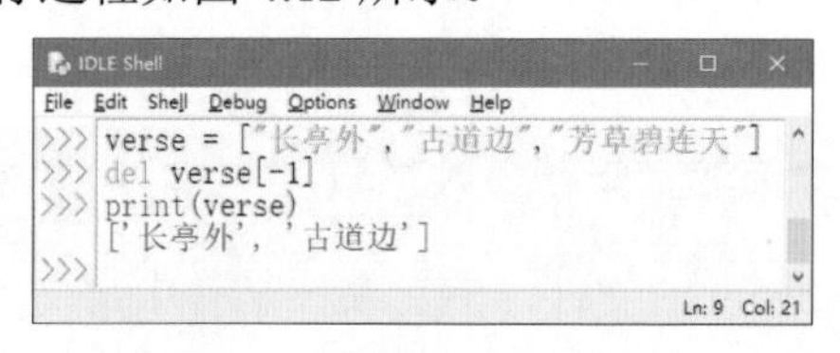

图 4.12　删除列表的指定元素

☑ 根据元素值删除

如果想要删除一个不确定其位置的元素（即根据元素值删除），可以使用列表对象的 remove() 方法实现。例如，要删除列表中内容为“公牛”的元素，可以使用下面的代码：

```
team = ["火箭","勇士","开拓者","爵士","鹈鹕","马刺","雷霆","森林狼"]
team.remove("公牛")
```

使用列表对象的 remove() 方法删除元素时，如果指定的元素不存在，将出现如图 4.13 所示异常信息。

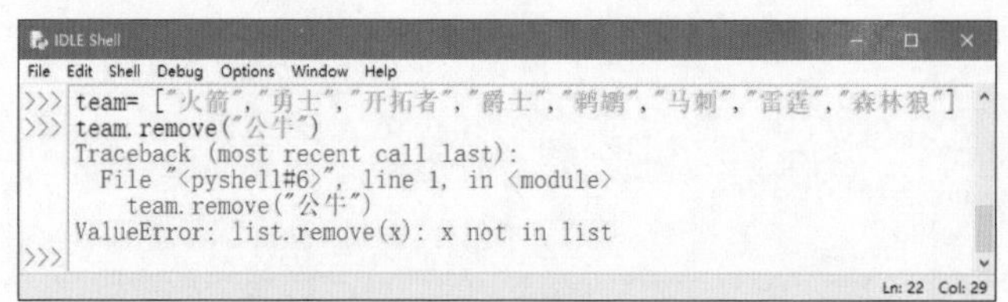

图 4.13　删除不存在的元素时出现的异常信息

所以在使用 remove() 方法删除元素前，最好先判断该元素是否存在，改进后的代码如下：

```
team = ["火箭","勇士","开拓者","爵士","鹈鹕","马刺","雷霆","森林狼"]
value = "公牛"                # 指定要移除的元素
if team.count(value)>0:      # 判断要删除的元素是否存在
    team.remove(value)       # 移除指定的元素
print(team)
```

说明

列表对象的 count() 方法用于判断指定元素出现的次数，返回结果为 0 时，表示不存在该元素。关于 count() 方法的详细介绍请参见 4.2.5 小节。

执行上面的代码后，将显示下面的列表原有内容：

```
['火箭', '勇士', '开拓者', '爵士', '鹈鹕', '马刺', '雷霆', '森林狼']
```

4.2.5 对列表进行统计和计算

视频讲解

视频讲解：资源包\Video\04\4.2.5　对列表进行统计和计算.mp4

Python 的列表提供了一些内置的函数来实现统计、计算的功能。下面介绍几种常用的功能。

1. 获取指定元素出现的次数

动图学习

使用列表对象的 count() 方法可以获取指定元素在列表中的出现次数。基本语法格式如下：

```
listname.count(obj)
```

参数说明：

☑ listname：表示列表的名称。

☑ obj：表示要判断是否存在的对象，这里只能进行精确匹配，即不能是元素值的一部分。

☑ 返回值：元素在列表中出现的次数。

例如，创建一个列表，内容为听众点播的歌曲列表，然后应用列表对象的 count() 方法判断元素“云在飞”出现的次数，代码如下：

```
song = ["云在飞","我在诛仙逍遥涧","送你一匹马","半壶纱","云在飞","遇见你","等你等了那么久"]
num = song.count("云在飞")
print(num)
```

上面的代码运行后，结果将显示 2，表示“云在飞”在 song 列表中出现了两次。

动图学习

2. 获取指定元素首次出现的下标

使用列表对象的 index() 方法可以获取指定元素在列表中首次出现的位置（即索引）。基本语法格式如下：

```
listname.index(obj)
```

参数说明：

☑ listname：表示列表的名称。

☑ obj：表示要查找的对象，这里只能进行精确匹配。如果指定的对象不存在，则抛出如图 4.14 所示异常。

☑ 返回值：首次出现的索引值。

```
Traceback (most recent call last):
  File "<pyshell#8>", line 1, in <module>
    position = song.index("云")
ValueError: '云' is not in list
```

图 4.14　查找对象不存在时抛出的异常

例如，创建一个列表，内容为听众点播的歌曲列表，然后应用列表对象的 index() 方法判断元素

“半壶纱”首次出现的位置，代码如下：

```
song = ["云在飞","我在诛仙逍遥涧","送你一匹马","半壶纱","云在飞","遇见你","等你等了那么久"]
position = song.index("半壶纱")
print(position)
```

上面的代码运行后，将显示 3，表示“半壶纱”在列表 song 中首次出现的索引位置是 3。

3. 统计数值列表的元素和

在 Python 中，提供了 sum() 函数用于统计数值列表中各元素的和。语法格式如下：

```
sum(iterable[,start])
```

参数说明：

☑ iterable：表示要统计的列表。

☑ start：表示统计结果是从哪个数开始（即将统计结果加上 start 所指定的数），是可选参数，如果没有指定，默认值为 0。

例如，定义一个保存 10 名学生语文成绩的列表，然后应用 sum() 函数统计列表中元素的和，即统计总成绩，然后输出，代码如下：

```
grade = [98,99,97,100,100,96,94,89,95,100]          # 10名学生的语文成绩列表
total = sum(grade)                                  # 计算总成绩
print("语文总成绩为：",total)
```

上面的代码执行后，将显示下面的结果：

```
语文总成绩为： 968
```

4.2.6 对列表进行排序

视频讲解：资源包\Video\04\4.2.6 对列表进行排序.mp4

在实际开发时，经常需要对列表进行排序。Python 中提供了两种常用的对列表进行排序的方法：使用列表对象的 sort() 方法，以及使用内置的 sorted() 函数。

1. 使用列表对象的 sort() 方法

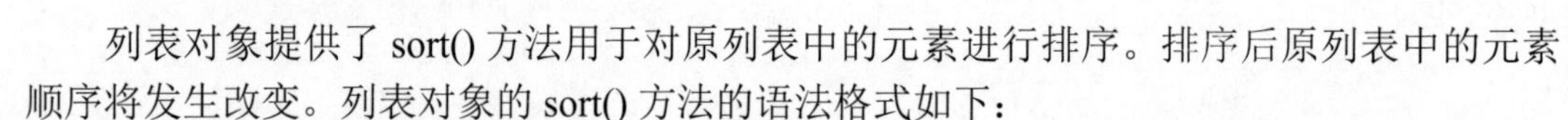

列表对象提供了 sort() 方法用于对原列表中的元素进行排序。排序后原列表中的元素顺序将发生改变。列表对象的 sort() 方法的语法格式如下：

```
listname.sort(key=None, reverse=False)
```

参数说明：

☑ listname：表示要进行排序的列表。

☑ key：用于指定排序规则（例如，设置“key=str.lower”表示在排序时不区分字母大小写）。

☑ reverse：可选参数，如果将其值指定为 True，则表示降序排列；如果为 False，则表示升序排列，默认为升序排列。

```
例如，定义一个保存10名学生语文成绩的列表，然后应用sort()方法对其进行排序，代码如下：grade = [98,99
,97,100,100,96,94,89,95,100]                 # 10名学生语文成绩列表
print("原列表：",grade)
```

```
grade.sort()                                        # 进行升序排列
print("升　序：",grade)
grade.sort(reverse=True)                            # 进行降序排列
print("降　序：",grade)
```

执行上面的代码，将显示以下内容：

```
原列表： [98, 99, 97, 100, 100, 96, 94, 89, 95, 100]
升　序： [89, 94, 95, 96, 97, 98, 99, 100, 100, 100]
降　序： [100, 100, 100, 99, 98, 97, 96, 95, 94, 89]
```

使用 sort() 方法进行数值列表的排序比较简单，但是使用 sort() 方法对字符串列表进行排序时，采用的规则是先对大写字母排序，然后再对小写字母排序。如果想要对字符串列表进行排序（不区分大小写），需要指定其 key 参数。例如，定义一个保存英文字符串的列表，然后应用 sort() 方法对其进行升序排列，可以使用下面的代码：

```
char = ['cat','Tom','Angela','pet']
char.sort()                                         # 默认区分字母大小写
print("区分字母大小写：",char)
char.sort(key=str.lower)                            # 不区分字母大小写
print("不区分字母大小写：",char)
```

运行上面的代码，将显示以下内容：

```
区分字母大小写： ['Angela', 'Tom', 'cat', 'pet']
不区分字母大小写： ['Angela', 'cat', 'pet', 'Tom']
```

采用 sort() 方法对列表进行排序时，对中文支持不好。排序的结果与我们常用的音序排序法或者笔画排序法都不一致。如果需要实现对中文内容的列表排序，还需要重新编写相应的方法进行处理，不能直接使用 sort() 方法。

2. 使用内置的 sorted() 函数实现

在 Python 中，提供了一个内置的 sorted() 函数，用于对列表进行排序。使用该函数进行排序后，原列表的元素顺序不变。sorted() 函数的语法格式如下：

```
sorted(iterable, key=None, reverse=False)
```

参数说明：

☑ iterable：表示要进行排序的列表名称。

☑ key：用于指定排序规则（例如，设置“key=str.lower”表示在排序时不区分字母大小写）。

☑ reverse：可选参数，如果将其值指定为 True，则表示降序排列；如果为 False，则表示升序排列，默认为升序排列。

例如，定义一个保存 10 名学生语文成绩的列表，然后应用 sorted() 函数对其进行排序，代码如下：

```
grade = [98,99,97,100,100,96,94,89,95,100]          # 10名学生语文成绩列表
grade_as = sorted(grade)                            # 进行升序排列
print("升序：",grade_as)
grade_des = sorted(grade,reverse = True)            # 进行降序排列
print("降序：",grade_des)
print("原序列：",grade)
```

执行上面的代码，将显示以下内容：

```
升序： [89, 94, 95, 96, 97, 98, 99, 100, 100, 100]
降序： [100, 100, 100, 99, 98, 97, 96, 95, 94, 89]
原序列： [98, 99, 97, 100, 100, 96, 94, 89, 95, 100]
```

说明

列表对象的 sort() 方法和内置 sorted() 函数的作用基本相同；不同点是在使用 sort() 方法时，会改变原列表的元素排列顺序，而使用 sorted() 函数时，会建立一个原列表的副本，该副本为排序后的列表。

4.2.7 列表推导式

视频讲解：资源包\Video\04\4.2.7 列表推导式.mp4

使用列表推导式可以快速生成一个列表，或者根据某个列表生成满足指定需求的列表。列表推导式通常有以下几种常用的语法格式。

（1）生成指定范围的数值列表，语法格式如下：

```
list = [Expression for var in range]
```

参数说明：

☑ list：表示生成的列表名称。

☑ Expression：表达式，用于计算新列表的元素。

☑ var：循环变量。

☑ range：采用 range() 函数生成的 range 对象。

例如，要生成一个包括 10 个随机数的列表，要求数的范围在 10~100（包括）之间，具体代码如下：

```
import random                    # 导入random标准库
randomnumber = [random.randint(10,100) for i in range(10)]
print("生成的随机数为：",randomnumber)
```

执行结果如下：

```
生成的随机数为： [38, 12, 28, 26, 58, 67, 100, 41, 97, 15]
```

（2）根据列表生成指定需求的列表，语法格式如下：

```
newlist = [Expression for var in list]
```

参数说明：

☑ newlist：表示新生成的列表名称。

☑ Expression：表达式，用于计算新列表的元素。

☑ var：变量，值为后面列表的每个元素值。

☑ list：用于生成新列表的原列表。

例如，定义一个记录商品价格的列表，然后应用列表推导式生成一个将全部商品价格打五折的列表，具体代码如下：

```
price = [1200,5330,2988,6200,1998,8888]
sale = [int(x*0.5) for x in price]
```

```
print("原价格：",price)
print("打五折的价格：",sale)
```

执行结果如下：

```
原价格： [1200, 5330, 2988, 6200, 1998, 8888]
打五折的价格： [600, 2665, 1494, 3100, 999, 4444]
```

（3）从列表中选择符合条件的元素组成新的列表，语法格式如下：

```
newlist = [Expression for var in list if condition]
```

参数说明：

☑ newlist：表示新生成的列表名称。

☑ Expression：表达式，用于计算新列表的元素。

☑ var：变量，值为后面列表的每个元素值。

☑ list：用于生成新列表的原列表。

☑ condition：条件表达式，用于指定筛选条件。

例如，定义一个记录商品价格的列表，然后应用列表推导式生成一个商品价格高于 5000 元的列表，具体代码如下：

```
price = [1200,5330,2988,6200,1998,8888]
sale = [x for x in price if x>5000]
print("原列表：",price)
print("价格高于5000的：",sale)
```

执行结果如下：

```
原列表： [1200, 5330, 2988, 6200, 1998, 8888]
价格高于5000的： [5330, 6200, 8888]
```

4.2.8 二维列表的使用

视频讲解：资源包\Video\04\4.2.8 二维列表的使用.mp4

在 Python 中，由于列表元素还可以是列表，所以它也支持二维列表的概念。那么什么是二维列表？前文提到酒店有很多房间，这些房间可以构成一个列表，如果这个酒店有 500 个房间，那么拿到 499 号房钥匙的旅客可能就不高兴了，从 1 号房走到 499 号房要花好长时间，因此酒店设置了很多楼层，每一个楼层都会有很多房间，形成一个立体的结构，把大量的房间均摊到每个楼层，这种结构就是二维列表结构。使用二维列表结构表示酒店每个楼层的房间号的效果如图 4.15 所示。

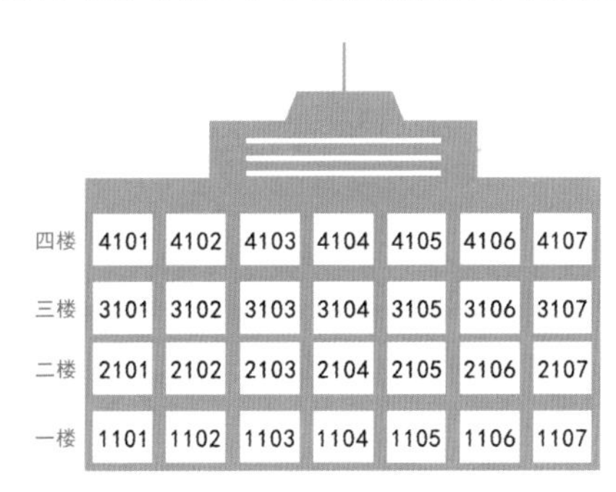

图 4.15　二维列表结构的楼层房间号

二维列表中的信息以行和列的形式表示，第一个下标代表元素所在的行，第二个下标代表元素所在的列。在 Python 中，创建二维列表有以下三种常用的方法。

1. 直接定义二维列表

在 Python 中，二维列表是包含列表的列表，即一个列表的每一个元素又都是一个列表。例如，下面就是一个二维列表：

```
[['千', '山', '鸟', '飞', '绝'],
['万', '径', '人', '踪', '灭'],
['孤', '舟', '蓑', '笠', '翁'],
['独', '钓', '寒', '江', '雪']]
```

在创建二维列表时，可以直接使用下面的语法格式进行定义：

```
listname = [[元素11, 元素12, 元素13, …, 元素1n],
 [元素21, 元素22, 元素23, …, 元素2n],
 …,
 [元素n1, 元素n2, 元素n3, …, 元素nn]]
```

参数说明：

☑ listname：表示生成的列表名称。

☑ [元素 11, 元素 12, 元素 13, …, 元素 1n]：表示二维列表的第一行，也是一个列表。其中“元素 11, 元素 12,…元素 1n”代表第一行中的列。

☑ [元素 21, 元素 22, 元素 23, …, 元素 2n]：表示二维列表的第二行。

☑ [元素 n1, 元素 n2, 元素 n3, …, 元素 nn]：表示二维列表的第 n 行。

例如，定义一个包含 4 行 5 列的二维列表，可以使用下面的代码：

```
verse = [['千', '山', '鸟', '飞', '绝'], ['万', '径', '人', '踪', '灭'],
['孤', '舟', '蓑', '笠', '翁'], ['独', '钓', '寒', '江', '雪']]
```

执行上面的代码，将创建以下二维列表：

```
[['千', '山', '鸟', '飞', '绝'], ['万', '径', '人', '踪', '灭'], ['孤', '舟', '蓑', '笠', '翁'], ['独', '钓',
'寒', '江', '雪']]
```

2. 使用嵌套的 for 循环创建

创建二维列表，可以使用嵌套的 for 循环实现。例如，创建一个包含 4 行 5 列的二维列表，可以使用下面的代码：

```
arr = []                        # 创建一个空列表
for i in range(4):
    arr.append([])              # 在空列表中再添加一个空列表
    for j in range(5):
        arr[i].append(j)        # 为内层列表添加元素
```

上面代码在执行后，将创建以下二维列表：

```
[[0, 1, 2, 3, 4], [0, 1, 2, 3, 4], [0, 1, 2, 3, 4], [0, 1, 2, 3, 4]]
```

3. 使用列表推导式创建

使用列表推导式也可以创建二维列表，因为这种方法比较简便，所以建议使用这种方法创建二维列表。例如，使用列表推导式创建一个包含 4 行 5 列的二维列表可以使用下面的代码：

```
arr = [[j for j in range(5)] for i in range(4)]
```

上面代码在执行后，将创建以下二维列表：

```
[[0, 1, 2, 3, 4], [0, 1, 2, 3, 4], [0, 1, 2, 3, 4], [0, 1, 2, 3, 4]]
```

创建二维数组后，可以通过以下语法格式访问列表中的元素：

```
listname[下标1][下标2]
```

参数说明：

☑ listname：列表名称。

☑ 下标 1：表示列表中第几行，下标值从 0 开始，即第一行的下标为 0。

☑ 下标 2：表示列表中第几列，下标值从 0 开始，即第一列的下标为 0。

例如，要访问二维列表中的第 2 行第 4 列，可以使用下面的代码：

```
verse[1][3]
```

下面通过一个具体实例演示二维列表的应用。

实例 04　使用二维列表输出不同版式的古诗　　实例位置：资源包 \Code\SL\04\04

在 IDLE 中创建一个名称为 printverse.py 的文件，然后在该文件中先定义 4 个字符串，内容为柳宗元的《江雪》中的诗句，并定义一个二维列表，然后应用嵌套的 for 循环将古诗以横版方式输出，再将二维列表进行逆序排列，最后应用嵌套的 for 循环将古诗以竖版方式输出，代码如下：

```
01 str1 = "千山鸟飞绝"
02 str2 = "万径人踪灭"
03 str3 = "孤舟蓑笠翁"
04 str4 = "独钓寒江雪"
05 verse = [list(str1), list(str2), list(str3), list(str4)]    # 定义一个二维列表
06 print("\n-- 横版 --\n")
07 for i in range(4):                                          # 循环古诗的每一行
08     for j in range(5):                                      # 循环每一行的每个字　列
09         if j == 4:                                          # 如果是一行中的最后一个字
10             print(verse[i][j])                              # 换行输出
11         else:
12              print(verse[i][j], end="")                     # 不换行输出
13
14 verse.reverse()                                             # 对列表进行逆序排列
15 print("\n-- 竖版 --\n")
16 for i in range(5):                                          # 循环每一行的每个字　列
17     for j in range(4):                                      # 循环新逆序排列后的第一行
18         if j == 3:                                          # 如果是最后一行
19             print(verse[j][i])                              # 换行输出
```

```
20        else:
21            print(verse[j][i], end="")                    # 不换行输出
```

在上面的代码中，list() 函数用于将字符串转换为列表；列表对象的 reverse() 方法用于对列表进行逆序排列，即将列表的最后一个元素移到第一位，倒数第二个元素移到第二位，以此类推。

运行结果如图 4.16 所示。

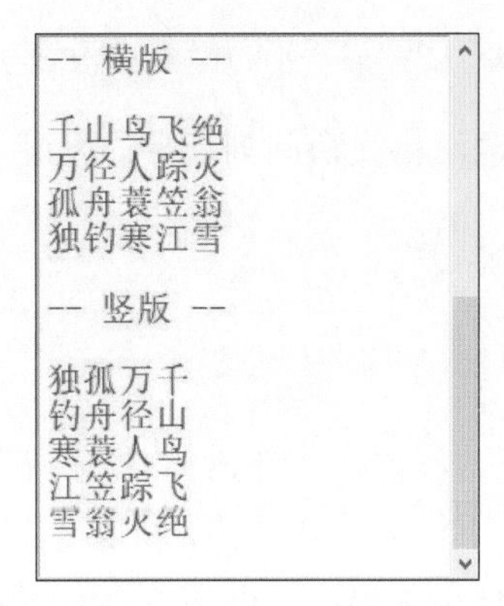

图 4.16 使用二维列表输出古诗《江雪》

4.3 元组

元组（tuple）是 Python 中另一个重要的序列结构，与列表类似，也是由一系列按特定顺序排列的元素组成，但是它是不可变序列。因此，元组也可以称为不可变的列表。在形式上，元组的所有元素都放在一对“()”中，两个相邻元素间使用“,”分隔。在内容上，可以将整数、实数、字符串、列表、元组等任何类型的内容放入元组，并且在同一个元组中，元素的类型可以不同，因为它们之间没有任何关系。通常情况下，元组用于保存程序中不可修改的内容。

从元组和列表的定义上看，这两种结构比较相似，二者之间的主要区别为：元组是不可变序列，列表是可变序列。即元组中的元素不可以单独修改，而列表则可以任意修改。

4.3.1 元组的创建和删除

视频讲解：资源包\Video\04\4.3.1 元组的创建和删除.mp4

在 Python 中提供了多种创建元组的方法，下面分别进行介绍。

1. 使用赋值运算符直接创建元组

同其他类型的 Python 变量一样，创建元组时，也可以使用赋值运算符“=”直接将一个元组赋值给变量。语法格式如下：

```
tuplename = (element 1,element 2,element 3,…,element n)
```

其中，tuplename 表示元组的名称，可以是任何符合 Python 命名规则的标识符；element 1、element 2、element 3、element *n* 表示元组中的元素，个数没有限制，并且只要为 Python 支持的数据类型就可以。

创建元组的语法与创建列表的语法类似，只是创建列表时使用的是“[]”，而创建元组时使用的是“()”。

例如，下面定义的都是合法的元组：

```
num = (7,14,21,28,35,42,49,56,63)
ukguzheng = ("渔舟唱晚","高山流水","出水莲","汉宫秋月")
untitle = ('Python',28,("人生苦短","我用Python"),["爬虫","自动化运维","云计算","Web开发"])
python = ('优雅',"明确",'''简单''')
```

在 Python 中，元组使用一对小括号将所有的元素括起来，但是小括号并不是必需的，只要将一组值用逗号分隔开来，Python 就可以视其为元组。例如，下面的代码定义的也是元组：

```
ukguzheng = "渔舟唱晚","高山流水","出水莲","汉宫秋月"
```

在 IDLE 中输出该元组后，将显示以下内容：

```
('渔舟唱晚', '高山流水', '出水莲', '汉宫秋月')
```

如果要创建的元组只包括一个元素，则需要在定义元组时，在元素的后面加一个逗号“,”。例如，下面的代码定义的就是包括一个元素的元组：

```
verse1 = ("一片冰心在玉壶",)
```

在 IDLE 中输出 verse1，将显示以下内容：

```
('一片冰心在玉壶',)
```

而下面的代码，则表示定义一个字符串：

```
verse2 = ("一片冰心在玉壶")
```

在 IDLE 中输出 verse2，将显示以下内容：

```
一片冰心在玉壶
```

在 Python 中，可以使用 type() 函数测试变量的类型，如下面的代码：

```
verse1 = ("一片冰心在玉壶",)
print("verse1的类型为",type(verse1))
verse2 = ("一片冰心在玉壶")
print("verse2的类型为",type(verse2))
```

在 IDLE 中执行上面的代码，将显示以下内容：

```
verse1的类型为 <class 'tuple'>
verse2的类型为 <class 'str'>
```

2. 创建空元组

在 Python 中，也可以创建空元组，例如，创建一个名称为 emptytuple 的空元组，可以使用下面的代码：

```
emptytuple = ()
```

空元组可以应用在为函数传递一个空值或者返回空值时。例如，定义一个函数时必须传递一个元组类型的值，而我们还不想为它传递一组数据，那么就可以创建一个空元组传递给它。

3. 创建数值元组

在 Python 中，可以使用 tuple() 函数直接将 range() 函数循环出来的结果转换为数值元组。

tuple() 函数的基本语法如下：

```
tuple(data)
```

其中，data 表示可以转换为元组的数据，其类型可以是 range 对象、字符串、元组或者其他可迭代类型。

例如，创建一个 10~20（不包括 20）所有偶数的元组，可以使用下面的代码：

```
tuple(range(10, 20, 2))
```

运行上面的代码后，将得到下面的元组：

```
(10, 12, 14, 16, 18)
```

说明

使用 tuple() 函数不仅能通过 range 对象创建元组，还可以通过其他对象创建元组。

4. 删除元组

对于已经创建的元组，不再使用时，可以使用 del 语句将其删除。语法格式如下：

```
del tuplename
```

其中，tuplename 为要删除元组的名称。

说明

del 语句在实际开发时并不常用。因为 Python 自带的垃圾回收机制会自动销毁不用的元组，所以即使我们不手动将其删除，Python 也会自动将其回收。

例如，定义一个名称为 verse 的元组，然后再应用 del 语句将其删除，可以使用下面的代码：

```
verse = ("春眠不觉晓","Python不得了","夜来爬数据","好评知多少")
del verse
```

场景模拟 | 假设有一家伊米咖啡馆，只提供 6 种咖啡，并且不会改变。请使用元组保存该咖啡馆里提供的咖啡名称。

实例 05 使用元组保存咖啡馆里提供的咖啡名称 | 实例位置：资源包 \Code\SL\04\05

在 IDLE 中创建一个名称为 cafe_coffeename.py 的文件，然后在该文件中定义一个包含 6 个元素的元组，内容为伊米咖啡馆里的咖啡名称，并且输出该元组，代码如下：

```
01  # 定义元组
02  coffeename = ('蓝山','卡布奇诺','曼特宁','摩卡','麝香猫','哥伦比亚')
03  # 输出元组
04  print(coffeename)
```

运行结果如图 4.17 所示。

```
('蓝山', '卡布奇诺', '曼特宁', '摩卡', '麝香猫', '哥伦比亚')
```

图 4.17　使用元组保存咖啡馆里提供的咖啡名称

4.3.2 访问元组元素

视频讲解：资源包\Video\04\4.3.2 访问元组元素.mp4

在 Python 中，如果想将元组的内容输出，也比较简单，直接使用 print() 函数即可。例如，要想打印上面元组中的 untitle 元组，可以使用下面的代码：

```
untitle = ('Python',28,("人生苦短","我用Python"),["爬虫","自动化运维","云计算","Web开发"])
print(untitle)
```

执行结果如下：

```
('Python', 28, ('人生苦短', '我用Python'), ['爬虫', '自动化运维', '云计算', 'Web开发'])
```

从上面的执行结果中可以看出，在输出元组时，是包括左右两侧的小括号的。如果不想要输出全部的元素，也可以通过元组的索引获取指定的元素。例如，要获取元组 untitle 中索引为 0 的元素，可以使用下面的代码：

```
print(untitle[0])
```

执行结果如下：

```
Python
```

从上面的执行结果中可以看出，在输出单个元组元素时，不包括小括号，如果是字符串，还不包括左右的引号。

另外，对于元组也可以采用切片方式获取指定的元素。例如，要访问元组 untitle 中前 3 个元素，可以使用下面的代码：

```
print(untitle[:3])
```

执行结果如下：

```
('Python', 28, ('人生苦短', '我用Python'))
```

同列表一样，元组也可以使用 for 循环进行遍历。下面通过一个具体的实例演示如何通过 for 循环遍历元组。

场景模拟 | 伊米咖啡馆，这时有客人到了，服务员向客人介绍该店提供的咖啡。

实例 06　使用 for 循环列出咖啡馆里的咖啡名称 | 实例位置：资源包 \Code\SL\04\06

在 IDLE 中创建一个名称为 cafe_coffeename.py 的文件，然后在该文件中，定义一个包含 6 个元素的元组，内容为伊米咖啡馆里的咖啡名称，然后应用 for 循环语句输出每个元组元素的值，即咖啡名称，并且在后面加上“咖啡”二字，代码如下：

```
01  coffeename = ('蓝山','卡布奇诺','曼特宁','摩卡','麝香猫','哥伦比亚')    # 定义元组
02  print("您好，欢迎光临 ~ 伊米咖啡馆 ~\n\n我店有：\n")
03  for name in coffeename:                                              # 遍历元组
04      print(name + "咖啡",end = " ")
```

运行结果如图 4.18 所示。

```
您好，欢迎光临 ~ 伊米咖啡馆 ~

我店有：

蓝山咖啡 卡布奇诺咖啡 曼特宁咖啡 摩卡咖啡 麝香猫咖啡 哥伦比亚咖啡
```

图 4.18　使用元组保存咖啡馆里提供的咖啡名称

另外，元组还可以使用 for 循环和 enumerate() 函数结合进行遍历。下面通过一个具体的实例演示如何在 for 循环中通过 enumerate() 函数遍历元组。

说明

enumerate() 函数用于将一个可遍历的数据对象（如列表或元组）组合为一个索引序列，同时列出数据和数据下标，一般在 for 循环中使用。

实例 07　分两列显示某赛季 NBA 西部联盟前八名球队　|　实例位置：资源包 \Code\SL\04\07

本实例将在实例 02 的基础上进行修改，将列表修改为元组，其他内容不变，修改后的代码如下：

```
01  print("某赛季NBA西部联盟前八名\n")
02  team = ("火箭","勇士","开拓者","雷霆","爵士","鹈鹕","马刺","森林狼")
03  for index,item in enumerate(team):
04      if index%2 == 0:                    # 判断是否为偶数，为偶数时不换行
05          print(item +"\t\t", end='')
06      else:
07          print(item + "\n")                  # 换行输出
```

说明

在上面的代码中，在 print() 函数中使用 “, end=""” 表示不换行输出，即下一条 print() 函数的输出内容会和这个内容在同一行输出。

运行结果如图 4.19 所示。

```
某赛季NBA西部联盟前八名
火箭        勇士
开拓者      雷霆
爵士        鹈鹕
马刺        森林狼
```

图 4.19　某赛季 NBA 西部联盟前八名球队

4.3.3 修改元组元素

视频讲解：资源包\Video\04\4.3.3　修改元组元素.mp4

场景模拟｜伊米咖啡馆，由于麝香猫咖啡需求量较大，库存不足，店长想把它换成拿铁咖啡。

实例 08　将麝香猫咖啡替换为拿铁咖啡　|　实例位置：资源包 \Code\SL\04\08

在 IDLE 中创建一个名称为 cafe_replace.py 的文件，然后在该文件中，定义一个包含 6 个元素的元组，内容为伊米咖啡馆里的咖啡名称，然后修改其中的第 5 个元素的内容为“拿铁”，代码如下：

```
01  # 定义元组
02  coffeename = ('蓝山','卡布奇诺','曼特宁','摩卡','麝香猫','哥伦比亚')
03  # 将“麝香猫”替换为“拿铁”
04  coffeename[4] = '拿铁'
05  print(coffeename)
```

运行结果如图 4.20 所示。

```
Traceback (most recent call last):
  File "C:\python\demo.py", line 4, in <module>
    coffeename[4] = '拿铁'          # 将“麝香猫”替换为“拿铁”
TypeError: 'tuple' object does not support item assignment
```

图 4.20　替换麝香猫咖啡为拿铁咖啡出现异常

元组是不可变序列，所以我们不能对它的单个元素值进行修改。不过，元组也不是完全不能修改。我们可以对元组进行重新赋值。例如，下面的代码是允许的：

```
01  coffeename = ('蓝山','卡布奇诺','曼特宁','摩卡','麝香猫','哥伦比亚')    # 定义元组
02  coffeename = ('蓝山','卡布奇诺','曼特宁','摩卡','拿铁','哥伦比亚')      # 对元组进行重新赋值
03  print("新元组",coffeename)
```

执行结果如下：

```
新元组 ('蓝山', '卡布奇诺', '曼特宁', '摩卡', '拿铁', '哥伦比亚')
```

从上面的执行结果可以看出，元组 coffeename 的值已经改变。

另外，还可以对元组进行连接组合。例如，可以使用下面的代码实现在已经存在的元组结尾处添加一个新元组。

```
01  ukguzheng = ('蓝山','卡布奇诺','曼特宁','摩卡')
02  print("原元组：",ukguzheng)
03  ukguzheng = ukguzheng + ('麝香猫','哥伦比亚')
04  print("组合后：",ukguzheng)
```

执行结果如下：

```
原元组： ('蓝山', '卡布奇诺', '曼特宁', '摩卡')
组合后： ('蓝山', '卡布奇诺', '曼特宁', '摩卡', '麝香猫', '哥伦比亚')
```

注意

在进行元组连接时，连接的内容必须都是元组。不能将元组和字符串或者列表进行连接。例如，下面的代码就是错误的。

```
ukguzheng = ('蓝山','卡布奇诺','曼特宁','摩卡')
ukguzheng = ukguzheng + ['麝香猫','哥伦比亚']
```

常见错误　在进行元组连接时，如果要连接的元组只有一个元素，一定不要忘记后面的逗号。例如，使用下面的代码将产生如图 4.21 所示错误。

```
ukguzheng = ('蓝山','卡布奇诺','曼特宁','摩卡')
ukguzheng = ukguzheng + ('麝香猫')
```

```
Traceback (most recent call last):
  File "C:\python\demo.py", line 2, in <module>
    ukguzheng = ukguzheng + ('麝香猫')
TypeError: can only concatenate tuple (not "str") to tuple
```

图 4.21　在进行元组连接时产生的错误

4.3.4 元组推导式

视频讲解：资源包\Video\04\4.3.4 元组推导式.mp4

使用元组推导式可以快速生成一个元组，它的表现形式和列表推导式类似，只是将列表推导式中的“[]”修改为“()”。例如，我们可以使用下面的代码生成一个包含 10 个随机数的元组。

```
import random                                          # 导入random标准库
randomnumber = (random.randint(10,100) for i in range(10))
print("生成的元组为：",randomnumber)
```

执行结果如下：

```
生成的元组为： <generator object <genexpr> at 0x0000000003056620>
```

从上面的执行结果可以看出中，使用元组推导式生成的结果并不是一个元组或者列表，而是一个生成器对象，这一点和列表推导式是不同的。要使用该生成器对象，可以将其转换为元组或者列表。其中，转换为元组使用 tuple() 函数，而转换为列表则使用 list() 函数。

例如，使用元组推导式生成一个包含 10 个随机数的生成器对象，然后将其转换为元组并输出，可以使用下面的代码：

```
import random                                          # 导入random标准库
randomnumber = (random.randint(10,100) for i in range(10))
randomnumber = tuple(randomnumber)                     # 转换为元组
print("转换后：",randomnumber)
```

执行结果如下：

```
转换后： (76, 54, 74, 63, 61, 71, 53, 75, 61, 55)
```

要使用通过元组推导式生成的生成器对象，还可以直接通过 for 循环或者 __next__() 方法进行遍历。

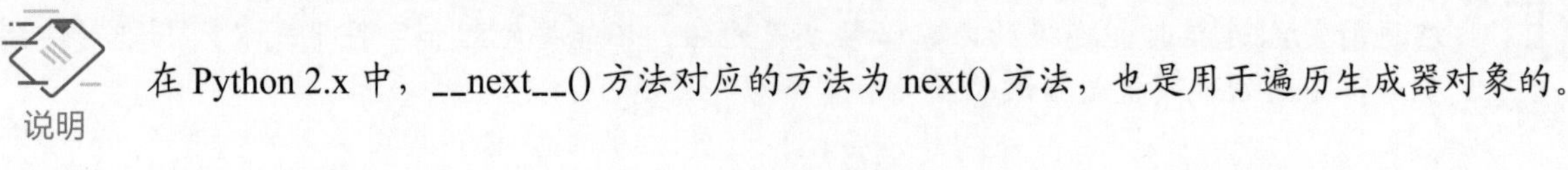

说明　在 Python 2.x 中，__next__() 方法对应的方法为 next() 方法，也是用于遍历生成器对象的。

例如，通过元组推导式生成一个包含 3 个元素的生成器对象 number，然后调用 3 次 __next__() 方法输出每个元素的值，再将生成器对象 number 转换为元组输出，代码如下：

```
number = (i for i in range(3))
print(number.__next__())                          # 输出第1个元素
print(number.__next__())                          # 输出第2个元素
print(number.__next__())                          # 输出第3个元素
number = tuple(number)                            # 转换为元组
print("转换后: ",number)
```

上面的代码运行后，将显示以下结果：

```
0
1
2
转换后： ()
```

再如，通过元组推导式生成一个包括 4 个元素的生成器对象 number，然后应用 for 循环遍历该生成器对象，并输出每一个元素的值，最后再将其转换为元组输出，代码如下：

```
number = (i for i in range(4))                # 生成生成器对象
for i in number:                              # 遍历生成器对象
    print(i,end=" ")                          # 输出每个元素的值
print(tuple(number))                          # 转换为元组输出
```

执行结果如下：

```
0 1 2 3 ()
```

从上面的两个示例中可以看出，无论通过哪种方法遍历，如果再想使用该生成器对象，都必须重新创建，因为遍历后原生成器对象已经不存在了。

4.3.5 元组与列表的区别

视频讲解：资源包\Video\04\4.3.5 元组与列表的区别.mp4

元组和列表都属于序列，而且它们又都可以按照特定顺序存放一组元素，类型又不受限制，只要是 Python 支持的类型都可以。那么它们之间有什么区别呢？

列表类似于我们用铅笔在纸上写下自己喜欢的歌词，写错了还可以擦掉；而元组则类似于用钢笔写下歌词，写错了就擦不掉了，除非换一张纸重写。

列表和元组的区别主要体现在以下几个方面：

☑ 列表属于可变序列，它的元素可以随时修改或者删除；元组属于不可变序列，其中的元素不可以修改，除非整体替换。

☑ 列表可以使用 append()、extend()、insert()、remove() 和 pop() 等方法实现添加和修改列表元素，而元组没有这几个方法，所以不能对元组添加和修改元素。同样，元组也不能删除元素。

☑ 列表可以使用切片访问和修改列表中的元素。元组也支持切片，但是它只支持通过切片访问其中的元素，不支持修改。

☑ 元组比列表的访问和处理速度快，所以当只是需要对其中的元素进行访问，而不进行任何修改时，建议使用元组。

☑ 列表不能作为字典的键，而元组可以。

4.4 字典

在 Python 中，字典与列表类似，也是可变序列，不过与列表不同，它是无序的可变序列，保存的内容是以“键 - 值对”的形式存放的。这类似于我们的新华字典，它可以把拼音和汉字关联起来，通过音节表可以快速找到想要的汉字。其中新华字典里的音节表相当于键（key），而对应的汉字，相当于值（value）。键是唯一的，而值可以有多个。在定义一个包含多个命名字段的对象时，字典很有用。

字典的主要特征如下：

☑ 通过键而不是通过索引来读取

字典有时也称为关联数组或者散列表（hash）。它是通过键将一系列的值联系起来的，可以通过键从字典中获取指定项，但不能通过索引来获取。

☑ 字典是任意对象的无序集合

字典是无序的，各项是从左到右随机排序的，即保存在字典中的项没有特定的顺序。这样可以提高查找效率。

☑ 字典是可变的，并且可以任意嵌套

字典可以在原处增长或者缩短（无须生成一个副本）。并且它支持任意深度的嵌套（即它的值可以是列表或者其他的字典）。

☑ 字典中的键必须唯一

不允许同一个键出现两次，如果出现两次，则后一个值会被记住。

☑ 字典中的键必须不可变

字典中的键是不可变的，所以可以使用数字、字符串或者元组，但不能使用列表。

说明

Python 中的字典相当于 Java 或者 C++ 中的 Map 对象。

4.4.1 字典的创建和删除

视频讲解：资源包\Video\04\4.4.1 字典的创建和删除.mp4

定义字典时，每个元素都包含两个部分：“键”和“值”。以水果名称和价格的字典为例，键为水果名称，值为水果价格，如图 4.22 所示。

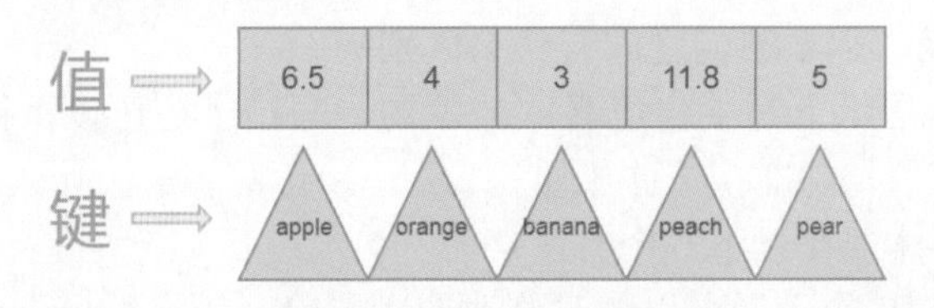

图 4.22　字典示意图

创建字典时，在“键”和“值”之间使用冒号分隔，相邻两个元素使用逗号分隔，所有元素放在一对“{}”中。语法格式如下：

```
dictionary = {'key1':'value1', 'key2':'value2',  …, 'keyn':'valuen',}
```

参数说明：

☑ dictionary：表示字典名称。

☑ key1，key2，…，keyn：表示元素的键，必须是唯一的，并且不可变，例如，可以是字符串、数字或者元组。

☑ value1，value2，…，valuen：表示元素的值，可以是任何数据类型，不是必须唯一的。

例如，创建一个保存通讯录信息的字典，可以使用下面的代码：

```
dictionary = {'qq':'84978981','明日科技':'84978982','无语':'0431-84978981'}
print(dictionary)
```

执行结果如下：

```
{'qq': '84978981', '明日科技': '84978982', '无语': '0431-84978981'}
```

同列表和元组一样，也可以创建空字典。在 Python 中，可以使用下面两种方法创建空字典：

```
dictionary = {}
```

或者

```
dictionary = dict()
```

Python 中的 dict() 方法除了可以创建一个空字典，还可以通过已有数据快速创建字典。主要表现为以下两种形式：

1. 通过映射函数创建字典

通过映射函数创建字典的语法如下：

```
dictionary = dict(zip(list1,list2))
```

参数说明：

☑ dictionary：表示字典名称。

☑ zip() 函数：用于将多个列表或元组对应位置的元素组合为元组，并返回包含这些内容的 zip 对象。如果想获取元组，可以将 zip 对象使用 tuple() 函数转换为元组；如果想获取列表，则可以使用 list() 函数将其转换为列表。

☑ list1：一个列表，用于指定要生成字典的键。

☑ list2：一个列表，用于指定要生成字典的值。如果 list1 和 list2 的长度不同，则与最短的列表长度相同。

场景模拟 | 某大学的寝室里住着 4 位美女，将她们的名字保存在一个列表中，并将她们每个人的星座对应保存在另一个列表中。

实例 09　创建一个保存女神星座的字典　　| 实例位置：资源包 \Code\SL\04\09

在 IDLE 中创建一个名称为 sign_create.py 的文件，然后在该文件中，定义两个包括 4 个元素的列表，再应用 dict() 函数和 zip() 函数将前两个列表转换为对应的字典，并且输出该字典，代码如下：

```
01  name = ['绮梦','冷伊一','香凝','黛兰']                    # 作为键的列表
02  sign = ['水瓶座','射手座','双鱼座','双子座']              # 作为值的列表
03  dictionary = dict(zip(name,sign))                        # 转换为字典
04  print(dictionary)                                        # 输出转换后字典
```

运行实例后，将显示如图 4.23 所示结果。

```
{'绮梦': '水瓶座', '冷伊一': '射手座', '香凝': '双鱼座', '黛兰': '双子座'}
```

图 4.23　创建一个保存女神星座的字典

2. 通过给定的关键字参数创建字典

通过给定的关键字参数创建字典的语法如下：

```
dictionary = dict(key1=value1,key2=value2,…,keyn=valuen)
```

参数说明：

☑ dictionary：表示字典名称。

☑ key1,key2,…,keyn：表示参数名，必须是唯一的，并且符合 Python 标识符的命名规则。该参数名会转换为字典的键。

☑ value1,value2,…,valuen：表示参数值，可以是任何数据类型，不必唯一。该参数值将被转换为字典的值。

例如，将实例 09 中的名字和星座以关键字参数的形式创建一个字典，可以使用下面的代码：

```
dictionary =dict(绮梦 = '水瓶座', 冷伊一 = '射手座', 香凝 = '双鱼座', 黛兰 = '双子座')
print(dictionary)
```

在 Python 中，还可以使用 dict 对象的 fromkeys() 方法创建值为空的字典，语法如下：

```
dictionary = dict.fromkeys(list1)
```

参数说明：

☑ dictionary：表示字典名称。

☑ list1：作为字典的键的列表。

例如，创建一个只包括名字的字典，可以使用下面的代码：

```
name_list = ['绮梦','冷伊一','香凝','黛兰']                # 作为键的列表
dictionary = dict.fromkeys(name_list)
print(dictionary)
```

执行结果如下：

```
{'绮梦': None, '冷伊一': None, '香凝': None, '黛兰': None}
```

另外，还可以通过已经存在的元组和列表创建字典。例如，创建一个保存名字的元组和保存星座的列表，通过它们创建一个字典，可以使用下面的代码：

```
name_tuple = ('绮梦','冷伊一', '香凝', '黛兰')             # 作为键的元组
sign = ['水瓶座','射手座','双鱼座','双子座']               # 作为值的列表
dict1 = {name_tuple:sign}                                 # 创建字典
print(dict1)
```

执行结果如下：

```
{('绮梦', '冷伊一', '香凝', '黛兰'): ['水瓶座', '射手座', '双鱼座', '双子座']}
```

如果将作为键的元组修改为列表，再创建一个字典，代码如下：

```
name_list = ['绮梦','冷伊一', '香凝', '黛兰']              # 作为键的列表
sign = ['水瓶座','射手座','双鱼座','双子座']               # 作为值的列表
dict1 = {name_list:sign}                                  # 创建字典
print(dict1)
```

执行结果如图 4.24 所示。

```
Traceback (most recent call last):
  File "C:\python\demo.py", line 3, in <module>
    dict1 = {name_list:sign}          # 创建字典
TypeError: unhashable type: 'list'
```

图 4.24　将列表作为字典的键产生的异常

同列表和元组一样，不再需要的字典也可以使用 del 命令删除。例如，通过下面的代码即可将已经定义的字典删除。

```
del dictionary
```

另外，如果只是想删除字典的全部元素，可以使用字典对象的 clear() 方法实现。执行 clear() 方法后，原字典将变为空字典。例如，下面的代码将清除字典的全部元素。

```
dictionary.clear()
```

除了上面介绍的方法可以删除字典元素，还可以使用字典对象的 pop() 方法删除并返回指定“键”的元素，以及使用字典对象的 popitem() 方法删除并返回字典中的一个元素。

4.4.2 通过键值对访问字典

视频讲解：资源包\Video\04\4.4.2 通过键值对访问字典.mp4

在 Python 中，如果想将字典的内容输出，也比较简单，可以直接使用 print() 函数。例如，要想打印实例 09 中定义的 dictionary 字典，可以使用下面的代码：

```
print(dictionary)
```

执行结果如下：

```
{'绮梦': '水瓶座', '冷伊一': '射手座', '香凝': '双鱼座', '黛兰': '双子座'}
```

但是，在使用字典时，很少直接输出它的内容。一般需要根据指定的键得到相应的结果。在 Python 中，访问字典的元素可以通过下标的方式实现，与列表和元组不同，这里的下标不是索引号，而是键。例如，想要获取“冷伊一”的星座，可以使用下面的代码：

```
print(dictionary['冷伊一'])
```

执行结果如下：

```
射手座
```

在使用该方法获取指定键的值时，如果指定的键不存在，就会抛出如图 4.25 所示异常。

```
Traceback (most recent call last):
  File "C:\python\demo.py", line 2, in <module>
    print(dictionary['冷伊'])
KeyError: '冷伊'
```

图 4.25　获取指定键不存在时抛出异常

在实际开发中，我们可能不知道当前存在什么键，所以需要避免该异常的产生。具体的解决方法是使用 if 语句对不存在的情况进行处理，即设置一个默认值。例如，可以将上面的代码修改为以下内容：

```
print("冷伊的星座是：",dictionary['冷伊'] if '冷伊' in dictionary else '我的字典里没有此人')
```

当“冷伊”不存在时，将显示以下内容：

```
冷伊的星座是：我的字典里没有此人
```

另外，Python 中推荐的方法是使用字典对象的 get() 方法获取指定键的值，语法格式如下：

```
dictionary.get(key[,default])
```

参数说明：

☑ dictionary：为字典对象，即要从中获取值的字典。

☑ key：为指定的键。

☑ default：为可选项，用于指定当指定的“键”不存在时返回的默认值，如果省略，则返回 None。

例如，通过 get() 方法获取“冷伊一”的星座，可以使用下面的代码：

```
print("冷伊一的星座是：",dictionary.get('冷伊一'))
```

执行结果如下：

```
冷伊一的星座是： 射手座
```

说明

为了解决在获取指定键的值时，因不存在该键而导致抛出异常，可以为 get() 方法设置默认值，这样当指定的键不存在时，得到的结果就是指定的默认值。例如，将上面的代码修改为以下内容。

```
print("冷伊的星座是：",dictionary.get('冷伊','我的字典里没有此人'))
```

将得到以下结果：

```
冷伊的星座是： 我的字典里没有此人
```

场景模拟 | 将某大学寝室里的 4 位美女的名字和星座保存在一个字典里，然后再定义一个保存各个星座性格特点的字典，根据这两个字典获取某位美女的性格特点。

实例 10 根据星座测试性格特点

实例位置：资源包 \Code\SL\04\10

在 IDLE 中创建一个名称为 sign_get.py 的文件，然后在该文件中创建两个字典，一个保存名字和星座，另一个保存星座和性格特点，最后从这两个字典中取出相应的信息，组合出想要的结果并输出，代码如下：

```
01  name = ['绮梦','冷伊一','香凝','黛兰']                                    # 作为键的列表
02  sign_person = ['水瓶座','射手座','双鱼座','双子座']                        # 作为值的列表
03  person_dict = dict(zip(name,sign_person))                                # 转换为个人字典
04  sign_all =['白羊座','金牛座','双子座','巨蟹座','狮子座','处女座','天秤座','天蝎座','射手
座','摩羯座','水瓶座','双鱼座']
05  nature = ['有一种让人看见就觉得开心的感觉，阳光、乐观、坚强，性格直来直去，就是有点小脾气。',
```

```
06              '很保守，喜欢稳定，一旦有什么变动就会觉得心里不踏实，性格比较慢热，是个理财高手。',
07              '喜欢追求新鲜感，有点小聪明，耐心不够，因你的可爱性格会让很多人喜欢和你做朋友。',
08              '情绪容易敏感，缺乏安全感，做事情有坚持到底的毅力，为人重情重义，对朋友和家人特别忠实。',
09              '有着远大的理想，总想靠自己的努力成为人上人，总是期待被仰慕被崇拜的感觉。',
10              '坚持追求自己的完美主义者。',
11              '追求平等、和谐，交际能力强，因此朋友较多。最大的缺点就是面对选择总是犹豫不决。',
12              '精力旺盛，占有欲强，对于生活很有目标，不达目的誓不罢休，复仇心重。',
13              '崇尚自由，勇敢、果断、独立，身上有一股勇往直前的劲儿，只要想做，就能做。',
14              '是最有耐心的，做事最小心。做事脚踏实地，比较固执，不达目的不罢休，而且非常勤奋。',
15              '人很聪明，最大的特点是创新，追求独一无二的生活，个人主义色彩很浓重的星座。',
16              '集所有星座的优缺点于一身。最大的优点是有一颗善良的心，愿意帮助别人。']
17  sign_dict = dict(zip(sign_all,nature))                                  # 转换为星座字典
18  print("【香凝】的星座是",person_dict.get("香凝"))                          # 输出星座
19  print("\n 她的性格特点是：\n\n",sign_dict.get(person_dict.get("香凝")))   # 输出性格特点
```

运行后将显示如图 4.26 所示结果。

```
【香凝】的星座是 双鱼座

她的性格特点是：

集所有星座的优缺点于一身。最大的优点是有一颗善良的心，愿意帮助别人。
```

图 4.26　输出某个人的星座和性格特点

4.4.3 遍历字典

视频讲解：资源包\Video\04\4.4.3 遍历字典.mp4

字典是以“键 - 值对”的形式存储数据的，所以需要通过这些“键 - 值对”进行访问。Python 提供了遍历字典的方法，通过遍历可以获取字典中的全部“键 - 值对”。

使用字典对象的 items() 方法可以获取字典的“键 - 值对”列表，语法格式如下：

```
dictionary.items()
```

其中，dictionary 为字典对象；返回值为可遍历的“键 - 值对”的元组列表。想要获取到具体的“键 - 值对”，可以通过 for 循环遍历该元组列表。

例如，定义一个字典，然后通过 items() 方法获取“键 - 值对”的元组列表，并输出全部“键 - 值对”，代码如下：

```
dictionary = {'qq':'84978981','明日科技':'84978982','无语':'0431-84978981'}
for item in dictionary.items():
    print(item)
```

执行结果如下：

```
('qq', '84978981')
('明日科技', '84978982')
('无语', '0431-84978981')
```

上面的例子获取的是字典中的各个元素，如果想要获取具体的每个键和值，可以使用下面的代码

进行遍历。

```
dictionary = {'qq':'4006751066','明日科技':'0431-84978982','无语':'0431-84978981'}
for key,value in dictionary.items():
    print(key,"的联系电话是",value)
```

执行结果如下：

```
qq 的联系电话是 4006751066
明日科技 的联系电话是 0431-84978982
无语 的联系电话是 0431-84978981
```

说明

在 Python 中，字典对象还提供了 values() 方法和 keys() 方法，用于返回字典的“值”和“键”列表，它们的使用方法同 items() 方法类似，也需要通过 for 循环遍历该字典列表，获取对应的值和键。

4.4.4 添加、修改和删除字典元素

视频讲解：资源包\Video\04\4.4.4 添加、修改和删除字典元素.mp4

由于字典是可变序列，所以可以随时在字典中添加“键 - 值对”。向字典中添加元素的语法格式如下：

```
dictionary[key] = value
```

参数说明：

☑ dictionary：表示字典名称。

☑ key：表示要添加元素的键，必须是唯一的，并且不可变，例如，可以是字符串、数字或者元组。

☑ value：表示元素的值，可以是任何数据类型，不必唯一。

例如，还以保存 4 位美女星座的场景为例，在创建的字典中添加一个元素，并显示添加后的字典，代码如下：

```
dictionary =dict((('绮梦', '水瓶座'),('冷伊一','射手座'), ('香凝','双鱼座'), ('黛兰','双子座')))
dictionary["碧琦"] = "巨蟹座"            # 添加一个元素
print(dictionary)
```

执行结果如下：

```
{'绮梦': '水瓶座', '冷伊一': '射手座', '香凝': '双鱼座', '黛兰': '双子座', '碧琦': '巨蟹座'}
```

从上面的结果中可以看到，字典中又添加了一个键为“碧琦”的元素。

由于在字典中，“键”必须是唯一的，如果新添加元素的“键”与已经存在的“键”重复，那么将使用新的“值”替换原来该“键”的值，这也相当于修改字典的元素。例如，再添加一个“键”为“香凝”的元素，设置她的星座为“天蝎座”。可以使用下面的代码：

```
dictionary =dict((('绮梦', '水瓶座'),('冷伊一','射手座'), ('香凝','双鱼座'), ('黛兰','双子座')))
dictionary["香凝"] = "天蝎座"            # 添加一个元素，当元素存在时，则相当于修改功能
print(dictionary)
```

执行结果如下：

```
{'绮梦': '水瓶座', '冷伊一': '射手座', '香凝': '天蝎座', '黛兰': '双子座'}
```

从上面的结果可以看到，字典中并没有添加一个新的“键”——“香凝”，而是直接对“香凝”进行了修改。

当字典中的某一个元素不需要时，可以使用 del 命令将其删除。例如，要删除字典 dictionary 中的键为“香凝”的元素，可以使用下面的代码：

```
dictionary =dict((('绮梦', '水瓶座'),('冷伊一','射手座'), ('香凝','双鱼座'), ('黛兰','双子座')))
del dictionary["香凝"]                # 删除一个元素
print(dictionary)
```

执行结果如下：

```
{'绮梦': '水瓶座', '冷伊一': '射手座', '黛兰': '双子座'}
```

从上面的执行结果中可以看到，在字典 dictionary 中只剩下 3 个元素了。

说明

当删除一个不存在的键时，将抛出如图 4.27 所示异常。

```
Traceback (most recent call last):
  File "C:\python\demo.py", line 2, in <module>
    del dictionary["香凝1"]     # 删除一个元素
KeyError: '香凝1'
```

图 4.27　删除一个不存在的键时抛出的异常

因此，为防止删除不存在的元素时抛出异常，可将上面的代码修改成如下内容:

```
dictionary =dict((('绮梦', '水瓶座'),('冷伊一','射手座'), ('香凝','双鱼座'), ('黛兰','双子座')))
# 如果存在
if "香凝1" in dictionary:
    # 删除一个元素
    del dictionary["香凝1"]
print(dictionary)
```

4.4.5 字典推导式

视频讲解：资源包\Video\04\4.4.5 字典推导式.mp4

使用字典推导式可以快速生成一个字典，它的表现形式和列表推导式类似。例如，我们可以使用下面的代码生成一个包含 4 个随机数的字典，其中字典的键使用数字表示。

```
# 导入random标准库
import random
randomdict = {i:random.randint(10,100) for i in range(1,5)}
print("生成的字典为：",randomdict)
```

执行结果如下：

```
生成的字典为： {1: 21, 2: 85, 3: 11, 4: 65}
```

另外，使用字典推导式也可根据列表生成字典。例如，可以将实例 09 修改为通过字典推导式生成字典。

实例 11　应用字典推导式实现根据名字和星座创建一个字典　|　实例位置：资源包 \Code\SL\04\11

在 IDLE 中创建一个名称为 sign_create.py 的文件，然后在该文件中，定义两个包括 4 个元素的列表，再应用字典推导式将前两个列表转换为对应的字典，并且输出该字典，代码如下：

```
01  name = ['绮梦','冷伊一','香凝','黛兰']                    # 作为键的列表
02  sign = ['水瓶','射手','双鱼','双子']                      # 作为值的列表
03  dictionary = {i:j+'座' for i,j in zip(name,sign)}       # 使用列表推导式生成字典
04  print(dictionary)                                      # 输出转换后字典
```

运行后，将显示如图 4.28 所示结果。

```
{'绮梦': '水瓶座', '冷伊一': '射手座', '香凝': '双鱼座', '黛兰': '双子座'}
```

图 4.28　采用字典推导式创建字典

4.5 集合

Python 中的集合同数学中的集合概念类似，也是用于保存不重复元素的。它有可变集合（set）和不可变集合（frozenset）两种。本节所要介绍的可变集合是无序可变序列，而不可变集合在本书中不做介绍。在形式上，集合的所有元素都放在一对“{}”中，两个相邻元素间使用“,”分隔。集合最好的应用就是去掉重复元素，因为集合中的每个元素都是唯一的。

说明

在数学中，集合的定义是把一些能够确定的不同的对象看成一个整体，而这个整体就是由这些对象的全体构成的集合。集合通常用“{}”或者大写的拉丁字母表示。

集合最常用的操作就是创建集合，以及集合的添加、删除、交集、并集和差集等运算，下面分别进行介绍。

4.5.1 集合的创建

视频讲解

视频讲解：资源包\Video\04\4.5.1 集合的创建.mp4

在 Python 中提供了两种创建集合的方法：一种是直接使用“{}”创建，另一种是通过 set() 函数将列表、元组等可迭代对象转换为集合。这里推荐使用第二种方法。

1. 直接使用“{}”创建集合

在 Python 中，创建集合也可以像列表、元组和字典一样，直接将集合赋值给变量实现，即直接使用“{}”创建。语法格式如下：

```
setname = {element 1,element 2,element 3,…,element n}
```

参数说明：

☑ setname：表示集合的名称，可以是任何符合 Python 命名规则的标识符。

☑ element 1,element 2,element 3,…,element n：表示集合中的元素，个数没有限制，只要是 Python 支持的数据类型就可以。

注意

在创建集合时，如果输入了重复的元素，Python 会自动只保留一个。

例如，有如下代码：

```
set1 = {'水瓶座','射手座','双鱼座','双子座'}
set2 = {3,1,4,1,5,9,2,6}
set3 = {'Python', 28, ('人生苦短', '我用Python')}
```

这段代码将创建以下集合：

```
{'水瓶座', '双子座', '双鱼座', '射手座'}
{1, 2, 3, 4, 5, 6, 9}
{'Python', ('人生苦短', '我用Python'), 28}
```

说明

由于 Python 中的集合是无序的，所以每次输出时元素的排列顺序可能都不相同。

场景模拟 | 某大学的学生选课系统，可选语言有 Python 和 C 语言。现创建两个集合分别保存选择 Python 语言的学生姓名和选择 C 语言的学生姓名。

实例 12　创建保存学生选课信息的集合　| 实例位置：资源包 \Code\SL\04\12

在 IDLE 中创建一个名称为 section_create.py 的文件，然后在该文件中，定义两个包括 4 个元素的集合，再输出这两个集合，代码如下：

```
01  python = {'绮梦','冷伊一','香凝','梓轩'}            # 保存选择Python语言的学生姓名
02  c = {'冷伊一','零语','梓轩','圣博'}                 # 保存选择C语言的学生姓名
03  print('选择Python语言的学生有：',python,'\n')      # 输出选择Python语言的学生姓名
04  print('选择C语言的学生有：',c)                     # 输出选择C语言的学生姓名
```

运行后，将显示如图 4.29 所示结果。

```
选择Python语言的学生有：  {'香凝', '绮梦', '梓轩', '冷伊一'}

选择C语言的学生有：  {'圣博', '零语', '梓轩', '冷伊一'}
```

图 4.29　创建保存学生选课信息的集合

2. 使用 set() 函数创建

在 Python 中，可以使用 set() 函数将列表、元组等其他可迭代对象转换为集合。set() 函数的语法格式如下：

```
setname = set(iteration)
```

参数说明：

☑ setname：表示集合名称。

☑ iteration：表示要转换为集合的可迭代对象，可以是列表、元组、range 对象等，也可以是字符串。如果是字符串，返回的集合将是包含全部不重复字符的集合。

例如，有如下代码：

```
set1 = set("命运给予我们的不是失望之酒，而是机会之杯。")
set2 = set([1.414,1.732,3.14159,2.236])
set3 = set(('人生苦短', '我用Python'))
```

这段代码将创建以下集合：

```
{'不', '的', '望', '是', '给', '，', '我', '。', '酒', '会', '杯', '运', '们', '予', '而', '失', '机', '命', '之'}
{1.414, 2.236, 3.14159, 1.732}
{'人生苦短', '我用Python'}
```

从上面创建的集合结果中可以看出，在创建集合时，如果出现了重复元素，那么将只保留一个，如在第一个集合中的“是”和“之”都只保留了一个。

注意

在创建空集合时，只能使用 set()，而不能使用一对“{}”，这是因为在 Python 中，直接使用一对“{}”表示创建一个空字典。

下面将实例 12 修改为使用 set() 函数创建保存学生选课信息的集合。修改后的代码如下：

```
python = set(['绮梦','冷伊一','香凝','梓轩'])             # 保存选择Python语言的学生姓名
print('选择Python语言的学生有：',python,'\n')             # 输出选择Python语言的学生姓名
c = set(['冷伊一','零语','梓轩','圣博'])                  # 保存选择C语言的学生姓名
print('选择C语言的学生有：',c)                            # 输出选择C语言的学生姓名
```

执行结果如图 4.29 所示。

说明

在 Python 中，创建集合时推荐采用 set() 函数实现。

4.5.2 集合的添加和删除

视频讲解：资源包\Video\04\4.5.2 集合的添加和删除.mp4

集合是可变序列，所以在创建集合后，还可以对其添加或者删除元素。

1. 向集合中添加元素

向集合中添加元素可以使用 add() 方法实现，语法格式如下：

```
setname.add(element)
```

参数说明：

☑ setname：表示要添加元素的集合。

☑ element：表示要添加的元素内容，只能使用字符串、数字、布尔类型的 True 或者 False，以及元组等不可变对象，不能使用列表、字典等可变对象。

例如，定义一个保存明日科技零基础学系列图书的集合，然后向该集合中添加一本刚刚上市的图书，代码如下：

```
mr = set(['零基础学Java','零基础学Android','零基础学C语言','零基础学C#','零基础学PHP'])
mr.add('零基础学Python')                                     # 添加一个元素
print(mr)
```

以上代码运行后，将输出如下集合：

```
{'零基础学PHP', '零基础学Android', '零基础学C#', '零基础学C语言', '零基础学Python', '零基础学Java'}
```

2. 从集合中删除元素

在 Python 中，可以使用 del 命令删除整个集合，也可以使用集合的 pop() 方法或者 remove() 方法删

除一个元素，或者使用集合对象的 clear() 方法清空集合，即删除集合中的全部元素，使其变为空集合。

例如，下面的代码将分别实现从集合中删除指定元素、删除一个元素和清空集合：

```
mr = set(['零基础学Java','零基础学Android','零基础学C语言','零基础学C#','零基础学PHP','零基础学Python'])
mr.remove('零基础学Python')                      # 移除指定元素
print('使用remove()方法移除指定元素后：',mr)
mr.pop()                                          # 删除一个元素
print('使用pop()方法移除一个元素后：',mr)
mr.clear()                                        # 清空集合
print('使用clear()方法清空集合后：',mr)
```

上面的代码运行后，将输出以下内容：

```
使用remove()方法移除指定元素后： {'零基础学Android', '零基础学PHP', '零基础学C语言', '零基础学Java',
'零基础学C#'}
使用pop()方法移除一个元素后： {'零基础学PHP', '零基础学C语言', '零基础学Java', '零基础学C#'}
使用clear()方法清空集合后： set()
```

说明

使用集合的 remove() 方法时，如果指定的内容不存在，将抛出如图 4.30 所示异常。所以在移除指定元素前，最好先判断其是否存在。要判断指定的内容是否存在，可以使用 in 关键字实现。例如，使用“‘零基础学 Python1’ in c”可以判断在 c 集合中是否存在“零基础学 Python1”。

```
Traceback (most recent call last):
  File "C:\python\demo.py", line 2, in <module>
    mr.remove('零基础学Python1') # 移除指定元素
KeyError: '零基础学Python1'
```

图 4.30　从集合中移除的元素不存在时抛出异常

场景模拟 | 更改某大学的学生选课信息。听说连小学生都在学 Python 了，“零语”同学决定放弃学习 C 语言，改为学习 Python。

实例 13　学生更改选学课程　　实例位置：资源包 \Code\SL\04\13

在 IDLE 中创建一个名称为 section_add.py 的文件，然后在该文件中，定义一个包括 4 个元素的集合，并且应用 add() 函数向该集合中添加一个元素，再定义一个包括 4 个元素的集合，并且应用 remove() 方法从该集合中删除指定的元素，最后输出这两个集合，代码如下：

```
01  python = set(['绮梦','冷伊一','香凝','梓轩'])     # 保存选择Python语言的学生姓名
02  python.add('零语')                               # 添加一个元素
03  c = set(['冷伊一','零语','梓轩','圣博'])           # 保存选择C语言的学生姓名
04  c.remove('零语')                                 # 删除指定元素
05  print('选择Python语言的学生有：',python,'\n')     # 输出选择Python语言的学生姓名
06  print('选择C语言的学生有：',c)                    # 输出选择C语言的学生姓名
```

运行后，将显示如图 4.31 所示结果。

```
选择Python语言的学生有： {'绮梦', '零语', '梓轩', '香凝', '冷伊一'}

选择C语言的学生有： {'冷伊一', '圣博', '梓轩'}
```

图 4.31　对集合添加和删除元素

4.5.3 集合的交集、并集和差集运算

视频讲解：资源包\Video\04\4.5.3 集合的交集、并集和差集运算.mp4

集合最常用的操作就是进行交集、并集、差集和对称差集运算。进行交集运算时使用“&”符号，进行并集运算时使用“｜”符号，进行差集运算时使用“-”符号，进行对称差集运算时使用“^”符号。下面通过一个具体的实例演示如何对集合进行交集、并集和差集运算。

场景模拟｜某大学的学生选课系统，学生选课完毕后，老师要对选课结果进行统计。这时，需要知道哪些学生既选择了 Python 语言又选择了 C 语言、哪些学生只选择了 Python 语言但没有选择 C 语言，以及参与选课的全部学生。

实例 14　对选课集合进行交集、并集和差集运算　　实例位置：资源包 \Code\SL\04\14

在 IDLE 中创建一个名称为 section_operate.py 的文件，然后在该文件中定义两个包括 4 个元素的集合，再根据需要对两个集合进行交集、并集和差集运算，并输出运算结果，代码如下：

```
01  python = set(['绮梦','冷伊一','香凝','梓轩']) # 保存选择Python语言的学生姓名
02  c = set(['冷伊一','零语','梓轩','圣博'])       # 保存选择C语言的学生姓名
03  print('选择Python语言的学生有：',python)  # 输出选择Python语言的学生姓名
04  print('选择C语言的学生有：',c)             # 输出选择C语言的学生姓名
05  # 输出既选择了Python语言又选择了C语言的学生姓名
06  print('交集运算：',python & c)
07  # 输出参与选课的全部学生姓名
08  print('并集运算：',python | c)
09  # 输出只选择了Python语言但没有选择C语言的学生姓名
10  print('差集运算：',python - c)
```

在上面的代码中，为了获取既选择了 Python 语言又选择了 C 语言的学生姓名，对两个集合进行交集运算；为了获取参与选课的全部学生姓名，对两个集合进行并集运算；为了获取只选择了 Python 语言但没有选择 C 语言的学生名字，对两个集合进行差集运算。

运行后，将显示如图 4.32 所示结果。

```
选择Python语言的学生有： {'香凝', '冷伊一', '绮梦', '梓轩'}
选择C语言的学生有： {'圣博', '冷伊一', '零语', '梓轩'}
交集运算： {'冷伊一', '梓轩'}
并集运算： {'绮梦', '香凝', '冷伊一', '圣博', '零语', '梓轩'}
差集运算： {'香凝', '绮梦'}
```

图 4.32　对选课集合进行交集、并集和差集运算

4.6 列表、元组、字典和集合的区别

视频讲解：资源包\Video\04\4.6 列表、元组、字典和集合的区别.mp4

在 4.2~4.5 节介绍了序列中的列表、元组、字典和集合的应用，下面通过表 4.2 对这几个数据序列进行比较。

表 4.2　列表、元组、字典和集合的区别

数 据 结 构	是 否 可 变	是 否 重 复	是 否 有 序	定 义 符 号
列表（list）	可变	可重复	有序	[]
元组（tuple）	不可变	可重复	有序	()
字典（dictionary）	可变	可重复	无序	{key:value}
集合（set）	可变	不可重复	无序	{ }

4.7 实战

实战一：输出“王者荣耀”的游戏角色

“王者荣耀”游戏中有很多英雄，这些英雄可以分为法师、战士、坦克、刺客、射手和辅助。本实战将应用 Python 中的列表存储不同类别的英雄，并且遍历输出这些英雄。效果如图 4.33 所示。

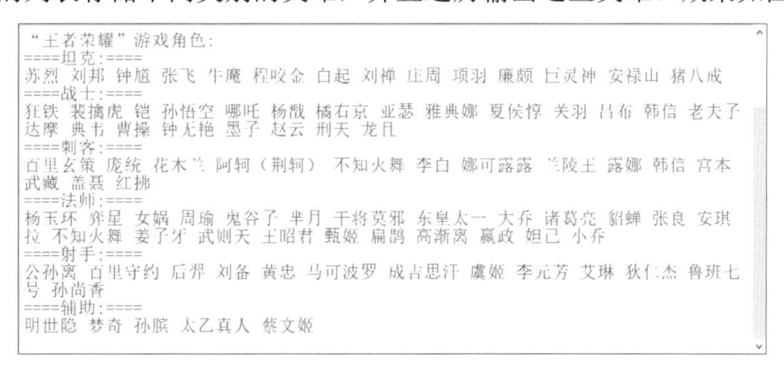

图 4.33　输出“王者荣耀”的游戏角色

实战二：模拟火车订票系统

模拟火车订票系统，效果如图 4.34 所示。

```
车次        出发站-到达站    出发时间    到达时间    历时
T40         长春-北京          00:12      12:20      12:08
T298        长春-北京          00:06      10:50      10:44
Z158        长春-北京          12:48      21:06      08:18
Z62         长春-北京          21:58      06:08      8:20
请输入要购买的车次：Z62
请输入乘车人（用逗号分隔）：无语,明日
你已购Z62次列车 长春-北京 21:58开，请无语,明日准时乘车。【铁路客服】
```

图 4.34　模拟火车订票系统

实战三：电视剧的收视率排行榜

应用列表和元组将以下电视剧按收视率由高到低进行排序：

《Give up,hold on to me》收视率：1.4%

《The private dishes of the husbands》收视率：1.343%

《My father-in-law will do martiaiarts》收视率：0.92%

《North Canton still believe in love》收视率：0.862%

《Impossible task》收视率：0.553%

《Sparrow》收视率：0.411%

《East of dream Avenue》收视率：0.164%

《The prodigal son of the new frontier town》收视率：0.259%

《Distant distance》收视率：0.394%

《Music legend》收视率：0.562%

效果如图 4.35 所示。

实战四：统计需要取快递人员的名单

双十一过后，某公司每天都能收到很多快递，门卫小张想要写一个程序统计一下收到快递的人员名单，以便统一通知。现请你帮他编写一段 Python 程序，统计出需要来取快递的人员名单。

提示：可以通过循环一个一个录入有快递的人员姓名，并且添加到集合中，由于集合有去重功能，这样最后就能得到一个不重复的人员名单。

效果如图 4.36 所示。

```
电视剧的收视率排行榜：
《Give up, hold on to me》 收视率：1.4%
《The private dishes of the husbands》 收视率：1.343%
《My father-in-law will do martiaiarts》 收视率：0.92%
《North Canton still believe in love》 收视率：0.862%
《Music legend》 收视率：0.562%
《Impossible task》 收视率：0.553%
《Sparrow》 收视率：0.411%
《Distant distance》 收视率：0.394%
《Theprodigal son of the new frontier town》 收视率：0.259%
《East of dream Avenue》 收视率：0.164%
```

图 4.35　电视剧的收视率排行榜

```
请输入收到快递人员的名单（输入0退出）：小欧
请输入收到快递人员的名单（输入0退出）：米奇
请输入收到快递人员的名单（输入0退出）：小薇
请输入收到快递人员的名单（输入0退出）：小欧
取快递人员已存在！
请输入收到快递人员的名单（输入0退出）：伊一
请输入收到快递人员的名单（输入0退出）：0
需要通知取快递的人员名单：
伊一
小薇
小欧
米奇
```

图 4.36　统计需要取快递人员的名单

4.8 小结

本章首先简要介绍了 Python 中的序列及序列的常用操作，然后重点介绍了 Python 中的列表和元组。其中，元组可以理解为被上了“枷锁”的列表，即元组中的元素不可以修改。接下来又介绍了 Python 中的字典，字典和列表有些类似，区别是字典中的元素是由“键 - 值对”组成的。最后介绍了 Python 中的集合，集合的主要作用就是去掉重复的元素。读者在实际开发时，可以根据自己的实际需要选择使用合适的序列类型。

本章 e 学码：关键知识点拓展阅读

enumerate() 函数
get() 方法
in 关键字
items() 方法
keys() 方法
popitem() 方法
tuple() 函数
values() 方法
zip() 函数
元组
字典 -Python 字典 (Dictionary)

e 学码

第5章

字符串及正则表达式

（视频讲解：2 小时 45 分钟）

本章概览

字符串是所有编程语言在项目开发过程中涉及最多的一个内容。大部分项目的运行结果，都需要以文本的形式展示给客户，比如财务系统的总账报表，电子游戏的比赛结果，火车站的列车时刻表等。曾经有一位“久经沙场”的老程序员说过一句话：“开发一个项目，基本上就是在不断地处理字符串。”

在 2.4.2 小节已经对什么是字符串、定义字符串的方法及字符串中的转义字符进行了简要介绍。本章将重点介绍操作字符串的方法和正则表达式的应用。

知识框架

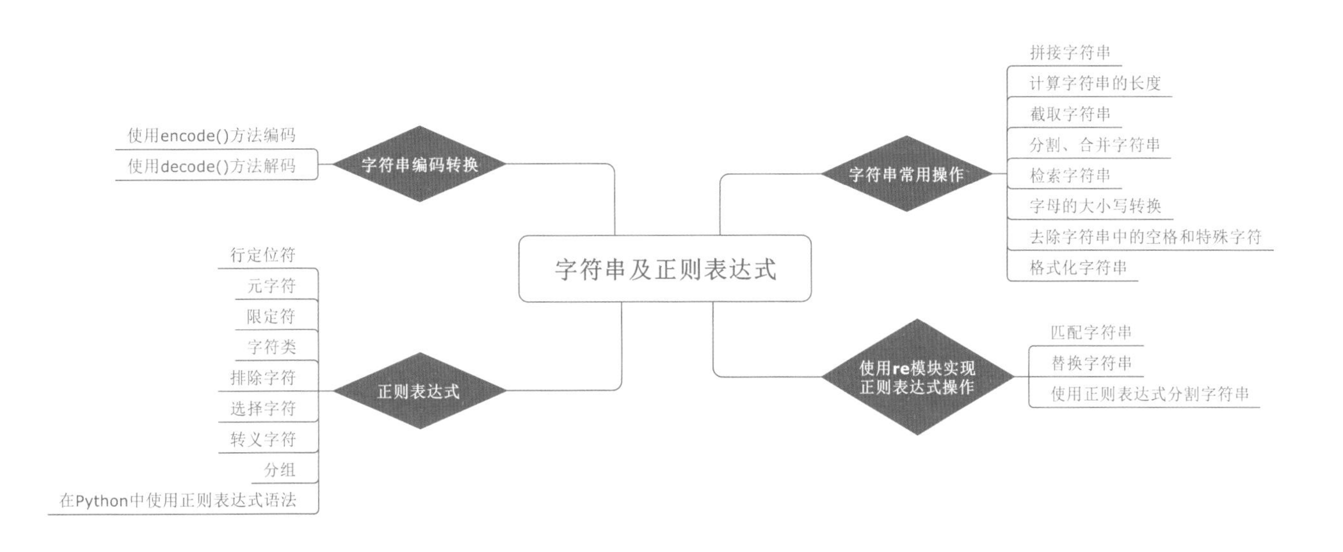

5.1 字符串常用操作

在 Python 开发过程中，为了实现某项功能，经常需要对某些字符串进行特殊处理，如拼接字符串、截取字符串、格式化字符串等。下面将对 Python 中常用的字符串操作方法进行介绍。

5.1.1 拼接字符串

视频讲解：资源包\Video\05\5.1.1 拼接字符串.mp4

使用“+”运算符可完成对多个字符串的拼接，“+”运算符可以连接多个字符串并产生一个字符串对象。

例如，定义两个字符串，一个保存英文版的名言，另一个保存中文版的名言，然后使用“+”运算符连接，代码如下：

```
mot_en = 'Remembrance is a form of meeting. Forgetfulness is a form of freedom.'
mot_cn = '记忆是一种相遇。遗忘是一种自由。'
print(mot_en + '—' + mot_cn)
```

上面代码执行后，将显示以下内容：

```
Remembrance is a form of meeting. Forgetfulness is a form of freedom.—记忆是一种相遇。遗忘是一种自由。
```

字符串不允许直接与其他类型的数据拼接，例如，使用下面的代码将字符串与数值拼接在一起，将产生如图 5.1 所示异常。

```
str1 = '我今天一共走了'                # 定义字符串
num = 12098                          # 定义一个整数
str2 = '步'                          # 定义字符串
print(str1 + num + str2)             # 对字符串和整数进行拼接
```

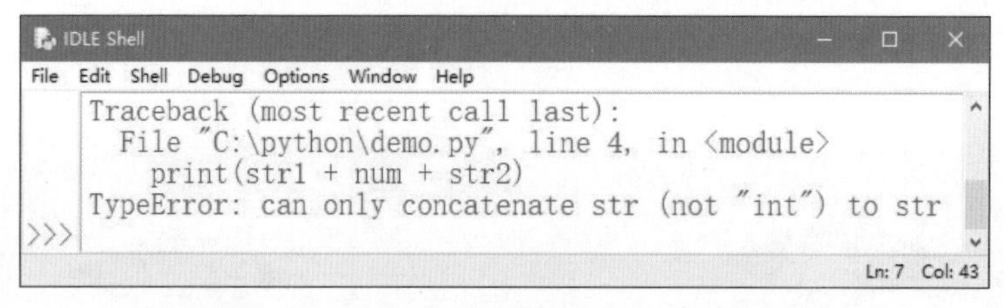

图 5.1　字符串和整数拼接时抛出的异常

解决该问题，可以将整数转换为字符串，然后以拼接字符串的方法输出该内容。将整数转换为字符串，可以使用 str() 函数，修改后的代码如下：

```
str1 = '今天我一共走了'                # 定义字符串
num = 12098                          # 定义一个整数
str2 = '步'                          # 定义字符串
print(str1 + str(num) + str2)        # 对字符串和整数进行拼接
```

上面代码执行后，将显示以下内容：

```
今天我一共走了12098步
```

场景模拟 | 一天，两名程序员坐在一起聊天，于是产生了下面的笑话：程序员甲认为程序开发枯燥而辛苦，想换行，询问程序员乙该怎么办。而程序员乙让其敲一下回车键。试着用程序输出这一笑话。

实例 01　使用字符串拼接输出一个关于程序员的笑话　　实例位置：资源包\Code\SL\05\01

在 IDLE 中创建一个名称为 programmer_splice.py 的文件，然后在该文件中定义两个字符串变量，分别记录两名程序员说的话，再将两个字符串拼接到一起，并且在中间拼接一个转义字符串（换行符），最后输出，代码如下：

```
01  programmer_1 = '程序员甲：搞IT太辛苦了，我想换行……怎么办？'
02  programmer_2 = '程序员乙：敲一下回车键'
03  print(programmer_1 + '\n' + programmer_2)
```

运行结果如图 5.2 所示。

```
程序员甲：搞IT太辛苦了，我想换行……怎么办？
程序员乙：敲一下回车键
```

图 5.2　输出一个关于程序员的笑话

5.1.2 计算字符串的长度

视频讲解：资源包\Video\05\5.1.2 计算字符串的长度.mp4

由于不同的字符所占字节数不同，所以要计算字符串的长度，需要先了解各字符所占的字节数。在 Python 中，数字、英文、小数点、下画线和空格占一个字节；一个汉字可能会占 2~4 个字节，占几个字节取决于采用的编码。汉字在 GBK/GB2312 编码中占 2 个字节，在 UTF-8/unicode 编码中一般占用 3 个字节（或 4 个字节）。下面以 Python 默认的 UTF-8 编码为例进行说明，即一个汉字占 3 个字节，如图 5.3 所示。

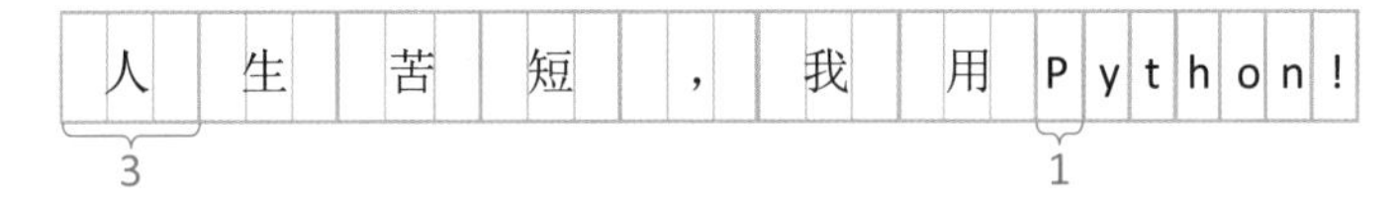

图 5.3　汉字和英文所占字节个数

在 Python 中，提供了 len() 函数计算字符串的长度，语法格式如下：

```
len(string)
```

其中，string 用于指定要进行长度统计的字符串。例如，定义一个字符串，内容为“人生苦短，我用 Python!”，然后应用 len() 函数计算该字符串的长度，代码如下：

```
str1 = '人生苦短，我用Python!'                # 定义字符串
length = len(str1)                          # 计算字符串的长度
print(length)
```

上面的代码在执行后，将输出结果“14”。

从上面的结果中可以看出，在默认的情况下，通过 len() 函数计算字符串的长度时，不区分英文、数字和汉字，所有字符都按一个字符计算。

在实际开发时，有时需要获取字符串实际所占的字节数，即如果采用 UTF-8 编码，汉字占 3 个字节，采用 GBK 或者 GB2312 时，汉字占 2 个字节。这时，可以通过使用 encode() 方法（参见 5.2.1 小节）编码后再进行获取。例如，如果要获取采用 UTF-8 编码的字符串的长度，可以使用下面的代码：

```
str1 = '人生苦短，我用Python!'                # 定义字符串
length = len(str1.encode())                 # 计算UTF-8编码的字符串的长度
print(length)
```

上面的代码在执行后，将显示“28”。这是因为汉字加中文标点符号共 7 个，占 21 个字节，英文字母和英文的标点符号占 7 个字节，共 28 个字节。

如果要获取采用 GBK 编码的字符串的长度，可以使用下面的代码。

```
str1 = '人生苦短，我用Python!'                    # 定义字符串
length = len(str1.encode('gbk'))                 # 计算GBK编码的字符串的长度
print(length)
```

上面的代码在执行后，将显示“21”。这是因为汉字加中文标点符号共 7 个，占 14 个字节，英文字母和英文标点符号占 7 个字节，共 21 个字节。

5.1.3 截取字符串

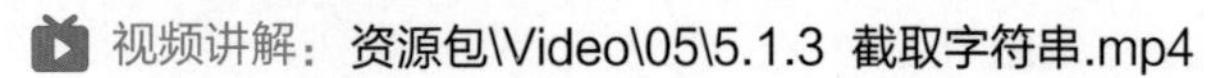

由于字符串也属于序列，所以要截取字符串，可以采用切片方法实现。通过切片方法截取字符串的语法格式如下：

```
string[start : end : step]
```

参数说明：

☑ string：表示要截取的字符串。
☑ start：表示要截取的第一个字符的索引（包括该字符），如果不指定，则默认为 0。
☑ end：表示要截取的最后一个字符的索引（不包括该字符），如果不指定则默认为字符串的长度。
☑ step：表示切片的步长，如果省略，则默认为 1，当省略该步长时，最后一个冒号也可以省略。

字符串的索引同序列的索引是一样的，也是从 0 开始，并且每个字符占一个位置。如图 5.4 所示。

图 5.4　字符串的索引示意图

例如，定义一个字符串，然后应用切片方法截取不同长度的子字符串，并输出，代码如下：

```
str1 = '人生苦短，我用Python!'                    # 定义字符串
substr1 = str1[1]                                # 截取第2个字符
substr2 = str1[5:]                               # 从第6个字符截取
substr3 = str1[:5]                               # 从左边开始截取5个字符
substr4 = str1[2:5]                              # 截取第3个到第5个字符
print('原字符串：',str1)
print(substr1 + '\n' + substr2 + '\n' + substr3 + '\n' + substr4)
```

上面的代码执行后，将显示以下内容：

```
原字符串：  人生苦短，我用Python!
生
我用Python!
人生苦短，
苦短，
```

注意

在进行字符串截取时，如果指定的索引不存在，则会抛出如图 5.5 所示异常。

```
Traceback (most recent call last):
  File "C:\python\demo.py", line 2, in <module>
    substr1 = str1[15]    # 截取第15个字符
IndexError: string index out of range
```

图 5.5 指定的索引不存在时抛出的异常

要解决该问题，可以采用 try…except 语句捕获异常。例如，下面的代码在执行后将不抛出异常。

```
str1 = '人生苦短，我用Python!'                # 定义字符串
try:
    substr1 = str1[15]                      # 截取第15个字符
except IndexError:
    print('指定的索引不存在')
```

关于 try…except 语句的具体介绍请参见本书第 9 章

场景模拟 | 一天，两名程序员又坐在一起聊天。程序员甲敲一下回车键，真的换行成功了。为此，对程序员乙很崇拜，于是想考考他。

实例 02 截取身份证号码中的出生日期 | 实例位置：资源包 \Code\SL\05\02

在 IDLE 中创建一个名称为 idcard.py 的文件，然后在该文件中定义 3 个字符串变量，分别记录两名程序员说的话，再从程序员甲说的身份证号中截取出出生日期，并组合成“YYYY 年 MM 月 DD 日”格式的字符串，最后输出截取到的出生日期和生日，代码如下：

```
01  programer_1 = '你知道我的生日吗？'          # 程序员甲问程序员乙的台词
02  print('程序员甲说：',programer_1)          # 输出程序员甲的台词
03  programer_2 = '输入你的身份证号码。'        # 程序员乙的台词
04  print('程序员乙说：',programer_2)          # 输出程序员乙的台词
05  idcard = '123456199006277890'             # 定义保存身份证号码的字符串
06  print('程序员甲说：',idcard)               # 程序员甲说出身份证号码
07  birthday = idcard[6:10] + '年' + idcard[10:12] + '月' + idcard[12:14] + '日'  # 截取生日
08  print('程序员乙说：','你是' + birthday + '出生的，所以你的生日是' + birthday[5:])
```

运行结果如图 5.6 所示。

```
程序员甲说：  你知道我的生日吗？
程序员乙说：  输入你的身份证号码。
程序员甲说：  123456199006277890
程序员乙说：  你是1990年06月27日出生的，所以你的生日是06月27日
```

图 5.6 截取身份证号码中的出生日期

5.1.4 分割、合并字符串

视频讲解：资源包\Video\05\5.1.4 分割、合并字符串.mp4

在 Python 中，字符串对象提供了分割和合并字符串的方法。分割字符串是把字符串分割为列表，而合并字符串是把列表合并为字符串，分割字符串和合并字符串可以看作互逆操作。

1. 分割字符串

字符串对象的 split() 方法可以实现字符串分割，也就是把一个字符串按照指定的分隔符切分为字符串列表。该列表的元素中，不包括分隔符。split() 方法的语法格式如下：

```
str.split(sep, maxsplit)
```

参数说明：

☑ str：表示要进行分割的字符串。

☑ sep：用于指定分隔符，可以包含多个字符，默认为 None，即所有空字符（包括空格、换行"\n"、制表符"\t"等）。

☑ maxsplit：可选参数，用于指定分割的次数，如果不指定或者为 -1，则分割次数没有限制，否则返回结果列表的元素个数，个数最多为 maxsplit+1。

☑ 返回值：分隔后的字符串列表。该列表的元素为以分隔符为界限分割的字符串（不含分隔符），当该分隔符前面（或与前一个分隔符之间）无内容时，将返回一个空字符串元素。

说明

在 split() 方法中，如果不指定 sep 参数，那么也不能指定 maxsplit 参数。

例如，定义一个保存明日学院网址的字符串，然后应用 split() 方法根据不同的分隔符进行分割，代码如下：

```
str1 = '明 日 学 院 官 网  >>>  www.mingrisoft.com'
print('原字符串：',str1)
list1 = str1.split()                        # 采用默认分隔符进行分割
list2 = str1.split('>>>')                   # 采用多个字符进行分割
list3 = str1.split('.')                     # 采用.号进行分割
list4 = str1.split(' ',4)            # 采用空格进行分割，并且只分割前4个
print(str(list1) + '\n' + str(list2) + '\n' + str(list3) + '\n' + str(list4))
list5 = str1.split('>')              # 采用>进行分割
print(list5)
```

上面的代码在执行后，将显示以下内容：

```
原字符串： 明 日 学 院 官 网  >>>  www.mingrisoft.com
['明', '日', '学', '院', '官', '网', '>>>', 'www.mingrisoft.com']
['明 日 学 院 官 网 ', ' www.mingrisoft.com']
['明 日 学 院 官 网  >>>  www', 'mingrisoft', 'com']
['明', '日', '学', '院', '官 网  >>>  www.mingrisoft.com']
['明 日 学 院 官 网  ', '', '', '  www.mingrisoft.com']
```

说明

在使用 split() 方法时，如果不指定参数，默认采用空白符进行分割，这时无论有几个空格或者空白符都将作为一个分隔符进行分割。例如，上面示例中，在"网"和">"之间有两个空格，但是分割结果（第二行内容）中两个空格都被过滤掉了。如果指定一个分隔符，那么当这个分隔符出现多个时，就会每个分割一次，没有得到内容的，将产生一个空元素。例如，上面结果中的最后一行，就出现了两个空元素。

场景模拟 | 微博的 @ 好友栏目中，输入"@ 明日科技 @ 扎克伯格 @ 俞敏洪"（好友名称之间用一个空格区分），同时 @ 三个好友。

实例 03　输出被 @ 的好友名称　　实例位置：资源包 \Code\SL\05\03

在 IDLE 中创建一个名称为 atfriend.py 的文件，然后在该文件中定义一个字符串，内容为“ @ 明日科技 @ 扎克伯格 @ 俞敏洪”，然后使用 split() 方法对该字符串进行分割，从而获取出好友名称，并输出，代码如下：

```
01  str1 = '@明日科技 @扎克伯格 @俞敏洪'
02  list1 = str1.split(' ')              # 用空格分割字符串
03  print('您@的好友有：')
04  for item in list1:
05      print(item[1:])                  # 输出每个好友名时，去掉@符号
```

运行结果如图 5.7 所示。

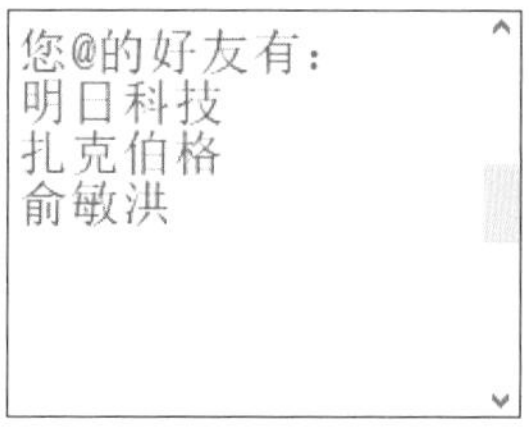

```
您@的好友有：
明日科技
扎克伯格
俞敏洪
```

图 5.7　输出被 @ 的好友

2. 合并字符串

合并字符串与拼接字符串不同，它会将多个字符串采用固定的分隔符连接在一起。例如，字符串“绮梦 * 冷伊一 * 香凝 * 黛兰”，就可以看作通过分隔符“ * ”将 [' 绮梦 ',' 冷伊一 ',' 香凝 ',' 黛兰 '] 列表合并为一个字符串的结果。

合并字符串可以使用字符串对象的 join() 方法实现，语法格式如下：

```
strnew = string.join(iterable)
```

参数说明：

☑ strnew：表示合并后生成的新字符串。

☑ string：字符串类型，用于指定合并时的分隔符。

☑ iterable：可迭代对象，该迭代对象中的所有元素（字符串表示）将被合并为一个新的字符串。

场景模拟 | 微博的 @ 好友栏目中，输入“@ 明日科技 @ 扎克伯格 @ 俞敏洪”（好友名称之间用一个空格区分），即可同时 @ 三个好友。现在想要 @ 好友列表中的全部好友，所以需要组合一个类似的字符串。

实例 04　通过好友列表 @ 全部的好友　　实例位置：资源包 \Code\SL\05\04

在 IDLE 中创建一个名称为 atfriend-join.py 的文件，然后在该文件中定义一个列表，保存一些好友名称，然后使用 join() 方法将列表中每个元素用空格 +@ 符号进行连接，再在连接后的字符串前添加一个 @ 符号，最后输出，代码如下：

```
01  list_friend = ['明日科技','扎克伯格','俞敏洪','马云','马化腾'] # 好友列表
02  str_friend = ' @'.join(list_friend)                        # 用空格+@符号进行连接
03  at = '@'+str_friend  # 由于使用join()方法时，第一个元素前不加分隔符，所以需要在前面加上@符号
04  print('您要@的好友：',at)
```

运行结果如图 5.8 所示。

```
您要@的好友：  @明日科技 @扎克伯格 @俞敏洪 @马云 @马化腾
```

图 5.8　输出想要 @ 的好友

5.1.5 检索字符串

视频讲解：资源包\Video\05\5.1.5　检索字符串.mp4

在 Python 中，字符串对象提供了很多应用于字符串查找的方法，这里主要介绍以下几种方法。

1. count() 方法

count() 方法用于检索指定字符串在另一个字符串中出现的次数。如果检索的字符串不存在，则返回 0，否则返回出现的次数。其语法格式如下：

```
str.count(sub[, start[, end]])
```

参数说明：

☑ str：表示原字符串。

☑ sub：表示要检索的子字符串。

☑ start：可选参数，表示检索范围的起始位置的索引，如果不指定，则从头开始检索。

☑ end：可选参数，表示检索范围的结束位置的索引，如果不指定，则一直检索到结尾。

例如，定义一个字符串，然后应用 count() 方法检索该字符串中“@”符号出现的次数，代码如下：

```
str1 = '@明日科技 @扎克伯格 @俞敏洪'
print('字符串“',str1,'”中包括',str1.count('@'),'个@符号')
```

上面的代码执行后，将显示以下结果：

```
字符串“ @明日科技 @扎克伯格 @俞敏洪 ”中包括 3 个@符号
```

2. find() 方法

该方法用于检索是否包含指定的子字符串。如果检索的字符串不存在，则返回 -1，否则返回首次出现该子字符串时的索引。其语法格式如下：

```
str.find(sub[, start[, end]])
```

参数说明：

☑ str：表示原字符串。

☑ sub：表示要检索的子字符串。

☑ start：可选参数，表示检索范围的起始位置的索引，如果不指定，则从头开始检索。

☑ end：可选参数，表示检索范围的结束位置的索引，如果不指定，则一直检索到结尾。

例如，定义一个字符串，然后应用 find() 方法检索该字符串中首次出现“@”符号的位置索引，代码如下：

```
str1 = '@明日科技 @扎克伯格 @俞敏洪'
print('字符串“',str1,'”中@符号首次出现的位置索引为：',str1.find('@'))
```

上面的代码执行后，将显示以下结果：

```
字符串“ @明日科技 @扎克伯格 @俞敏洪 ”中@符号首次出现的位置索引为： 0
```

说明

如果只是想要判断指定的字符串是否存在，可以使用 in 关键字实现。例如，上面的字符串 str1 中是否存在 @ 符号，可以使用 print('@' in str1)，如果存在就返回 True，否则返回 False。另外，也可以根据 find() 方法的返回值是否大于 -1 来确定指定的字符串是否存在。

如果输入的子字符串在原字符串中不存在，将返回 -1。例如下面的代码：

```
str1 = '@明日科技 @扎克伯格 @俞敏洪'
print('字符串“',str1,'”中*符号首次出现的位置索引为：',str1.find('*'))
```

上面的代码执行后，将显示以下结果：

```
字符串“ @明日科技 @扎克伯格 @俞敏洪 ”中*符号首次出现的位置索引为： -1
```

说明

Python 的字符串对象还提供了 rfind() 方法，其作用与 find() 方法类似，只是从字符串右边开始查找。

3. index() 方法

index() 方法同 find() 方法类似，也是用于检索是否包含指定的子字符串。只不过如果使用 index() 方法，当指定的字符串不存在时会抛出异常。其语法格式如下：

```
str.index(sub[, start[, end]])
```

参数说明：

☑ str：表示原字符串。

☑ sub：表示要检索的子字符串。

☑ start：可选参数，表示检索范围的起始位置的索引，如果不指定，则从头开始检索。

☑ end：可选参数，表示检索范围的结束位置的索引，如果不指定，则一直检索到结尾。

例如，定义一个字符串，然后应用 index() 方法检索该字符串中首次出现“@”符号的位置索引，代码如下：

```
str1 = '@明日科技 @扎克伯格 @俞敏洪'
print('字符串“',str1,'”中@符号首次出现的位置索引为：',str1.index('@'))
```

上面的代码执行后，将显示以下结果：

```
字符串“ @明日科技 @扎克伯格 @俞敏洪 ”中@符号首次出现的位置索引为： 0
```

如果输入的子字符串在原字符串中不存在，将会产生异常，例如下面的代码：

```
str1 = '@明日科技 @扎克伯格 @俞敏洪'
print('字符串“',str1,'”中*符号首次出现的位置索引为：',str1.index('*'))
```

上面的代码执行后，将显示如图 5.9 所示异常。

```
Traceback (most recent call last):
  File "C:\python\demo.py", line 2, in <module>
    print('字符串“',str1,'”中@符号首次出现的位置索引
为：',str1.index('*'))
ValueError: substring not found
```

图 5.9　index 检索不存在元素时出现的异常

说明

Python 的字符串对象还提供了 rindex() 方法，其作用与 index() 方法类似，只是从右边开始查找。

4. startswith() 方法

startswith() 方法用于检索字符串是否以指定子字符串开头。如果是则返回 True，否则返回 False。该方法语法格式如下：

```
str.startswith(prefix[, start[, end]])
```

参数说明：

☑ str：表示原字符串。

☑ prefix：表示要检索的子字符串。

☑ start：可选参数，表示检索范围的起始位置的索引，如果不指定，则从头开始检索。

☑ end：可选参数，表示检索范围的结束位置的索引，如果不指定，则一直检索到结尾。

例如，定义一个字符串，然后应用 startswith() 方法检索该字符串是否以“@”符号开头，代码如下：

```
str1 = '@明日科技 @扎克伯格 @俞敏洪'
print('判断字符串“',str1,'”是否以@符号开头，结果为：',str1.startswith('@'))
```

上面的代码执行后，将显示以下结果：

```
判断字符串“ @明日科技 @扎克伯格 @俞敏洪 ”是否以@符号开头，结果为： True
```

5. endswith() 方法

endswith() 方法用于检索字符串是否以指定子字符串结尾。如果是则返回 True，否则返回 False。该方法语法格式如下：

```
str.endswith(suffix[, start[, end]])
```

参数说明：

☑ str：表示原字符串。

☑ suffix：表示要检索的子字符串。

☑ start：可选参数，表示检索范围的起始位置的索引，如果不指定，则从头开始检索。

☑ end：可选参数，表示检索范围的结束位置的索引，如果不指定，则一直检索到结尾。

例如，定义一个字符串，然后应用 endswith() 方法检索该字符串是否以“.com”结尾，代码如下：

```
str1 = ' http://www.mingrisoft.com'
print('判断字符串“',str1,'”是否以.com结尾，结果为：',str1.endswith('.com'))
```

上面的代码执行后，将显示以下结果：

```
判断字符串“ http://www.mingrisoft.com ”是否以.com结尾，结果为： True
```

5.1.6 字母的大小写转换

视频讲解：资源包\Video\05\5.1.6 字母的大小写转换.mp4

在 Python 中，字符串对象提供了 lower() 方法和 upper() 方法进行字母的大小写转换，即可用于将大写字母转换为小写字母或者将小写字母转换为大写字母，如图 5.10 所示。

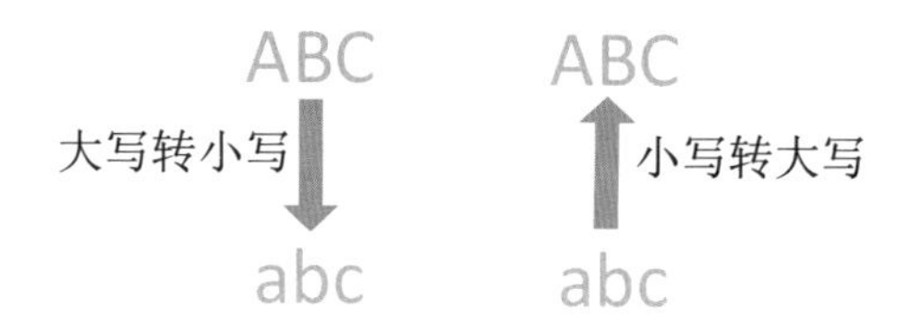

图 5.10　字母大小写转换示意图

1. lower() 方法

lower() 方法用于将字符串中的大写字母转换为小写字母。如果字符串中没有需要被转换的字符，则将原字符串返回；否则将返回一个新字符串，将原字符串中每个需要进行小写转换的字符都转换成对应的小写字符。新字符串长度与原字符串相同。lower() 方法的语法格式如下：

```
str.lower()
```

其中，str 为要进行转换的字符串。

例如，使用 lower() 方法后，下面定义的字符串将全部显示为小写字母。

```
str1 = 'WWW.Mingrisoft.com'
print('原字符串：',str1)
print('新字符串：',str1.lower())        # 全部转换为小写字母输出
```

2. upper() 方法

upper() 方法用于将字符串中的小写字母转换为大写字母。如果字符串中没有需要被转换的字符，则将原字符串返回；否则返回一个新字符串，将原字符串中每个需要进行大写转换的字符都转换成对应的大写字符。新字符串长度与原字符串相同。upper() 方法的语法格式如下：

```
str.upper()
```

其中，str 为要进行转换的字符串。

例如，使用 upper() 方法后，下面定义的字符串将全部显示为大写字母。

```
str1 = 'WWW.Mingrisoft.com'
print('原字符串：',str1)
print('新字符串：',str1.upper())        # 全部转换为大写字母输出
```

场景模拟 | 在明日学院的会员注册模块中，要求会员名必须是唯一的，并且不区分字母的大小写，即 mr 和 MR 被认为是同一用户。

实例 05　不区分大小写验证会员名是否唯一　　| 实例位置：资源包 \Code\SL\05\05

在 IDLE 中创建一个名称为 checkusername.py 的文件，然后在该文件中定义一个字符串，内容为已经注册的会员名称，以“｜”分隔，然后使用 lower() 方法将字符串全部转换为小写字母，接下来再应用 input() 函数从键盘获取一个输入的注册名称，也将其全部转换为小写字母，再应用 if…else 语句和 in 关键字判断转换后的会员名是否存在转换后的会员名称字符串中，并输出不同的判断结果，代码如下：

```
01  # 假设已经注册的会员名称保存在一个字符串中，以“|”分隔
02  username_1 = '|MingRi|mr|mingrisoft|WGH|MRSoft|'
03  # 将会员名称字符串全部转换为小写
04  username_2 =username_1.lower()
05  regname_1 = input('输入要注册的会员名称：')
06  # 将要注册的会员名称全部转换为小写
07  regname_2 = '|' + regname_1.lower() + '|'
08  # 判断输入的会员名称是否存在
09  if regname_2 in username_2:
10      print('会员名',regname_1,'已经存在！')
11  else:
12      print('会员名',regname_1,'可以注册！')
```

运行实例，输入 mrsoft 后，将显示如图 5.11 所示结果；输入 python，将显示如图 5.12 所示结果。

```
输入要注册的会员名称：mrsoft
会员名 mrsoft 已经存在！
```

图 5.11 输入的名称已经注册

```
输入要注册的会员名称：python
会员名 python 可以注册！
```

图 5.12 输入的名称可以注册

5.1.7 去除字符串中的空格和特殊字符

视频讲解：资源包\Video\05\5.1.7 去除字符串中的空格和特殊字符.mp4

用户在输入数据时，可能会无意中输入多余的空格，或在一些情况下，字符串前后不允许出现空格和特殊字符，此时就需要去除字符串中的空格和特殊字符。例如，图 5.13 中“HELLO”这个字符串前后都有一个空格。可以使用 Python 中提供的 strip() 方法去除字符串左右两边的空格和特殊字符，也可以使用 lstrip() 方法去除字符串左边的空格和特殊字符，使用 rstrip() 方法去除字符串右边的空格和特殊字符。

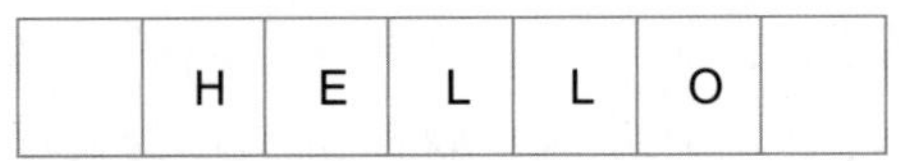

图 5.13 前后包含空格的字符串

说明

这里的特殊字符是指制表符 \t、回车符 \r、换行符 \n 等。

1. strip() 方法

strip() 方法用于去掉字符串左右两侧的空格和特殊字符，语法格式如下：

```
str.strip([chars])
```

参数说明：

☑ str：为要去除空格的字符串。

☑ chars：为可选参数，用于指定要去除的字符，可以指定多个。如果设置 chars 为“@.”，则去除左右两侧包括的“@”或“.”。如果不指定 chars 参数，默认将去除空格、制表符“\t”、回车符“\r”、换行符“\n”等。

例如，先定义一个字符串，首尾包括空格、制表符、换行符和回车符等，然后去除空格和这些特殊字符；再定义一个字符串，首尾包括“@”或“.”字符，最后去掉“@”和“.”，代码如下：

```
str1 = ' http://www.mingrisoft.com  \t\n\r'
print('原字符串str1：' + str1 + '。')
print('字符串：' + str1.strip() + '。')        # 去除字符串首尾的空格和特殊字符
str2 = '@明日科技.@.'
print('原字符串str2：' + str2 + '。')
print('字符串：' + str2.strip('@.') + '。')      # 去除字符串首尾的"@""."
```

上面的代码运行后，将显示如图 5.14 所示结果。

```
原字符串str1：  http://www.mingrisoft.com

。
字符串：http://www.mingrisoft.com。
原字符串str2：@明日科技.@.。
字符串：明日科技。
```

图 5.14　strip() 方法示例

2. lstrip() 方法

lstrip() 方法用于去掉字符串左侧的空格和特殊字符，语法格式如下：

```
str.lstrip([chars])
```

参数说明：

☑ str：为要去除空格的字符串。

☑ chars：为可选参数，用于指定要去除的字符，可以指定多个，如果设置 chars 为“@.”，则去除左侧包括的“@”或“.”。如果不指定 chars 参数，默认将去除空格、制表符“\t”、回车符“\r”、换行符“\n”等。

例如，先定义一个字符串，左侧包括一个制表符和一个空格，然后去除空格和制表符；再定义一个字符串，左侧包括一个 @ 符号，最后去掉 @ 符号，代码如下：

```
str1 = '\t http://www.mingrisoft.com'
print('原字符串str1：' + str1 + '。')
print('字符串：' + str1.lstrip() + '。')        # 去除字符串左侧的空格和制表符
str2 = '@明日科技'
print('原字符串str2：' + str2 + '。')
print('字符串：' + str2.lstrip('@') + '。')      # 去除字符串左侧的@
```

上面的代码运行后，将显示如图 5.15 所示结果。

```
原字符串str1：    http://www.mingrisoft.com。
字符串：http://www.mingrisoft.com。
原字符串str2：@明日科技。
字符串：明日科技。
```

图 5.15　lstrip() 方法示例

3. rstrip() 方法

rstrip() 方法用于去掉字符串右侧的空格和特殊字符，语法格式如下：

```
str.rstrip([chars])
```

参数说明：

☑ str：为要去除空格的字符串。

☑ chars：为可选参数，用于指定要去除的字符，可以指定多个，如果设置 chars 为“@.”，则去

除右侧包括的“@”或“.”。如果不指定 chars 参数，默认将去除空格、制表符“\t”、回车符“\r”、换行符“\n”等。

例如，先定义一个字符串，右侧包括一个制表符和一个空格，然后去除空格和制表符；再定义一个字符串，右侧包括一个“,”，最后去掉“,”，代码如下：

```
str1 = ' http://www.mingrisoft.com\t '
print('原字符串str1：' + str1 + '。')
print('字符串：' + str1.rstrip() + '。')          # 去除字符串右侧的空格和制表符
str2 = '明日科技,'
print('原字符串str2：' + str2 + '。')
print('字符串：' + str2.rstrip(',') + '。')       # 去除字符串右侧的逗号
```

上面的代码运行后，将显示如图 5.16 所示结果。

```
原字符串str1：  http://www.mingrisoft.com          。
字符串：  http://www.mingrisoft.com。
原字符串str2：明日科技,。
字符串：明日科技。
```

图 5.16　rstrip() 方法示例

5.1.8 格式化字符串

视频讲解：资源包\Video\05\5.1.8 格式化字符串.mp4

视频讲解

格式化字符串是指先制定一个模板，在这个模板中预留几个空位，然后再根据需要填上相应的内容。这些空位需要通过指定的符号（也称为占位符）标记，而这些符号还不会显示出来。在 Python 中，格式化字符串有以下两种方法：

1. 使用“%”操作符

在 Python 中，要实现格式化字符串，可以使用“%”操作符，语法格式如下：

```
'%[-][+][0][m][.n]格式化字符'%exp
```

参数说明：

☑ -：可选参数，用于指定左对齐，正数前方无符号，负数前方加负号。

☑ +：可选参数，用于指定右对齐，正数前方加正号，负数前方加负号。

☑ 0：可选参数，表示右对齐，正数前方无符号，负数前方加负号，用 0 填充空白处（一般与 m 参数一起使用）。

☑ m：可选参数，表示占有宽度。

☑ .n：可选参数，表示小数点后保留的位数。

☑ 格式化字符：用于指定类型，其值如表 5.1 所示。

表 5.1　常用的格式化字符

格式化字符	说　明	格式化字符	说　明
%s	字符串（采用 str() 显示）	%r	字符串（采用 repr() 显示）
%c	单个字符	%o	八进制整数
%d 或者 %i	十进制整数	%e	指数（基底写为 e）
%x	十六进制整数	%E	指数（基底写为 E）
%f 或者 %F	浮点数	%%	字符 %

☑ exp：要转换的项。如果要指定的项有多个，需要通过元组的形式指定，但不能使用列表。

例如，格式化输出一个保存公司信息的字符串，代码如下：

```
template = '编号：%09d\t公司名称： %s \t官网： http://www.%s.com'   # 定义模板
context1 = (7,'百度','baidu')                                     # 定义要转换的内容1
context2 = (8,'明日学院','mingrisoft')                             # 定义要转换的内容2
print(template%context1)                                          # 格式化输出
print(template%context2)                                          # 格式化输出
```

上面的代码运行后将显示如图 5.17 所示效果，即按照指定模板格式输出两条公司信息。

```
编号：000000007 公司名称： 百度        官网： http://www.baidu.com
编号：000000008 公司名称： 明日学院    官网： http://www.mingrisoft.com
```

图 5.17 格式化输出公司信息

说明

使用 % 操作符是早期 Python 中提供的方法，自从 Python 2.6 版本开始，字符串对象提供了 format() 方法对字符串进行格式化。现在一些 Python 社区也推荐使用这种方法。所以建议大家重点学习 format() 方法的使用。

2. 使用字符串对象的 format() 方法

字符串对象提供了 format() 方法用于字符串格式化，语法格式如下：

```
str.format(args)
```

参数说明：

☑ str：用于指定字符串的显示样式（即模板）。

☑ args：用于指定要转换的项，如果有多项，则用逗号分隔。

下面重点介绍创建模板。在创建模板时，需要使用“{}”和“:”指定占位符，语法格式如下：

```
{[index][:[[fill]align][sign][#][width][.precision][type]]}
```

参数说明：

☑ index：可选参数，用于指定要设置格式的对象在参数列表中的索引位置，索引值从 0 开始。如果省略，则根据值的先后顺序自动分配。

☑ fill：可选参数，用于指定空白处填充的字符。

☑ align：可选参数，用于指定对齐方式（值为“<”时表示内容左对齐；值为“>”时表示内容右对齐；值为“=”时表示内容右对齐，只对数字类型有效，即将数字放在填充字符的最右侧；值为“^”时表示内容居中），需要配合 width 一起使用。

☑ sign：可选参数，用于指定有无符号（值为“+”表示正数加正号，负数加负号；值为“-”表示正数不变，负数加负号；值为空格表示正数加空格，负数加负号）。

☑ #：可选参数，对于二进制数、八进制数和十六进制数，如果加上 #，表示会显示 0b/0o/0x 前缀，否则不显示前缀。

☑ width：可选参数，用于指定所占宽度。

☑ .precision：可选参数，用于指定保留的小数位数。

☑ type：可选参数，用于指定类型。

format() 方法中常用的格式化字符如表 5.2 所示。

表 5.2　format() 方法中常用的格式化字符

格式化字符	说　明	格式化字符	说　明
s	对字符串类型格式化	b	将十进制整数自动转换成二进制表示再格式化
d	十进制整数	o	将十进制整数自动转换成八进制表示再格式化
c	将十进制整数自动转换成对应的 Unicode 字符	x 或者 X	将十进制整数自动转换成十六进制表示再格式化
e 或者 E	转换为科学记数法表示再格式化	f 或者 F	转换为浮点数（默认小数点后保留 6 位）再格式化
g 或者 G	自动在 e 和 f 或者 E 和 F 中切换	%	显示百分比（默认显示小数点后 6 位）

说明

当一个模板中出现多个占位符时，指定索引位置的规范需统一，即全部采用手动指定，或者全部采用自动。例如，定义“'我是数值：{:d}，我是字符串：{1:s}'”模板是错误的，会抛出如图 5.18 所示异常。

```
Traceback (most recent call last):
  File "C:\python\demo.py", line 2, in <module>
    context1 = template.format(7,'明日学院')
ValueError: cannot switch from automatic field numbering to manual field specification
```

图 5.18　字段规范不统一抛出的异常

例如，定义一个保存公司信息的字符串模板，然后应用该模板输出不同公司的信息，代码如下：

```
template = '编号：{:0>9s}\t公司名称： {:s} \t官网： http://www.{:s}.com'    # 定义模板
context1 = template.format('7','百度','baidu')                          # 转换内容1
context2 = template.format('8','明日学院','mingrisoft')                  # 转换内容2
print(context1)        # 输出格式化后的字符串
print(context2)        # 输出格式化后的字符串
```

上面的代码运行后将显示如图 5.19 所示效果，即按照指定模板格式输出两条公司信息。

```
编号：000000007 公司名称： 百度        官网： http://www.baidu.com
编号：000000008 公司名称： 明日学院    官网： http://www.mingrisoft.com
```

图 5.19　格式化输出公司信息

在实际开发中，数值类型有多种显示方式，比如货币形式、百分比形式等，使用 format() 方法可以将数值格式化为不同的形式。下面通过一个具体的实例进行说明。

实例 06　格式化不同的数值类型数据　　实例位置：资源包 \Code\SL\05\06

在 IDLE 中创建一个名称为 formatnum.py 的文件，然后在该文件中将不同类型的数据进行格式化并输出，代码如下：

```
01 import math                                                  # 导入Python的数学模块
02 # 以货币形式显示
03 print('1251+3950的结果是（以货币形式显示）：￥{:,.2f}元'.format(1251+3950))
04 print('{0:.1f}用科学计数法表示：{0:E}'.format(120000.1))       # 用科学记数法表示
05 print('π取5位小数：{:.5f}'.format(math.pi))                   # 输出小数点后五位
06 print('{0:d}的16进制结果是：{0:#x}'.format(100))               # 输出十六进制数
07 # 输出百分比，并且不带小数
08 print('天才是由 {:.0%} 的灵感，加上 {:.0%} 的汗水 。'.format(0.01,0.99))
```

运行实例，将显示如图 5.20 所示结果。

```
1251+3950的结果是（以货币形式显示）：￥5,201.00元
120000.1用科学记数法表示：1.200001E+05
π取5位小数：3.14159
100的16进制结果是：0x64
天才是由 1% 的灵感，加上 99% 的汗水 。
```

图 5.20　格式化不同的数值类型数据

5.2 字符串编码转换

最早的字符串编码是美国标准信息交换码，即 ASCII 码。它仅对 10 个数字、26 个大写英文字母、26 个小写英文字母及一些其他符号进行了编码。ASCII 码最多只能表示 256 个符号，每个字符占一个字节。随着信息技术的发展，各国的文字都需要进行编码，于是出现了 GBK、GB2312、UTF-8 等编码。其中 GBK 和 GB2312 是我国制定的中文编码标准，使用一个字节表示英文字母，2 个字节表示中文字符。而 UTF-8 是国际通用的编码，对全世界所有国家需要用到的字符都进行了编码。UTF-8 采用一个字节表示英文字符、3 个字节表示中文。在 Python 3.X 中，默认采用的编码格式为 UTF-8，采用这种编码有效地解决了中文乱码的问题。

在 Python 中，有两种常用的字符串类型，分别为 str 和 bytes。其中，str 表示 Unicode 字符（ASCII 或者其他）；bytes 表示二进制数据（包括编码的文本）。这两种类型的字符串不能拼接在一起使用。通常情况下，str 在内存中以 Unicode 表示，一个字符对应若干个字节。但是如果在网络上传输，或者保存到磁盘上，就需要把 str 转换为字节类型，即 bytes 类型。

说明

bytes 类型的数据是带有 b 前缀的字符串（用单引号或双引号表示），例如，b'\xd2\xb0' 和 b'mr' 都是 bytes 类型的数据。

str 类型和 bytes 类型之间可以通过 encode() 和 decode() 方法进行转换，这两个方法是互逆的。

5.2.1 使用 encode() 方法编码

视频讲解

视频讲解：资源包\Video\05\5.2.1 使用encode()方法编码.mp4

encode() 方法为 str 对象的方法，用于将字符串转换为二进制数据（即 bytes），也称为“编码”，其语法格式如下：

```
str.encode([encoding="utf-8"][,errors="strict"])
```

参数说明：

☑ str：表示要进行转换的字符串。

☑ encoding="utf-8"：可选参数，用于指定进行转码时采用的字符编码，默认为 UTF-8，如果想使用简体中文，也可以设置为 gb2312。当只有这一个参数时，也可以省略前面的“encoding=”，直接写编码。

☑ errors="strict"：可选参数，用于指定错误处理方式，其可选值可以是 strict（遇到非法字符就抛出异常）、ignore（忽略非法字符）、replace（用“?”替换非法字符）或 xmlcharrefreplace（使用 XML 的字符引用）等，默认值为 strict。

说明

在使用 encode() 方法时，不会修改原字符串，如果需要修改原字符串，需要对其进行重新赋值。

例如，定义一个名称为 verse 的字符串，内容为“野渡无人舟自横”，然后使用 endoce() 方法将其采用 GBK 编码转换为二进制数，并输出原字符串和转换后的内容，代码如下：

```
verse = '野渡无人舟自横'
byte = verse.encode('GBK')              # 采用GBK编码转换为二进制数据，不处理异常
print('原字符串：',verse)                # 输出原字符串（没有改变）
print('转换后：',byte)                   # 输出转换后的二进制数据
```

上面的代码执行后，将显示以下内容：

```
原字符串： 野渡无人舟自横
转换后： b'\xd2\xb0\xb6\xc9\xce\xde\xc8\xcb\xd6\xdb\xd7\xd4\xba\xe1'
```

如果采用 UTF-8 编码，转换后的二进制数据如下：

```
b'\xe9\x87\x8e\xe6\xb8\xa1\xe6\x97\xa0\xe4\xba\xba\xe8\x88\x9f\xe8\x87\xaa\xe6\xa8\xaa'
```

5.2.2 使用 decode() 方法解码

视频讲解：资源包\Video\05\5.2.2 使用decode()方法解码.mp4

decode() 方法为 bytes 对象的方法，用于将二进制数据转换为字符串，即将使用 encode() 方法转换的结果再转换为字符串，也称为“解码”。语法格式如下：

```
bytes.decode([encoding="utf-8"][,errors="strict"])
```

参数说明：

☑ bytes：表示要进行转换的二进制数据，通常是 encode() 方法转换的结果。

☑ encoding="utf-8"：可选参数，用于指定进行解码时采用的字符编码，默认为 UTF-8，如果想使用简体中文，也可以设置为 gb2312。当只有这一个参数时，也可以省略前面的“encoding=”，直接写编码。

注意

在设置解码采用的字符编码时，需要与编码时采用的字符编码一致。

☑ errors="strict"：可选参数，用于指定错误处理方式，其可选值可以是 strict（遇到非法字符就抛出异常）、ignore（忽略非法字符）、replace（用“?”替换非法字符）或 xmlcharrefreplace（使用 XML 的字符引用）等，默认值为 strict。

说明

在使用 decode() 方法时，不会修改原字符串，如果需要修改原字符串，需要对其进行重新赋值。

例如，将 5.2.1 小节中的示例编码后会得到二进制数据（保存在变量 byte 中），要进行解码可以使用下面的代码：

```
print('解码后：',byte.decode("GBK"))  # 对进行制数据进行解码
```

上面的代码执行后，将显示以下内容：

```
解码后： 野渡无人舟自横
```

5.3 正则表达式

视频讲解：资源包\Video\05\5.3 正则表达式.mp4

在处理字符串时，经常会有查找符合某些复杂规则的字符串的需求。正则表达式就是用于描述这

些规则的工具。换句话说，正则表达式就是记录文本规则的代码。对于接触过 DOS 的用户来说，如果想匹配当前文件夹下所有的文本文件，可以输入“dir *.txt”命令，按 <Enter> 键后，所有“.txt”文件将会被列出来。这里的“*.txt”即可理解为一个简单的正则表达式。

5.3.1 行定位符

行定位符用来描述字符串的边界，“^”表示行的开始，“$”表示行的结尾。如：

```
^tm
```

该表达式表示要匹配字符串 tm 的开始位置是行头，如“tm equal Tomorrow Moon”可以匹配，而“Tomorrow Moon equal tm”则不匹配。但如果使用：

```
tm$
```

则后者可以匹配而前者不能匹配。如果要匹配的字符串可以出现在字符串的任意部分，那么可以直接写成下面的格式，这样两个字符串就都可以匹配了。

```
tm
```

5.3.2 元字符

除了前面介绍的元字符“^”和“$”，正则表达式里还有更多的元字符，例如下面的正则表达式中就应用了元字符“\b”和“\w”。

```
\bmr\w*\b
```

上面的正则表达式用于匹配以字母 mr 开头的单词，先是某个单词开始处（\b)，然后匹配字母 mr，接着是任意数量的字母或数字（\w*)，最后是单词结束处（\b)。该表达式可以匹配“mrsoft”“\nmr”和“mr123456”等，但不能与“amr”匹配。更多常用元字符如表 5.3 所示。

表 5.3　常用元字符

代　码	说　明	举　例
	匹配除换行符外的任意字符	可以匹配“mr\nM\tR”中的 m、r、M、\t、R
\w	匹配字母、数字、下画线或汉字	\w 可以匹配“m 中 7r\n”中的“m、中、7、r”，但不能匹配 \n
\W	匹配除字母、数字、下画线或汉字外的字符	\W 可以匹配“m 中 7r\n”中的 \n，但不能匹配“m、中、7、r”
\s	匹配单个的空白符（包括 Tab 键和换行符）	\s 可以匹配“mr\tMR”中的 \t
\S	除单个空白符（包括 Tab 键和换行符）外的所有字符	\S 或以匹配“mr\tMR”中的 m、r、M、R
\b	匹配单词的开始或结束，单词的分界符通常是空格。标点符号或者换行	在“I like mr or am”字符串中，\bm 与 mr 中的 m 相匹配，但与 am 中的 m 不匹配
\d	匹配数字	\d 可以与“m7ri”中的字符 7 匹配

5.3.3 限定符

在上面例子中，使用 (\w*) 匹配任意数量的字母或数字。如果想匹配特定数量的数字，该如何表示呢？正则表达式为我们提供了限定符（指定数量的字符）来实现该功能。如匹配 8 位 QQ 号可用如下表达式：

```
^\d{8}$
```

常用的限定符如表 5.4 所示。

表 5.4　常用限定符

限　定　符	说　　明	举　　例
?	匹配前面的字符零次或一次	colou?r，该表达式可以匹配 colour 和 color
+	匹配前面的字符一次或多次	go+gle，该表达式可以匹配的范围从 gogle 到 goo…gle
*	匹配前面的字符零次或多次	go*gle，该表达式可以匹配的范围从 ggle 到 goo…gle
{*n*}	匹配前面的字符 *n* 次	go{2}gle，该表达式只匹配 google
{*n*,}	匹配前面的字符最少 *n* 次	go{2,}gle，该表达式可以匹配的范围从 google 到 goo…gle
{*n*,*m*}	匹配前面的字符最少 *n* 次，最多 *m* 次	employe{0,2}，该表达式可以匹配 employ、employe 和 employee 3 种情况

5.3.4 字符类

正则表达式查找数字和字母是很简单的，因为已经有了对应这些字符集合的元字符（如“\d”“\w”），但是如果要匹配没有预定义元字符的字符集合 (比如元音字母 a、e、i、o、u)，应该怎么办？

很简单，只需要在方括号里列出它们就行了，像 [aeiou] 可以匹配任何一个英文元音字母，[.?!] 匹配标点符号 (“.”“?” 或 “!”)。也可以轻松地指定一个字符范围，像“[0-9]”代表的含义与“\d”就是完全一致的：一位数字；同理，“[a-z0-9A-Z_]”完全等同于“\w”（如果只考虑英文的话）。

说明

要想匹配给定字符串中任意一个汉字，可以使用“[\u4e00-\u9fa5]”；如果要匹配连续多个汉字，可以使用“[\u4e00-\u9fa5]+”。

5.3.5 排除字符

在 5.3.4 小节列出的是匹配符合指定字符集合的字符串。现在反过来，匹配不符合指定字符集合的字符串。正则表达式提供了“^”元字符。这个元字符在 5.3.1 小节中出现过，表示行的开始。而在这里将会放到方括号中，表示排除的意思。例如：

```
[^a-zA-Z]
```

该表达式用于匹配一个不是字母的字符。

5.3.6 选择字符

试想一下，如何匹配身份证号码？首先需要了解一下身份证号码的规则。身份证号码长度为 15 位或者 18 位。如果为 15 位，则全为数字；如果为 18 位，则前 17 位为数字，最后一位是校验位，可能为数字或字符 X。

在上面的描述中，包含着条件选择的逻辑，这就需要使用选择字符（|）来实现。该字符可以理解为“或”，匹配身份证的表达式可以写成如下形式：

```
(^\d{15}$)|(^\d{18}$)|(^\d{17})(\d|X|x)$
```

该表达式的意思是匹配 15 位数字，或者 18 位数字，或者 17 位数字加一位字符。这位字符可以是数字，也可以是 X 或者 x。

5.3.7 转义字符

正则表达式中的转义字符（\）和 Python 中的大同小异，都是将特殊字符（如“.”“?”“\”等）变为普通的字符。举一个 IP 地址的实例，用正则表达式匹配诸如“127.0.0.1”格式的 IP 地址。如果直接使用点字符，格式如下：

```
[1-9]{1,3}.[0-9]{1,3}.[0-9]{1,3}.[0-9]{1,3}
```

这显然不对，因为“.”可以匹配任意一个字符。这时，不仅是 127.0.0.1 这样的 IP，连 127101011 这样的字符串也会被匹配出来。所以在使用“.”时，需要使用转义字符（\）。修改后的正则表达式格式如下：

```
[1-9]{1,3}\.[0-9]{1,3}\.[0-9]{1,3}\.[0-9]{1,3}
```

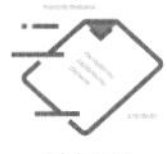
说明

括号在正则表达式中也算是一个元字符。

5.3.8 分组

通过 5.3.6 小节中的例子，相信读者已经对小括号的作用有了一定的了解。小括号字符的第一个作用就是可以改变限定符的作用范围，如“|”“*”“^”等。例如下面的表达式中就包含小括号。

```
(six|four)th
```

这个表达式的意思是匹配单词 sixth 或 fourth，如果不使用小括号，那么就变成了匹配单词 six 和 fourth 了。

小括号的第二个作用是分组，也就是子表达式。如 (\.[0-9]{1,3}){3}，就是对分组 (\.[0-9]{1,3}) 进行重复操作。

5.3.9 在 Python 中使用正则表达式语法

在 Python 中使用正则表达式时，是将其作为模式字符串使用的。例如，将匹配不是字母的一个字符的正则表达式表示为模式字符串，可以使用下面的代码：

```
'[^a-zA-Z]'
```

而如果将匹配以字母 m 开头的单词的正则表达式转换为模式字符串，则不能直接在其两侧添加引号定界符，例如，下面的代码是不正确的。

```
'\bm\w*\b'
```

而需要将其中的“\”进行转义，转换后的结果如下：

```
'\\bm\\w*\\b'
```

由于模式字符串中可能包括大量的特殊字符和反斜杠，所以需要写为原生字符串，即在模式字符串前加 r 或 R。例如，上面的模式字符串采用原生字符串表示如下：

```
r'\bm\w*\b'
```

说明

在编写模式字符串时，并不是所有的反斜杠都需要进行转换，例如，前面编写的正则表达式“^\d{8}$”中的反斜杠就不需要转义，因为其中的 \d 并没有特殊意义。不过，为了编写方便，本书中的正则表达式都采用原生字符串表示。

5.4 使用 re 模块实现正则表达式操作

Python 提供了 re 模块，用于实现正则表达式的操作。在实现时，可以使用 re 模块提供的方法（如 search()、match()、findall() 等）进行字符串处理，也可以先使用 re 模块的 compile() 方法将模式字符串转换为正则表达式对象，然后再使用该正则表达式对象的相关方法来操作字符串。

在使用 re 模块时，需要先应用 import 语句导入，具体代码如下：

```
import re
```

如果在使用 re 模块时，没有将其导入，将抛出如图 5.21 所示异常。

```
Traceback (most recent call last):
  File "C:\python\demo.py", line 3, in <module>
    match = re.match(pattern, string, re.I)
NameError: name 're' is not defined
```

图 5.21　未导入 re 模块异常

5.4.1 匹配字符串

视频讲解：资源包\Video\05\5.4.1 匹配字符串.mp4

匹配字符串可以使用 re 模块提供的 match()、search() 和 findall() 等方法。

1. 使用 match() 方法进行匹配

match() 方法用于从字符串的开始处进行匹配，如果在起始位置匹配成功，则返回 Match 对象，否则返回 None。其语法格式如下：

```
re.match(pattern, string, [flags])
```

参数说明：

☑ pattern：表示模式字符串，由要匹配的正则表达式转换而来。

☑ string：表示要匹配的字符串。

☑ flags：可选参数，表示标志位，用于控制匹配方式，如是否区分字母大小写。常用的标志如表 5.5 所示。

表 5.5　常用标志

标　　志	说　　明
A 或 ASCII	对于 \w、\W、\b、\B、\d、\D、\s 和 \S 只进行 ASCII 匹配（仅适用于 Python 3.X）
I 或 IGNORECASE	执行不区分字母大小写的匹配
M 或 MULTILINE	将 ^ 和 $ 用于包括整个字符串的开始和结尾的每一行（默认情况下，仅适用于整个字符串的开始和结尾处）
S 或 DOTALL	使用（.）字符匹配所有字符，包括换行符
X 或 VERBOSE	忽略模式字符串中未转义的空格和注释

例如，匹配字符串是否以“mr_”开头，不区分字母大小写，代码如下：

```
import re
pattern = r'mr_\w+'                          # 模式字符串
string = 'MR_SHOP mr_shop'                   # 要匹配的字符串
match = re.match(pattern,string,re.I)        # 匹配字符串，不区分大小写
print(match)                                 # 输出匹配结果
string = '项目名称MR_SHOP mr_shop'
match = re.match(pattern,string,re.I)        # 匹配字符串，不区分大小写
print(match)                                 # 输出匹配结果
```

执行结果如下：

```
<_sre.SRE_Match object; span=(0, 7), match='MR_SHOP'>
None
```

从上面的执行结果中可以看出，字符串“MR_SHOP”以“mr_”开头，将返回一个 Match 对象，而字符串“项目名称 MR_SHOP”没有以“mr_”开头，将返回“None”。这是因为 match() 方法从字符串的开始位置开始匹配，当第一个字符不符合条件时，则不再进行匹配，直接返回 None。

Match 对象中包含了匹配值的位置和匹配数据。其中，要获取匹配值的起始位置可以使用 Match 对象的 start() 方法；要获取匹配值的结束位置可以使用 end() 方法；通过 span() 方法可以返回匹配位置的元组；通过 string 属性可以获取要匹配的字符串。例如下面的代码：

```
import re
pattern = r'mr_\w+'                              # 模式字符串
string = 'MR_SHOP mr_shop'                       # 要匹配的字符串
match = re.match(pattern,string,re.I)            # 匹配字符串，不区分大小写
print('匹配值的起始位置：',match.start())
print('匹配值的结束位置：',match.end())
print('匹配位置的元组：',match.span())
print('要匹配的字符串：',match.string)
print('匹配数据：',match.group())
```

执行结果如下：

```
匹配值的起始位置： 0
匹配值的结束位置： 7
匹配位置的元组： (0, 7)
要匹配字符串： MR_SHOP mr_shop
匹配数据： MR_SHOP
```

实例 07　验证输入的手机号码是否为中国移动的号码　　实例位置：资源包 \Code\SL\05\07

在 IDLE 中创建一个名称为 checkmobile.py 的文件，然后在该文件中导入 Python 的 re 模块，再定义一个验证手机号码的模式字符串，最后应用该模式字符串验证两个手机号码，并输出验证结果，代码如下：

```
01 import re                                           # 导入Python的re模块
02 pattern = r'(13[4-9]\d{8})$|(15[01289]\d{8})$'
03 mobile = '13634222222'
04 match = re.match(pattern, mobile)                   # 进行模式匹配
05 if match == None:                                   # 判断是否为None，为真表示匹配失败
06     print(mobile, '不是有效的中国移动手机号码。')
07 else:
08     print(mobile, '是有效的中国移动手机号码。')
09 mobile = '13144222221'
10 match = re.match(pattern, mobile)                   # 进行模式匹配
11 if match == None:                                   # 判断是否为None，为真表示匹配失败
12     print(mobile, '不是有效的中国移动手机号码。')
13 else:
14     print(mobile, '是有效的中国移动手机号码。')
```

运行实例，将显示如图 5.22 所示结果。

```
13634222222 是有效的中国移动手机号码。
13144222221 不是有效的中国移动手机号码。
```

图 5.22　验证输入的手机号码是否为中国移动的号码

2. 使用 search() 方法进行匹配

search() 方法用于在整个字符串中搜索第一个匹配的值，如果匹配成功，则返回 Match 对象，否则返回 None。search() 方法的语法格式如下：

```
re.search(pattern, string, [flags])
```

参数说明：

☑ pattern：表示模式字符串，由要匹配的正则表达式转换而来。

☑ string：表示要匹配的字符串。

☑ flags：可选参数，表示标志位，用于控制匹配方式，如是否区分字母大小写。常用的标志如表 5.5 所示。

例如，搜索第一个以“mr_”开头的字符串，不区分字母大小写，代码如下：

```
import re
pattern = r'mr_\w+'                                    # 模式字符串
string = 'MR_SHOP mr_shop'                             # 要匹配的字符串
match = re.search(pattern,string,re.I)                 # 搜索字符串，不区分大小写
print(match)                                           # 输出匹配结果
string = '项目名称MR_SHOP mr_shop'
match = re.search(pattern,string,re.I)                 # 搜索字符串，不区分大小写
print(match)                                           # 输出匹配结果
```

执行结果如下：

```
<_sre.SRE_Match object; span=(0, 7), match='MR_SHOP'>
<_sre.SRE_Match object; span=(4, 11), match='MR_SHOP'>
```

从上面的运行结果中可以看出，search() 方法不仅仅是在字符串的起始位置搜索，其他位置有符合的匹配也可以。

实例 08　验证是否出现危险字符　　实例位置：资源包 \Code\SL\05\08

在 IDLE 中创建一个名称为 checktnt.py 的文件，然后在该文件中导入 Python 的 re 模块，再定义一个验证危险字符的模式字符串，最后应用该模式字符串验证两段文字，并输出验证结果，代码如下：

```
01  import re                                      # 导入Python的re模块
02  pattern = r'(黑客)|(抓包)|(监听)|(Trojan)'     # 模式字符串
03  about = '我是一名程序员，我喜欢看黑客方面的图书，想研究一下Trojan。'
04  match = re.search(pattern, about)              # 进行模式匹配
05  if match == None:                              # 判断是否为None，为真表示匹配失败
06      print(about, '@ 安全！')
07  else:
08      print(about, '@ 出现了危险词汇！')
09  about = '我是一名程序员，我喜欢看计算机网络方面的图书，喜欢开发网站。'
10  match = re.match(pattern, about)               # 进行模式匹配
11  if match == None:                              # 判断是否为None，为真表示匹配失败
12      print(about, '@ 安全！')
13  else:
14      print(about, '@ 出现了危险词汇！')
```

运行实例，将显示如图 5.23 所示结果。

```
我是一名程序员，我喜欢看黑客方面的图书，想研究一下Trojan。 @ 出现了危险词汇！
我是一名程序员，我喜欢看计算机网络方面的图书，喜欢开发网站。 @ 安全！
```

图 5.23　验证是否出现危险字符

3. 使用 findall() 方法进行匹配

findall() 方法用于在整个字符串中搜索所有符合正则表达式的字符串，并以列表的形式返回。如果匹配成功，则返回包含匹配结构的列表，否则返回空列表。findall() 方法的语法格式如下：

```
re.findall(pattern, string, [flags])
```

参数说明：

☑ pattern：表示模式字符串，由要匹配的正则表达式转换而来。

☑ string：表示要匹配的字符串。

☑ flags：可选参数，表示标志位，用于控制匹配方式，如是否区分字母大小写。常用的标志如表 5.5 所示。

例如，搜索以“mr_”开头的字符串，代码如下：

```
import re
pattern = r'mr_\w+'                        # 模式字符串
string = 'MR_SHOP mr_shop'                 # 要匹配的字符串
match = re.findall(pattern,string,re.I)    # 搜索字符串，不区分大小写
```

```
print(match)                                  # 输出匹配结果
string = '项目名称MR_SHOP mr_shop'
match = re.findall(pattern,string)            # 搜索字符串，区分大小写
print(match)                                  # 输出匹配结果
```

执行结果如下：

```
['MR_SHOP', 'mr_shop']
['mr_shop']
```

如果在指定的模式字符串中包含分组，则返回与分组匹配的文本列表。例如：

```
import re
pattern = r'[1-9]{1,3}(\.[0-9]{1,3}){3}'     # 模式字符串
str1 = '127.0.0.1 192.168.1.66'              # 要配置的字符串
match = re.findall(pattern,str1)             # 进行模式匹配
print(match)
```

上面代码的执行结果如下：

```
['.1', '.66']
```

从上面的结果中可以看出，并没有得到匹配的 IP 地址，这是因为在模式字符串中出现了分组，所以得到的结果是根据分组进行匹配的结果，即“(\.[0-9]{1,3})”匹配的结果。如果想获取整个模式字符串的匹配，可以将整个模式字符串使用一对小括号进行分组，然后在获取结果时，只取返回值列表的每个元素（是一个元组）的第 1 个元素。代码如下：

```
import re
pattern = r'([1-9]{1,3}(\.[0-9]{1,3}){3})'    # 模式字符串
str1 = '127.0.0.1 192.168.1.66'               # 要配置的字符串
match = re.findall(pattern,str1)              # 进行模式匹配
for item in match:
    print(item[0])
```

执行结果如下：

```
127.0.0.1
192.168.1.66
```

5.4.2 替换字符串

视频讲解：资源包\Video\05\5.4.2 替换字符串.mp4

sub() 方法用于实现字符串替换，语法格式如下：

```
re.sub(pattern, repl, string, count, flags)
```

参数说明：

☑ pattern：表示模式字符串，由要匹配的正则表达式转换而来。
☑ repl：表示替换的字符串。
☑ string：表示要被查找替换的原始字符串。
☑ count：可选参数，表示模式匹配后替换的最大次数，默认值为 0，表示替换所有的匹配。
☑ flags：可选参数，表示标志位，用于控制匹配方式，如是否区分字母大小写。常用的标志如

表 5.5 所示。

例如，隐藏中奖信息中的手机号码，代码如下：

```
import re
pattern = r'1[34578]\d{9}'                          # 定义要替换的模式字符串
string = '中奖号码为：84978981 联系电话为：13611111111'
result = re.sub(pattern,'1XXXXXXXXXX',string)       # 替换字符串
print(result)
```

执行结果如下：

```
中奖号码为：84978981 联系电话为：1XXXXXXXXXX
```

实例 09　替换出现的危险字符　　**实例位置：资源包 \Code\SL\05\09**

在 IDLE 中创建一个名称为 checktnt.py 的文件，然后在该文件中，导入 Python 的 re 模块，再定义一个验证危险字符的模式字符串，最后应用该模式字符串验证两段文字，并输出验证结果，代码如下：

```
01    import re                                      # 导入Python的re模块
02    pattern = r'(黑客)|(抓包)|(监听)|(Trojan)'     # 模式字符串
03    about = '我是一名程序员，我喜欢看黑客方面的图书，想研究一下Trojan。\n'
04    sub = re.sub(pattern, '@_@', about)            # 进行模式替换
05    print(sub)
06    about = '我是一名程序员，我喜欢看计算机网络方面的图书，喜欢开发网站。'
07    sub = re.sub(pattern, '@_@', about)            # 进行模式替换
08    print(sub)
```

运行实例，将显示如图 5.24 所示结果。

```
我是一名程序员，我喜欢看@_@方面的图书，想研究一下@_@。

我是一名程序员，我喜欢看计算机网络方面的图书，喜欢开发网站。
```

图 5.24　替换出现的危险字符

5.4.3 使用正则表达式分割字符串

视频讲解：资源包\Video\05\5.4.3 使用正则表达式分割字符串.mp4

split() 方法用于实现根据正则表达式分割字符串，并以列表的形式返回。其作用同字符串对象的 split() 方法类似，所不同的就是分割字符由模式字符串指定。split() 方法的语法格式如下：

```
re.split(pattern, string, [maxsplit], [flags])
```

参数说明：

☑ pattern：表示模式字符串，由要匹配的正则表达式转换而来。

☑ string：表示要匹配的字符串。

☑ maxsplit：可选参数，表示最大的拆分次数。

☑ flags：可选参数，表示标志位，用于控制匹配方式，如是否区分字母大小写。常用的标志如表 5.5 所示。

例如，从给定的 URL 中提取出请求地址和各个参数，代码如下：

```
import re
pattern = r'[?|&]'                                    # 定义分割符
url = 'http://www.mingrisoft.com/login.jsp?username="mr"&pwd="mrsoft"'
result = re.split(pattern,url)                         # 分割字符串
print(result)
```

执行结果如下：

```
['http://www.mingrisoft.com/login.jsp', 'username="mr"', 'pwd="mrsoft"']
```

场景模拟 | 微博的 @ 好友栏目中，输入“@ 明日科技 @ 扎克伯格 @ 俞敏洪”（好友名称之间用一个空格区分），即可同时 @ 三个好友。

实例 10　输出被 @ 的好友名称（应用正则表达式） | 实例位置：资源包 \Code\SL\05\10

在 IDLE 中创建一个名称为 atfriendsplit1.py 的文件，然后在该文件中定义一个字符串，内容为“@ 明日科技 @ 扎克伯格 @ 俞敏洪”，然后使用 re 模块的 split() 方法对该字符串进行分割，从而获取到好友名称，并输出，代码如下：

```
01    import re
02    str1 = '@明日科技 @扎克伯格 @俞敏洪'
03    pattern = r'\s*@'
04    list1 = re.split(pattern,str1)          # 用空格和@或单独的@分割字符串
05    print('您@的好友有：')
06    for item in list1:
07        if item != "":                      # 输出不为空的元素
08            print(item)                     # 输出每个好友名
```

运行结果如图 5.25 所示。

```
您@的好友有：
明日科技
扎克伯格
俞敏洪
```

图 5.25　输出被 @ 的好友

5.5 实战

实战一：打印象棋口诀

下象棋需要先了解以下象棋口诀：

☑ 马走日
☑ 象走田
☑ 车走直路炮翻山
☑ 士走斜线护将边
☑ 小卒一去不回还

应用字符串保存上面的象棋口诀并加上正确的标点符号输出，效果如图 5.26 所示。

实战二：判断车牌归属地

根据车牌号码可以知道该车辆的归属地，本实战将实现输出指定车牌的归属地功能，效果如图 5.27 所示。

```
象棋口诀:
马走日 ，
象走田 ，
车走直路炮翻山 ，
士走斜线护将边 ，
小卒一去不回还 。
```

图 5.26　打印象棋口诀

```
第1张车牌号码:
津A·12345
这张号牌的归属地：天津
第2张车牌号码:
沪A·23456
这张号牌的归属地：上海
第3张车牌号码:
京A·34567
这张号牌的归属地：北京
```

图 5.27　判断车牌归属地

实战三：模拟微信抢红包

本实战实现时需要应用生成随机数的 random 模块（详细介绍请参见本书 8.5 小节）。效果如图 5.28 所示。

实战四：显示实时天气预报

应用字符串的 format() 方法格式化输出实时天气预报，效果如图 5.29 所示。

```
——————————模拟微信抢红包——————————
请输入要装入红包的总金额（元）：50
请输入红包的个数（个）：10
第1个红包：10.53元
第2个红包：31.85元
第3个红包：2.68元
第4个红包：0.18元
第5个红包：3.83元
第6个红包：0.6元
第7个红包：0.28元
第8个红包：0.01元
第9个红包：0.01元
第10个红包：0.03元
```

图 5.28　模拟微信抢红包

```
2023年12月1日    天气预报：晴    -14℃~-7℃    南风3级
13:00    天气预报：晴    -7℃    南风3级
14:00    天气预报：晴    -7℃    西南风3级
15:00    天气预报：晴    -8℃    西南风3级
16:00    天气预报：晴    -10℃    西南风2级
17:00    天气预报：晴    -11℃    西南风2级
18:00    天气预报：晴    -11℃    南风2级
```

图 5.29　显示实时天气预报

5.6 小结

本章首先对常用的字符串操作技术进行了详细的讲解，其中拼接、截取、分割、合并、检索和格式化字符串等都是需要重点掌握的技术；然后介绍了正则表达式的基本语法，以及 Python 中如何应用 re 模块实现正则表达式匹配等技术。相信通过本章的学习，读者能够举一反三，对所学知识灵活运用，从而开发实用的 Python 程序。

本章 e 学码：关键知识点拓展阅读

GBK/GB2312　　rindex() 方法　　UTF-8/Unicode

compile() 方法　　try…except

进阶篇

第 6 章

函数

（视频讲解：1 小时 59 分钟）

本章概览

在前面的章节中，所有编写的代码都是从上到下依次执行的，如果某段代码需要多次使用，那么需要将该段代码复制多次，这种做法势必会影响开发效率，在实际项目开发中是不可取的。那么如果想让某一段代码多次使用，应该怎么做呢？在 Python 中，提供了函数解决这种问题。我们可以把实现某一功能的代码定义为一个函数，然后在需要使用时，随时调用即可，十分方便。对于函数，简而言之就是可以完成某项工作的代码块，有点类似积木块，可以反复使用。

本章将对如何定义和调用函数及函数的参数、变量的作用域、匿名函数等进行详细介绍。

知识框架

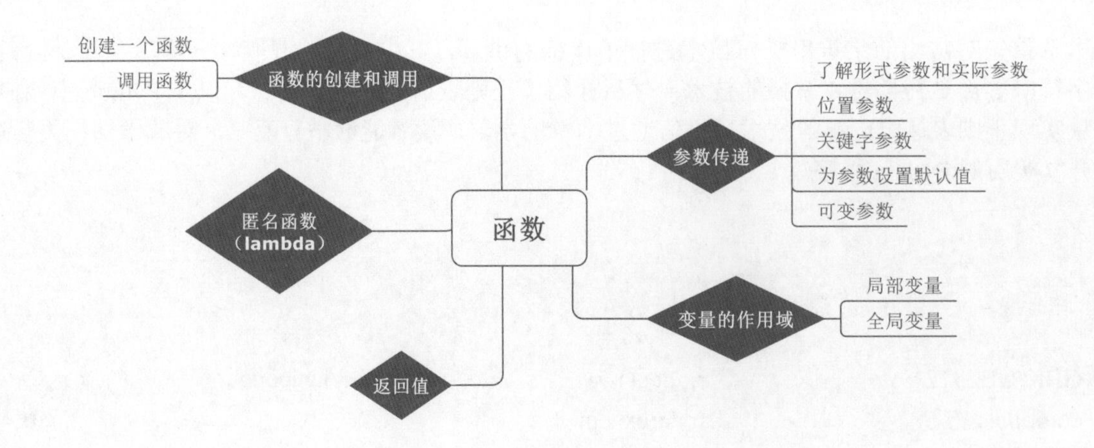

6.1 函数的创建和调用

视频讲解：资源包\Video\06\6.1 函数的创建和调用.mp4

提到函数，大家会想到数学函数吧，函数是数学中非常重要的部分，贯穿整个数学学习过程。在 Python 中，函数的应用非常广泛。在前面我们已经多次接触过函数。例如，用于输出的 print() 函数、用于输入的 input() 函数及用于生成一系列整数的 range() 函数，这些都是 Python 内置的标准函数，可以直接使用。除了可以直接使用的标准函数，Python 还支持自定义函数。即通过将一段有规律的、重复的代码定义为函数，来达到一次编写多次调用的目的。使用函数可以提高代码的重复利用率。

6.1.1 创建一个函数

创建函数也称为定义函数，可以理解为创建一个具有某种用途的工具。使用 def 关键字实现，具体的语法格式如下：

```
def functionname([parameterlist]):
    ['''comments''']
    [functionbody]
```

参数说明：

☑ functionname：函数名称，在调用函数时使用。

☑ parameterlist：可选参数，用于指定向函数中传递的参数。如果有多个参数，各参数间使用逗号“,”分隔。如果不指定，则表示该函数没有参数，在调用时也不指定参数。

注意

即使函数没有参数，也必须保留一对空的“()”，否则将显示如图 6.1 所示错误提示对话框。

图 6.1　语法错误对话框

☑ '''comments'''：可选参数，表示为函数指定注释，也称为 Docstrings（文档字符串），其内容通常是说明该函数的功能、要传递的参数的作用等，可以为用户提供友好提示和帮助。

说明

在定义函数时，如果指定了 '''comments''' 参数，那么在调用函数时，可以通过“函数名.__doc__”进行获取，或者通过 help(函数名) 获取。如图 6.2 所示。

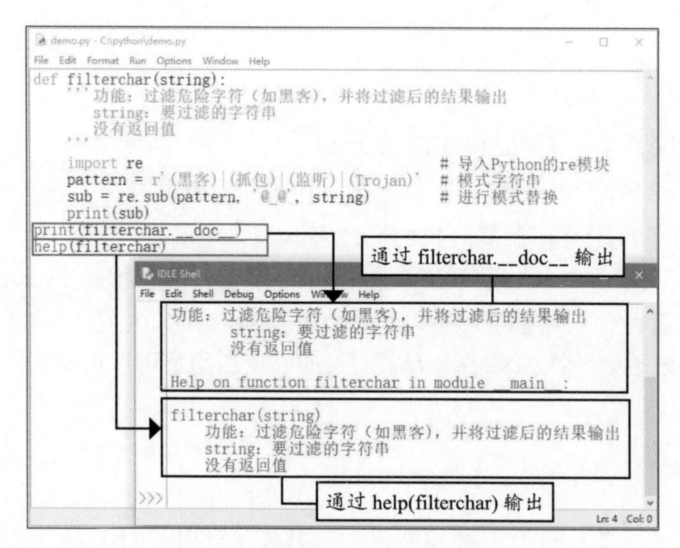

图 6.2　调用函数时显示友好提示

☑ functionbody：可选参数，用于指定函数体，即该函数被调用后要执行的功能代码。如果函数有返回值，可以使用 return 语句返回。

注意

函数体“functionbody”和注释“'''comments'''”相对于 def 关键字必须保持一定的缩进。

注意

如果想定义一个什么也不做的空函数，可以使用 pass 语句作为占位符，或者添加 Docstrings，但不能直接添加一行单行注释。

例如，定义一个过滤危险字符的函数 filterchar()，代码如下：

```
def filterchar(string):
    '''功能：过滤危险字符（如黑客），并将过滤后的结果输出
       about：要过滤的字符串
       没有返回值
       '''
    import re                                       # 导入Python的re模块
    pattern = r'(黑客)|(抓包)|(监听)|(Trojan)'        # 模式字符串
    sub = re.sub(pattern, '@_@', string)            # 进行模式替换
    print(sub)
```

运行上面的代码，将不显示任何内容，也不会抛出异常，因为 filterchar() 函数还没有被调用。

6.1.2 调用函数

调用函数也就是执行函数。如果把创建函数理解为创建一个具有某种用途的工具，那么调用函数就相当于使用该工具。调用函数的基本语法格式如下：

```
functionname([parametersvalue])
```

参数说明：

☑ functionname：函数名称，要调用的函数名称必须是已经创建好的。

☑ parametersvalue：可选参数，用于指定各个参数的值。如果需要传递多个参数值，则各参数值间使用逗号“,”分隔。如果该函数没有参数，则直接写一对小括号即可。

例如，调用在 6.1.1 小节创建的 filterchar() 函数，可以使用下面的代码：

```
about = '我是一名程序员，喜欢看黑客方面的图书，想研究一下Trojan。'
filterchar(about)
```

调用 filterchar() 函数后，将显示如图 6.3 所示结果。

```
我是一名程序员，喜欢看@_@方面的图书，想研究一下@_@。
```

图 6.3　调用 filterchar() 函数的结果

场景模拟 | 第 4 章的实例 01 实现了每日一帖功能，但是这段代码只能执行一次，如果想要再次输出，还需要再重新写一遍。如果把这段代码定义为一个函数，那么就可以多次显示每日一帖了。

实例 01　输出每日一帖（共享版）　　| 实例位置：资源包 \Code\SL\06\01

在 IDLE 中创建一个名称为 function_tips.py 的文件，然后在该文件中创建一个名称为 function_tips 的函数，在该函数中，从励志文字列表中获取一条励志文字并输出，最后再调用函数 function_tips()，代码如下：

```
01 def function_tips():
02     '''功能：每天输出一条励志文字
03     '''
04     import datetime                                    # 导入日期时间类
05     # 定义一个列表
06     mot = ["今天星期一：\n坚持下去不是因为我很坚强，而是因为我别无选择",
07            "今天星期二：\n含泪播种的人一定能笑着收获",
08            "今天星期三：\n做对的事情比把事情做对重要",
09            "今天星期四：\n命运给予我们的不是失望之酒，而是机会之杯",
10            "今天星期五：\n不要等到明天，明天太遥远，今天就行动",
11            "今天星期六：\n求知若饥，虚心若愚",
12            "今天星期日：\n成功将属于那些从不说“不可能”的人"]
13     day = datetime.datetime.now().weekday()            # 获取当前星期
14     print(mot[day])                                    # 输出每日一帖
15 # *****************************调用函数**********************************#
16 function_tips()                                        # 调用函数
```

运行结果如图 6.4 所示。

```
做对的事情比把事情做对重要
```

图 6.4　调用函数输出每日一帖

6.2 参数传递

在调用函数时，大多数情况下，主调函数和被调用函数之间有数据传递关系，这就是有参数的函数形式。函数参数的作用是传递数据给函数使用，函数利用接收的数据进行具体的操作处理。

函数参数在定义函数时放在函数名称后面的一对小括号中，如图 6.5 所示。

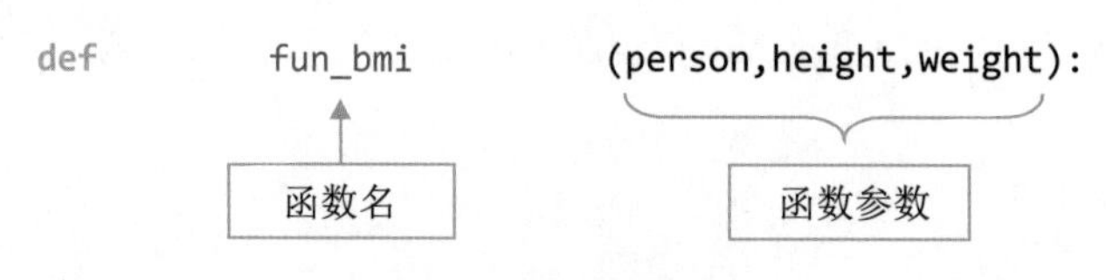

图 6.5　函数参数

6.2.1 了解形式参数和实际参数

视频讲解：资源包\Video\06\6.2.1 了解形式参数和实际参数.mp4

在使用函数时，经常会用到形式参数和实际参数，二者都叫作参数，关于它们的区别将先通过形式参数与实际参数的作用来进行讲解，再通过一个比喻和实例进行深入探讨。

1. 通过作用理解

形式参数和实际参数在作用上的区别如下：

☑ 形式参数：在定义函数时，函数名后面括号中的参数为“形式参数”。

☑ 实际参数：在调用一个函数时，函数名后面括号中的参数为“实际参数”，也就是将函数的调用者提供给函数的参数称为实际参数。通过图 6.6 可以更好地理解。

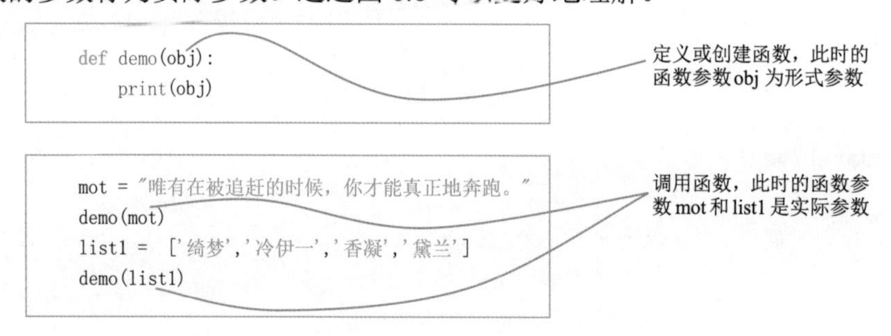

图 6.6　形式参数与实际参数

根据实际参数的类型不同，可以分为将实际参数的值传递给形式参数和将实际参数的引用传递给形式参数两种情况。其中，当实际参数为不可变对象时，进行值传递；当实际参数为可变对象时，进行引用传递。实际上，值传递和引用传递的基本区别就是，进行值传递后，改变形式参数的值，实际参数的值不变；而进行引用传递后，改变形式参数的值，实际参数的值也一同改变。

例如，定义一个名称为 demo 的函数，然后为 demo() 函数传递一个字符串类型的变量作为参数（代表值传递），并在函数调用前后分别输出该字符串变量，再为 demo() 函数传递一个列表类型的变量作为参数（代表引用传递），并在函数调用前后分别输出该列表。代码如下：

```
# 定义函数
def demo(obj):
    print("原值：",obj)
    obj += obj
# 调用函数
print("=========值传递========")
mot = "唯有在被追赶的时候，你才能真正地奔跑。"
print("函数调用前：",mot)
demo(mot)                                  # 采用不可变对象——字符串
print("函数调用后：",mot)
print("=========引用传递 ========")
list1 =  ['绮梦','冷伊一','香凝','黛兰']
```

```
print("函数调用前：",list1)
demo(list1)                                # 采用可变对象——列表
print("函数调用后：",list1)
```

上面代码的执行结果如下：

```
=========值传递========
函数调用前：  唯有在被追赶的时候，你才能真正地奔跑。
原值：  唯有在被追赶的时候，你才能真正地奔跑。
函数调用后：  唯有在被追赶的时候，你才能真正地奔跑。
=========引用传递 ========
函数调用前：  ['绮梦', '冷伊一', '香凝', '黛兰']
原值：  ['绮梦', '冷伊一', '香凝', '黛兰']
函数调用后：  ['绮梦', '冷伊一', '香凝', '黛兰', '绮梦', '冷伊一', '香凝', '黛兰']
```

从上面的执行结果中可以看出，在进行值传递时，改变形式参数的值后，实际参数的值不改变；在进行引用传递时，改变形式参数的值后，实际参数的值也发生改变。

2. 通过一个比喻来理解形式参数和实际参数

函数定义时参数列表中的参数就是形式参数，而函数调用时传递进来的参数就是实际参数。就像剧本选角一样，剧本的角色相当于形式参数，而演角色的演员就相当于实际参数。

场景模拟 | 第 2 章的实例 01 实现了根据身高和体重计算 BMI 指数，但是这段代码只能计算一个固定的身高和体重（可以理解为一个人的），如果想要计算另一个人的身高和体重对应的 BMI 指数，那么还需要把这段代码重新写一遍。如果把这段代码定义为一个函数，那么就可以计算多个人的 BMI 指数了。

实例 02　根据身高、体重计算 BMI 指数（共享版）　|　实例位置：资源包 \Code\SL\06\02

在 IDLE 中创建一个名称为 function_bmi.py 的文件，然后在该文件中定义一个名称为 fun_bmi 的函数，该函数包括 3 个参数，分别用于指定姓名、身高和体重，再根据公式 BMI= 体重 /（身高 × 身高）计算 BMI 指数，并输出结果，最后在函数体外调用两次 fun_bmi 函数，代码如下：

```
01  def fun_bmi(person,height,weight):
02      '''功能：根据身高和体重计算BMI指数
03         person：姓名
04         height：身高，单位：米
05         weight：体重，单位：千克
06      '''
07      print(person + "的身高：" + str(height) + "米 \t 体重：" + str(weight) + "千克")
08      bmi=weight/(height*height)             # 用于计算BMI指数，公式为：BMI=体重/身高的平方
09      print(person + "的BMI指数为："+str(bmi)) # 输出BMI指数
10      # 判断身材是否合理
11      if bmi<18.5:
12          print("您的体重过轻 ~@_@~\n")
13      if bmi>=18.5 and bmi<24.9:
14          print("正常范围，注意保持 (-_-)\n")
15      if bmi>=24.9 and bmi<29.9:
16          print("您的体重过重 ~@_@~\n")
17      if bmi>=29.9:
18          print("肥胖 ^@_@^\n")
```

```
19  # ****************************调用函数*********************************** #
20  fun_bmi("路人甲",1.83,60)                      # 计算路人甲的BMI指数
21  fun_bmi("路人乙",1.60,50)                      # 计算路人乙的BMI指数
```

运行结果如图 6.7 所示。

```
路人甲的身高：1.83米      体重：60千克
路人甲的BMI指数为：17.916330735465376
您的体重过轻 ~@_@~

路人乙的身高：1.6米       体重：50千克
路人乙的BMI指数为：19.531249999999996
正常范围，注意保持 (-_-)
```

图 6.7 根据身高、体重计算 BMI 指数

从该实例代码和运行结果可以看出：

（1）定义一个根据身高、体重计算 BMI 指数的函数 fun_bmi()，在定义函数时指定的变量 person、height 和 weight 称为形式参数。

（2）在函数 fun_bmi() 中根据形式参数的值计算 BMI 指数，并输出相应的信息。

（3）在调用 fun_bmi() 函数时，指定的“路人甲”、1.83 和 60 等都是实际参数，在函数执行时，这些值将被传递给对应的形式参数。

6.2.2 位置参数

视频讲解：资源包\Video\06\6.2.2 位置参数.mp4

位置参数也称必备参数，必须按照正确的顺序传到函数中，即调用时的数量和位置必须和定义时是一样的。

1. 数量必须与定义时一致

在调用函数时，指定的实际参数的数量必须与形式参数的数量一致，否则将抛出 TypeError 异常，提示缺少必要的位置参数。

例如，调用实例 02 中编写的根据身高、体重计算 BMI 指数的函数 fun_bmi(person,height,weight)，将参数少传一个，即只传递两个参数，代码如下：

```
fun_bmi("路人甲",1.83)          # 计算路人甲的BMI指数
```

函数调用后，将显示如图 6.8 所示异常信息。

```
Traceback (most recent call last):
  File "C:\python\demo.py", line 20, in <module>
    fun_bmi("路人甲",1.83)
TypeError: fun_bmi() missing 1 required positional argument: 'weight'
```

图 6.8 缺少必要的参数时抛出的异常

从图 6.8 所示异常信息中可以看出，抛出的异常类型为 TypeError，具体是指“fun_bmi() 方法缺少一个必要的位置参数 weight”。

2. 位置必须与定义时一致

在调用函数时，指定的实际参数的位置必须与形式参数的位置一致，否则将产生以下两种结果。

☑ 抛出 TypeError 异常

这种情况主要是因为实际参数的类型与形式参数的类型不一致，并且在函数中这两种类型还不能正常转换。

例如，调用实例 02 中编写的 fun_bmi(person,height,weight) 函数，将第 1 个参数和第 2 个参数位置调换，代码如下：

```
fun_bmi(60,"路人甲",1.83)        # 计算路人甲的BMI指数
```

函数调用后，将显示如图 6.9 所示异常信息。主要是因为传递的整型数值不能与字符串进行连接操作。

```
Traceback (most recent call last):
  File "C:\python\demo.py", line 20, in <module>
    fun_bmi(60,"路人甲",1.83)
  File "C:\python\demo.py", line 7, in fun_bmi
    print(person + "的身高：" + str(height) + "米 \t 体重：" + str(weight) + "千克")
TypeError: unsupported operand type(s) for +: 'int' and 'str'
```

图 6.9　提示不支持的操作数类型

☑ 产生的结果与预期不符

在调用函数时，如果指定的实际参数与形式参数的位置不一致，但是它们的数据类型一致，那么就不会抛出异常，而是产生结果与预期不符的问题。

例如，调用实例 02 中编写的 fun_bmi(person,height,weight) 函数，将第 2 个参数和第 3 个参数位置调换，代码如下：

```
fun_bmi("路人甲",60,1.83)                              # 计算路人甲的BMI指数
```

函数调用后，将显示如图 6.10 所示结果。从结果中可以看出，虽然没有抛出异常，但是得到的结果与预期不一致。

```
路人甲的身高：60米        体重：1.83千克
路人甲的BMI指数为：0.0005083333333333334
您的体重过轻 ~@_@~
```

图 6.10　结果与预期不符

说明

由于调用函数时传递的实际参数的位置与形式参数的位置不一致时，并不总是抛出异常，所以在调用函数时一定要确定好位置，否则产生 Bug 不容易被发现。

6.2.3 关键字参数

视频讲解：资源包\Video\06\6.2.3 关键字参数.mp4

关键字参数是指使用形式参数的名字来确定输入值的参数。通过该方式指定实际参数时，不再需要与形式参数的位置完全一致。只要将参数名写正确即可。这样可以避免用户需要牢记参数位置的麻烦，使得函数的调用和参数传递更加灵活方便。

例如，调用实例 02 中编写的 fun_bmi(person,height,weight) 函数，通过关键字参数指定各个实际参数，代码如下：

```
fun_bmi( height = 1.83, weight = 60, person = "路人甲")      # 计算路人甲的BMI指数
```

函数调用后，将显示以下结果：

```
路人甲的身高：1.83米	体重：60千克
路人甲的BMI指数为：17.916330735465376
您的体重过轻 ~@_@~
```

从上面的结果中可以看出，虽然在指定实际参数时，顺序与定义函数时不一致，但是运行结果与预期是一致的。

6.2.4 为参数设置默认值

视频讲解：资源包\Video\06\6.2.4 为参数设置默认值.mp4

调用函数时，如果没有指定某个参数将抛出异常。为了解决这个问题，我们可以为参数设置默认值，即在定义函数时，直接指定形式参数的默认值。这样，当没有传入参数时，就直接使用定义函数时设置的默认值。定义带有默认值参数的函数的语法格式如下：

```
def functionname(…,[parameter1 = defaultvalue1]):
    [functionbody]
```

参数说明：

☑ functionname：函数名称，在调用函数时使用。

☑ parameter1 = defaultvalue1：可选参数，用于指定向函数中传递的参数，并且为该参数设置默认值为 defaultvalue1。

☑ functionbody：可选参数，用于指定函数体，即该函数被调用后要执行的功能代码。

注意

在定义函数时，指定带有默认值的形式参数必须在所有参数的最后否则将产生语法错误。

例如，修改实例 02 中定义的根据身高、体重计算 BMI 指数的函数 fun_bmi()，为其第一个参数指定默认值，修改后的代码如下：

```
01  def fun_bmi(height,weight, person = "路人"):
02      '''功能：根据身高和体重计算BMI指数
03         person：姓名
04         height：身高，单位：米
05         weight：体重，单位：千克
06      '''
07      print(person + "的身高：" + str(height) + "米 \t 体重：" + str(weight) + "千克")
08      bmi=weight/(height*height)             # 用于计算BMI指数，公式为：BMI：体重/身高的平方
09      print(person + "的BMI指数为："+str(bmi))  # 输出BMI指数
10      # 判断身材是否合理
11      if bmi<18.5:
12          print("您的体重过轻 ~@_@~\n")
13      if bmi>=18.5 and bmi<24.9:
14          print("正常范围，注意保持 (-_-)\n")
15      if bmi>=24.9 and bmi<29.9:
16          print("您的体重过重 ~@_@~\n")
17      if bmi>=29.9:
18          print("肥胖 ^@_@^\n")
```

然后调用该函数，不指定第一个参数，代码如下：

```
fun_bmi(1.73,60)                                    # 计算BMI指数
```

执行结果如下：

```
路人的身高：1.73米        体重：60千克
路人的BMI指数为：20.04744562130375
正常范围，注意保持 (-_-)
```

在 Python 中，可以使用“函数名 .__defaults__”查看函数的默认值参数的当前值，其结果是一个元组。例如，显示上面定义的 fun_bmi() 函数的默认值参数的当前值，可以使用“fun_bmi.__defaults__”，结果为“(' 路人 ',)”。

另外，使用可变对象作为函数参数的默认值时，多次调用可能会导致意料之外的情况。例如，编写一个名称为 demo() 的函数，并为其设置一个带默认值的参数，代码如下：

```
def demo(obj=[]):                 # 定义函数并为参数obj指定默认值
    print("obj的值：",obj)
    obj.append(1)
```

调用 demo() 函数，代码如下：

```
demo()                            # 调用函数
```

将显示以下结果：

```
obj的值： []
```

连续两次调用 demo() 函数，并且都不指定实际参数，代码如下：

```
demo()                            # 调用函数
demo()                            # 调用函数
```

将显示以下结果：

```
obj的值： []
obj的值： [1]
```

从上面的结果看，这显然不是我们想要的结果。为了防止出现这种情况，最好使用 None 作为可变对象的默认值，这时还需要加上必要的检查代码。修改后的代码如下：

```
def demo(obj=None):
    if obj==None:
        obj = []
    print("obj的值：",obj)
    obj.append(1)
```

运行结果如下：

```
obj的值： []
obj的值： []
```

定义函数时，为形式参数设置默认值要牢记一点：默认参数必须指向不可变对象。

6.2.5 可变参数

视频讲解：资源包\Video\06\6.2.5 可变参数.mp4

在 Python 中，还可以定义可变参数。可变参数也称不定长参数，即传入函数中的实际参数可以是任意多个。

定义可变参数时，主要有两种形式：一种是 *parameter，另一种是 **parameter。

1. *parameter

这种形式表示接收任意多个实际参数并将其放到一个元组中。例如，定义一个函数，让其可以接收任意多个实际参数，代码如下：

```
def printcoffee(*coffeename):          # 定义输出我喜欢的咖啡名称的函数
    print('\n我喜欢的咖啡有：')
    for item in coffeename:
        print(item)                    # 输出咖啡名称
```

调用 3 次上面的函数，分别指定不同的实际参数，代码如下：

```
printcoffee('蓝山')
printcoffee('蓝山', '卡布奇诺', '土耳其', '巴西', '哥伦比亚')
printcoffee('蓝山', '卡布奇诺', '曼特宁', '摩卡')
```

执行结果如图 6.11 所示。

```
我喜欢的咖啡有：
蓝山

我喜欢的咖啡有：
蓝山
卡布奇诺
土耳其
巴西
哥伦比亚

我喜欢的咖啡有：
蓝山
卡布奇诺
曼特宁
摩卡
```

图 6.11　让函数具有可变参数

如果想要使用一个已经存在的列表作为函数的可变参数，可以在列表的名称前加“*”。例如下面的代码：

```
param = ['蓝山', '卡布奇诺', '土耳其']   # 定义一个列表
printcoffee(*param)                     # 通过列表指定函数的可变参数
```

通过上面的代码调用 printcoffee() 函数后，将显示以下运行结果：

```
我喜欢的咖啡有：
蓝山
卡布奇诺
土耳其
```

场景模拟 | 假设某某大学的文艺社团里有多个组合，他们想要计算每个人的 BMI 指数。

实例 03　根据身高、体重计算 BMI 指数（共享升级版）　　实例位置：资源包 \Code\SL\06\03

在 IDLE 中创建一个名称为 function_bmi_upgrade.py 的文件，然后在该文件中定义一个名称为 fun_bmi_upgrade 的函数，该函数包括一个可变参数，用于指定包括姓名、身高和体重的测试人信息，在该函数中将

根据测试人信息计算 BMI 指数，并输出结果，最后在函数体外定义一个列表，并且将该列表作为 fun_bmi_upgrade() 函数的参数调用，代码如下：

```
01  def fun_bmi_upgrade(*person):
02      '''功能：根据身高和体重计算BMI指数（共享升级版）
03         *person：可变参数该参数中需要传递带3个元素的列表，
04         分别为姓名、身高（单位：米）和体重（单位：千克）
05      '''
06      for list_person in person:
07          for item in list_person:
08              person = item[0]                # 姓名
09              height = item[1]                # 身高（单位：米）
10              weight = item[2]                # 体重（单位：千克）
11              print("\n" + "="*13,person,"="*13)
12              print("身高：" + str(height) + "米 \t 体重：" + str(weight) + "千克")
13              bmi=weight/(height*height)      # 用于计算BMI指数，公式为：BMI=体重/身高的平方
14              print("BMI指数："+str(bmi))      # 输出BMI指数
15              # 判断身材是否合理
16              if bmi<18.5:
17                  print("您的体重过轻 ~@_@~")
18              if bmi>=18.5 and bmi<24.9:
19                  print("正常范围，注意保持 (-_-)")
20              if bmi>=24.9 and bmi<29.9:
21                  print("您的体重过重 ~@_@~")
22              if bmi>=29.9:
23                  print("肥胖 ^@_@^")
24  # ****************************调用函数*********************************** #
25  list_w = [('绮梦',1.70,65),('零语',1.78,50),('黛兰',1.72,66)]
26  list_m = [('梓轩',1.80,75),('冷伊一',1.75,70)]
27  fun_bmi_upgrade(list_w ,list_m)               # 调用函数指定可变参数
```

运行结果如图 6.12 所示。

图 6.12　根据身高、体重计算 BMI 指数（共享升级版）

2. **parameter

这种形式表示接收任意多个类似关键字参数一样显式赋值的实际参数，并将其放到一个字典中。例如，定义一个函数，让其可以接收任意多个显式赋值的实际参数，代码如下：

```
def printsign(**sign):                          # 定义输出姓名和星座的函数
    print()                                     # 输出一个空行
    for key, value in sign.items():             # 遍历字典
        print("[" + key + "] 的星座是：" + value)   # 输出组合后的信息
```

调用两次 printsign() 函数，代码如下：

```
printsign(绮梦='水瓶座', 冷伊一='射手座')
printsign(香凝='双鱼座', 黛兰='双子座', 冷伊一='射手座')
```

执行结果如下：

```
[绮梦] 的星座是：水瓶座
[冷伊一] 的星座是：射手座

[香凝] 的星座是：双鱼座
[黛兰] 的星座是：双子座
[冷伊一] 的星座是：射手座
```

如果想要使用一个已经存在的字典作为函数的可变参数，可以在字典的名称前加“**”。例如下面的代码：

```
dict1 = {'绮梦': '水瓶座', '冷伊一': '射手座','香凝':'双鱼座'}        # 定义一个字典
printsign(**dict1)                                                   # 通过字典指定函数的可变参数
```

通过上面的代码调用 printsign() 函数后，将显示以下运行结果：

```
[绮梦] 的星座是：水瓶座
[冷伊一] 的星座是：射手座
[香凝] 的星座是：双鱼座
```

6.3 返回值

视频讲解：资源包\Video\06\6.3 返回值.mp4

到目前为止，我们创建的函数都只是为我们做一些事，做完了就结束。但实际上，有时还需要对事情的结果进行获取。这类似于主管向下级职员下达命令，职员去做，最后需要将结果报告给主管。为函数设置返回值的作用就是将函数的处理结果返回给调用它的程序。

在 Python 中，可以在函数体内使用 return 语句为函数指定返回值，该返回值可以是任意类型，并且无论 return 语句出现在函数的什么位置，只要得到执行，就会直接结束函数的执行。

return 语句的语法格式如下：

```
return [value]
```

参数说明：

☑ value：可选参数，用于指定要返回的值，可以返回一个值，也可以返回多个值。

为函数指定返回值后，在调用函数时，可以把它赋给一个变量（如 result），用于保存函数的返回结果。如果返回一个值，那么 result 中保存的就是返回的这个值，该值可以为任意类型。如果返回多个值，那么 result 中保存的是一个元组。

当函数中没有 return 语句，或者省略了 return 语句的参数时，将返回 None，即返回空值。

场景模拟 | 某商场年中促销，优惠如下：

满 500 可享受 9 折优惠；

满 1000 可享受 8 折优惠；

满 2000 可享受 7 折优惠；

满 3000 可享受 6 折优惠。

根据以上商场促销活动，计算优惠后的实付金额。

实例 04　模拟结账功能——计算实付金额　　实例位置：资源包 \Code\SL\06\04

在 IDLE 中创建一个名称为 checkout.py 的文件，然后在该文件中定义一个名称为 fun_checkout 的函数，该函数包括一个列表类型的参数，用于保存输入的金额，在该函数中计算合计金额和相应的折扣，并将计算结果返回，最后在函数体外通过循环输入多个金额保存到列表中，并且将该列表作为 fun_checkout() 函数的参数调用，代码如下：

```
01 def fun_checkout(money):
02     '''功能：计算商品合计金额并进行折扣处理
03        money：保存商品金额的列表
04        返回商品的合计金额和折扣后的金额
05     '''
06     money_old = sum(money)                       # 计算合计金额
07     money_new = money_old
08     if 500 <= money_old < 1000:                  # 满500可享受9折优惠
09         money_new = '{:.2f}'.format(money_old * 0.9)
10     elif 1000 <= money_old <= 2000:              # 满1000可享受8折优惠
11         money_new = '{:.2f}'.format(money_old * 0.8)
12     elif 2000 <= money_old <= 3000:              # 满2000可享受7折优惠
13         money_new = '{:.2f}'.format(money_old * 0.7)
14     elif money_old >= 3000:                      # 满3000可享受6折优惠
15         money_new = '{:.2f}'.format(money_old * 0.6)
16     return money_old, money_new                  # 返回总金额和折扣后的金额
17 # ******************************调用函数*********************************** #
18 print("\n开始结算……\n")
19 list_money = []                                  # 定义保存商品金额的列表
20 while True:
21     # 请不要输入非法的金额，否则将抛出异常
22     inmoney = float(input("输入商品金额（输入0表示输入完毕）："))
23     if int(inmoney) == 0:
24         break                                        # 退出循环
25     else:
26         list_money.append(inmoney)                   # 将金额添加到金额列表中
27 money = fun_checkout(list_money)                     # 调用函数
28 print("合计金额：", money[0], "应付金额：", money[1])   # 显示应付金额
```

运行结果如图 6.13 所示。

```
开始结算……

输入商品金额（输入0表示输入完毕）：288
输入商品金额（输入0表示输入完毕）：98.8
输入商品金额（输入0表示输入完毕）：168
输入商品金额（输入0表示输入完毕）：100
输入商品金额（输入0表示输入完毕）：259
输入商品金额（输入0表示输入完毕）：0
合计金额： 913.8 应付金额： 822.42
```

图 6.13　模拟顾客结账功能

6.4 变量的作用域

变量的作用域是指程序代码能够访问该变量的区域，如果超出该区域，再访问时就会出现错误。在程序中，一般会根据变量的“有效范围”将变量分为“全局变量”和“局部变量”。

6.4.1 局部变量

视频讲解：资源包\Video\06\6.4.1 局部变量.mp4

局部变量是指在函数内部定义并使用的变量，它只在函数内部有效。即函数内部的名字只在函数运行时才会创建，在函数运行之前或者运行完毕之后，所有的名字就都不存在了。所以，如果在函数外部使用函数内部定义的变量，就会抛出 NameError 异常。

例如，定义一个名称为 f_demo 的函数，在该函数内部定义一个变量 message（称为局部变量），并为其赋值，然后输出该变量，最后在函数体外部再次输出 message 变量，代码如下：

```
def f_demo():
    message = '唯有在被追赶的时候，你才能真正地奔跑。'
    print('局部变量message =',message)                    # 输出局部变量的值
f_demo()                                                  # 调用函数
print('局部变量message =',message)                        # 在函数体外输出局部变量的值
```

运行上面的代码将显示如图 6.14 所示异常。

```
局部变量message = 唯有在被追赶的时候，你才能真正地奔跑。
Traceback (most recent call last):
  File "C:\python\demo.py", line 5, in <module>
    print('局部变量message =',message) # 在函数体外输出
局部变量的值
NameError: name 'message' is not defined
```

图 6.14　要访问的变量不存在

6.4.2 全局变量

视频讲解：资源包\Video\06\6.4.2 全局变量.mp4

与局部变量对应，全局变量为能够作用于函数内外的变量。全局变量主要有以下两种情况：

（1）如果一个变量在函数外定义，那么不仅在函数外可以访问到，在函数内也可以访问到。在函数体以外定义的变量是全局变量。

例如，定义一个全局变量 message，然后再定义一个函数，在该函数内输出全局变量 message 的值，代码如下：

```
message = '唯有在被追赶的时候，你才能真正地奔跑。'      # 全局变量
def f_demo():
    print('函数体内：全局变量message =',message)       # 在函数体内输出全局变量的值
f_demo()                                              # 调用函数
print('函数体外：全局变量message =',message)           # 在函数体外输出全局变量的值
```

运行上面的代码，将显示以下内容：

```
函数体内：全局变量message = 唯有在被追赶的时候，你才能真正地奔跑。
函数体外：全局变量message = 唯有在被追赶的时候，你才能真正地奔跑。
```

说明

当局部变量与全局变量重名时，对函数体的变量进行赋值后，不影响函数体外的变量。

场景模拟 | 在一个飘雪的冬夜，一棵松树孤独地站在雪地里，一会儿它做了一个梦……梦醒后，它仍然孤零零地站在雪地里。

实例 05　一棵松树的梦　　　　实例位置：资源包 \Code\SL\06\05

在 IDLE 中创建一个名称为 differenttree.py 的文件，然后在该文件中定义一个全局变量 pinetree，并为其赋初始值，再定义一个名称为 fun_christmastree 的函数，在该函数中定义名称为 pinetree 的局部变量，并输出，最后在函数体外调用 fun_christmastree() 函数，并输出全局变量 pinetree 的值，代码如下：

```
01  pinetree = '我是一棵松树'                              # 定义一个全局变量（松树）
02  def fun_christmastree():                              # 定义函数
03      '''功能：一个梦
04          无返回值
05      '''
06      pinetree = '挂上彩灯、礼物……我变成一棵圣诞树 @^.^@ \n'  # 定义局部变量
07      print(pinetree)                                   # 输出局部变量的值
08  # *****************************函数体外*********************************** #
09  print('\n下雪了……\n')
10  print('=============== 开始做梦…… =============\n')
11  fun_christmastree()                                   # 调用函数
12  print('=============== 梦醒了…… ===============\n')
13  pinetree = '我身上落满雪花，' + pinetree + ' -_- '       # 为全局变量赋值
14  print(pinetree)                                       # 输出全局变量的值
```

运行结果如图 6.15 所示。

```
下雪了……

============== 开始做梦…… ============

挂上彩灯、礼物……我变成一棵圣诞树 @^.^@

============== 梦醒了…… ==============

我身上落满雪花，我是一棵松树 -_-
```

图 6.15　全局变量和局部变量的作用域

（2）在函数体内定义，并且使用 global 关键字修饰后，该变量也就变为全局变量。在函数体外也可以访问到该变量，并且在函数体内还可以对其进行修改。

例如，定义两个同名的全局变量和局部变量，并输出它们的值，代码如下：

```
message = '唯有在被追赶的时候，你才能真正地奔跑。'            # 全局变量
print('函数体外：message =',message)                    # 在函数体外输出全局变量的值
def f_demo():
    message = '命运给予我们的不是失望之酒，而是机会之杯。'     # 局部变量
    print('函数体内：message =',message)                # 在函数体内输出局部变量的值
f_demo()                                               # 调用函数
print('函数体外：message =',message)                    # 在函数体外输出全局变量的值
```

执行上面的代码后，将显示以下内容：

```
函数体外：message = 唯有在被追赶的时候，你才能真正地奔跑。
函数体内：message = 命运给予我们的不是失望之酒，而是机会之杯。
函数体外：message = 唯有在被追赶的时候，你才能真正地奔跑。
```

从上面的结果中可以看出，在函数内部定义的变量即使与全局变量重名，也不影响全局变量的值。那么想要在函数体内部改变全局变量的值，需要在定义局部变量时，使用 global 关键字修饰。例如，

将上面的代码修改为以下内容：

```
message = '唯有在被追赶的时候，你才能真正地奔跑。'            # 全局变量
print('函数体外：message =',message)                    # 在函数体外输出全局变量的值
def f_demo():
    global message                                      # 将message声明为全局变量
    message = '命运给予我们的不是失望之酒，而是机会之杯。'   # 全局变量
    print('函数体内：message =',message)        # 在函数体内输出全局变量的值
f_demo()                                        # 调用函数
print('函数体外：message =',message)            # 在函数体外输出全局变量的值
```

执行上面的代码后，将显示以下内容：

```
函数体外：message = 唯有在被追赶的时候，你才能真正地奔跑。
函数体内：message = 命运给予我们的不是失望之酒，而是机会之杯。
函数体外：message = 命运给予我们的不是失望之酒，而是机会之杯。
```

从上面的结果中可以看出，在函数体内部修改了全局变量的值。

注意

尽管 Python 允许全局变量和局部变量重名，但是在实际开发时，不建议这么做，因为这样容易让代码混乱，很难分清哪些是全局变量，哪些是局部变量。

6.5 匿名函数（lambda）

视频讲解：资源包\Video\06\6.5 匿名函数（lambda）.mp4

匿名函数是指没有名字的函数，应用在需要一个函数，但是又不想费神去命名这个函数的场合。通常情况下，这样的函数只使用一次。在 Python 中，使用 lambda 表达式创建匿名函数，其语法格式如下：

```
result = lambda [arg1 [,arg2,……,argn]]:expression
```

参数说明：

☑ result：用于调用 lambda 表达式。

☑ [arg1 [,arg2,……,argn]]：可选参数，用于指定要传递的参数列表，多个参数间使用逗号“,”分隔。

☑ expression：必选参数，用于指定一个实现具体功能的表达式。如果有参数，那么在该表达式中将应用这些参数。

注意

使用 lambda 表达式时，参数可以有多个，用逗号“,”分隔，但是表达式只能有一个，即只能返回一个值。而且也不能出现其他非表达式语句（如 for 或 while）。

例如，要定义一个计算圆面积的函数，常规的代码如下：

```
import math                                     # 导入math模块
def circlearea(r):                              # 计算圆面积的函数
    result = math.pi*r*r                        # 计算圆面积
    return result                               # 返回圆的面积
r = 10                                          # 半径
print('半径为',r,'的圆面积为：',circlearea(r))
```

执行上面的代码后，将显示以下内容：

```
半径为 10 的圆面积为： 314.1592653589793
```

使用 lambda 表达式的代码如下：

```
import math                                    # 导入math模块
r = 10                                         # 半径
result = lambda r:math.pi*r*r                  # 计算圆的面积的lambda表达式
print('半径为',r,'的圆面积为：',result(r))
```

执行上面的代码后，将显示以下内容：

```
半径为 10 的圆面积为： 314.1592653589793
```

从上面的示例中可以看出，虽然使用 lambda 表达式比使用自定义函数的代码减少了一些，但是在使用 lambda 表达式时，需要定义一个变量，用于调用该 lambda 表达式，否则将输出类似如下结果：

```
<function <lambda> at 0x0000000002FDD510>
```

这看似有点画蛇添足。那么 lambda 表达式具体应该怎么应用？实际上，lambda 表达式的首要用途是指定短小的回调函数。下面通过一个具体的实例进行演示。

场景模拟 | 假设采用爬虫技术获取某商城的秒杀商品信息，并保存在列表中，现需要对这些信息进行排序，排序规则是优先按秒杀金额升序排列，有重复的，再按折扣比例降序排列。

实例 06　应用 lambda 实现对爬取到的秒杀商品信息进行排序　|　实例位置：资源包 \Code\SL\06\06

在 IDLE 中创建一个名称为 seckillsort.py 的文件，然后在该文件中定义一个保存商品信息的列表，并输出，接下来再使用列表对象的 sort() 方法对列表进行排序，并且在调用 sort() 方法时，通过 lambda 表达式指定排序规则，最后输出排序后的列表，代码如下：

```
01  bookinfo = [('不一样的卡梅拉（全套）',22.50,120),('零基础学Android',65.10,89.80),
02              ('摆渡人',23.40,36.00),('福尔摩斯探案全集8册',22.50,128)]
03  print('爬取到的商品信息：\n',bookinfo,'\n')
04  bookinfo.sort(key=lambda x:(x[1],x[1]/x[2]))   # 按指定规则进行排序
05  print('排序后的商品信息：\n',bookinfo)
```

在上面的代码中，元组的第一个元素代表商品名称，第二个元素代表秒杀价格，第三个元素代表原价。例如，“('不一样的卡梅拉（全套）',22.50,120)”表示商品名称为“不一样的卡梅拉（全套）”，秒杀价格为“22.50”元，原价为“120”元。

运行结果如图 6.16 所示。

```
爬取到的商品信息：
 [('不一样的卡梅拉（全套）', 22.5, 120), ('零基础学Android', 65.1, 89.8), ('摆渡人', 23.4, 36.0), ('福尔摩斯探案全集8册', 22.5, 128)]

排序后的商品信息：
 [('福尔摩斯探案全集8册', 22.5, 128), ('不一样的卡梅拉（全套）', 22.5, 120), ('摆渡人', 23.4, 36.0), ('零基础学Android', 65.1, 89.8)]
```

图 6.16　对爬取到的秒杀商品信息进行排序

6.6 实战

实战一：导演为剧本选主角

模拟导演为剧本选主角，并输出确定参演剧本主角的名字，效果如图 6.17 所示。

实战二：模拟美团外卖商家的套餐

美团外卖的商家一般都会推出几款套餐。例如，某米线店套餐：考神套餐 13 元，单人套餐 9.9 元，情侣套餐 20 元。编程实现输出该米线店推出的套餐。效果如图 6.18 所示。

```
导演选定的主角是：关羽
关羽开始参演这个剧本
```

图 6.17　导演为剧本选主角

```
米线店套餐如下：1.考神套餐 2.单人套餐 3.情侣套餐
考神套餐13元
单人套餐9.9元
情侣套餐20元
```

图 6.18　模拟美团外卖商家的套餐

实战三：根据生日判断星座

根据生日可以判断出所属星座。例如：生日为 7 月 1 日，属于巨蟹座。编程实现根据输入的出生月份和日期判断所属星座。效果如图 6.19 所示。

实战四：将美元转换为人民币

实现将美元转换为人民币。美元与人民币之间的汇率经常变更，本实战按 1 美元等于 6.28 元人民币计算。效果如图 6.20 所示。

```
请输入月份（例如：5）：7
请输入日期（例如：17）：7
7月7日星座为：巨蟹座
```

图 6.19　根据生日判断星座

```
请输入要转换的美元金额：800
转换后人民币金额是： 5024.0
```

图 6.20　将美元转换为人民币

6.7 小结

本章中首先介绍了自定义函数的相关技术，其中包括如何创建并调用一个函数，以及如何进行参数传递和指定函数的返回值等。在这些技术中，应该重点掌握如何通过不同的方式为函数传递参数，以及什么是形式参数和实际参数，并注意区分。然后又介绍了变量的作用域和匿名函数。其中，变量的作用域应重点掌握，以防止因命名混乱而导致 Bug 的产生。对于匿名函数简单了解即可。

本章 e 学码：关键知识点拓展阅读

NameError 异常　　不可变对象

第 7 章

面向对象程序设计

（视频讲解：1 小时 51 分钟）

本章概览

面向对象程序设计是在面向过程程序设计的基础上发展而来的，它比面向过程编程具有更强的灵活性和可扩展性。面向对象程序设计也是一个程序员发展的“分水岭”，很多的初学者和略有成就的开发者，就是因为无法理解“面向对象”而放弃。这里想提醒一下初学者：要想在编程这条路上走得比别人远，就一定要掌握面向对象编程技术。

Python 从设计之初就已经是一门面向对象的语言。它可以很方便地创建类和对象。本章将对面向对象程序设计进行详细讲解。

知识框架

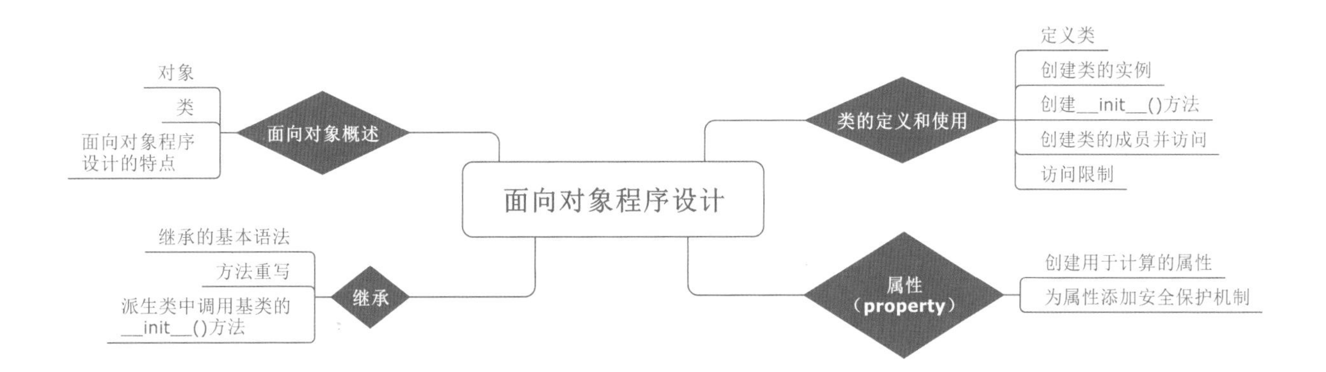

7.1 面向对象概述

视频讲解：资源包\Video\07\7.1 面向对象概述.mp4

面向对象（Object Oriented）的英文缩写是 OO，它是一种设计思想。从 20 世纪 60 年代提出面向对象的概念到现在，它已经发展成为一种比较成熟的编程思想，并且逐步成为目前软件开发领域的主流技术。如我们经常听说的面向对象编程（Object Oriented Programming，即 OOP）就是主要针对大型软件设计而提出的，它可以使软件设计更加灵活，并且能更好地进行代码复用。

面向对象中的对象（Object），通常是指客观世界中存在的对象，具有唯一性，对象之间各不相同，各有各的特点，每一个对象都有自己的运动规律和内部状态；对象与对象之间又是可以相互联系、相互作用的。另外，对象也可以是一个抽象的事物，例如，可以从圆形、正方形、三角形等图形抽象出一个简单图形，简单图形就是一个对象，它有自己的属性和行为，图形中边的个数是它的属性，图形的面积也是它的属性，输出图形的面积就是它的行为。概括地讲，面向对象技术是一种从组织结构上模拟客观世界的方法。

7.1.1 对象

对象，是一个抽象概念，英文称作“Object”，表示任意存在的事物。世间万物皆对象！现实世界中，随处可见的一种事物就是对象，对象是事物存在的实体，如一个人，如图 7.1 所示。

图 7.1　对象“人”的示意图

通常将对象划分为两个部分，即静态部分与动态部分。静态部分被称为“属性”，任何对象都具备自身属性，这些属性不仅是客观存在的，而且是不能被忽视的，如人的性别，如图 7.2 所示；动态部分指的是对象的行为，即对象执行的动作，如人可以跑步，如图 7.3 所示。

图 7.2　静态属性“性别”的示意图

图 7.3　动态属性“跑步”的示意图

说明

在 Python 中，一切都是对象。即不仅具体的事物称为对象，字符串、函数等也都是对象。这说明 Python 天生就是面向对象的。

7.1.2 类

类是封装对象的属性和行为的载体，反过来说具有相同属性和行为的一类实体被称为类。例如，把雁群比作大雁类，那么大雁类就具备了喙、翅膀和爪等属性，以及觅食、飞行和睡觉等行为，而一只要从北方飞往南方的大雁则被视为大雁类的一个对象。大雁类和大雁对象的关系如图 7.4 所示。

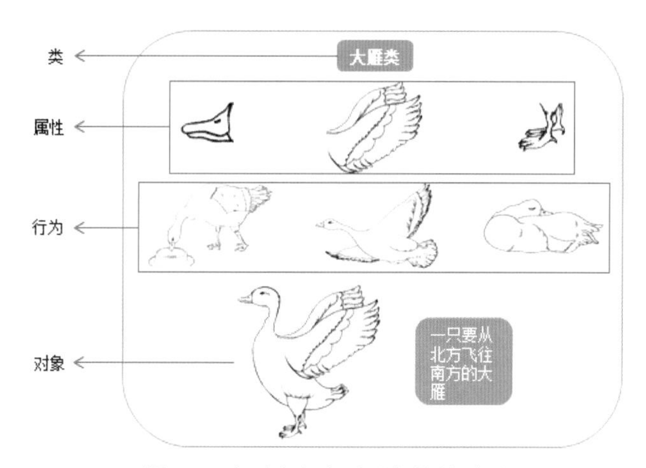

图 7.4　大雁类和大雁对象的关系图

在 Python 语言中，类是一种抽象概念，如定义一个大雁类（Geese），在该类中，可以定义每个对象共有的属性和方法；而一只要从北方飞往南方的大雁则是大雁类的一个对象（wildGeese），对象是类的实例。有关类的具体实现将在 7.2 节进行详细介绍。

7.1.3 面向对象程序设计的特点

面向对象程序设计具有三大基本特征：封装、继承和多态。

1．封装

封装是面向对象编程的核心思想，将对象的属性和行为封装起来，其载体就是类，类通常会对客户隐藏其实现细节，这就是封装的思想。例如，用户使用计算机，只需要使用手指敲击键盘就可以实现一些功能，而不需要知道计算机内部是如何工作的。

采用封装思想保证了类内部数据结构的完整性，使用该类的用户不能直接看到类中的数据结构，而只能操作类允许公开的数据，这样就避免了外部对内部数据的影响，提高了程序的可维护性。

使用类实现封装特性如图 7.5 所示。

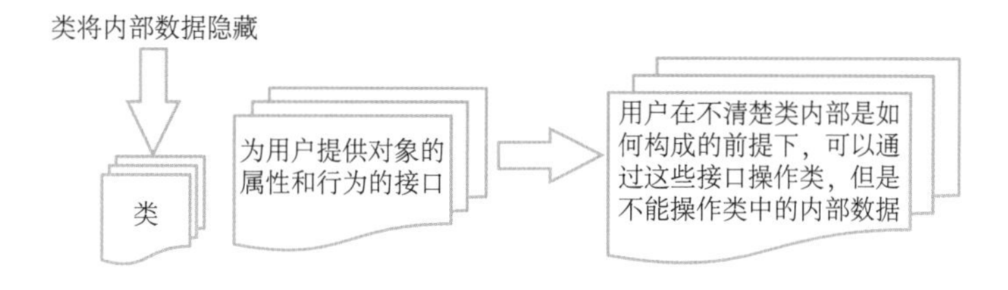

图 7.5　封装特性示意图

2．继承

矩形、菱形、平行四边形和梯形等都是四边形。因为四边形与它们具有共同的特征：拥有 4 条边。只要将四边形适当地延伸，就会得到矩形、菱形、平行四边形和梯形 4 种图形。以平行四边形为例，如果把平行四边形看作四边形的延伸，那么平行四边形就复用了四边形的属性和行为，同时添加了平行四边形特有的属性和行为，如平行四边形的对边平行且相等。在 Python 中，可以把平行四边形类看作是继承四边形类后产生的类，其中，将类似于平行四边形的类称为子类，将类似于四边形的类称为父类或超类。值得注意的是，在阐述平行四边形和四边形的关系时，可以说平行四边形是特殊的四边形，但不能说四边形是平行四边形。同理，Python 中可以说子类的实例都是父类的实例，但不能说父类的实例是子类的实例，四边形类层次结构示意图如图 7.6 所示。

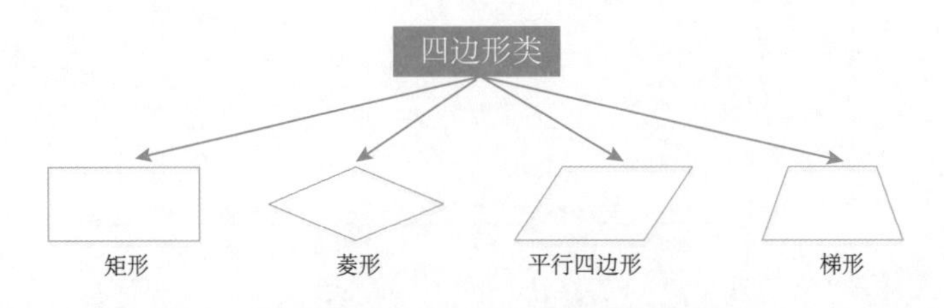

图 7.6　四边形类层次结构示意图

综上所述，继承是实现重复利用的重要手段，子类通过继承复用了父类的属性和行为的同时，又添加了子类特有的属性和行为。

3. 多态

将父类对象应用于子类的特征就是多态。比如创建一个螺丝类，螺丝类有两个属性：粗细和螺纹密度；然后再创建两个类，一个长螺丝类，一个短螺丝类，并且它们都继承了螺丝类。这样长螺丝类和短螺丝类不仅具有相同的特征（粗细相同，且螺纹密度也相同），还具有不同的特征（一个长，一个短，长的可以用来固定大型支架，短的可以固定生活中的家具）。综上所述，一个螺丝类衍生出不同的子类，子类继承父类特征的同时，也具备了自己的特征，并且能够实现不同的效果，这就是多态化的结构。螺丝类层次结构示意图如图 7.7 所示。

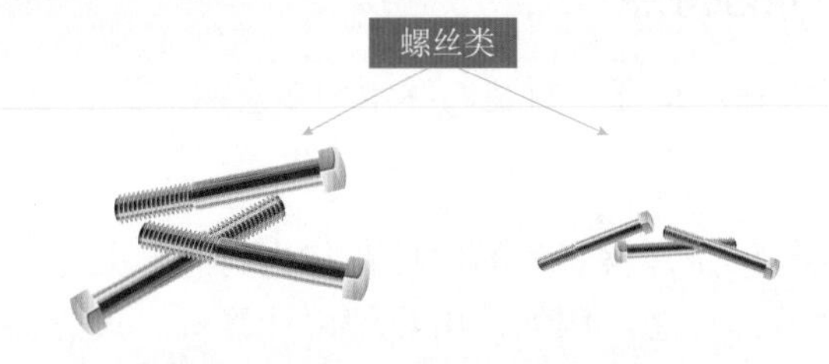

图 7.7　螺丝类层次结构示意图

7.2 类的定义和使用

在 Python 中，类表示具有相同属性和方法的对象的集合。在使用类时，需要先定义类，然后再创建类的实例，通过类的实例访问类中的属性和方法。

7.2.1 定义类

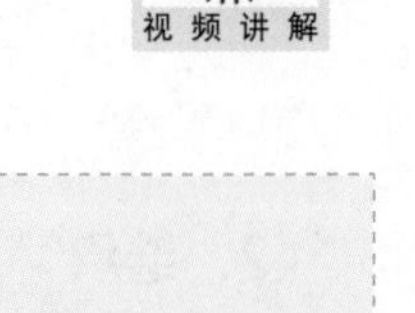

视频讲解：资源包\Video\07\7.2.1 定义类.mp4

在 Python 中，类的定义使用 class 关键字来实现，语法如下：

```
class ClassName:
    '''类的帮助信息'''             # 类文档字符串
    statement                   # 类体
```

参数说明：

☑ ClassName：用于指定类名，一般使用大写字母开头，如果类名中包括两个单词，第二个单词的首字母也大写，这种命名方法也称为“驼峰式命名法”，这是惯例。当然，也可根据自己的习惯命名，但是一般推荐按照惯例来命名。

☑ '''类的帮助信息'''：用于指定类的文档字符串，定义该字符串后，在创建类的对象时，输入类名和左侧的括号“(”后，将显示该信息。

☑ statement：类体，主要由类变量（或类成员）、方法和属性等定义语句组成。如果在定义类时，没想好类的具体功能，也可以在类体中直接使用 pass 语句代替。

例如，下面以大雁为例声明一个类，代码如下：

```
class Geese:
    '''大雁类'''
    pass
```

7.2.2 创建类的实例

视频讲解：资源包\Video\07\7.2.2 创建类的实例.mp4

定义完类后，并不会真正创建一个实例。这有点像一个汽车的设计图。设计图可以告诉你汽车看上去什么样，但设计图本身不是一辆汽车。你不能开走它，它只能用来建造真正的汽车，你可以使用它制造很多汽车。那么如何创建实例呢？

class 语句本身并不创建该类的任何实例。所以在类定义完成以后，需要创建类的实例，即实例化该类的对象。创建类的实例的语法如下：

```
ClassName(parameterlist)
```

其中，ClassName 是必选参数，用于指定具体的类；parameterlist 是可选参数，当创建一个类时，没有创建 __init__() 方法（该方法将在 7.2.3 小节进行详细介绍），或者 __init__() 方法只有一个 self 参数时，parameterlist 可以省略。

例如，创建 7.2.1 小节定义的 Geese 类的实例，可以使用下面的代码：

```
wildGoose = Geese()             # 创建大雁类的实例
print(wildGoose)
```

执行上面代码后，将显示类似下面的内容：

```
<__main__.Geese object at 0x0000000002F47AC8>
```

从上面的执行结果中可以看出，wildGoose 是 Geese 类的实例。

7.2.3 创建 __init__() 方法

视频讲解：资源包\Video\07\7.2.3 创建__init__()方法.mp4

在创建类后，可以手动创建一个 __init__() 方法。该方法是一个特殊的方法，类似 Java 语言中的构造方法。每当创建一个类的新实例时，Python 都会自动执行它。__init__() 方法必须包含一个 self 参数，并且必须是第一个参数。self 参数是一个指向实例本身的引用，用于访问类中的属性和方法。在方法调用时会自动传递实际参数 self，因此当 __init__() 方法只有一个参数时，在创建类的实例时就不需要指定实际参数了。

在 __init__() 方法的名称中，开头和结尾处是两个下画线（中间没有空格），这是一种约定，旨在区分 Python 默认方法和普通方法。

例如，下面仍然以大雁为例声明一个类，并且创建 __init__() 方法，代码如下：

```
class Geese:
    '''大雁类'''
    def __init__(self):                    # 构造方法
        print("我是大雁类！")
wildGoose = Geese()                        # 创建大雁类的实例
```

运行上面的代码，将输出以下内容：

```
我是大雁类！
```

从上面的运行结果可以看出，在创建大雁类的实例时，虽然没有为 __init__() 方法指定参数，但是该方法会自动执行。

说明

在为类创建 __init__() 方法时，在开发环境中运行下面代码：

```
class Geese:
    '''大雁类'''
    def __init__():                        # 构造方法
        print("我是大雁类！")
wildGoose = Geese()                        # 创建大雁类的实例
```

将显示如图 7.8 所示异常信息。解决方法是在第 3 行代码的括号中添加 self。

```
Traceback (most recent call last):
  File "C:\python\demo.py", line 5, in <module>
    wildGoose = Geese()                 # 创建大雁类的实例
TypeError: Geese.__init__() takes 0 positional arguments but 1 was given
```

图 7.8　缺少 self 参数抛出的异常信息

在 __init__() 方法中，除了 self 参数，还可以自定义一些参数，参数间使用逗号“,”进行分隔。例如，下面的代码将在创建 __init__() 方法时，再指定 3 个参数，分别是 beak、wing 和 claw。

```
class Geese:
    '''大雁类'''
    def __init__(self,beak,wing,claw):                # 构造方法
        print("我是大雁类！我有以下特征：")
        print(beak)                                   # 输出喙的特征
        print(wing)                                   # 输出翅膀的特征
        print(claw)                                   # 输出爪子的特征
beak_1 = "喙的基部较高，长度和头部的长度几乎相等"     # 喙的特征
wing_1 = "翅膀长而尖"                                 # 翅膀的特征
claw_1 = "爪子是蹼状的"                               # 爪子的特征
wildGoose = Geese(beak_1,wing_1,claw_1)               # 创建大雁类的实例
```

执行上面的代码，将显示如图 7.9 所示运行结果。

```
我是大雁类！我有以下特征：
喙的基部较高，长度和头部的长度几乎相等
翅膀长而尖
爪子是蹼状的
```

图 7.9　创建 __init__() 方法时，指定 4 个参数

7.2.4 创建类的成员并访问

视频讲解：资源包\Video\07\7.2.4 创建类的成员并访问.mp4

类的成员主要由实例方法和数据成员组成。在类中创建了类的成员后，可以通过类的实例进行访问。

1. 创建实例方法并访问

所谓实例方法是指在类中定义的函数。它是一种在类的实例上操作的函数。同 __init__() 方法一样，实例方法的第一个参数必须是 self，并且必须包含一个 self 参数。创建实例方法的语法格式如下：

```
def functionName(self,parameterlist):
    block
```

参数说明：

☑ functionName：用于指定方法名，一般使用小写字母开头。
☑ self：必要参数，表示类的实例，其名称可以是 self 以外的单词，使用 self 只是一个惯例而已。
☑ parameterlist：用于指定除 self 参数外的参数，各参数间使用逗号“,”进行分隔。
☑ block：方法体，实现具体功能。

说明

实例方法和 Python 中的函数的主要区别就是，函数实现的是某个独立的功能，而实例方法是实现类中的一个行为，是类的一部分。

实例方法创建完成后，可以通过类的实例名称和点（.）操作符进行访问，语法格式如下：

```
instanceName.functionName(parametervalue)
```

参数说明：

☑ instanceName：为类的实例名称。
☑ functionName：为要调用的方法名称。
☑ parametervalue：表示为方法指定对应的实际参数，其值的个数与创建实例方法中 parameterlist 的个数相同。

下面通过一个具体的实例演示创建实例方法并访问。

实例 01　创建大雁类并定义飞行方法　　实例位置：资源包 \Code\SL\07\01

在 IDLE 中创建一个名称为 geese.py 的文件，然后在该文件中定义一个大雁类 Geese，并定义一个构造方法，然后再定义一个实例方法 fly()，该方法有两个参数，一个是 self，另一个用于指定飞行状态，最后再创建大雁类的实例，并调用实例方法 fly()，代码如下：

```
01  class Geese:                                    # 创建大雁类
02      '''大雁类'''
03      def __init__(self, beak, wing, claw):       # 构造方法
04          print("我是大雁类！我有以下特征：")
```

```
05          print(beak)                                           # 输出喙的特征
06          print(wing)                                           # 输出翅膀的特征
07          print(claw)                                           # 输出爪子的特征
08      def fly(self, state):                                     # 定义飞行方法
09          print(state)
10  '''**************调用方法*********************'''
11  beak_1 = "喙的基部较高，长度和头部的长度几乎相等"            # 喙的特征
12  wing_1 = "翅膀长而尖"                                         # 翅膀的特征
13  claw_1 = "爪子是蹼状的"                                       # 爪子的特征
14  wildGoose = Geese(beak_1, wing_1, claw_1)                     # 创建大雁类的实例
15  wildGoose.fly("我飞行的时候，一会儿排成个人字，一会排成个一字")  # 调用实例方法
```

运行结果如图 7.10 所示。

```
我是大雁类！我有以下特征：
喙的基部较高，长度和头部的长度几乎相等
翅膀长而尖
爪子是蹼状的
我飞行的时候，一会儿排成个人字，一会排成个一字
```

图 7.10　创建大雁类并定义飞行方法

多学两招

在创建实例方法时，也可以和创建函数时一样为参数设置默认值。但是被设置了默认值的参数必须位于所有参数的最后（即最右侧）。例如，可以将实例 01 的第 8 行代码修改为以下内容:

```
def fly(self, state = "我会飞行"):
```

在调用该方法时，就可以不再指定参数值，例如，可以将第 15 行代码修改为“wildGoose.fly()”。

2. 创建数据成员并访问

数据成员是指在类中定义的变量，即属性，根据定义位置，又可以分为类属性和实例属性。

☑ 类属性

类属性是指定义在类中，并且在函数体外的属性，或者函数体内通过“类名称 . 属性名称”定义的属性。类属性可以在类的所有实例之间共享值，也就是在所有实例化的对象中公用。

说明

类属性可以通过类名称或者实例名访问。

例如，定义一个雁类 Geese，在该类中定义 3 个类属性，用于记录雁类的特征，代码如下：

```
class Geese:
    '''雁类'''
    neck = "脖子较长"                          # 定义类属性（脖子）
    wing = "振翅频率高"                        # 定义类属性（翅膀）
    leg = "腿位于身体的中心支点，行走自如"     # 定义类属性（腿）
    def __init__(self):                        # 实例方法（相当于构造方法）
        print("我属于雁类！我有以下特征：")
        print(Geese.neck)                      # 输出脖子的特征
        print(Geese.wing)                      # 输出翅膀的特征
        print(Geese.leg)                       # 输出腿的特征
```

创建上面的类 Geese，然后创建该类的实例，代码如下：

```
geese = Geese()                            # 实例化一个雁类的对象
```

应用上面的代码创建 Geese 类的实例后，将显示以下内容：

```
我是雁类！我有以下特征：
脖子较长
振翅频率高
腿位于身体的中心支点，行走自如
```

下面通过一个具体的实例演示类属性在类的所有实例之间共享值的应用。

场景模拟 | 春天来了，有一群大雁从南方返回北方。现在想要输出每只大雁的特征以及大雁的数量。

实例 02　通过类属性统计类的实例个数　　实例位置：资源包 \Code\SL\07\02

在 IDLE 中创建一个名称为 geese_a.py 的文件，然后在该文件中定义一个雁类 Geese，并在该类中定义 4 个类属性，前 3 个用于记录雁类的特征，第 4 个用于记录实例编号，然后定义一个构造方法，在该构造方法中将记录实例编号的类属性进行加 1 操作，并输出 4 个类属性的值，最后通过 for 循环创建 4 个雁类的实例，代码如下：

```
01  class Geese:
02      '''雁类'''
03      neck = "脖子较长"                          # 类属性（脖子）
04      wing = "振翅频率高"                        # 类属性（翅膀）
05      leg = "腿位于身体的中心支点，行走自如"     # 类属性（腿）
06      number = 0                                 # 编号
07      def __init__(self):                        # 构造方法
08          Geese.number += 1                      # 将编号加1
09          print("\n我是第"+str(Geese.number)+"只大雁，我属于雁类！我有以下特征：")
10          print(Geese.neck)                      # 输出脖子的特征
11          print(Geese.wing)                      # 输出翅膀的特征
12          print(Geese.leg)                       # 输出腿的特征
13  # 创建4个雁类的对象（相当于有4只大雁）
14  list1 = []
15  for i in range(4):                             # 循环4次
16      list1.append(Geese())                      # 创建一个雁类的实例
17  print("一共有"+str(Geese.number)+"只大雁")
```

运行结果如图 7.11 所示。

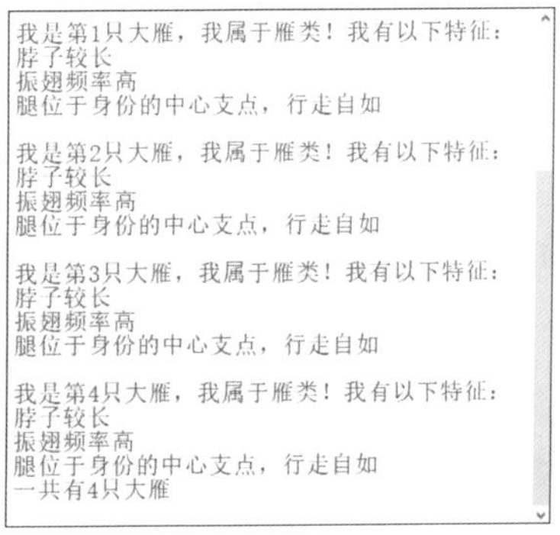

```
我是第1只大雁，我属于雁类！我有以下特征：
脖子较长
振翅频率高
腿位于身份的中心支点，行走自如

我是第2只大雁，我属于雁类！我有以下特征：
脖子较长
振翅频率高
腿位于身份的中心支点，行走自如

我是第3只大雁，我属于雁类！我有以下特征：
脖子较长
振翅频率高
腿位于身份的中心支点，行走自如

我是第4只大雁，我属于雁类！我有以下特征：
脖子较长
振翅频率高
腿位于身份的中心支点，行走自如
一共有4只大雁
```

图 7.11　通过类属性统计类的实例个数

在 Python 中，除了可以通过类名称访问类属性，还可以动态地为类和对象添加属性。例如，在实例 02 的基础上为雁类添加一个 beak 属性，并通过类的实例访问该属性，可以在上面代码的后面再添加以下代码：

```
Geese.beak = "喙的基部较高，长度和头部的长度几乎相等"  # 添加类属性
print("第2只大雁的喙：",list1[1].beak)              # 访问类属性
```

说明

上面的代码只是以第 2 只大雁为例进行演示，读者也可以换成其他的大雁试试。

运行后，将在原来的结果后面再显示以下内容：

```
第2只大雁的喙： 喙的基部较高，长度和头部的长度几乎相等
```

说明

除了可以动态地为类和对象添加属性，也可以修改类属性。修改结果将作用于该类的所有实例。

☑ 实例属性

实例属性是指定义在类的方法中的属性，只作用于当前实例中。

例如，定义一个雁类 Geese，在该类的 __init__() 方法中定义 3 个实例属性，用于记录雁类的特征，代码如下：

```
class Geese:
    '''雁类'''
    def __init__(self):                               # 实例方法（相当于构造方法）
        self.neck = "脖子较长"                          # 定义实例属性（脖子）
        self.wing = "振翅频率高"                        # 定义实例属性（翅膀）
        self.leg = "腿位于身体的中心支点，行走自如"        # 定义实例属性（腿）
        print("我属于雁类！我有以下特征：")
        print(self.neck)                              # 输出脖子的特征
        print(self.wing)                              # 输出翅膀的特征
        print(self.leg)                               # 输出腿的特征
```

创建上面的类 Geese，然后创建该类的实例，代码如下：

```
geese = Geese()                                       # 实例化一个雁类的对象
```

应用上面的代码创建 Geese 类的实例后，将显示以下内容：

```
我是雁类！我有以下特征：
脖子较长
振翅频率高
腿位于身体的中心支点，行走自如
```

说明

实例属性只能通过实例名访问。如果通过类名访问实例属性，将抛出如图 7.12 所示异常。

```
Traceback (most recent call last):
  File "C:\python\demo.py", line 11, in <module>
    print(Geese.neck)
AttributeError: type object 'Geese' has no attribute
'neck'
```

图 7.12　通过类名访问实例属性将抛出异常

实例属性也可以通过实例名称修改。与类属性不同，通过实例名称修改实例属性后，并不影响该类的另一个实例中相应的实例属性的值。例如，定义一个雁类，并在 __init__() 方法中定义一个实例属性，然后创建两个 Geese 类的实例，并且修改第一个实例的实例属性，最后分别输出实例 1 和实例 2 的实例属性，代码如下：

```
class Geese:
    '''雁类'''
    def __init__(self):                         # 实例方法（相当于构造方法）
        self.neck = "脖子较长"                  # 定义实例属性（脖子）
        print(self.neck)                        # 输出脖子的特征
goose1 = Geese()                                # 创建Geese类的实例1
goose2 = Geese()                                # 创建Geese类的实例2
goose1.neck = "脖子没有天鹅的长"                # 修改实例属性
print("goose1的neck属性：",goose1.neck)
print("goose2的neck属性：",goose2.neck)
```

运行上面的代码，将显示以下内容：

```
脖子较长
脖子较长
goose1的neck属性：  脖子没有天鹅的长
goose2的neck属性：  脖子较长
```

7.2.5 访问限制

视频讲解：资源包\Video\07\7.2.5 访问限制.mp4

视 频 讲 解

在类的内部可以定义属性和方法，而在类的外部则可以直接调用属性或方法来操作数据，从而隐藏类内部的复杂逻辑。但是 Python 并没有对属性和方法的访问权限进行限制。为了保证类内部的某些属性或方法不被外部所访问，可以在属性或方法名前面添加双下画线（__foo）或首尾加双下画线（__foo__），从而限制访问权限。其中，双下画线、首尾双下画线的作用如下：

（1）首尾双下画线表示定义特殊方法，一般是系统定义名字，如 __init__()。

（2）双下画线表示 private（私有）类型的成员，只允许定义该方法的类本身进行访问，而且也不能通过类的实例进行访问，但是可以通过“类的实例名._类名__xxx”方式访问。

例如，创建一个 Swan 类，定义私有属性 __neck_swan，并使用 __init__() 方法访问该属性，然后创建 Swan 类的实例，并通过实例名输出私有属性 __neck_swan，代码如下：

```
class Swan:
    '''天鹅类'''
    __neck_swan = '天鹅的脖子很长'              # 定义私有属性
    def __init__(self):
        print("__init__():", Swan.__neck_swan) # 在实例方法中访问私有属性
swan = Swan()                                   # 创建Swan类的实例
print("加入类名:" , swan._Swan__neck_swan)      # 私有属性，可以通过“实例名._类名__xxx”方式访问
print("直接访问:" , swan.__neck_swan)           # 私有属性不能通过实例名访问，出错
```

执行上面的代码后，将输出如图 7.13 所示结果。

```
__init__(): 天鹅的脖子很长
加入类名: 天鹅的脖子很长
Traceback (most recent call last):
  File "C:\python\demo.py", line 8, in <module>
    print("直接访问:", swan.__neck_swan)          # 私有属性不能通过实例名访问，出错
AttributeError: 'Swan' object has no attribute '__neck_swan'. Did you mean: '_Swan__neck_swan'?
```

图 7.13　访问私有属性

从上面的运行结果可以看出：私有属性不能直接通过实例名 + 属性名访问，可以在类的实例方法中访问，也可以通过“实例名 ._ 类名 __xxx”方式访问。

7.3 属性（property）

本节介绍的属性与 7.2.4 小节介绍的类属性和实例属性不同。7.2.4 小节介绍的属性将返回所存储的值，而本节要介绍的则是一种特殊的属性，访问它时将计算它的值。另外，该属性还可以为属性添加安全保护机制。

7.3.1 创建用于计算的属性

视频讲解：资源包\Video\07\7.3.1 创建用于计算的属性.mp4

在 Python 中，可以通过 @property（装饰器）将一个方法转换为属性，从而实现用于计算的属性。将方法转换为属性后，可以直接通过方法名来访问方法，而不需要再添加一对小括号“()”，这样可以让代码更加简洁。

通过 @property 创建用于计算的属性的语法格式如下：

```
@property
def methodname(self):
    block
```

参数说明：

☑ methodname：用于指定方法名，一般使用小写字母开头。该名称最后将作为创建的属性名。

☑ self：必要参数，表示类的实例。

☑ block：方法体，实现的具体功能。在方法体中，通常以 return 语句结束，用于返回计算结果。

例如，定义一个矩形类，在 __init__() 方法中定义两个实例属性，然后再定义一个计算矩形面积的方法，并应用 @property 将其转换为属性，最后创建类的实例，并访问转换后的属性，代码如下：

```
class Rect:
    def __init__(self,width,height):
        self.width = width                    # 矩形的宽
        self.height = height                  # 矩形的高
    @property                                 # 将方法转换为属性
    def area(self):                           # 计算矩形的面积的方法
        return self.width*self.height         # 返回矩形的面积
rect = Rect(800,600)                          # 创建类的实例
print("面积为: ",rect.area)                    # 输出属性的值
```

运行上面的代码，将显示以下运行结果：

```
面积为: 480000
```

注意

通过 @property 转换后的属性不能重新赋值，如果对其重新赋值，将抛出如图 7.14 所示的异常信息。

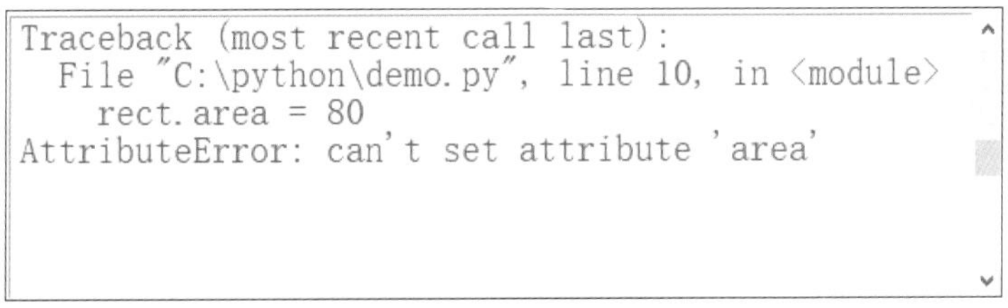

```
Traceback (most recent call last):
  File "C:\python\demo.py", line 10, in <module>
    rect.area = 80
AttributeError: can't set attribute 'area'
```

图 7.14　AttributeError 异常

7.3.2 为属性添加安全保护机制

视频讲解：资源包\Video\07\7.3.2 为属性添加安全保护机制.mp4

在 Python 中，默认情况下，创建的类属性或者实例是可以在类体外进行修改的，如果想要限制其不能在类体外修改，可以将其设置为私有的，但设置为私有后，在类体外也不能直接通过实例名 + 属性名获取它的值。如果想要创建一个可以读取但不能修改的属性，那么可以使用 @property 实现只读属性。

例如，创建一个电视节目类 TVshow，再创建一个 show 属性，用于显示当前播放的电视节目，代码如下：

```
01 class TVshow:                                  # 定义电视节目类
02     def __init__(self,show):
03         self.__show = show
04     @property                                  # 将方法转换为属性
05     def show(self):                            # 定义show()方法
06         return self.__show                     # 返回私有属性的值
07 tvshow = TVshow("正在播放《满江红》")           # 创建类的实例
08 print("默认：",tvshow.show)                    # 获取属性值
```

执行上面的代码，将显示以下内容：

```
默认：   正在播放《满江红》
```

通过上面的方法创建的 show 属性是只读的，尝试修改该属性的值，再重新获取。在上面代码中添加以下代码：

```
09 tvshow.show = "正在播放《流浪地球2》"          # 修改属性值
10 print("修改后：",tvshow.show)                  # 获取属性值
```

运行后，将显示如图 7.15 所示运行结果，其中红字的异常信息就是修改属性 show 时抛出的异常。

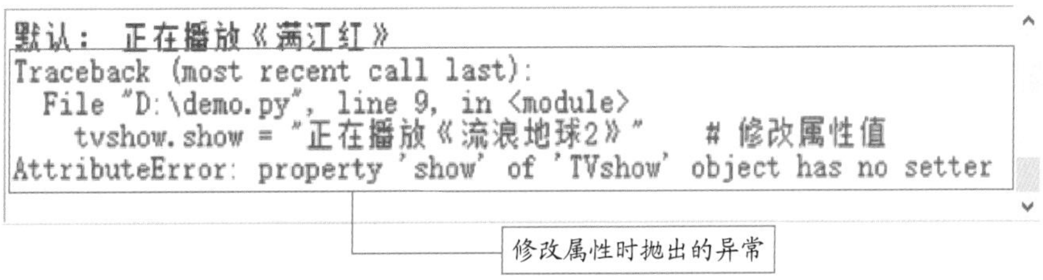

```
默认：  正在播放《满江红》
Traceback (most recent call last):
  File "D:\demo.py", line 9, in <module>
    tvshow.show = "正在播放《流浪地球2》"     # 修改属性值
AttributeError: property 'show' of 'TVshow' object has no setter
```

修改属性时抛出的异常

图 7.15　修改只读属性时抛出的异常

通过属性不仅可以将属性设置为只读属性，而且可以为属性设置拦截器，即允许对属性进行修改，但修改时需要遵守一定的约束。

场景模拟 | 某电视台开设了电影点播功能，但要求只能从指定的几部电影（如《满江红》《流浪地球 2》《消失的她》《封神第一部》）中选择一部。

实例 03 在模拟电影点播功能时应用属性 | 实例位置：资源包 \Code\SL\07\03

在 IDLE 中创建一个名称为 film.py 的文件，然后在该文件中定义一个电视节目类 TVshow，并在该类中定义一个类属性，用于保存电影列表，然后在 __init__() 方法中定义一个私有的实例属性，再将该属性转换为可读取、可修改（有条件进行）的属性，最后创建类的实例，并获取和修改属性值，代码如下：

```
01 class TVshow:                                        # 定义电视节目类
02     list_film = ["满江红","流浪地球2","消失的她","封神第一部"]
03     def __init__(self,show):
04         self.__show = show
05     @property                                        # 将方法转换为属性
06     def show(self):                                  # 定义show()方法
07         return self.__show                           # 返回私有属性的值
08     @show.setter                                     # 设置setter方法，让属性可修改
09     def show(self,value):
10         if value in TVshow.list_film:                # 判断值是否在列表中
11             self.__show = "您选择了《" + value + "》，稍后将播放"  # 返回修改的值
12         else:
13             self.__show = "您点播的电影不存在"
14 tvshow = TVshow("满江红")                             # 创建类的实例
15 print("正在播放：《",tvshow.show,"》")                # 获取属性值
16 print("您可以从",tvshow.list_film,"中选择要点播放的电影")
17 tvshow.show = "流浪地球2"                             # 修改属性值
18 print(tvshow.show)                                   # 获取属性值
```

运行结果如图 7.16 所示。

```
正在播放：《 满江红 》
您可以从 ['满江红', '流浪地球2', '消失的她', '封神第一部'] 中选择要点播放的电影
您选择了《流浪地球2》，稍后将播放
```

图 7.16　模拟电影点播功能

如果将第 17 行代码中的“流浪地球 2”修改为“八角笼中”，将显示如图 7.17 所示效果。

```
正在播放：《 满江红 》
您可以从 ['满江红', '流浪地球2', '消失的她', '封神第一部'] 中选择要点播放的电影
您点播的电影不存在
```

图 7.17　要点播的电影不存在的效果

7.4 继承

在编写类时，并不是每次都要从空白开始。当要编写的类和另一个已经存在的类之间存在一定的继承关系时，就可以通过继承来达到代码重用的目的，提高开发效率。下面将介绍如何在 Python 中实现继承。

7.4.1 继承的基本语法

视频讲解：资源包\Video\07\7.4.1 继承的基本语法.mp4

继承是面向对象编程最重要的特性之一，它源于人们认识客观世界的过程，是自然界普遍存在的一种现象。例如，我们每一个人都从祖辈和父母那里继承了一些体貌特征，但是每个人却又不同于父母，因为每个人都存在自己的一些特性，这些特性是独有的，在父母身上并没有体现。在程序设计中实现继承，表示这个类拥有它继承的类的所有公有成员或者受保护成员。在面向对象编程中，被继承的类称为父类或基类，新的类称为子类或派生类。

通过继承不仅可以实现代码的重用，还可以理顺类与类之间的关系。在 Python 中，可以在类定义语句中类名右侧使用一对小括号将要继承的基类名称括起来，从而实现类的继承。具体的语法格式如下：

```
class ClassName(baseclasslist):
    # 类文档字符串
    '''类的帮助信息'''
    # 类体
    statement
```

参数说明：

☑ ClassName：用于指定类名。

☑ baseclasslist：用于指定要继承的基类，可以有多个，类名之间用逗号“,”分隔。如果不指定，将使用所有 Python 对象的基类 object。

☑ ''' 类的帮助信息 '''：用于指定类的文档字符串，定义该字符串后，在创建类的对象时，输入类名和左侧的括号“(”后，将显示该信息。

☑ statement：类体，主要由类变量（或类成员）、方法和属性等定义语句组成。如果在定义类时没想好类的具体功能，也可以在类体中直接使用 pass 语句代替。

实例 04　创建水果基类及其派生类　　实例位置：资源包 \Code\SL\07\04

在 IDLE 中创建一个名称为 fruit.py 的文件，然后在该文件中定义一个水果类 Fruit（作为基类），并在该类中定义一个类属性（用于保存水果默认的颜色）和一个 harvest() 方法，然后创建 Apple 类和 Orange 类，都继承自 Fruit 类，最后创建 Apple 类和 Orange 类的实例，并调用 harvest() 方法（在基类中编写），代码如下：

```
01  class Fruit:                                             # 定义水果类（基类）
02      color = "绿色"                                       # 定义类属性
03      def harvest(self, color):
04          print("水果是：" + color + "的！")                # 输出的是形式参数color
05          print("水果已经收获……")
06          print("水果原来是：" + Fruit.color + "的！")       # 输出的是类属性color
07  class Apple(Fruit):                                      # 定义苹果类（派生类）
08      color = "红色"
09      def __init__(self):
10          print("我是苹果")
11  class Orange(Fruit):                                     # 定义橘子类（派生类）
12      color = "橙色"
13      def __init__(self):
14          print("\n我是橘子")
```

```
15    apple = Apple()                          # 创建类的实例（苹果）
16    apple.harvest(apple.color)               # 调用基类的harvest()方法
17    orange = Orange()                        # 创建类的实例（橘子）
18    orange.harvest(orange.color)             # 调用基类的harvest()方法
```

执行上面的代码，将显示如图 7.18 所示结果。从该运行结果中可以看出，虽然在 Apple 类和 Orange 类中没有 harvest() 方法，但是 Python 允许派生类访问基类的方法。

```
我是苹果
水果是：红色的！
水果已经收获……
水果原来是：绿色的！

我是橘子
水果是：橙色的！
水果已经收获……
水果原来是：绿色的！
```

图 7.18　创建水果基类及其派生类的结果

7.4.2 方法重写

视频讲解：资源包\Video\07\7.4.2 方法重写.mp4

基类的成员都会被派生类继承，当基类中的某个方法不完全适用于派生类时，就需要在派生类中重写父类的这个方法，这和 Java 语言中的方法重写是一样的。

在实例 04 中，基类中定义的 harvest() 方法，无论派生类是什么水果都显示"水果……"，如果想要针对不同水果给出不同的提示，可以在派生类中重写 harvest() 方法。例如，在创建派生类 Orange 时，重写 harvest() 方法的代码如下：

```
01  class Orange(Fruit):                                    # 定义橘子类（派生类）
02      color = "橙色"
03      def __init__(self):
04          print("\n我是橘子")
05      def harvest(self, color):
06          print("橘子是：" + color + "的！")                # 输出的是形式参数color
07          print("橘子已经收获……")
08          print("橘子原来是：" + Fruit.color + "的！")      # 输出的是类属性color
```

添加 harvest() 方法后（即在实例 04 中添加上面代码中的 05~08 行代码），再次运行实例 04，将显示如图 7.19 所示运行结果。

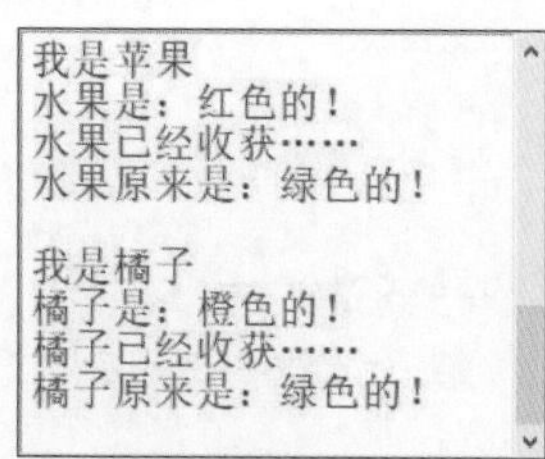

图 7.19　重写 Orange 类的 harvest() 方法的结果

7.4.3 派生类中调用基类的 __init__() 方法

视频讲解：资源包\Video\07\7.4.3 派生类中调用基类的__init__()方法.mp4

视频讲解

在派生类中定义 __init__() 方法时，不会自动调用基类的 __init__() 方法。例如，定义一个 Fruit 类，在 __init__() 方法中创建类属性 color，然后在 Fruit 类中定义一个 harvest() 方法，在该方法中输出类属性 color 的值，再创建继承自 Fruit 类的 Apple 类，最后创建 Apple 类的实例，并调用 harvest() 方法，代码如下：

```
01  class Fruit:                                          # 定义水果类（基类）
02      def __init__(self,color = "绿色"):
03          Fruit.color = color                           # 定义类属性
04      def harvest(self):
05          print("水果原来是：" + Fruit.color + "的！")   # 输出的是类属性color
06  class Apple(Fruit):                                   # 定义苹果类（派生类）
07      def __init__(self):
08          print("我是苹果")
09  apple = Apple()                                       # 创建类的实例（苹果）
10  apple.harvest()                                       # 调用基类的harvest()方法
```

执行上面的代码后，将显示如图 7.20 所示异常信息。

```
我是苹果
Traceback (most recent call last):
  File "C:\python\demo.py", line 10, in <module>
    apple.harvest()   # 调用基类的harvest()方法
  File "C:\python\demo.py", line 5, in harvest
    print("水果原来是：" + Fruit.color + "的！");  # 输出的是类属性color
AttributeError: type object 'Fruit' has no attribute 'color'
```

图 7.20　基类的 __init__() 方法未执行引起的异常

因此，要让派生类调用基类的 __init__() 方法进行必要的初始化，需要在派生类使用 super() 函数调用基类的 __init__() 方法。例如，在上面第 8 行代码的下方添加以下代码：

```
super().__init__()                                        # 调用基类的__init__()方法
```

注意　在添加上面的代码时，一定要注意缩进的正确性。

运行后将显示以下正常的运行结果：

```
我是苹果
水果原来是：绿色的！
```

下面通过一个具体实例演示派生类中调用基类的 __init__() 方法的具体的应用。

实例 05　在派生类中调用基类的 __init__() 方法定义类属性　｜实例位置：资源包 \Code\SL\07\05

在 IDLE 中创建一个名称为 fruit.py 的文件，然后在该文件中定义一个水果类 Fruit（作为基类），并在该类中定义 __init__() 方法，在该方法中定义一个类属性（用于保存水果默认的颜色），然后在 Fruit 类中定义一个 harvest() 方法，再创建 Apple 类和 Sapodilla 类，都继承自 Fruit 类，最后创建 Apple 类和 Sapodilla 类的实例，并调用 harvest() 方法（在基类中编写），代码如下：

```
01  class Fruit:                                          # 定义水果类（基类）
02      def __init__(self, color="绿色"):
```

```
03            Fruit.color = color                                      # 定义类属性
04        def harvest(self, color):
05            print("水果是：" + self.color + "的！")       # 输出的是形式参数color
06            print("水果已经收获……")
07            print("水果原来是：" + Fruit.color + "的！")  # 输出的是类属性color
08    class Apple(Fruit):                                              # 定义苹果类（派生类）
09        color = "红色"
10        def __init__(self):
11            print("我是苹果")
12            super().__init__()                                       # 调用基类的__init__()方法
13    class Sapodilla(Fruit):                                          # 定义人参果类（派生类）
14        def __init__(self, color):
15            print("\n我是人参果")
16            super().__init__(color)                                  # 调用基类的__init__()方法
17        # 重写harvest()方法的代码
18        def harvest(self, color):
19            print("人参果是：" + color + "的！")                    # 输出的是形式参数color
20            print("人参果已经收获……")
21            print("人参果原来是：" + Fruit.color + "的！")          # 输出的是类属性color
22    apple = Apple()                                                  # 创建类的实例（苹果）
23    apple.harvest(apple.color)                                       # 调用harvest()方法
24    sapodilla = Sapodilla("白色")                                    # 创建类的实例（人参果）
25    sapodilla.harvest("金黄色带紫色条纹")                            # 调用harvest()方法
```

执行上面的代码，将显示如图 7.21 所示运行结果。

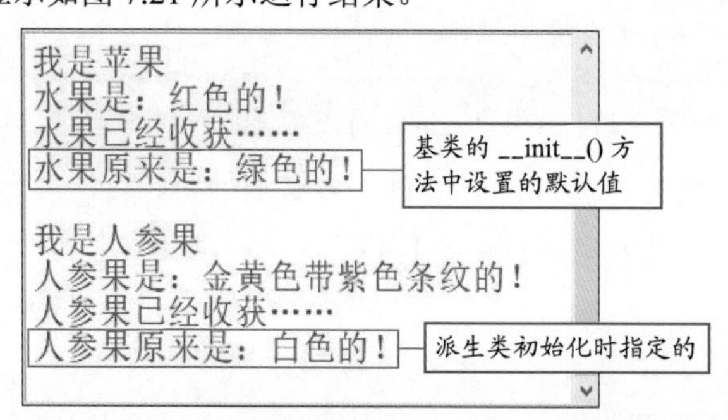

图 7.21　在派生类中调用基类的 __init__() 方法定义类属性

7.5 实战

实战一：修改手机默认语言

智能手机的默认语言为英文，但制造手机时可以将默认语言设置为中文。编写手机类，采用无参构造方法时，表示使用默认语言设计；利用有参构造方法时，修改手机的默认语言。效果如图 7.22 所示。

实战二：给信用卡设置默认密码

创建信用卡类，并且为该类创建一个构造方法，该构造方法有 3 个参数，分别是 self、卡号和密码。其中，密码可以设置一个默认值 123456，代表默认密码。在创建类的实例时，如果不指定密码，就采用默认密码，否则要重置密码。效果如图 7.23 所示。

```
智能手机的默认语言为英文
将智能手机的默认语言设置为中文
```

图 7.22　修改手机默认语言

```
信用卡4013735633800642的默认密码为123456
重置信用卡4013735633800642的密码为168779
```

图 7.23　给信用卡设置默认密码

实战三：打印每月销售明细

模拟实现输出进销存管理系统中的每月销售明细，运行程序，输入要查询的月份，如果输入的月份存在销售明细，则显示本月商品销售明细；如果输入的月份不存在或不是数字，则提示“该月没有销售数据或者输入的月份有误！”。效果如图 7.24 所示。

实战四：模拟电影院的自动售票机选票页面

在电影院中观看电影是一项很受欢迎的休闲娱乐，现请模拟电影院自动售票机中自动选择电影场次的页面，例如，一部电影在当日的播放时间有很多，可以自动选择合适的场次。效果如图 7.25 所示。

```
——————————————销售明细——————————————
请输入要查询的月份（比如1、2、3等）：2
2月份的商品销售明细如下：
商品编号：T0001　商品名称：笔记本电脑
商品编号：T0002　商品名称：华为荣耀6X
商品编号：T0003　商品名称：iPad
商品编号：T0004　商品名称：华为荣耀V9
商品编号：T0005　商品名称：MacBock

请输入要查询的月份（比如1、2、3等）：4

该月份没有销售数据或者输入月份有误！

请输入要查询的月份（比如1、2、3等）：
```

图 7.24　打印每月销售明细

```
欢迎使用自动售票机^^

请选择正在上映的电影：1、《满江红》　2、《流浪地球2》　3、《消失的她》
已选电影：《流浪地球2》

请选择电影播放场次：1、9:30　2、10:40　3、12:00
电影场次：10:40

请选择座位剩余座位：10-01,10-02,10-03,10-04
选择座位：10-3

正在出票。。。

电影：《流浪地球2》
播出时间：2018.4.12 10:40
座位：10-3

出票完成，请别忘记取票
```

图 7.25　模拟电影院的自动售票机选票页面

7.6 小结

本章主要对 Python 中的面向对象程序设计进行了详细的介绍。其中，首先介绍了面向对象相关的概念和特点，然后又详细介绍了如何在 Python 中定义类、使用类，以及 property 属性的应用，最后介绍了继承相关的内容。虽然本章关于 OOP（面向对象编程）概念介绍得很全面、很详细，但要想真正明白面向对象思想，必须要多动手实践、多动脑思考、注意平时积累等。希望读者通过自己的努力，能有所突破。

本章 e 学码：关键知识点拓展阅读

@property-Python property() 函数　　派生类　　驼峰式命名法

e 学码

第8章

模块

（视频讲解：1小时46分钟）

本章概览

Python提供了强大的模块支持，主要体现为不仅在Python标准库中包含了大量的模块（称为标准模块），而且还有很多第三方模块。另外开发者自己也可以开发自定义模块。这些强大的模块支持可极大地提高我们的开发效率。

本章将首先对如何开发自定义模块进行详细介绍，然后介绍如何使用标准模块和第三方模块。

知识框架

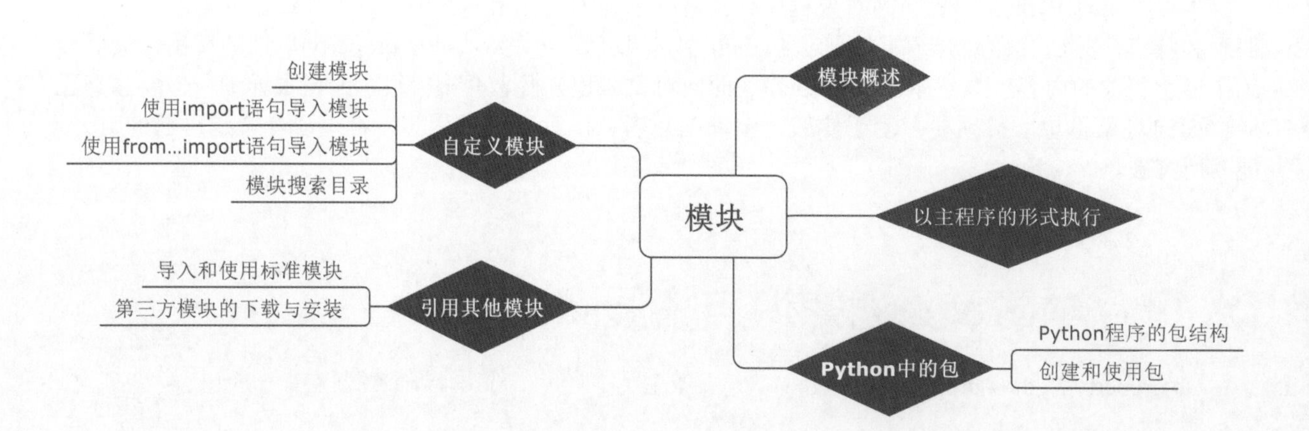

8.1 模块概述

视频讲解：资源包\Video\08\8.1 模块概述.mp4

视 频 讲 解

模块的英文是 Modules，可以认为是一盒（箱）主题积木，通过它可以拼出某一主题的东西。这与第 6 章介绍的函数不同，一个函数相当于一块积木，而一个模块中可以包括很多函数，也就是很多积木，所以也可以说模块相当于一盒积木。两者关系如图 8.1 所示。

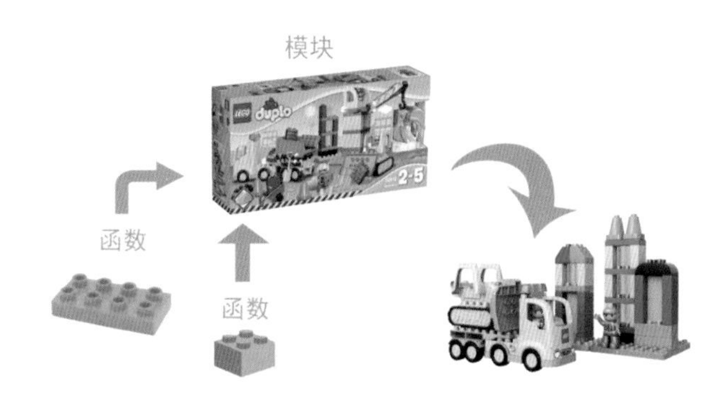

图 8.1　模块与函数的关系

在 Python 中，一个扩展名为“.py”的文件被就称为一个模块。例如，在第 6 章的实例 02 中创建的 function_bmi.py 文件就是一个模块，如图 8.2 所示。

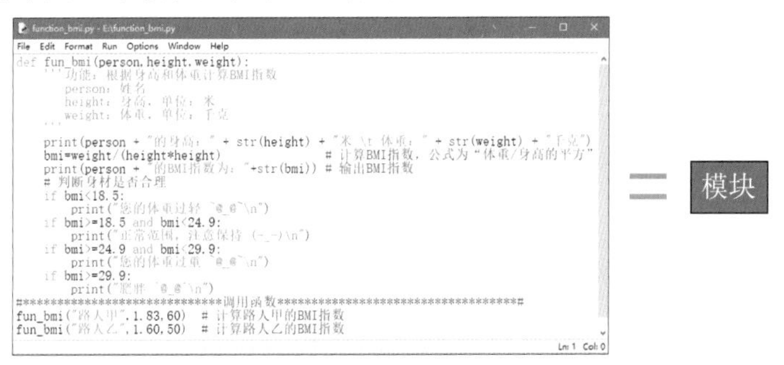

图 8.2　一个 .py 文件就是一个模块

通常情况下，我们把能够实现某一特定功能的代码放置在一个文件中作为一个模块，从而方便其他程序和脚本导入并使用。另外，使用模块也可以避免函数名和变量名冲突。

经过前面的学习，我们知道 Python 代码可以写到一个文件中。但是随着程序不断变大，为了便于维护，需要将其分为多个文件，这样可以提高代码的可维护性。另外，使用模块还可以提高代码的可重用性。即编写好一个模块后，只要是实现该功能的程序，都可以导入这个模块实现。

8.2 自定义模块

在 Python 中，自定义模块有两个作用：一个是规范代码，让代码更易于阅读；另一个是方便其他程序使用已经编写好的代码，提高开发效率。

实现自定义模块主要分为两部分，一部分是创建模块，另一部分是导入模块。

8.2.1 创建模块

视频讲解：资源包\Video\08\8.2.1 创建模块.mp4

视 频 讲 解

创建模块时，可以将模块中相关的代码（变量定义和函数定义等）编写在一个单独的文件中，并且将该文件命名为“模块名 +.py”的形式。

注意

创建模块时，设置的模块名不能是 Python 自带的标准模块名称。

下面通过一个具体的实例演示如何创建模块。

实例 01 创建计算 BMI 指数的模块 | 实例位置：资源包 \Code\SL\08\01

创建一个用于根据身高、体重计算 BMI 指数的模块，命名为 bmi.py，其中 bmi 为模块名，.py 为扩展名。关键代码如下：

```
01 def fun_bmi(person,height,weight):
02     '''功能：根据身高和体重计算BMI指数
03        person：姓名
04        height：身高，单位：米
05        weight：体重，单位：千克
06     '''
07     print(person + "的身高：" + str(height) + "米 \t 体重：" + str(weight) + "千克")
08     bmi=weight/(height*height)                  # 用于计算BMI指数，公式为：BMI=体重/身高的平方
09     print(person + "的BMI指数为："+str(bmi))    # 输出BMI指数
10     # 此处省略了显示判断结果的代码
11 def fun_bmi_upgrade(*person):
12     '''功能：根据身高和体重计算BMI指数（升级版）
13        *person：可变参数，该参数中需要传递带3个元素的列表，
14        分别为姓名、身高（单位：米）和体重（单位：千克）
15     '''
16     # 此处省略了函数主体代码
```

注意

模块文件的扩展名必须是“.py”。

8.2.2 使用 import 语句导入模块

视频讲解：资源包\Video\08\8.2.2 使用import语句导入模块.mp4

创建模块后，就可以在其他程序中使用该模块了。要使用模块，需要先以模块的形式加载模块中的代码，这可以使用 import 语句实现。import 语句的基本语法格式如下：

```
import modulename [as alias]
```

其中，modulename 为要导入模块的名称；alias 为给模块起的别名，通过该别名也可以使用模块。

下面将导入实例 01 所编写的模块 bmi，并执行该模块中的函数。在模块文件 bmi.py 的同级目录下创建一个名称为 main.py 的文件，在该文件中，导入模块 bmi，并且执行该模块中的 fun_bmi() 函数，代码如下：

```
import bmi                           # 导入bmi模块
bmi.fun_bmi("尹一伊",1.75,120)       # 执行模块中的fun_bmi()函数
```

执行上面的代码，将显示如图 8.3 所示运行结果。

```
尹一伊的身高：1.75米      体重：120千克
尹一伊的BMI指数为：39.183673469387756
肥胖 ^@_@^
```

图 8.3　导入模块并执行模块中的函数

说明

在调用模块中的变量、函数或者类时，需要在变量名、函数名或者类名前添加“模块名.”作为前缀。例如，上面代码中的 bmi.fun_bmi，表示调用 bmi 模块中的 fun_bmi() 函数。

多学两招

如果模块名比较长不容易记住，可以在导入模块时使用 as 关键字为其设置一个别名，然后就可以通过这个别名来调用模块中的变量、函数和类等。例如，将上面导入模块的代码修改为以下内容：

```
import bmi as m                          # 导入bmi模块并设置别名为m
```

然后，在调用 bmi 模块中的 fun_bmi() 函数时，可以使用下面的代码：

```
m.fun_bmi("尹一伊",1.75,120)             # 执行模块中的fun_bmi()函数
```

使用 import 语句还可以一次导入多个模块，在导入多个模块时，模块名之间使用逗号“,”进行分隔。例如，分别创建了 bmi.py、tips.py 和 differenttree.py 3 个模块文件。想要将这 3 个模块全部导入，可以使用下面的代码：

```
import bmi,tips,differenttree
```

8.2.3 使用 from…import 语句导入模块

视频讲解：资源包\Video\08\8.2.3 使用from…import语句导入模块.mp4

在使用 import 语句导入模块时，每执行一条 import 语句都会创建一个新的命名空间（namespace），并且在该命名空间中执行与 .py 文件相关的所有语句。在执行时，需在具体的变量、函数和类名前加上“模块名.”前缀。如果不想在每次导入模块时都创建一个新的命名空间，而是将具体的定义导入当前的命名空间，这时可以使用 from…import 语句。使用 from…import 语句导入模块后，不需要再添加前缀，直接通过具体的变量、函数和类的名称访问即可。

说明

命名空间可以理解为记录对象名字和对象之间对应关系的空间。目前 Python 的命名空间大部分都是通过字典（dict）来实现的。其中，key 是标识符，value 是具体的对象。例如，key 是变量的名字，value 则是变量的值。

from…import 语句的语法格式如下：

```
from modelname import member
```

参数说明：

☑ modelname：模块名称，区分字母大小写，需要和定义模块时设置的模块名称的大小写保持一致。

☑ member：用于指定要导入的变量、函数或者类等。可以同时导入多个定义，各个定义之间使用逗号“,”分隔。如果想导入全部定义，也可以使用通配符星号“*”代替。

多学两招

在导入模块时，如果使用通配符“*”导入全部定义后，想查看具体导入了哪些定义，可以通过显示 dir() 函数的值来查看。例如，执行 print(dir()) 语句后将显示类似下面的内容。

```
['__annotations__', '__builtins__', '__doc__', '__file__', '__loader__', '__name__', '__package__', '__spec__', 'change', 'getHeight', 'getWidth']
```

其中 change、getHeight 和 getWidth 就是我们导入的定义。

例如，通过下面的 3 条语句都可以从模块导入指定的定义。

```
from bmi import fun_bmi                          # 导入bmi模块的fun_bmi函数
from bmi import fun_bmi,fun_bmi_upgrade          # 导入bmi模块的fun_bmi和fun_bmi_upgrade函数
from bmi import *                                # 导入bmi模块的全部定义（包括变量和函数）
```

注意

在使用 from…import 语句导入模块中的定义时，需要保证所导入的内容在当前的命名空间中是唯一的，否则将出现冲突，后导入的同名变量、函数或者类会覆盖先导入的。这时就需要使用 import 语句进行导入。

实例 02 导入两个包括同名函数的模块

实例位置：资源包 \Code\SL\08\02

创建两个模块，一个是矩形模块，其中包括计算矩形周长和面积的函数；另一个是圆形模块，其中包括计算圆形周长和面积的函数。然后在另一个 Python 文件中导入这两个模块，并调用相应的函数计算周长和面积。具体步骤如下：

（1）创建矩形模块，对应的文件名为 rectangle.py，在该文件中定义两个函数，一个用于计算矩形的周长，另一个用于计算矩形的面积，具体代码如下：

```
01    def girth(width,height):
02        '''功能：计算周长
03            参数：width（宽度）、height（高）
04        '''
05        return (width + height)*2
06    def area(width,height):
07        '''功能：计算面积
08            参数：width（宽度）、height（高）
09        '''
10        return width * height
11    if __name__ == '__main__':
12        print(area(10,20))
```

（2）创建圆形模块，对应的文件名为 circular.py，在该文件中定义两个函数，一个用于计算圆形的周长，另一个用于计算圆形的面积，具体代码如下：

```
01    import math                               # 导入标准模块math
02    PI = math.pi                              # 圆周率
03    def girth(r):
04        '''功能：计算周长
05            参数：r（半径）
06        '''
07        return round(2 * PI * r ,2 )          # 计算周长并保留两位小数
08
```

```
09    def area(r):
10        '''功能：计算面积
11           参数：r（半径）
12        '''
13        return round(PI * r * r ,2)              # 计算面积并保留两位小数
14    if __name__ == '__main__':
15        print(girth(10))
```

（3）创建一个名称为 compute.py 的 Python 文件，在该文件中，首先导入矩形模块的全部定义，然后导入圆形模块的全部定义，最后分别调用计算矩形周长的函数和计算圆形周长的函数，代码如下：

```
01  from rectangle import *                        # 导入矩形模块
02  from circular import *                         # 导入圆形模块
03  if __name__ == '__main__':
04      print("圆形的周长为：",girth(10))            # 调用计算圆形周长的函数
05      print("矩形的周长为：",girth(10,20))         # 调用计算矩形周长的函数
```

执行 compute.py 文件，将显示如图 8.4 所示结果。

```
圆形的周长为： 62.83
Traceback (most recent call last):
  File "F:\program\Python\compute.py", line 7,in <module>
    print("矩形的周长为：",girth(10,20))      # 调用计算矩形周长的方法
TypeError: girth() takes 1 positional argument but 2 were given
```

图 8.4　执行不同模块的同名函数时出现异常

从图 8.4 中可以看出，执行步骤（3）的第 5 行代码时出现异常，这是因为原本想要执行的矩形模块的 girth() 函数被圆形模块的 girth() 函数给覆盖了。解决该问题的方法是，不使用 from…import 语句导入，而是使用 import 语句导入。修改后的代码如下：

```
01  import rectangle as r                          # 导入矩形模块
02  import circular as c                           # 导入圆形模块
03  if __name__ == '__main__':
04      print("圆形的周长为：",c.girth(10))          # 调用计算圆形周长的函数
05      print("矩形的周长为：",r.girth(10,20))       # 调用计算矩形周长的函数
```

执行上面的代码后，将显示如图 8.5 所示结果。

```
圆形的周长为： 62.83
矩形的周长为： 60
```

图 8.5　正确执行不同模块的同名函数

8.2.4 模块搜索目录

当使用 import 语句导入模块时，默认情况下，会按照以下顺序进行查找。

（1）在当前目录（即执行的 Python 脚本文件所在目录）下查找。

（2）到 PYTHONPATH（环境变量）下的每个目录中查找。

（3）到 Python 的默认安装目录下查找。

以上各个目录的具体位置保存在标准模块 sys 的 sys.path 属性中。可以通过以下代码输出具体的目录。

```
import sys                                          # 导入标准模块sys
print(sys.path)                                     # 输出具体目录
```

例如，在 IDLE 窗口中执行上面的代码，将显示如图 8.6 所示结果。

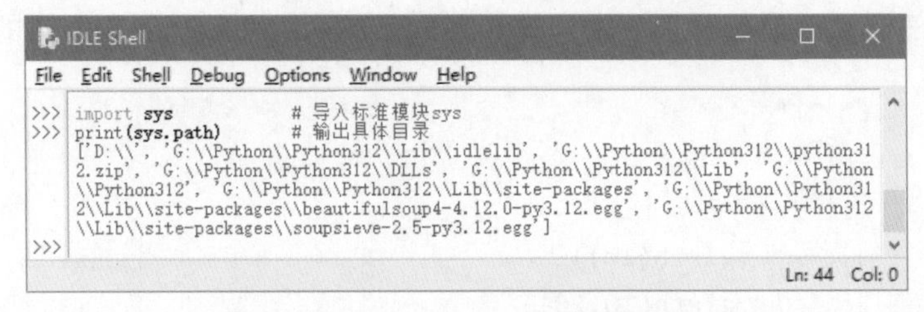

图 8.6　在 IDLE 窗口中查看具体目录

如果要导入的模块不在图 8.6 所示目录中，那么在导入模块时，将显示如图 8.7 所示异常。

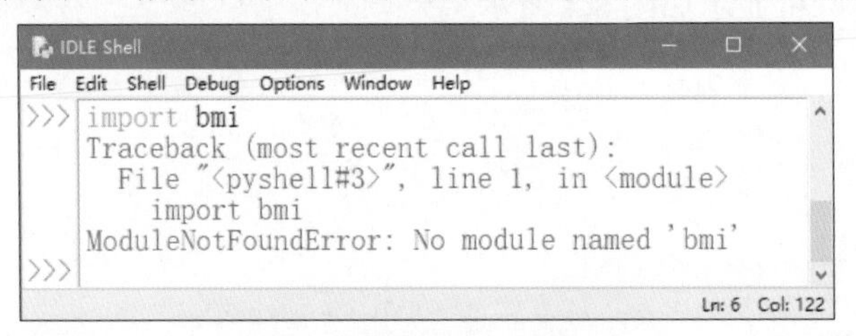

图 8.7　找不到要导入的模块

注意

使用 import 语句导入模块时，模块名是区分字母大小写的。

这时，我们可以通过以下 3 种方式添加指定的目录到 sys.path 中。

1. 临时添加

临时添加即在导入模块的 Python 文件中添加。例如，需要将“E:\program\Python\Code\demo”目录添加到 sys.path 中，可以使用下面的代码：

```
import sys                                          # 导入标准模块sys
sys.path.append('E:/program/Python/Code/demo')
```

执行上面的代码后，再输出 sys.path 的值，将得到以下结果：

```
['E:\\', 'G:\\Python\\Python312\\Lib\\idlelib', 'G:\\Python\\Python312\\python312.zip', 'G:\\
Python\\Python312\\DLLs', 'G:\\Python\\Python312\\Lib', 'G:\\Python\\Python312', 'G:\\Python\\
Python312\\Lib\\site-packages', 'G:\\Python\\Python312\\Lib\\site-packages\\beautifulsoup4-4.12.0-
py3.12.egg', 'G:\\Python\\Python312\\Lib\\site-packages\\soupsieve-2.5-py3.12.egg',
'E:/program/Python/Code/demo']
```

在上面的结果中，红字部分为新添加的目录。

说明

通过该方法添加的目录只在执行当前文件的窗口中有效，窗口关闭后即失效。

2. 增加 .pth 文件（推荐）

在 Python 安装目录下的 Lib\site-packages 子目录中（例如，笔者的 Python 安装在 G:\Python\Python312 目录下，那么该路径为 G:\Python\Python312\Lib\site-packages），创建一个扩展名为 .pth 的文件，文件名任意。这里创建一个 mrpath.pth 文件，在该文件中添加要导入模块所在的目录。例如，将模块目录"E:\program\Python\Code\demo"添加到 mrpath.pth 文件，添加后的代码如下：

```
# .pth文件是创建的路径文件（这里为注释）
E:\program\Python\Code\demo
```

注意

创建.pth 文件后，需要重新打开要执行的导入模块的 Python 文件，否则新添加的目录不起作用。

说明

通过该方法添加的目录只在当前版本的 Python 中有效。

3. 在 PYTHONPATH 环境变量中添加

打开"环境变量"对话框（具体方法请参见 1.4.1 小节），如果没有 PYTHONPATH 系统环境变量，则需要先创建一个，否则直接选中 PYTHONPATH 变量，再单击"编辑"按钮，并且在弹出对话框的"变量值"文本框中添加新的模块目录，目录之间使用逗号进行分隔。例如，创建系统环境变量 PYTHONPATH，并指定模块所在目录为"E:\program\Python\Code\demo;"，效果如图 8.8 所示。

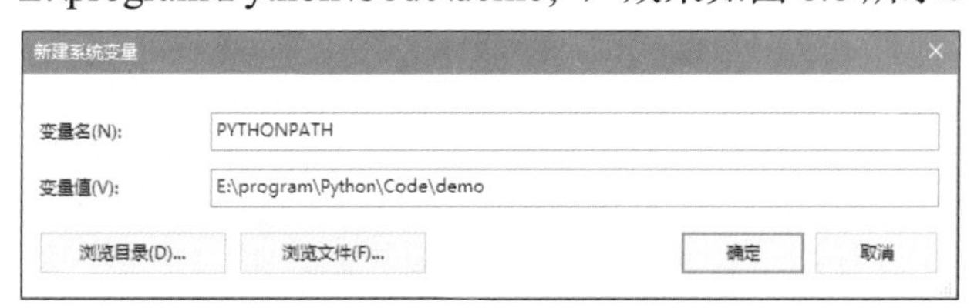

图 8.8　在环境变量中添加 PYTHONPATH 环境变量

注意

在环境变量中添加模块目录后，需要重新打开要执行的导入模块的 Python 文件，否则新添加的目录不起作用。

说明

通过该方法添加的目录可以在不同版本的 Python 中共享。

8.3 以主程序的形式执行

视频讲解：资源包\Video\08\8.3 以主程序的形式执行.mp4

这里先来创建一个模块，名称为 christmastree，该模块的内容为第 6 章中编写的实例 05 的代码。在该段代码中，首先定义一个全局变量，然后创建一个名称为 fun_christmastree() 的函数，最后再通过 print() 函数输出一些内容。代码如下：

```
pinetree = '我是一棵松树'                              # 定义一个全局变量（松树）
def fun_christmastree():                              # 定义函数
    '''功能：一个梦
       无返回值
    '''
    pinetree = '挂上彩灯、礼物……我变成一棵圣诞树 @^.^@ \n' # 定义局部变量
```

```
    print(pinetree)                                            # 输出局部变量的值
# ****************************函数体外********************************** #
print('\n下雪了……\n')
print('============== 开始做梦…… ============\n')
fun_christmastree()                                            # 调用函数
print('============== 梦醒了…… ==============\n')
pinetree = '我身上落满雪花，' + pinetree + ' -_- '               # 为全局变量赋值
print(pinetree)                                                # 输出全局变量的值
```

在与 christmastree 模块同级的目录下，创建一个名称为 main.py 的文件，在该文件中，导入 christmastree 模块，再通过 print() 语句输出模块中的全局变量 pinetree 的值，代码如下：

```
import christmastree                                    # 导入christmastree模块
print("全局变量的值为：",christmastree.pinetree)
```

执行上面的代码，将显示如图 8.9 所示结果。

```
下雪了……

============== 开始做梦…… ============

挂上彩灯、礼物……我变成一棵圣诞树 @^.^@

============== 梦醒了…… ==============

我身上落满雪花，我是一棵松树 -_-
全局变量的值为： 我身上落满雪花，我是一棵松树 -_-
```

图 8.9　输出导入模块中定义的全局变量的值

从图 8.9 所示运行结果可以看出，导入模块后，不仅输出了全局变量的值，而且模块中原有的测试代码也被执行了。这个结果显然不是我们想要的。那么如何只输出全局变量的值呢？实际上，可以在模块中将原本直接执行的测试代码放在一个 if 语句中。因此，可以将模块 christmastree 的代码修改为以下内容：

```
pinetree = '我是一棵松树'                                  # 定义一个全局变量（松树）
def fun_christmastree():                                   # 定义函数
    '''功能：一个梦
       无返回值
    '''
    pinetree = '挂上彩灯、礼物……我变成一棵圣诞树 @^.^@ \n' # 定义局部变量赋值
    print(pinetree)                                        # 输出局部变量的值
# *************************判断是否以主程序的形式运行************************* #
if __name__ == '__main__':
    print('\n下雪了……\n')
    print('============== 开始做梦…… ============\n')
    fun_christmastree()                                    # 调用函数
    print('============== 梦醒了…… ==============\n')
    pinetree = '我身上落满雪花，' + pinetree + ' -_- '       # 为全局变量赋值
    print(pinetree)                                        # 输出全局变量的值
```

再次执行导入模块的 main.py 文件，将显示如图 8.10 所示结果。从执行结果中可以看出测试代码并没有执行。

全局变量的值为：　我是一棵松树

图 8.10　在模块中加入以主程序的形式执行的判断

此时，如果执行 christmastree.py 文件，将显示如图 8.11 所示结果。

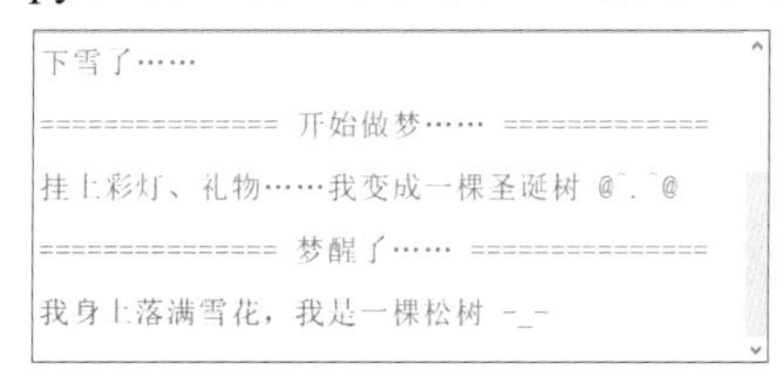

图 8.11　以主程序的形式执行的结果

说明

在每个模块的定义中都包括一个记录模块名称的变量 __name__，程序可以检查该变量，以确定它们在哪个模块中执行。如果一个模块不是被导入其他程序中执行，那么它可能在解释器的顶级模块中执行。顶级模块的 __name__ 变量的值为 __main__。

8.4 Python 中的包

使用模块可以避免函数名和变量名重名引发的冲突。那么，如果模块名重复应该怎么办呢？在 Python 中，提出了包（Package）的概念。包是一个分层次的目录结构，它将一组功能相近的模块组织在一个目录下。这样，既可以起到规范代码的作用，又能避免模块名重名引起的冲突。

说明

在 Python 中定义了两种类型的包，即常规包和命名空间包。其中，常规包是传统的包类型，通常以一个包含 __init__.py 文件的目录形式实现；命名空间包是由多个部分构成的，每个部分为父包增加一个子包，但是它并不一定会直接对应到文件系统中的对象，也有可能是无实体表示的虚拟模块。

8.4.1 Python 程序的包结构

视频讲解：资源包\Video\08\8.4.1 Python程序的包结构.mp4

在实际项目开发时，通常情况下会创建多个包用于存放不同类的文件。例如，开发一个网站时，可以创建如图 8.12 所示包结构。

图 8.12　一个 Python 项目的包结构

说明

在图 8.12 中，先创建了一个名称为 shop 的项目，然后在该包下又创建了 admin、home 和 templates 3 个包和一个 manage.py 文件，最后在每个包中又创建了相应的模块。

8.4.2 创建和使用包

视频讲解：资源包\Video\08\8.4.2 创建和使用包.mp4

视频讲解

下面将分别介绍如何创建和使用包。

1. 创建包

创建包实际上就是创建一个文件夹，并且在该文件夹中创建一个名称为“__init__.py”的 Python 文件。在 __init__.py 文件中，可以不编写任何代码，也可以编写一些 Python 代码。在 __init__.py 文件中所编写的代码，在导入包时会自动执行。

说明

__init__.py 文件是一个模块文件，模块名为对应的包名。例如，在 settings 包中创建的 __init__.py 文件，对应的模块名为 settings。

例如，在 F 盘根目录下，创建一个名称为 settings 的包，可以按照以下步骤进行：

（1）计算机的 F 盘根目录下，创建一个名称为 settings 的文件夹。

（2）在 IDLE 中，创建一个名称为“__init__.py”的文件，保存在 F:\settings 文件夹下，并且在该文件中不写任何内容，然后再返回到资源管理器中，效果如图 8.13 所示。

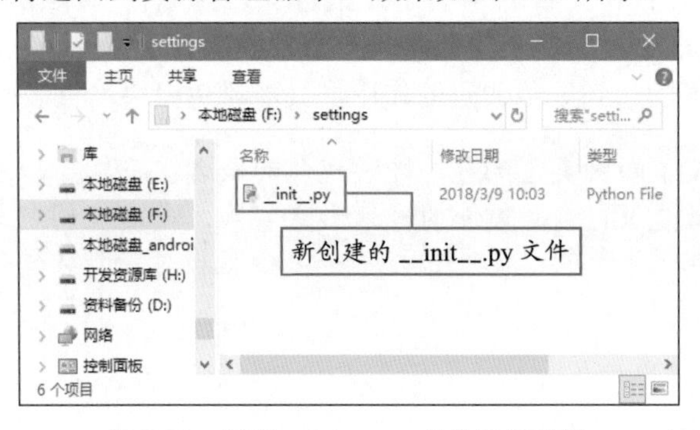

图 8.13　创建 __init__.py 文件后的效果

至此，名称为 settings 的包创建完毕了，创建完毕之后便可以在该包中创建所需的模块了。

2. 使用包

创建包以后，就可以在包中创建相应的模块，然后再使用 import 语句从包中加载模块。从包中加载模块通常有以下 3 种方式：

☑ 通过“import + 完整包名 + 模块名”形式加载指定模块

“import + 完整包名 + 模块名”形式是指：假如有一个名称为 settings 的包，在该包下有一个名称为 size 的模块，那么要导入 size 模块，可以使用下面的代码：

```
import settings.size
```

通过该方式导入模块后，在使用时需要使用完整的名称。例如，在已经创建的 settings 包中创建一个名称为 size 的模块，并且在该模块中定义两个变量，代码如下：

```
width = 800                    # 宽度
height = 600                   # 高度
```

这时，通过“import + 完整包名 + 模块名”形式导入 size 模块后，在调用 width 和 height 变量时，就需要在变量名前加入“settings.size.”前缀。对应的代码如下：

```
import settings.size                # 导入settings包下的size模块
if __name__=='__main__':
    print('宽度：',settings.size.width)
    print('高度：',settings.size.height)
```

执行上面的代码后，将显示以下内容：

```
宽度： 800
高度： 600
```

☑ 通过“from + 完整包名 + import + 模块名”形式加载指定模块

“from + 完整包名 + import + 模块名”形式是指：假如有一个名称为 settings 的包，在该包下有一个名称为 size 的模块，那么要导入 size 模块，可以使用下面的代码：

```
from settings import size
```

通过该方式导入模块后，在使用时不需要带包前缀，但是需要带模块名。例如，想通过“from + 完整包名 + import + 模块名”形式导入上面已经创建的 size 模块，并且调用 width 和 height 变量，就可以通过下面的代码实现：

```
from settings import size           # 导入settings包下的size模块
if __name__=='__main__':
    print('宽度：',size.width)
    print('高度：',size.height)
```

执行上面的代码后，将显示以下内容：

```
宽度： 800
高度： 600
```

☑ 通过“from + 完整包名 + 模块名 + import + 定义名”形式加载指定模块

“from + 完整包名 + 模块名 + import + 定义名”形式是指：假如有一个名称为 settings 的包，在该包下有一个名称为 size 的模块，那么要导入 size 模块中的 width 和 height 变量，可以使用下面的代码：

```
from settings.size import width,height
```

通过该方式导入模块的函数、变量或类后，在使用时直接使用函数、变量或类的名称即可。例如，想通过“from + 完整包名 + 模块名 + import + 定义名”形式导入上面已经创建的 size 模块的 width 和 height 变量，并输出，就可以通过下面的代码实现：

```
# 导入settings包下size模块中的width和height变量
from settings.size import width,height
if __name__=='__main__':
    print('宽度：', width)          # 输出宽度
    print('高度：', height)         # 输出高度
```

执行上面的代码后，将显示以下内容：

```
宽度： 800
高度： 600
```

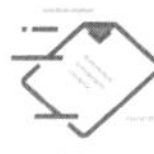
说明

在通过“from + 完整包名 + 模块名 + import + 定义名”形式加载指定模块时，可以使用星号“*”代替定义名，表示加载该模块下的全部定义。

实例 03　在指定包中创建通用的设置和获取尺寸的模块　|　实例位置：资源包 \Code\SL\08\03

创建一个名称为 settings 的包，在该包下创建一个名称为 size 的模块，通过该模块实现设置和获取尺寸的通用功能。具体步骤如下：

（1）在 settings 包中，创建一个名称为 size 的模块，在该模块中，定义两个保护类型的全局变量，分别代表宽度和高度，然后定义一个 change() 函数，用于修改两个全局变量的值，再定义两个函数，分别用于获取宽度和高度，具体代码如下：

```
01  _width = 800                    # 定义保护类型的全局变量（宽度）
02  _height = 600                   # 定义保护类型的全局变量（高度）
03  def change(w,h):
04      global _width               # 全局变量（宽度）
05      _width = w                  # 重新给宽度赋值
06      global _height              # 全局变量（高度）
07      _height = h                 # 重新给高度赋值
08  def getWidth():                 # 获取宽度的函数
09      global _width
10      return _width
11  def getHeight():                # 获取高度的函数
12      global _height
13      return _height
```

（2）在 settings 包的上一层目录中创建一个名称为 main.py 的文件，在该文件中导入 settings 包下的 size 模块的全部定义，并且调用 change() 函数重新设置宽度和高度，然后再分别调用 getWidth() 和 getHeight() 函数获取修改后的宽度和高度，具体代码如下：

```
01  from settings.size import *     # 导入size模块下的全部定义
02  if __name__=='__main__':
03      change(1024,768)            # 调用change()函数改变尺寸
04      print('宽度：',getWidth())   # 输出宽度
05      print('高度：',getHeight())  # 输出高度
```

执行本实例，将显示如图 8.14 所示结果。

图 8.14　输出修改后的尺寸

8.5 引用其他模块

在 Python 中，除了可以自定义模块，还可以引用其他模块，主要包括使用标准模块和第三方模块。下面分别进行介绍。

8.5.1 导入和使用标准模块

视频讲解：资源包\Video\08\8.5.1　导入和使用标准模块.mp4

在 Python 中，自带了很多实用的模块，称为标准模块（也可以称为标准库），对于标准模块，我们可以直接使用 import 语句导入 Python 文件中使用。例如，导入标准模块 random（用于生成随机数），

可以使用下面的代码：

```
import random                                          # 导入标准模块random
```

说明　在导入标准模块时，也可以使用 as 关键字为其指定别名。通常情况下，如果模块名比较长，则可以为其设置别名。

导入标准模块后，可以通过模块名调用其提供的函数。例如，导入 random 模块后，就可以调用 randint() 函数生成一个指定范围的随机整数。例如，生成一个 0~10（包括 0 和 10）的随机整数的代码如下：

```
import random                                          # 导入标准模块random
print(random.randint(0,10))                            # 输出0~10的随机数
```

执行上面的代码，可能会输出 0~10 中的任意一个数。

场景模拟 | 实现一个用户登录页面，为了防止恶意破解，可以添加验证码。这里需要实现一个由数字、大写字母和小写字母组成的 4 位验证码。

实例 04　生成由数字、字母组成的 4 位验证码　　实例位置：资源包 \Code\SL\08\04

在 IDLE 中创建一个名称为 checkcode.py 的文件，然后在该文件中导入 Python 标准模块中的 random 模块（用于生成随机数），然后定义一个保存验证码的变量，再应用 for 语句实现一个重复 4 次的循环，在该循环中，调用 random 模块提供的 randrange() 和 randint() 函数生成符合要求的验证码，最后输出生成的验证码，代码如下：

```
01  import random                                  # 导入标准模块中的random
02  if __name__ == '__main__':
03      checkcode = ""                             # 保存验证码的变量
04      for i in range(4):                         # 循环4次
05          index = random.randrange(0, 4)         # 生成0~3中的一个数
06          if index != i and index + 1 != i:
07              checkcode += chr(random.randint(97, 122)) # 生成a~z中的一个小写字母
08          elif index + 1 == i:
09              checkcode += chr(random.randint(65, 90))  # 生成A~Z中的一个大写字母
10          else:
11              checkcode += str(random.randint(1, 9))    # 生成1~9中的一个数字
12      print("验证码：", checkcode)                      # 输出生成的验证码
```

执行本实例，将显示如图 8.15 所示结果。

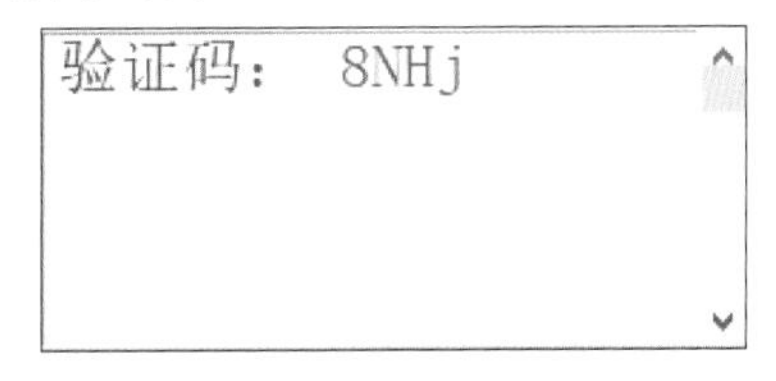

图 8.15　生成验证码

除了 random 模块，Python 还提供了大约 200 多个内置的标准模块，涵盖了 Python 运行时服务、文字模式匹配、操作系统接口、数学运算、对象永久保存、网络 /Internet 脚本和 GUI 构建等方面，如表 8.1 所示。

表 8.1 Python 常用的内置标准模块

模 块 名	描 述
sys	与 Python 解释器及其环境操作相关的标准库
time	提供与时间相关的各种函数的标准库
os	提供了访问操作系统服务功能的标准库
calendar	提供与日期相关的各种函数的标准库
urllib	用于读取来自网上（服务器上）的数据的标准库
json	用于使用 JSON 序列化和反序列化对象
re	用于在字符串中执行正则表达式匹配和替换
math	提供算术运算函数的标准库
decimal	用于进行精确控制运算精度、有效数位和四舍五入操作的十进制运算
shutil	用于进行高级文件操作，如复制、移动和重命名等
logging	提供了灵活的记录事件、错误、警告和调试信息等日志信息的功能
tkinter	使用 Python 进行 GUI 编程的标准库

除了表 8.1 所列出的标准模块，Python 还提供了很多模块，读者可以在 Python 的帮助文档中查看。具体方法是：打开 Python 安装路径下的 Doc 目录，在该目录中的扩展名为 .chm 的文件（如 Python310x.chm）即为 Python 的帮助文档。打开该文件，找到如图 8.16 所示位置进行查看即可。

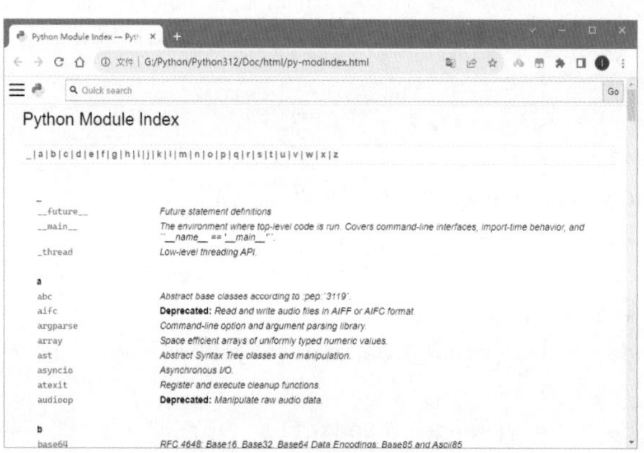

图 8.16 Python 的帮助文档

8.5.2 第三方模块的下载与安装

视频讲解：资源包\Video\08\8.5.2 第三方模块的下载和安装.mp4

在进行 Python 程序开发时，除了可以使用 Python 内置的标准模块，还有很多第三方模块可以使用。对于这些第三方模块，可以在 Python 官方推出的 http://pypi.python.org/pypi 中找到。

在使用第三方模块时，需要先下载并安装该模块，然后就可以像使用标准模块一样导入并使用了。本节主要介绍如何进行下载和安装。下载和安装第三方模块可以使用 Python 提供的 pip 命令实现。pip 命令的语法格式如下：

```
pip <command> [modulename]
```

参数说明：

☑ command：用于指定要执行的命令。常用的参数值有 install（用于安装第三方模块）、uninstall（用于卸载已经安装的第三方模块）、list（用于显示已经安装的第三方模块）等。

☑ modulename：可选参数，用于指定要安装或者卸载的模块名，当 command 为 install 或者 uninstall 时不能省略。

例如，安装第三方 numpy 模块（用于科学计算），可以在命令行窗口中输入以下代码：

```
pip install numpy
```

执行上面的代码，将在线安装 numpy 模块，安装完成后，将显示如图 8.17 所示结果。

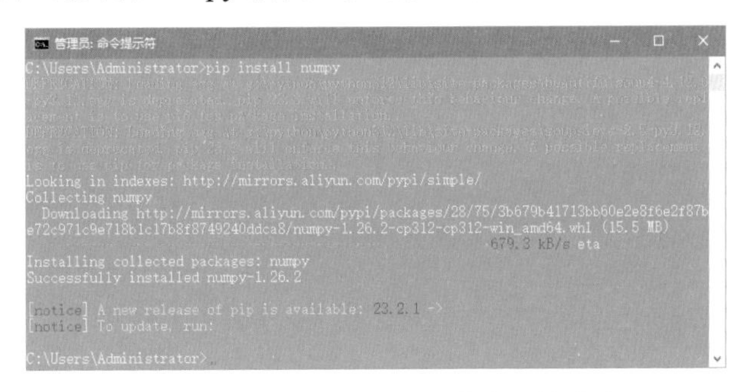

图 8.17　在线安装 numpy 模块后的效果

说明

在大型程序中可能需要导入很多模块，推荐先导入 Python 提供的标准模块，然后再导入第三方模块，最后导入自定义模块。

多学两招

如果想要查看 Python 中都有哪些模块（包括标准模块和第三方模块），可以在 IDLE 中输入以下命令：

```
help('modules')
```

如果只是想要查看已经安装的第三方模块，可以在命令行窗口中输入以下命令：

```
pip list
```

8.6 实战

实战一：大乐透号码生成器

使用 Random 模块模拟大乐透号码生成器。选号规则为：前区在 1 ～ 35 的范围内随机产生 5 个不重复的号码，后区在 1 ～ 12 的范围内随机产生不重复的 2 个号码。效果如图 8.18 所示。

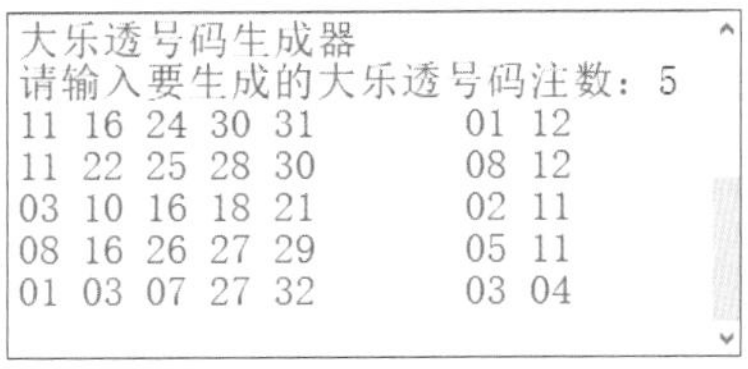

```
大乐透号码生成器
请输入要生成的大乐透号码注数：5
11 16 24 30 31        01 12
11 22 25 28 30        08 12
03 10 16 18 21        02 11
08 16 26 27 29        05 11
01 03 07 27 32        03 04
```

图 8.18　大乐透号码生成器

实战二：春节集五福

最近几年流行春节集五福活动。现编程实现模拟春节集五福的过程。效果如图 8.19 所示。

```
开始集福啦~~~

按下<Enter>键获取五福
获取到：富强福
当前拥有的福：
爱国福 ： 0    富强福 ： 1    和谐福 ： 0    友善福 ： 0    敬业福 ： 0

按下<Enter>键获取五福
获取到：和谐福
当前拥有的福：
爱国福 ： 0    富强福 ： 1    和谐福 ： 1    友善福 ： 0    敬业福 ： 0

按下<Enter>键获取五福
获取到：敬业福
当前拥有的福：
爱国福 ： 0    富强福 ： 1    和谐福 ： 1    友善福 ： 0    敬业福 ： 1

按下<Enter>键获取五福
获取到：友善福
当前拥有的福：
爱国福 ： 0    富强福 ： 1    和谐福 ： 1    友善福 ： 1    敬业福 ： 1

按下<Enter>键获取五福
获取到：爱国福
当前拥有的福：
爱国福 ： 1    富强福 ： 1    和谐福 ： 1    友善福 ： 1    敬业福 ： 1

恭喜您集成五福！！！
```

图 8.19　春节集五福

实战三：封装用户的上网行为

当下很多人都会用一定的时间上网。现编程实现封装用户的上网行为，对用户的上网时间进行统计，当上网时间过长时，给出提示。效果如图 8.20 所示。

实战四：计算个人所得税

编写一个计算个人所得税的程序，随时掌握自己的工资需要缴纳多少个人所得税。效果如图 8.21 所示。

```
小明 上网时间、行为统计：
浏览网页 1.5小时
看视频 2小时
玩网络游戏 3小时
上网学习 2小时
今天上网时间共计8.5小时，请保护眼睛，合理安排上网时间！
```

图 8.20　封装用户的上网行为

```
请输入月收入：8000
应纳个人所得税税额为165.00
```

图 8.21　计算个人所得税

8.7 小结

本章首先对模块进行了简要的介绍，然后介绍了如何自定义模块，也就是自己开发一个模块，接下来又介绍了如何通过包避免模块重名引发的冲突，最后介绍了如何使用 Python 内置的标准模块和第三方模块。本章中介绍的内容在实际项目开发中会经常应用，所以需要大家认真学习，做到融会贯通，为以后项目开发打下良好的基础。

本章 e 学码：关键知识点拓展阅读

dir() 函数　　命名空间
math　　文字模式匹配

第 9 章

异常处理及程序调试

（视频讲解：52 分钟）

本章概览

学习过 C 语言或者 Java 语言的用户都知道在 C 语言或者 Java 语言中，编译器可以捕获很多语法错误。但是，在 Python 语言中，只有在程序运行时才会执行语法检查。所以，只有在运行或测试程序时，才会真正知道该程序能不能正常运行。因此，掌握一定的异常处理语句和程序调试方法是十分必要的。

本章将主要介绍常用的异常处理语句，以及如何使用自带的 IDLE 和 assert 语句进行调试。

知识框架

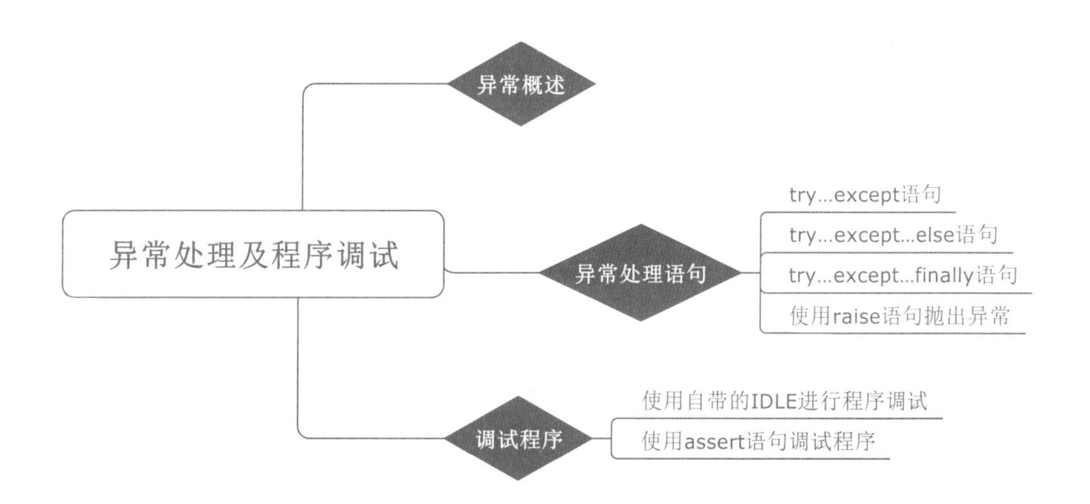

9.1 异常概述

视频讲解：资源包\Video\09\9.1 异常概述.mp4

视频讲解

在程序运行过程中，经常会遇到各种各样的错误，这些错误统称为“异常”。这些异常有的是由于开发者将关键字敲错导致的，这类错误多数产生的是“SyntaxError: invalid syntax”（无效的语法），这将直接导致程序不能运行。这类异常是显式的，在开发阶段很容易被发现。还有一类是隐式的，通常和使用者的操作有关。

场景模拟 | 在全民学编程的时代，作为程序员二代的小琦编写了一个程序，模拟幼儿园老师分苹果。如果老师买来 10 个苹果，今天来了 10 个小朋友，那么输入 10 和 10，程序给出的结果是每人分 1 个苹果。但是小琦的程序有一个异常。下面通过实例 01 进行具体分析。

实例 01　模拟幼儿园分苹果　　实例位置：资源包 \Code\SL\09\01

在 IDLE 中创建一个名称为 division_apple.py 的文件，然后在该文件中定义一个模拟分苹果的函数 division()，在该函数中，要求输入苹果的数量和小朋友的数量，然后应用除法算式计算分配的结果，最后调用 division() 函数，代码如下：

```
01 def division():
02     '''功能：分苹果'''
03     print("\n===================== 分苹果了 =====================\n")
04     apple = int(input("请输入苹果的个数："))                # 输入苹果的数量
05     children = int(input("请输入来了几个小朋友："))
06     result = apple//children                            # 计算每人分几个苹果
07     remain =apple-result*children                       # 计算余下几个苹果
08     if remain>0:
09         print(apple,"个苹果，平均分给",children,"个小朋友，每人分",result,
10               "个,剩下",remain,"个。")
11     else:
12         print(apple,"个苹果，平均分给",children,"个小朋友，每人分",result,"个。")
13 if __name__ == '__main__':
14     division()                                          # 调用分苹果的函数
```

运行程序，当输入苹果和小朋友的数量都是 10 时，将显示如图 9.1 所示结果。

```
==================== 分苹果了 ====================

请输入苹果的个数：10
请输入来了几个小朋友：10
10 个苹果，平均分给 10 个小朋友，每人分 1 个。
```

图 9.1　正确的输出结果

如果在输入数量时，不小心把小朋友的人数输成了 0，将得到如图 9.2 所示结果。

```
==================== 分苹果了 ====================

请输入苹果的个数：10
请输入来了几个小朋友：0
Traceback (most recent call last):
  File "C:\python\demo.py", line 14, in <module>
    division()          # 调用分苹果的函数
  File "C:\python\demo.py", line 6, in division
    result = apple//children     # 计算每人分几个苹果
ZeroDivisionError: integer division or modulo by zero
```

图 9.2　抛出了 ZeroDivisionError 异常

产生 ZeroDivisionError（除数为 0 错误）的根源在于算术表达式“10/0”中，0 作为除数出现，所以正在执行的程序被中断（第 6 行以后，包括第 6 行的代码都不会被执行）。

除了 ZeroDivisionError 异常，Python 中还有很多异常。表 9.1 所示为 Python 中常见的异常。

表 9.1　Python 中常见的异常

异　常	描　述
NameError	尝试访问一个没有声明的变量引发的错误
IndexError	索引超出序列范围引发的错误
IndentationError	缩进错误
ValueError	传入的值错误
KeyError	请求一个不存在的字典键引发的错误
IOError	输入 / 输出错误（如要读取的文件不存在）
ImportError	当 import 语句无法找到模块或 from 无法在模块中找到相应的名称时引发的错误
AttributeError	尝试访问未知的对象属性引发的错误
TypeError	类型不合适引发的错误
MemoryError	内存不足
ZeroDivisionError	除数为 0 引发的错误

说明

表 9.1 所示异常并不需要记住，只需简单了解即可。

9.2 异常处理语句

在程序开发时，有些错误并不是每次运行都会出现。例如，本章的实例 01，只要输入的数据符合程序的要求，程序就可能正常运行，否则将抛出异常并停止运行。假设在输入苹果的数量时，输入了 23.5，那么程序将抛出如图 9.3 所示异常。

```
==================== 分苹果了 ====================

请输入苹果的个数：23.5
Traceback (most recent call last):
  File "C:\python\demo.py", line 14, in <module>
    division()          # 调用分苹果的函数
  File "C:\python\demo.py", line 4, in division
    apple = int(input("请输入苹果的个数：")) # 输入苹果的
个数
ValueError: invalid literal for int() with base 10: '23.5'
```

图 9.3　抛出 ValueError 异常

这时，就需要在开发程序时对可能出现异常的情况进行处理。下面将详细介绍 Python 中提供的异常处理语句。

9.2.1 try…except 语句

视频讲解

视频讲解：资源包\Video\09\9.2.1 try…except语句.mp4

在 Python 中，提供了 try…except 语句捕获并处理异常。在使用时，把可能产生异常的代码放在

try 语句块中，把处理结果放在 except 语句块中。这样，当 try 语句块中的代码出现错误时，就会执行 except 语句块中的代码；如果 try 语句块中的代码没有错误，那么 except 语句块将不会执行。具体的语法格式如下：

```
try:
    block1
except [ExceptionName [as alias]]:
    block2
```

参数说明：

☑ block1：表示可能出现错误的代码块。

☑ ExceptionName [as alias]：可选参数，用于指定要捕获的异常。其中，ExceptionName 表示要捕获的异常名称，如果在其右侧加上 as alias，则表示为当前的异常指定一个别名，通过该别名，可以记录异常的具体内容。

说明

在使用 try…except 语句捕获异常时，如果在 except 后面不指定异常名称，则表示捕获全部异常。

☑ block2：表示进行异常处理的代码块。在这里可以输出固定的提示信息，也可以通过别名输出异常的具体内容。

说明

使用 try…except 语句捕获异常后，当程序出错时，输出错误信息后，程序会继续执行。

下面将对实例 01 进行改进，加入异常捕获功能，对除数不能为 0 的情况进行处理。

实例 02　模拟幼儿园分苹果（除数不能为 0）　　实例位置：资源包 \Code\SL\09\02

在 IDLE 中创建一个名称为 division_apple_0.py 的文件，然后将实例 01 的代码全部复制到该文件中，并且对“if __name__ == '__main__':”语句下面的代码进行修改，应用 try…except 语句捕获执行 division() 函数可能抛出的 ZeroDivisionError（除数为零）异常，修改后的代码如下：

```
01  def division():
02      '''功能：分苹果'''
03      print("\n===================== 分苹果了 =====================\n")
04      apple = int(input("请输入苹果的个数："))                    # 输入苹果的数量
05      children = int(input("请输入来了几个小朋友："))
06      result = apple // children                                  # 计算每人分几个苹果
07      remain = apple - result * children                          # 计算余下几个苹果
08      if remain > 0:
09          print(apple, "个苹果，平均分给", children, "个小朋友，每人分", result,
10                "个,剩下", remain, "个。")
11      else:
12          print(apple, "个苹果，平均分给", children, "个小朋友，每人分", result, "个。")
13  if __name__ == '__main__':
14      try:                                                        # 捕获异常
15       division()                                                 # 调用分苹果的函数
16      except ZeroDivisionError:                                   # 处理异常
17          print("\n出错了 ~_~ ——苹果不能被0个小朋友分！")
```

执行以上代码，输入苹果的数量为 10，小朋友的人数为 0 时，将不再抛出异常，而是显示如图 9.4

所示结果。

目前，我们只处理了除数为 0 的情况，如果将苹果和小朋友的数量输入成小数或者不是数字会是什么结果呢？再次运行上面的实例，输入苹果的数量为 2.7，将得到如图 9.5 所示结果。

```
================= 分苹果了 ====================
入苹果的个数：10
入来了几个小朋友：0

了 ^_^ ——苹果不能被0个小朋友分！
```

图 9.4　除数为 0 时重新执行程序的结果

```
==================== 分苹果了 ====================

请输入苹果的个数：2.7
Traceback (most recent call last):
  File "C:\python\demo.py", line 15, in <module>
    division()       # 调用分苹果的函数
  File "C:\python\demo.py", line 4, in division
    apple = int(input("请输入苹果的个数：")) # 输入苹果的
个数
ValueError: invalid literal for int() with base 10: '2.7'
```

图 9.5　输入的数量为小数时得到的结果

从图 9.5 中可以看出，程序中要求输入整数，而实际输入的是小数，则抛出 ValueError（传入的值错误）异常。要解决该问题，可以在实例 02 的代码中，为 try…except 语句再添加一个 except 语句，用于处理抛出 ValueError 异常的情况。修改后的代码如下：

```
01  def division():
02      '''功能：分苹果'''
03      print("\n==================== 分苹果了 ====================\n")
04      apple = int(input("请输入苹果的个数："))                # 输入苹果的数量
05      children = int(input("请输入来了几个小朋友："))
06      result = apple // children                            # 计算每人分几个苹果
07      remain = apple - result * children                    # 计算余下几个苹果
08      if remain > 0:
09          print(apple, "个苹果，平均分给", children, "个小朋友，每人分", result,
10                "个，剩下", remain, "个。")
11      else:
12          print(apple, "个苹果，平均分给", children, "个小朋友，每人分", result, "个。")
13  if __name__ == '__main__':
14      try:                                                  # 捕获异常
15          division()                                        # 调用分苹果的函数
16      except ZeroDivisionError:                             # 处理异常
17          print("\n出错了 ~_~ ——苹果不能被0个小朋友分！")
18      except ValueError as e:                               # 处理ValueError异常
19          print("输入错误：", e)                              # 输出错误原因
```

再次运行程序，输入苹果的数量为小数时，将不再直接抛出异常，而是显示友好的提示，如图 9.6 所示。

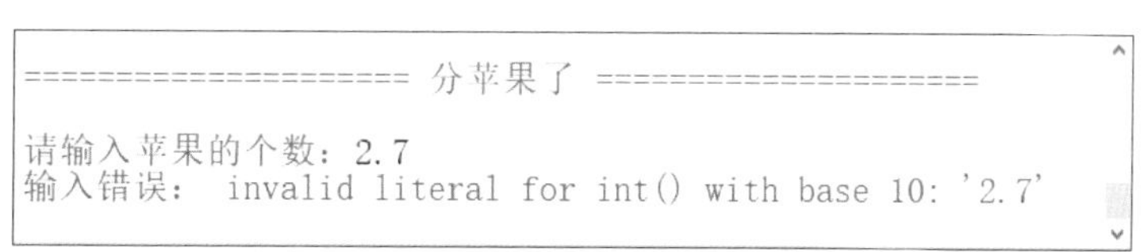

图 9.6　输入的数量为小数时显示友好的提示

在捕获异常时，如果需要同时处理多个异常，也可以采用下面的代码实现：

```
try:                                                    # 捕获异常
    division()                                          # 调用分苹果的函数
except (ValueError,ZeroDivisionError ) as e:            # 处理异常
    print("出错了，原因是：",e)                          # 显示出错原因
```

即在 except 语句后面使用一对小括号将可能出现的异常名称括起来，多个异常名称之间使用逗号分隔。如果想要显示具体的出错原因，那么再加上 as 指定一个别名。

9.2.2 try…except…else 语句

视频讲解：资源包\Video\09\9.2.2 try…except…else语句.mp4

在 Python 中，还有另一种异常处理结构，它是 try…except…else 语句，也就是在原来 try…except 语句的基础上再添加一个 else 子句，用于指定当 try 语句块中没有发现异常时要执行的语句块。当 try 语句中发现异常时，else 语句块中的内容将不被执行。例如，对实例 02 进行修改，实现当 division() 函数被执行没有抛出异常时，输出文字“分苹果顺利完成 ...”。修改后的代码如下：

```
01 def division():
02     '''功能：分苹果'''
03     print("\n===================== 分苹果了 =====================\n")
04     apple = int(input("请输入苹果的个数："))               # 输入苹果的数量
05     children = int(input("请输入来了几个小朋友："))
06     result = apple // children                           # 计算每人分几个苹果
07     remain = apple - result * children                   # 计算余下几个苹果
08     if remain > 0:
09         print(apple, "个苹果，平均分给", children, "个小朋友，每人分", result,
10               "个,剩下", remain, "个。")
11     else:
12         print(apple, "个苹果，平均分给", children, "个小朋友，每人分", result, "个。")
13 if __name__ == '__main__':
14     try:                                                 # 捕获异常
15         division()                                       # 调用分苹果的函数
16     except ZeroDivisionError:                            # 处理异常
17         print("\n出错了 ~_~ ——苹果不能被0个小朋友分！")
18     except ValueError as e:                              # 处理ValueError异常
19         print("输入错误：", e)                            # 输出错误原因
20     else:                                                # 没有抛出异常时执行
21         print("分苹果顺利完成...")
```

执行以上代码，将显示如图 9.7 所示运行结果。

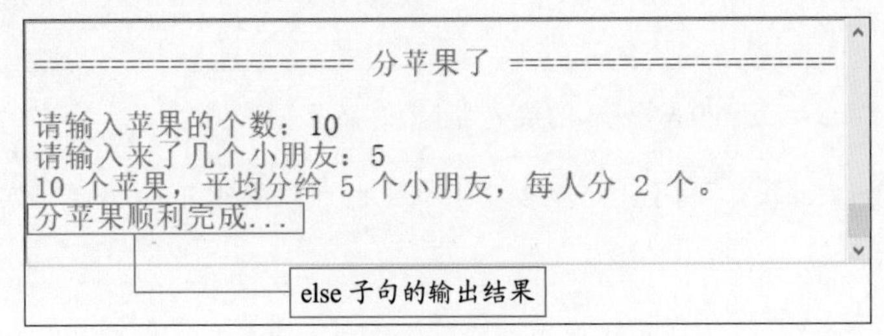

图 9.7　不抛出异常时提示相应信息

9.2.3 try…except…finally 语句

视频讲解：资源包\Video\09\9.2.3 try…except…finally语句.mp4

完整的异常处理语句应该包含 finally 代码块，通常情况下，无论程序中有无异常产生，finally 代码块中的代码都会被执行，其语法格式如下：

```
try:
    block1
except [ExceptionName [as alias]]:
    block2
finally:
    block3
```

try…except…finally 语句并不复杂，它只是比 try…except 语句多了一个 finally 语句，如果程序中有一些在任何情形中都必须执行的代码，那么就可以将它们放在 finally 代码块中。

使用 except 子句是为了允许处理异常。无论是否引发了异常，使用 finally 子句都可以执行清理代码。如果分配了有限的资源（如打开文件），则应将释放这些资源的代码放置在 finally 代码块中。

例如，再对实例 02 进行修改，实现当 division() 函数在执行时无论是否抛出异常，都输出文字“进行了一次分苹果操作”。修改后的代码如下：

```
01  def division():
02      '''功能：分苹果'''
03      print("\n==================== 分苹果了 =====================\n")
04      apple = int(input("请输入苹果的个数："))            # 输入苹果的数量
05      children = int(input("请输入来了几个小朋友："))
06      result = apple // children                      # 计算每人分几个苹果
07      remain = apple - result * children              # 计算余下几个苹果
08      if remain > 0:
09          print(apple, "个苹果，平均分给", children, "个小朋友，每人分", result,
10                "个,剩下", remain, "个。")
11      else:
12          print(apple, "个苹果，平均分给", children, "个小朋友，每人分", result, "个。")
13  if __name__ == '__main__':
14      try:                                            # 捕获异常
15          division()                                  # 调用分苹果的函数
16      except ZeroDivisionError:                       # 处理异常
17          print("\n出错了 ~_~ —苹果不能被0个小朋友分！")
18      except ValueError as e:                         # 处理ValueError异常
19          print("输入错误：", e)                        # 输出错误原因
20      else:                                           # 没有抛出异常时执行
21          print("分苹果顺利完成...")
22      finally:                                        # 无论是否抛出异常都执行
23          print("进行了一次分苹果操作。")
```

执行以上程序，将显示如图 9.8 所示运行结果。

至此，已经介绍了异常处理语句的 try…except、try…except…else 和 try…except…finally 等形式。下面通过图 9.9 说明异常处理语句的各个子句的执行关系。

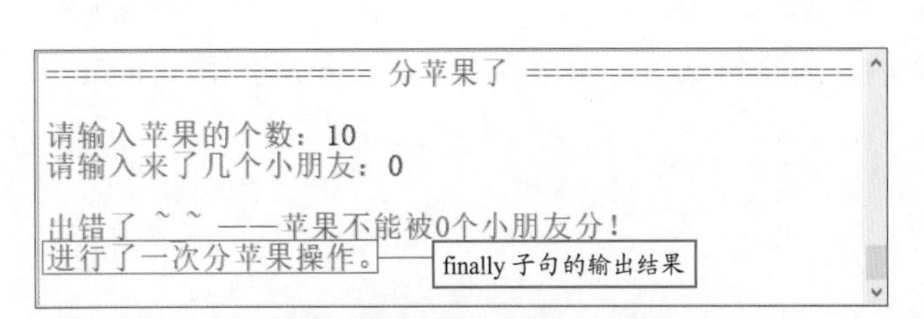

图 9.8　不抛异常时提示相应信息

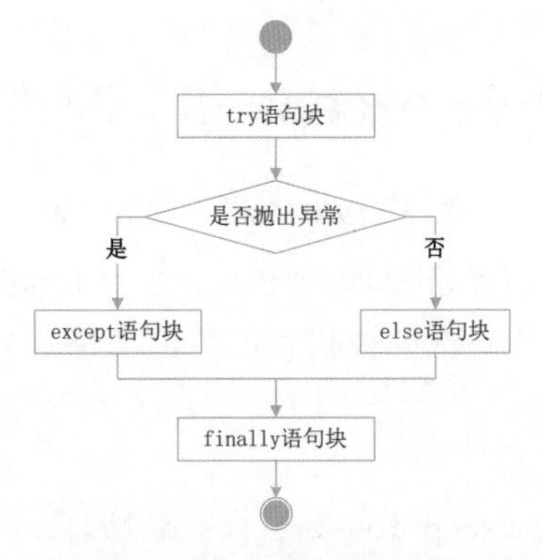

图 9.9　异常处理语句的不同子句的执行关系

9.2.4 使用 raise 语句抛出异常

视频讲解：资源包\Video\09\9.2.4 使用raise语句抛出异常.mp4

如果某个函数或方法可能会产生异常，但不想在当前函数或方法中处理这个异常，则可以使用 raise 语句在函数或方法中抛出异常。raise 语句的语法格式如下：

```
raise [ExceptionName[(reason)]]
```

其中，ExceptionName[(reason)] 为可选参数，用于指定抛出的异常名称，以及异常信息的相关描述。如果省略，就会把当前的错误原样抛出。

说明

ExceptionName(reason) 参数中的“(reason)”也可以省略，如果省略，则在抛出异常时，不附带任何描述信息。

例如，修改实例 02，加入限制，苹果数量必须大于或等于小朋友的数量，从而保证每个小朋友都能至少分到一个苹果。

实例 03　模拟幼儿园分苹果（每个人至少分到一个苹果）　｜ 实例位置：资源包 \Code\SL\09\03

在 IDLE 中创建一个名称为 division_apple_1.py 的文件，然后将实例 02 的代码全部复制到该文件中，并且在第 5 行代码“children = int(input(" 请输入来了几个小朋友："))”的下方添加一个 if 语句，实现当苹果的数量小于小朋友的数量时，应用 raise 语句抛出一个 ValueError 异常，接下来再在最后一行语句的下方添加 except 语句处理 ValueError 异常，修改后的代码如下：

```
01 def division():
02     '''功能：分苹果'''
03     print("\n===================== 分苹果了 =====================\n")
04     apple = int(input("请输入苹果的个数："))                # 输入苹果的数量
05     children = int(input("请输入来了几个小朋友："))
06     if apple < children:
07         raise ValueError("苹果太少了，不够分...")
08     result = apple // children                             # 计算每人分几个苹果
09     remain = apple - result * children                     # 计算余下几个苹果
10     if remain > 0:
11         print(apple, "个苹果，平均分给", children, "个小朋友，每人分", result,
12               "个，剩下", remain, "个。")
13     else:
14         print(apple, "个苹果，平均分给", children, "个小朋友，每人分", result, "个。")
```

```
15  if __name__ == '__main__':
16      try:                                          # 捕获异常
17          division()                                # 调用分苹果的函数
18      except ZeroDivisionError:                     # 处理ZeroDivisionError异常
19          print("\n出错了 ~_~ ——苹果不能被0个小朋友分！")
20      except ValueError as e:                       # ValueError
21       print("\n出错了 ~_~ ——",e)
```

执行程序，输入苹果的数量为 5，小朋友的数量为 10 时，将出现如图 9.10 所示出错提示。

```
==================== 分苹果了 ====================

请输入苹果的个数：5
请输入来了几个小朋友：10

出错了 ~_~ —— 苹果太少了，不够分...
```

图 9.10　苹果的数量小于小朋友的数量时给出的提示

说明

在应用 raise 抛出异常时，要尽量选择合理的异常对象，而不应该抛出一个与实际内容不相关的异常。例如，在实例 03 中，想要处理的是一个和值有关的异常，这时就不应该抛出一个 IndentationError 异常。

9.3 程序调试

视 频 讲 解

视频讲解：资源包\Video\09\9.3 程序调试.mp4

在程序开发过程中，免不了会出现一些错误，有语法方面的，也有逻辑方面的。对于语法方面的错误，比较好检测，因为程序会直接停止，并且给出错误提示。而对于逻辑错误，就不太容易发现了，因为程序可能会一直执行下去，但结果是错误的。所以作为一名程序员，掌握一定的程序调试方法，可以说是一项必备技能。

9.3.1 使用自带的 IDLE 进行程序调试

多数的集成开发工具都提供了程序调试功能。例如，我们一直在使用的 IDLE，也提供了程序调试功能。使用 IDLE 进行程序调试的基本步骤如下：

（1）打开 IDLE Shell，在主菜单上选择“Debug”→“Debugger”菜单项，将打开 Debug Control 对话框（此时该对话框是空白的），同时 Python Shell 窗口中将显示“[DEBUG ON]”（表示已经处于调试状态），如图 9.11 所示。

图 9.11　处于调试状态的 Python Shell

（2）在 Python Shell 窗口中，选择“File”→“Open”菜单项，打开要调试的文件。这里打开本章的实例 01 中编写的 division_apple.py 文件，然后添加需要的断点。

说明

断点的作用：设置断点后，程序执行到断点时就会暂时中断执行，程序可以随时继续。

添加断点的方法是：在想要添加断点的行上，单击鼠标右键，在弹出的快捷菜单中选择“Set Breakpoint”菜单项。添加断点的行将以黄色底纹标记，如图 9.12 所示。

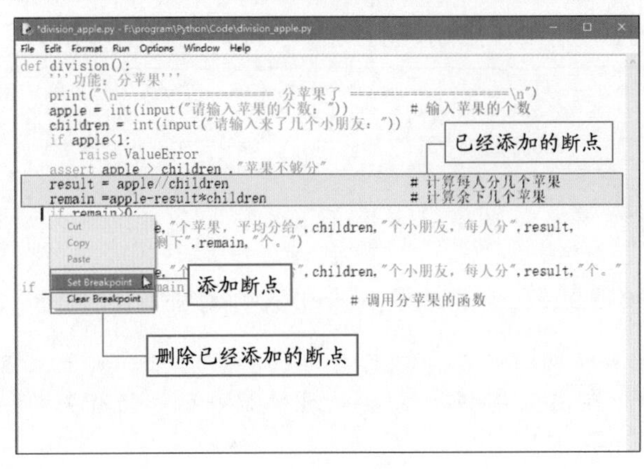

图 9.12　添加断点

说明

如果想要删除已经添加的断点，可以选中已经添加断点的行，然后单击鼠标右键，在弹出的快捷菜单中选择“Clear Breakpoint”菜单项。

（3）添加所需的断点（添加断点的原则是：程序执行到这个位置时，想要查看某些变量的值，就在这个位置添加一个断点）后，按下快捷键 <F5>，执行程序，这时 Debug Control 对话框中将显示程序的执行信息，选中 Globals 复选框，将显示全局变量，默认只显示局部变量。此时的 Debug Control 对话框如图 9.13 所示。

（4）在图 9.13 所示调试工具栏中，提供了 5 个工具按钮。这里单击 Go 按钮继续执行程序，直到所设置的第一个断点。由于在 division_apple.py 文件中，第一个断点之前需要获取用户的输入，所以需要先在 Python Shell 窗口中输入苹果和小朋友的数量。输入后 Debug Control 窗口中的数据将发生变化，如图 9.14 所示。

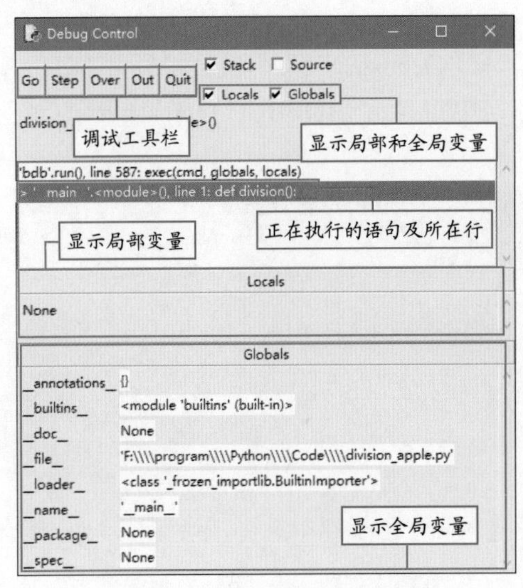

图 9.13　显示程序的执行信息

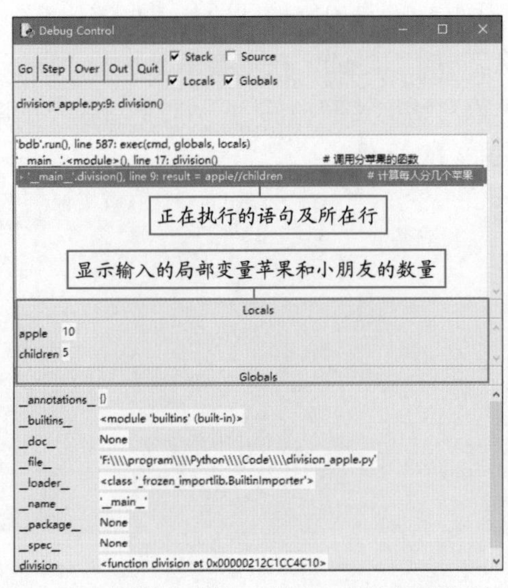

图 9.14　显示执行到第一个断点时的变量信息

调试工具栏中的 5 个按钮的作用为：Go 按钮用于执行跳至断点操作；Step 按钮用于进入要执行的函数；Over 按钮用于单步执行；Out 按钮用于跳出所在的函数；Quit 按钮用于结束调试。

（5）继续单击 Go 按钮，将执行到下一个断点，查看变量的变化，直到全部断点都执行完毕。

程序调试完毕后，可以关闭 Debug Control 窗口，此时在 Python Shell 窗口中将显示“[DEBUG OFF]”（表示已经结束调试）。

9.3.2 使用 assert 语句调试程序

Python 提供了 assert 语句来调试程序。assert 的中文意思是断言，它一般用于对程序某个时刻必须满足的条件进行验证。assert 语句的基本语法如下：

```
assert expression [,reason]
```

参数说明：

☑ expression：条件表达式，如果该表达式的值为真，就什么都不做；如果为假，则抛出 AssertionError 异常。

☑ reason：可选参数，用于对判断条件进行描述，以便以后更好地知道哪里出现了问题。

例如，修改实例 01，应用断言判断程序是否会出现苹果不够分的情况，如果不够分，则需要对这种情况进行处理。

实例 04　模拟幼儿园分苹果（应用断言调试）　　实例位置：资源包 \Code\SL\09\04

在 IDLE 中创建一个名称为 division_apple_dug.py 的文件，然后将实例 01 的代码全部复制到该文件中，并且在第 5 行代码“children = int(input(" 请输入来了几个小朋友："))”的下方添加一个 assert 语句，验证苹果的数量是否小于小朋友的数量，修改后的代码如下：

```
01  def division():
02      '''功能：分苹果'''
03      print("\n===================== 分苹果了 =====================\n")
04      apple = int(input("请输入苹果的个数："))       # 输入苹果的数量
05      children = int(input("请输入来了几个小朋友："))
06      assert apple > = children ,"苹果不够分"       # 应用断言调试
07      result = apple // children                    # 计算每人分几个苹果
08      remain = apple - result * children            # 计算余下几个苹果
09      if remain > = 0:
10          print(apple, "个苹果，平均分给", children, "个小朋友，每人分", result,
11                "个,剩下", remain, "个。")
12      else:
13          print(apple, "个苹果，平均分给", children, "个小朋友，每人分", result, "个。")
14  if __name__ == '__main__':
15      division()                                    # 调用分苹果的函数
```

运行程序，输入苹果的数量为 5，小朋友的数量为 10 时，将抛出如图 9.15 所示 AssertionError 异常。

通常情况下，assert 语句可以和异常处理语句结合使用。所以，可以将上面代码的第 15 行修改为以下内容：

```
try:
    division()                                        # 调用分苹果的函数
except AssertionError as e:                           # 处理AssertionError异常
    print("\n输入有误：",e)
```

这样，再执行程序时就不会直接抛出异常，而是给出如图 9.16 所示提示。

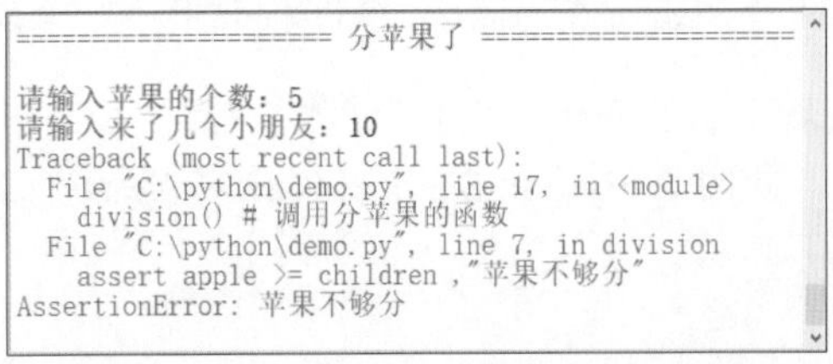

```
==================== 分苹果了 ====================

请输入苹果的个数：5
请输入来了几个小朋友：10
Traceback (most recent call last):
  File "C:\python\demo.py", line 17, in <module>
    division() # 调用分苹果的函数
  File "C:\python\demo.py", line 7, in division
    assert apple >= children ,"苹果不够分"
AssertionError: 苹果不够分
```

图 9.15　苹果的个数小于小朋友的个数时抛出 AssertionError 异常

```
==================== 分苹果了 ====================
请输入苹果的个数：5
请输入来了几个小朋友：10

输入有误：　苹果不够分
```

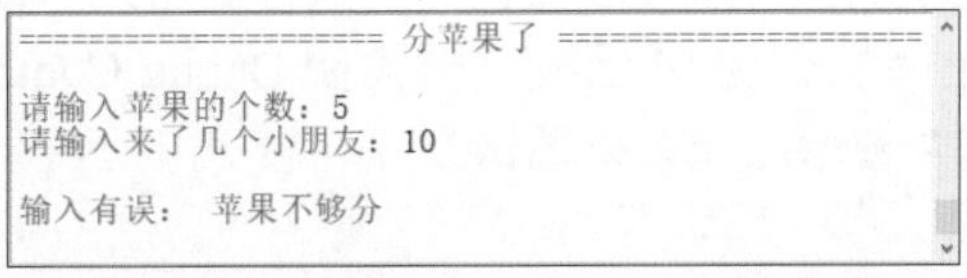

图 9.16　处理抛出的 AssertionError 异常

assert 语句只在调试阶段有效。我们可以通过在执行 python 命令时加入 -O（大写）参数来关闭 assert 语句。例如，在命令行窗口中输入以下代码执行“E:\program\Python\Code”目录下的 division_apple_bug.py 文件，即关闭 division_apple_bug.py 文件中的 assert 语句。

```
E:
cd E:\program\Python\Code
python -O division_apple_bug.py
```

说明

division_apple_bug.py 文件的内容就是实例 04 的内容，其中添加了 assert 语句。

执行上面的语句后，输入苹果的数量为 5，小朋友的数量为 10 时，并没有给出“输入有误：苹果不够分”的提示，如图 9.17 所示。

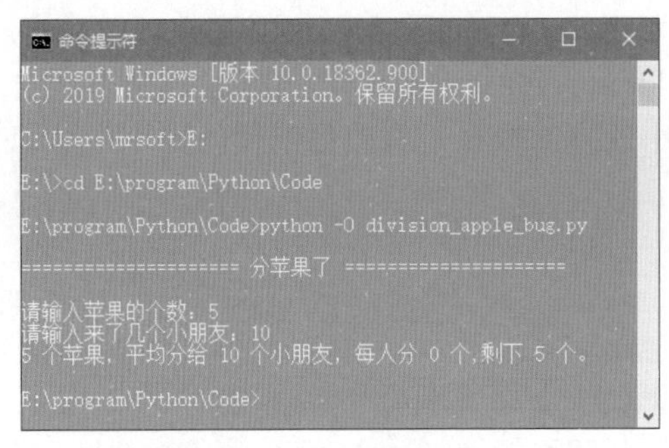

图 9.17　在非调试状态下执行程序，将忽略 assert 语句

9.4 小结

本章主要对异常处理语句和常用的程序调试方法进行了详细讲解。在讲解过程中，重点讲解了如何使用异常处理语句捕获和抛出异常，以及如何使用自带的 IDLE 工具和断言语句进行调试。通过学习本章，读者应掌握 Python 语言中异常处理语句的使用，并能根据需要用自带的 IDLE 工具对开发的程序进行调试。

本章 e 学码：关键知识点拓展阅读

division() 函数　　ValueError 异常　　断点

e 学码

第10章 文件及目录操作

（视频讲解：2 小时 21 分钟）

本章概览

在变量、序列和对象中存储的数据是暂时的，程序结束后就会丢失。为了能够长时间地保存程序中的数据，需要将程序中的数据保存到磁盘文件中。Python 提供了内置的文件对象和对文件、目录进行操作的内置模块。通过这些技术可以很方便地将数据保存到文件（如文本文件等）中，以达到长时间保存数据的目的。

本章将详细介绍在 Python 中如何进行文件和目录的相关操作。

知识框架

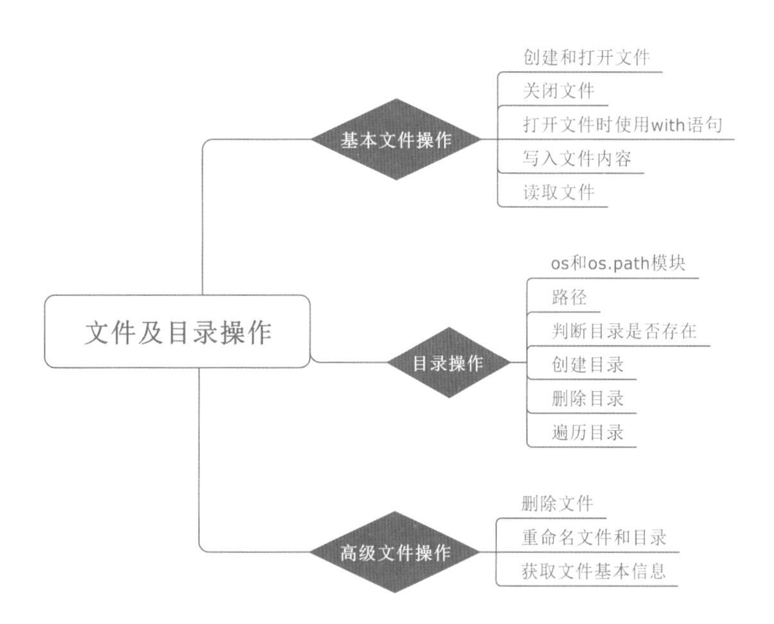

10.1 基本文件操作

在 Python 中，内置了文件（File）对象。在使用文件对象时，首先需要通过内置的 open() 方法创建一个文件对象，然后通过该对象提供的方法进行文件操作。例如，可以使用文件对象的 write() 方法向文件中写入内容，以及使用 close() 方法关闭文件等。下面将介绍如何应用 Python 的文件对象进行基本文件操作。

10.1.1 创建和打开文件

视频讲解：资源包\Video\10\10.1.1 创建和打开文件.mp4

在 Python 中，想要操作文件需要先创建或者打开指定的文件并创建文件对象，可以通过内置的 open() 函数实现。open() 函数的基本语法格式如下：

```
file = open(filename[,mode[,buffering]])
```

参数说明：

☑ file：被创建的文件对象。

☑ filename：要创建或打开文件的文件名称，需要使用单引号或双引号引起来。如果要打开的文件和当前文件在同一个目录下，那么直接写文件名即可，否则需要指定完整路径。例如，要打开当前路径下的名称为 status.txt 的文件，可以使用 'status.txt '

☑ mode：可选参数，用于指定文件的打开模式，其参数值如表 10.1 所示。默认的打开模式为只读（即 r）。

表 10.1　mode 参数的参数值说明

值	说　明	注　意
r	以只读模式打开文件，文件的指针将会放在文件的开头	文件必须存在
rb	以二进制格式打开文件，并且采用只读模式。文件的指针将会放在文件的开头，一般用于非文本文件，如图片、声音文件等	
r+	打开文件后，可以读取文件内容，也可以写入新的内容覆盖原有内容（从文件开头进行覆盖）	
rb+	以二进制格式打开文件，并且采用读写模式。文件的指针将会放在文件的开头。一般用于非文本文件，如图片、声音文件等	
w	以只写模式打开文件	文件存在，则将其覆盖，否则创建新文件
wb	以二进制格式打开文件，并且采用只写模式。一般用于非文本文件，如图片、声音文件等	
w+	打开文件后，先清空原有内容，使其变为一个空的文件，对这个空文件有读写权限	
wb+	以二进制格式打开文件，并且采用读写模式。一般用于非文本文件，如图片、声音文件等	
a	以追加模式打开一个文件。如果该文件已经存在，文件指针将放在文件的末尾（即新内容会被写到已有内容之后），否则，创建新文件用于写入	
ab	以二进制格式打开文件，并且采用追加模式。如果该文件已经存在，文件指针将放在文件的末尾（即新内容会被写到已有内容之后），否则，创建新文件用于写入	
a+	以读写模式打开文件。如果该文件已经存在，文件指针将放在文件的末尾（即新内容会被写到已有内容之后），否则，创建新文件用于读写	
ab+	以二进制格式打开文件，并且采用追加模式。如果该文件已经存在，文件指针将放在文件的末尾（即新内容会被写到已有内容之后），否则，创建新文件用于读写	

☑ buffering：可选参数，用于指定读写文件的缓存模式，值为 0 表示不缓存；值为 1 表示缓存；如果大于 1，则表示缓冲区的大小。默认为缓存模式。

使用 open() 方法可以实现以下几个功能。

1. 打开一个不存在的文件时先创建该文件

在不指定文件打开模式的情况下，使用 open() 函数打开一个不存在的文件，会抛出如图 10.1 所示异常。

```
Traceback (most recent call last):
  File "C:\python\demo.py", line 1, in <module>
    open("status.txt")
FileNotFoundError: [Errno 2] No such file or directory: 'status.txt'
```

图 10.1　打开的文件不存在时抛出的异常

要解决如图 10.1 所示错误，主要有以下两种方法：

☑ 在当前目录下（即与执行的文件相同的目录）创建一个名称为 status.txt 的文件。

☑ 在调用 open() 函数时，指定 mode 的参数值为 w、w+、a 或 a+。这样，当要打开的文件不存在时，就可以创建新的文件了。

场景模拟 | 在蚂蚁庄园的动态栏目中记录着庄园里的新鲜事。现在想要创建一个文本文件保存这些新鲜事。

实例 01　创建并打开记录蚂蚁庄园动态的文件　　实例位置：资源包 \Code\SL\10\01

在 IDLE 中创建一个名称为 antmanor_message.py 的文件，然后在该文件中，首先输出一条提示信息，然后再调用 open() 函数创建或打开文件，最后再输出一条提示信息，代码如下：

```
01  print("\n","="*10,"蚂蚁庄园动态","="*10)
02  file = open('message.txt','w')          # 创建或打开保存蚂蚁庄园动态信息的文件
03  print("\n 即将显示……\n")
```

执行上面的代码，将显示如图 10.2 所示结果，同时在 antmaner_message.py 文件所在的目录下创建一个名称为 message.txt 的文件，该文件没有任何内容，如图 10.3 所示。

图 10.2　创建并打开记录蚂蚁庄园动态的文件

图 10.3　新创建的记录蚂蚁庄园动态的文件

从图 10.3 中可以看出，新创建的文件没有任何内容，大小为 0KB。这是因为现在只是创建了一个文件，还没有向文件中写入任何内容。在 10.1.4 小节将介绍如何向文件中写入内容。

2. 以二进制形式打开文件

使用 open() 函数不仅可以以文本形式打开文本文件，而且还可以以二进制方式打开非文本文件，如图片文件、音频文件、视频文件等。例如，创建一个名称为 picture.png 的图片文件（如图 10.4 所示），并且应用 open() 函数以二进制方式打开该文件。

图 10.4　打开的图片文件

以二进制方式打开该文件，并输出创建的对象的代码如下：

```
file = open('picture.png','rb')          # 以二进制方式打开图片文件
print(file)                              # 输出创建的对象
```

执行上面的代码后，将显示如图 10.5 所示运行结果。

```
<_io.BufferedReader name='picture.png'>
```

图 10.5　以二进制方式打开图片文件

从图 10.5 中可以看出，创建的是一个 BufferedReader 对象。在该对象生成后，可以再应用其他的第三方模块进行处理。例如，上面的 BufferedReader 对象是通过打开图片文件实现的。那么就可以将其传入第三方图像处理库 PIL 的 Image 模块的 open 方法中，以便于对图片进行处理（如调整大小等）。

3. 打开文件时指定编码方式

在使用 open() 函数打开文件时，默认采用 GBK 编码，当被打开的文件不是 GBK 编码时，将抛出如图 10.6 所示异常。

```
Traceback (most recent call last):
  File "C:\python\demo.py", line 2, in <module>
    file.read()
UnicodeDecodeError: 'gbk' codec can't decode byte 0xaf in position 14:
illegal multibyte sequence
```

图 10.6　抛出 Unicode 解码异常

解决该问题的方法有两种，一种是直接修改文件的编码，另一种是在打开文件时，直接指定使用的编码方式。推荐采用后一种方法。下面重点介绍如何在打开文件时指定编码方式。

在调用 open() 函数时，通过添加 encoding='utf-8' 参数即可实现将编码指定为 UTF-8。如果想要指定其他编码，将单引号中的内容替换为想要指定的编码即可。

例如，打开采用 UTF-8 编码保存的 notice.txt 文件，可以使用下面的代码：

```
file = open('notice.txt','r',encoding='utf-8')
```

10.1.2 关闭文件

视频讲解：资源包\Video\10\10.1.2 关闭文件.mp4

打开文件后，需要及时关闭，以免对文件造成不必要的破坏。关闭文件可以使用文件对象的 close() 方法实现。close() 方法的语法格式如下：

```
file.close()
```

其中，file 为打开的文件对象。

例如，关闭实例 01 中打开的 file 对象，可以使用下面的代码：

```
file.close()            # 关闭文件对象
```

说明

close() 方法先刷新缓冲区中还没有写入的信息，然后再关闭文件，这样可以将没有写入文件的内容写到文件中。在关闭文件后，便不能再进行写入操作了。

10.1.3 打开文件时使用 with 语句

视频讲解：资源包\Video\10\10.1.3 打开文件时使用with语句.mp4

打开文件后，要及时将其关闭，如果忘记关闭可能会带来意想不到的问题。另外，如果在打开文件时抛出了异常，那么将导致文件不能被及时关闭。为了更好地避免此类问题发生，可以使用 Python 提供的 with 语句，从而实现在处理文件时，无论是否抛出异常，都能保证 with 语句执行完毕后关闭已经打开的文件。with 语句的基本语法格式如下：

```
with expression as target:
    with-body
```

参数说明：

☑ expression：用于指定一个表达式，这里可以是打开文件的 open() 函数。

☑ target：用于指定一个变量，并且将 expression 的结果保存到该变量中。

☑ with-body：用于指定 with 语句体，其中可以是执行 with 语句后一些相关的操作语句。如果不想执行任何语句，可以直接使用 pass 语句代替。

例如，将实例 01 修改为在打开文件时使用 with 语句，修改后的代码如下：

```
print("\n","="*10,"蚂蚁庄园动态","="*10)
with open('message.txt','w') as file:          # 创建或打开保存蚂蚁庄园动态信息的文件
    pass
print("\n 即将显示……\n")
```

执行上面的代码，同样得到如图 10.2 所示运行结果。

10.1.4 写入文件内容

视频讲解：资源包\Video\10\10.1.4 写入文件内容.mp4

在实例 01 中，虽然创建并打开了一个文件，但是该文件中并没有任何内容，它的大小是 0KB。Python 的文件对象提供了 write() 方法，可以向文件中写入内容。write() 方法的语法格式如下：

```
file.write(string)
```

其中，file 为打开的文件对象，string 为要写入的字符串。

注意

调用 write() 方法向文件中写入内容的前提是，在打开文件时指定的打开模式为 w（可写）或者 a（追加），否则，将抛出如图 10.7 所示异常。

```
Traceback (most recent call last):
  File "C:\python\demo.py", line 2, in <module>
    file.write("腹有诗书气自华")
io.UnsupportedOperation: not writable
```

图 10.7　没有写入权限时抛出的异常

场景模拟｜在蚂蚁庄园的动态栏目中记录着庄园里的新鲜事。在给小鸡喂食后，使用了一张加速卡，此时，需要向庄园的动态栏目中写入一条动态。

实例 02　向蚂蚁庄园的动态文件写入一条信息　｜　实例位置：资源包\Code\SL\10\02

在 IDLE 中创建一个名称为 antmanor_message_w.py 的文件，然后在该文件中，首先应用 open() 函

数以写方式打开一个文件，然后再调用 write() 方法向该文件中写入一条动态信息，再调用 close() 方法关闭文件，代码如下：

```
01 print("\n","="*10,"蚂蚁庄园动态","="*10)
02 file = open('message.txt','w')               # 创建或打开保存蚂蚁庄园动态信息的文件
03 # 写入一条动态信息
04 file.write("你使用了1张加速卡，小鸡撸起袖子开始双手吃饲料，进食速度大大加快。\n")
05 print("\n 写入了一条动态……\n")
06 file.close()                                 # 关闭文件对象
```

执行上面的代码，将显示如图 10.8 所示结果，同时在 antmaner_message_w.py 文件所在的目录下创建一个名称为 message.txt 的文件，并且在该文件中写入了文字“你使用了 1 张加速卡，小鸡撸起袖子开始双手吃饲料，进食速度大大加快”，如图 10.9 所示。

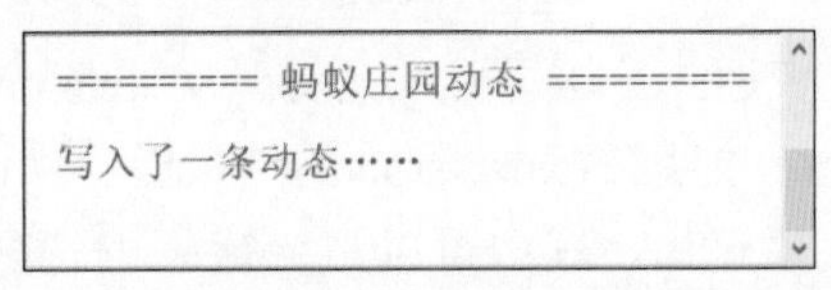

图 10.8　创建并打开记录蚂蚁庄园动态的文件

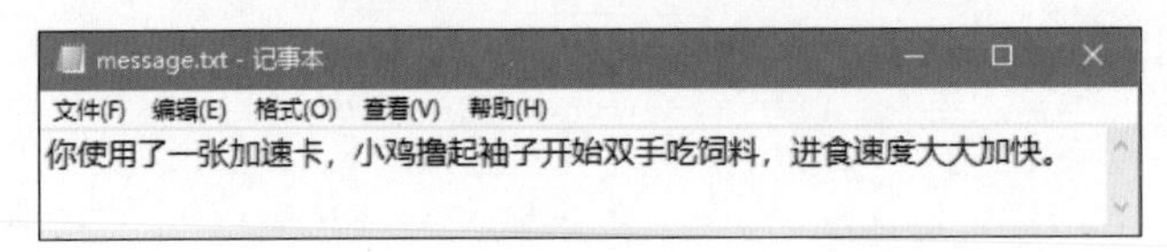

图 10.9　记录蚂蚁庄园动态的文件

注意

在写入文件后，一定要调用 close() 方法关闭文件，否则写入的内容不会保存到文件中。这是因为，当我们在写入文件内容时，操作系统不会立刻把数据写入磁盘，而是先缓存起来，只有调用 close() 方法时，操作系统才会保证把没有写入的数据全部写入磁盘。

多学两招

在向文件中写入内容后，如果不想马上关闭文件，也可以调用文件对象提供的 flush() 方法，把缓冲区的内容写入文件，这样也能保证将数据全部写入磁盘。

向文件中写入内容时，如果打开文件采用 w（写入）模式，则先清空原文件中的内容，再写入新的内容；而如果打开文件采用 a（追加）模式，则不覆盖原有文件的内容，只是在文件的结尾处增加新的内容。下面将对实例 02 的代码进行修改，实现在原动态信息的基础上再添加一条动态信息。修改后的代码如下：

```
01 print("\n","="*10,"蚂蚁庄园动态","="*10)
02 file = open('message.txt','a')       # 创建或打开保存蚂蚁庄园动态信息的文件
03 # 追加一条动态信息
04 file.write("mingri的小鸡在你的庄园待了22分钟，吃了6g饲料之后，被你赶走了。\n")
05 print("\n 追加了一条动态……\n")
06 file.close()                          # 关闭文件对象
```

执行上面的代码后，打开 message.txt 文件，将显示如图 10.10 所示结果。

图 10.10　追加内容后的 message.txt 文件

多学两招

Python 的文件对象除了提供了 write() 方法，还提供了 writelines() 方法，可以实现把字符串列表写入文件，但是不添加换行符。

10.1.5 读取文件

视频讲解

视频讲解：资源包\Video\10\10.1.5 读取文件.mp4

在 Python 中打开文件后，除了可以向其写入或追加内容，还可以读取文件中的内容。读取文件内容主要分为以下几种情况。

1. 读取指定字符

文件对象提供了 read() 方法读取指定个数的字符，语法格式如下：

```
file.read([size])
```

参数说明：

☑ file：为打开的文件对象。

☑ size：可选参数，用于指定要读取的字符个数，如果省略，则一次性读取所有内容。

注意

调用 read() 方法读取文件内容的前提是，在打开文件时指定的打开模式为 r（只读）或者 r+（读写），否则，将抛出如图 10.11 所示异常。

```
Traceback (most recent call last):
  File "C:\python\demo.py", line 2, in <module>
    file.read()
io.UnsupportedOperation: not readable
```

图 10.11　没有读取权限时抛出的异常

例如，要读取 message.txt 文件中的前 9 个字符，可以使用下面的代码：

```
with open('message.txt','r') as file:          # 打开文件
    string = file.read(9)                      # 读取前9个字符
    print(string)
```

如果 message.txt 的文件内容如下：

```
你使用了1张加速卡，小鸡撸起袖子开始双手吃饲料，进食速度大大加快。
```

那么执行上面的代码将显示以下结果：

```
你使用了1张加速卡
```

使用 read(size) 方法读取文件时，是从文件的开头读取的。如果想要读取部分内容，可以先使用文件对象的 seek() 方法将文件的指针移动到新的位置，然后再应用 read(size) 方法读取。seek() 方法的基本语法格式如下：

```
file.seek(offset[,whence])
```

参数说明：

☑ file：表示已经打开的文件对象。

☑ offset：用于指定移动的字符个数，其具体位置与 whence 参数有关。

☑ whence：用于指定从什么位置开始计算。值为 0 表示从文件头开始计算，值为 1 表示从当前位置开始计算，值为 2 表示从文件尾开始计算，默认为 0。

注意

对于 whence 参数，如果在打开文件时没有使用 b 模式（即 rb），那么只允许从文件头开始计算相对位置，从文件尾计算时就会抛出如图 10.12 所示异常。

```
Traceback (most recent call last):
  File "C:\python\demo.py", line 2, in <module>
    file.seek(10,2)
io.UnsupportedOperation: can't do nonzero end-relative seeks
```

图 10.12　抛出 io.UnsupportedOperation 异常

例如，想要从文件的第 19 个字符开始读取 13 个字符，可以使用下面的代码：

```
with open('message.txt','r') as file:          # 打开文件
    file.seek(19)                              # 移动文件指针到新的位置
    string = file.read(13)                     # 读取13个字符
    print(string)
```

如果采用 GBK 编码的 message.txt 文件内容如下：

```
你使用了1张加速卡，小鸡撸起袖子开始双手吃饲料，进食速度大大加快。
```

那么执行上面的代码将显示以下结果：

```
小鸡撸起袖子开始双手吃饲料
```

说明

在使用 seek() 方法时，如果采用 GBK 编码，那么 offset 的值是按一个汉字（包括中文标点符号）占两个字节计算，而采用 UTF-8 编码，则一个汉字占 3 个字节，不过无论采用何种编码，英文和数字都是按一个字节计算的。这与 read(size) 方法不同。

场景模拟 | 在蚂蚁庄园的动态栏目中记录着庄园里的新鲜事。现在想显示庄园里的动态信息。

实例 03　显示蚂蚁庄园的动态

实例位置：资源包 \Code\SL\10\03

在 IDLE 中创建一个名称为 antmanor_message_r.py 的文件，然后在该文件中，首先应用 open() 函数以只读方式打开一个文件，然后再调用 read() 方法读取全部动态信息，并输出，代码如下：

```
01  print("\n","="*25,"蚂蚁庄园动态","="*25,"\n")
02  with open('message.txt','r') as file:       # 打开保存蚂蚁庄园动态信息的文件
03      message = file.read()                    # 读取全部动态信息
04      print(message)                           # 输出动态信息
05      print("\n","="*29,"over","="*29,"\n")
```

执行上面的代码，将显示如图 10.13 所示结果。

```
 ========================= 蚂蚁庄园动态 =========================

你使用了1张加速卡，小鸡撸起袖子开始双手吃饲料，进食速度大大加快。
mingri的小鸡在你的庄园待了22分钟，吃了6g饲料之后，被你赶走了。
你的小鸡在QQ的庄园待了27分钟，吃了8g饲料被庄园主人赶回来了。
你使用了1张加速卡，小鸡撸起袖子开始双手吃饲料，进食速度大大加快。
CC来到你的庄园，并提醒你无语的小鸡已经偷吃饲料21分钟，吃掉了6g。
你的小鸡拿出了10g饲料奖励给CC。

 ============================= over =============================
```

图 10.13　显示蚂蚁庄园的全部动态

2. 读取一行

在使用 read() 方法读取文件时，如果文件很大，一次读取全部内容到内存，容易造成内存不足，所以通常会逐行读取。文件对象提供了 readline() 方法用于每次读取一行数据。readline() 方法的基本语法格式如下：

```
file.readline()
```

其中，file 为打开的文件对象。同 read() 方法一样，打开文件时，也需要指定打开模式为 r（只读）或者 r+（读写）。

场景模拟 | 在蚂蚁庄园的动态栏目中记录着庄园里的新鲜事。现在想显示蚂蚁庄园里的动态信息。

实例 04　逐行显示蚂蚁庄园的动态 | 实例位置：资源包 \Code\SL\10\04

在 IDLE 中创建一个名称为 antmanor_message_rl.py 的文件，然后在该文件中，首先应用 open() 函数以只读方式打开一个文件，然后应用 while 语句创建循环，在该循环中调用 readline() 方法读取一条动态信息并输出，另外还需要判断内容是否已经读取完毕，如果读取完毕应用 break 语句跳出循环，代码如下：

```
01  print("\n","="*35,"蚂蚁庄园动态","="*35,"\n")
02  with open('message.txt','r') as file:      # 打开保存蚂蚁庄园动态信息的文件
03      number = 0                              # 记录行号
04      while True:
05          number += 1
06          line = file.readline()
07          if line =='':
08              break                           # 跳出循环
09          print(number,line,end= "\n")        # 输出一行内容
10  print("\n","="*39,"over","="*39,"\n")
```

执行上面的代码，将显示如图 10.14 所示结果。

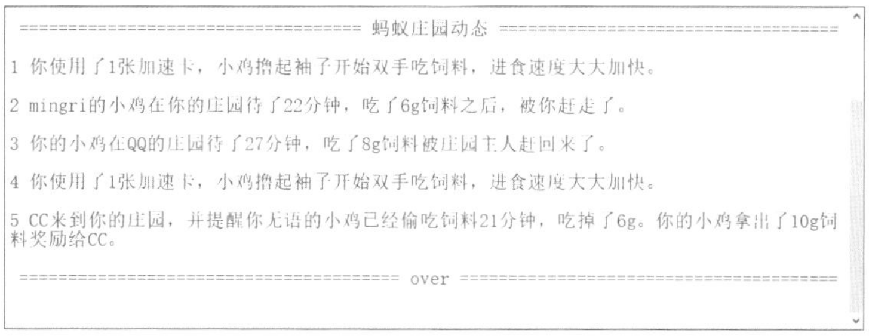

```
=================================== 蚂蚁庄园动态 ===================================
1 你使用了1张加速卡，小鸡撸起袖子开始双手吃饲料，进食速度大大加快。
2 mingri的小鸡在你的庄园待了22分钟，吃了6g饲料之后，被你赶走了。
3 你的小鸡在QQ的庄园待了27分钟，吃了8g饲料被庄园主人赶回来了。
4 你使用了1张加速卡，小鸡撸起袖子开始双手吃饲料，进食速度大大加快。
5 CC来到你的庄园，并提醒你无语的小鸡已经偷吃饲料21分钟，吃掉了6g。你的小鸡拿出了10g饲料奖励给CC。
======================================= over =======================================
```

图 10.14　逐行显示蚂蚁庄园的全部动态

3. 读取全部行

读取全部行的作用同调用 read() 方法时不指定 size 类似，只不过读取全部行时，返回的是一个字符串列表，每个元素为文件的一行内容。读取全部行，使用的是文件对象的 readlines() 方法，其语法格式如下：

```
file.readlines()
```

其中，file 为打开的文件对象。同 read() 方法一样，打开文件时，也需要指定打开模式为 r（只读）

或者 r+（读写）。

例如，通过 readlines() 方法读取实例 03 中的 message.txt 文件，并输出读取结果，代码如下：

```
print("\n","="*25,"蚂蚁庄园动态","="*25,"\n")
with open('message.txt','r') as file:          # 打开保存蚂蚁庄园动态信息的文件
    message = file.readlines()                  # 读取全部动态信息
    print(message)                              # 输出动态信息
    print("\n","="*29,"over","="*29,"\n")
```

执行上面的代码，将显示如图 10.15 所示运行结果。

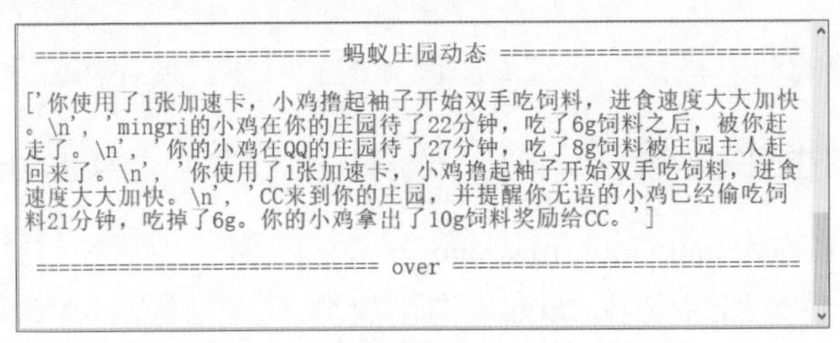

图 10.15　readlines() 方法的返回结果

从该运行结果中可以看出，readlines() 方法的返回值为一个字符串列表。在这个字符串列表中，每个元素记录一行内容。如果文件比较大，采用这种方法输出读取的文件内容会很慢。这时可以将列表的内容逐行输出。例如，可以将代码修改为以下内容：

```
print("\n","="*25,"蚂蚁庄园动态","="*25,"\n")
with open('message.txt','r') as file:          # 打开保存蚂蚁庄园动态信息的文件
    messageall = file.readlines()               # 读取全部动态信息
    for message in messageall:
        print(message)                          # 输出一条动态信息
print("\n","="*29,"over","="*29,"\n")
```

执行结果如图 10.16 所示。

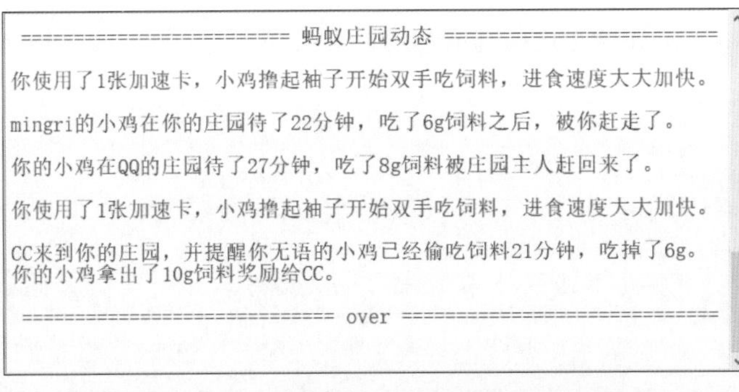

图 10.16　应用 readlines() 方法并逐行输出动态信息

10.2 目录操作

目录也称文件夹，用于分层保存文件。通过目录可以分门别类地存放文件。我们也可以通过目录快速找到想要的文件。在 Python 中，并没有提供直接操作目录的函数或者对象，而是需要使用内置的 os 和 os.path 模块实现。

说明

os 模块是 Python 内置的与操作系统功能和文件系统相关的模块。该模块中的语句的执行结果通常与操作系统有关，在不同操作系统上运行，可能会得到不一样的结果。

常用的目录操作主要有判断目录是否存在、创建目录、删除目录和遍历目录等，本节将详细介绍。

说明

本章的内容都是以 Windows 操作系统为例进行介绍的，所以代码的执行结果也都是在 Windows 操作系统下显示的。

10.2.1 os 和 os.path 模块

视频讲解：资源包\Video\10\10.2.1 os和os.path模块.mp4

在 Python 中，内置了 os 模块及其子模块 os.path 用于对目录或文件进行操作。在使用 os 模块或者 os.path 模块时，需要先应用 import 语句将其导入，然后才可以应用它们提供的函数或者变量。

导入 os 模块可以使用下面的代码：

```
import os
```

说明

导入 os 模块后，也可以使用其子模块 os.path。

导入 os 模块后，可以使用该模块提供的通用变量获取与系统有关的信息。常用的变量有以下几个：

☑ name：用于获取操作系统类型。

例如，在 Windows 操作系统下输出 os.name，将显示如图 10.17 所示结果。

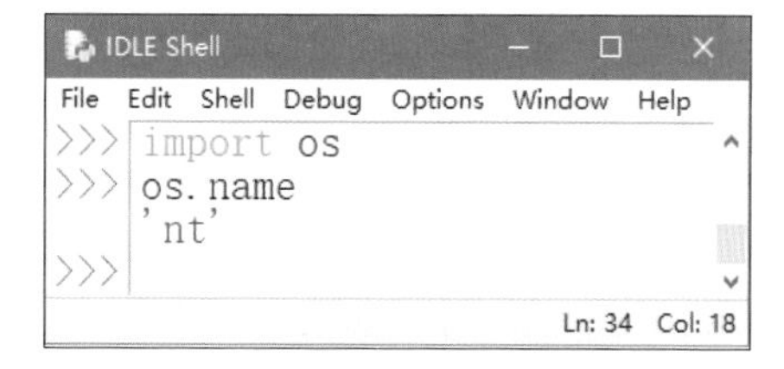

图 10.17　显示 os.name 的结果

说明

如果 os.name 的输出结果为 nt，则表示是 Windows 操作系统；如果是 posix，则表示是 Linux、UNIX 或 macOS 操作系统。

☑ linesep：用于获取当前操作系统上的换行符。

例如，在 Windows 操作系统下输出 os.linesep，将显示如图 10.18 所示结果。

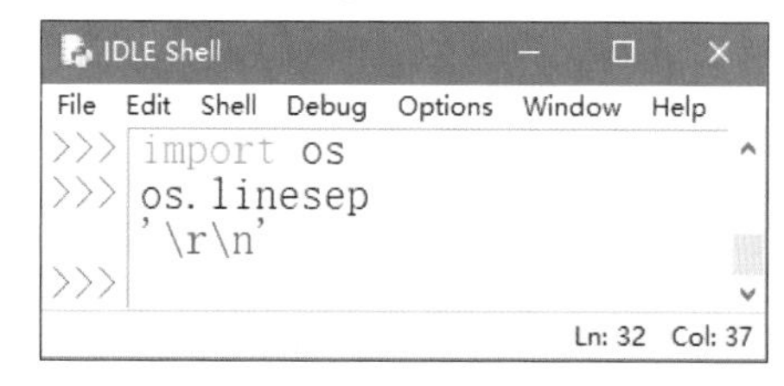

图 10.18　显示 os.linesep 的结果

☑ sep：用于获取当前操作系统所使用的路径分隔符。

例如，在 Windows 操作系统下输出 os.sep，将显示如图 10.19 所示结果。

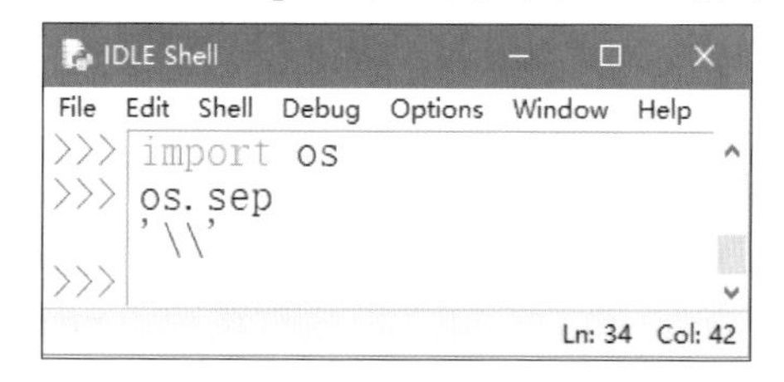

图 10.19　显示 os.sep 的结果

os 模块还提供了一些操作目录的函数，如表 10.2 所示。

表 10.2　os 模块提供的与目录相关的函数

函　　数	说　　明
getcwd()	返回当前的工作目录
listdir(path)	返回指定路径下的文件和目录信息
mkdir(path [,mode])	创建目录
makedirs(path1/path2……[,mode])	创建多级目录
rmdir(path)	删除目录
removedirs(path1/path2……)	删除多级目录
chdir(path)	把 path 设置为当前工作目录
walk(top[,topdown[,onerror]])	遍历目录树，该方法返回一个元组，包括所有路径名、所有目录列表和文件列表 3 个元素

os.path 模块也提供了一些操作目录的函数，如表 10.3 所示。

表 10.3　os.path 模块提供的与目录相关的函数

函　　数	说　　明
abspath(path)	用于获取文件或目录的绝对路径
exists(path)	用于判断目录或者文件是否存在，如果存在则返回 True，否则返回 False
join(path,name)	将目录与目录或者文件名拼接起来
splitext()	分离文件名和扩展名
basename(path)	从一个路径中提取文件名
dirname(path)	从一个路径中提取文件路径，不包括文件名
isdir(path)	用于判断是否为有效路径

10.2.2 路径

视频讲解：资源包\Video\10\10.2.2 路径.mp4

用于定位一个文件或者目录的字符串被称为一个路径。在程序开发时，通常涉及两种路径，一种是相对路径，另一种是绝对路径。

1. 相对路径

在学习相对路径之前，需要先了解什么是当前工作目录。当前工作目录是指当前文件所在的目录。在 Python 中，可以通过 os 模块提供的 getcwd() 函数获取当前工作目录。例如，在 E:\program\Python\Code\demo.py 文件中，编写以下代码：

```
import os
print(os.getcwd())     # 输出当前目录
```

执行上面的代码后，将显示以下目录，该目录就是当前工作目录。

```
E:\program\Python\Code
```

相对路径就是依赖于当前工作目录的。如果在当前工作目录下，有一个名称为 message.txt 的文件，那么在打开这个文件时，就可以直接写上文件名，这时采用的就是相对路径，message.txt 文件的实际路径就是当前工作目录“E:\program\Python\Code”+ 相对路径“message.txt”，即“E:\program\Python\

Code\message.txt”。

如果在当前工作目录下，有一个子目录 demo，并且在该子目录下保存着文件 message.txt，那么在打开这个文件时就可以写上“demo/message.txt”，例如下面的代码：

```
with open("demo/message.txt") as file:      # 通过相对路径打开文件
    pass
```

说明

在 Python 中，指定文件路径时需要对路径分隔符“\”进行转义，即将路径中的“\”替换为“\\”。例如对于相对路径“demo\message.txt”需要使用“demo\\message.txt”代替。另外，也可以将路径分隔符“\”采用“/”代替。

多学两招

在指定文件路径时，也可以在表示路径的字符串前面加上字母 r（或 R），那么该字符串将原样输出，这时路径中的分隔符就不需要再转义了。例如，上面的代码也可以修改为以下内容：

```
with open(r"demo\message.txt") as file:      # 通过相对路径打开文件
    pass
```

2. 绝对路径

绝对路径是指在使用文件时指定文件的实际路径。它不依赖于当前工作目录。在 Python 中，可以通过 os.path 模块提供的 abspath() 函数获取一个文件的绝对路径。abspath() 函数的基本语法格式如下：

```
os.path.abspath(path)
```

其中，path 为要获取绝对路径的相对路径，可以是文件也可以是目录。

例如，要获取相对路径“demo\message.txt”的绝对路径，可以使用下面的代码：

```
import os
print(os.path.abspath(r"demo\message.txt")) # 获取绝对路径
```

如果当前工作目录为“E:\program\Python\Code”，那么将得到以下结果：

```
E:\program\Python\Code\demo\message.txt
```

3. 拼接路径

如果想要将两个或者多个路径拼接到一起组成一个新的路径，可以使用 os.path 模块提供的 join() 函数实现。join() 函数基本语法格式如下：

```
os.path.join(path1[,path2[,……]])
```

其中，path1、path2 用于代表要拼接的文件路径，这些路径间使用逗号进行分隔。如果在要拼接的路径中，没有一个绝对路径，那么最后拼接出来的将是一个相对路径。

注意

使用 os.path.join() 函数拼接路径时，并不会检测该路径是否真实存在。

例如，需要将“E:\program\Python\Code”和“demo\message.txt”路径拼接到一起，可以使用下面的代码：

```
import os
print(os.path.join("E:\program\Python\Code","demo\message.txt"))          # 拼接字符串
```

执行上面的代码，将得到以下结果：

```
E:\program\Python\Code\demo\message.txt
```

说明

在使用 join() 函数时，如果要拼接的路径中存在多个绝对路径，那么以从左到右最后一次出现的路径为准，并且该路径之前的参数都将被忽略。例如，执行下面的代码：

```
import os
print(os.path.join("E:\\code","E:\\python\\mr","Code","C:\\","demo"))  # 拼接字符串
```

将得到拼接后的路径为“C:\demo”。

注意

把两个路径拼接为一个路径时，不要直接使用字符串拼接，而是使用 os.path.join() 函数，这样可以正确处理不同操作系统的路径分隔符。

10.2.3 判断目录是否存在

视频讲解：资源包\Video\10\10.2.3 判断目录是否存在.mp4

在 Python 中，有时需要判断给定的目录是否存在，这时可以使用 os.path 模块提供的 exists() 函数实现。exists() 函数的基本语法格式如下：

```
os.path.exists(path)
```

其中，path 为要判断的目录，可以采用绝对路径，也可以采用相对路径。

返回值：如果给定的路径存在，则返回 True，否则返回 False。

例如，要判断绝对路径“C:\demo”是否存在，可以使用下面的代码：

```
import os
print(os.path.exists("C:\\demo"))                                # 判断目录是否存在
```

执行上面的代码，如果在 C 盘根目录下没有 demo 子目录，则返回 False，否则返回 True。

说明

os.path.exists() 函数除了可以判断目录是否存在，还可以判断文件是否存在。例如，如果将上面代码中的“C:\\demo”替换为“C:\\demo\\test.txt”，则用于判断 C:\demo\test.txt 文件是否存在。

10.2.4 创建目录

视频讲解：资源包\Video\10\10.2.4 创建目录.mp4

在 Python 中，os 模块提供了两个创建目录的函数，一个用于创建一级目录，另一个用于创建多级目录。

1. 创建一级目录

创建一级目录是指一次只能创建一级目录。在 Python 中，可以使用 os 模块提供的 mkdir() 函数实现。通

过该函数只能创建指定路径中的最后一级目录，如果该目录的上一级不存在，则抛出 FileNotFoundError 异常。mkdir() 函数的基本语法格式如下：

```
os.mkdir(path, mode=0o777)
```

参数说明：

☑ path：用于指定要创建的目录，可以使用绝对路径，也可以使用相对路径。

☑ mode：用于指定数值模式，默认值为 0o777。该参数在非 UNIX 系统上无效或被忽略。

例如，在 Windows 系统上创建一个 C:\demo 目录，可以使用下面的代码：

```
import os
os.mkdir("C:\\demo")   # 创建C:\demo目录
```

执行上面的代码后，将在 C 盘根目录下创建一个 demo 目录，如图 10.20 所示。

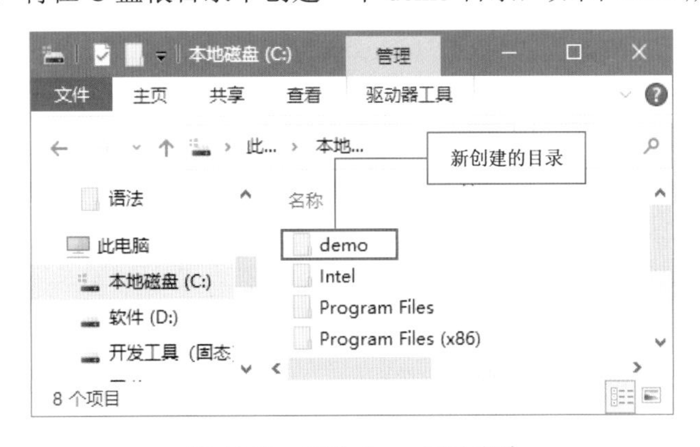

图 10.20　创建 demo 目录成功

如果在创建路径时已经存在将抛出 FileExistsError 异常，例如，将上面的示例代码再执行一次，将抛出如图 10.21 所示异常。

```
Traceback (most recent call last):
  File "C:\python\demo.py", line 2, in <module>
    os.mkdir("C:\\demo")
FileExistsError: [WinError 183] 当文件已存在时，无法创建该文件。: 'C:\\demo'
```

图 10.21　创建 demo 目录失败

要解决上面的问题，可以在创建目录前先判断指定的目录是否存在，只有当目录不存在时才创建。具体代码如下：

```
import os
path = "C:\\demo"                          # 指定要创建的目录
if not os.path.exists(path):               # 判断目录是否存在
    os.mkdir(path)                         # 创建目录
    print("目录创建成功！")
else:
    print("该目录已经存在！")
```

执行上面的代码，将显示“该目录已经存在！”。

注意

如果指定的目录有多级，而且最后一级的上级目录中有不存在的，则抛出 FileNotFoundError 异常，并且目录创建不成功。要解决该问题有两种方法，一种是使用创建多级目录的方法

（将在后面进行介绍）。另一种是编写递归函数调用 os.mkdir() 函数实现，具体代码如下：

```
import os                                   # 导入标准模块os
def mkdir(path):                            # 定义递归创建目录的函数
    if not os.path.isdir(path):             # 判断是否为有效路径
        mkdir(os.path.split(path)[0])       # 递归调用
    else:                                   # 如果目录存在，直接返回
        return
    os.mkdir(path)                          # 创建目录
mkdir("D:/mr/test/demo")                    # 调用mkdir递归函数
```

2. 创建多级目录

使用 mkdir() 函数只能创建一级目录，如果想创建多级目录，可以使用 os 模块提供的 makedirs() 函数，该函数用于采用递归的方式创建目录。makedirs() 函数的基本语法格式如下：

```
os.makedirs(name, mode=0o777)
```

参数说明：

☑ name：用于指定要创建的目录，可以使用绝对路径，也可以使用相对路径。

☑ mode：用于指定数值模式，默认值为 0o777。该参数在非 UNIX 系统上无效或被忽略。

例如，在 Windows 系统上刚刚创建的 C:\demo 目录下，再创建子目录 test\dir\mr（对应的目录为：C:\demo\test\dir\mr），可以使用下面的代码：

```
import os
os. makedirs ("C:\\demo\\test\\dir\\mr ")    # 创建C:\demo\test\dir\mr目录
```

执行上面的代码后，将在 C:\demo 目录下创建子目录 test，并且在 test 目录下再创建子目录 dir，在 dir 目录下再创建子目录 mr。创建后的目录结构如图 10.22 所示。

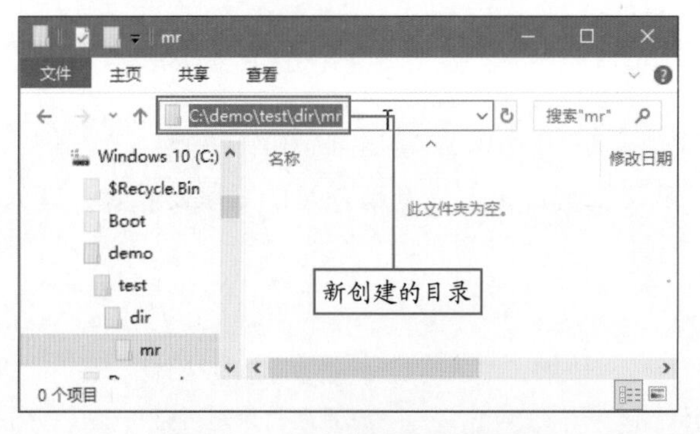

图 10.22　创建多级目录的结果

10.2.5 删除目录

视频讲解：资源包\Video\10\10.2.5 删除目录.mp4

删除目录可以通过使用 os 模块提供的 rmdir() 函数实现。通过 rmdir() 函数删除目录时，只有当要删除的目录为空时才起作用。rmdir() 函数的基本语法格式如下：

```
os.rmdir(path)
```

其中，path 为要删除的目录，可以使用相对路径，也可以使用绝对路径。

例如，要删除刚刚创建的“C:\demo\test\dir\mr”目录，可以使用下面的代码：

```
import os
os.rmdir("C:\\demo\\test\\dir\\mr")          # 删除C:\demo\test\dir\mr目录
```

执行上面的代码后，将删除“C:\demo\test\dir”目录下的 mr 目录。

注意

如果要删除的目录不存在，那么将抛出“FileNotFoundError: [WinError 2] 系统找不到指定的文件”异常。因此，在执行 os.rmdir() 函数前，建议先判断该路径是否存在，可以使用 os.path.exists() 函数判断。具体代码如下：

```
import os
path = "C:\\demo\\test\\dir\\mr"                # 指定要创建的目录
if os.path.exists(path):                        # 判断目录是否存在
    os.rmdir("C:\\demo\\test\\dir\\mr")         # 删除目录
    print("目录删除成功！")
else:
    print("该目录不存在！")
```

多学两招

使用 rmdir() 函数只能删除空的目录，如果想要删除非空目录，则需要使用 Python 内置的标准模块 shutil 的 rmtree() 函数实现。例如，要删除不为空的“C:\\demo\\test”目录，可以使用下面的代码：

```
import shutil
shutil.rmtree("C:\\demo\\test")                 # 删除C:\demo目录下的test子目录及其内容
```

10.2.6 遍历目录

视频讲解：资源包\Video\10\10.2.6 遍历目录.mp4

遍历在汉语中的意思是全部走遍，到处周游。在 Python 中，遍历目录是将指定的目录下的全部目录（包括子目录）及文件访问一遍。在 Python 中，os 模块的 walk() 函数用于实现遍历目录的功能。walk() 函数的基本语法格式如下：

```
os.walk(top[, topdown][, onerror][, followlinks])
```

参数说明：

☑ top：用于指定要遍历内容的根目录。

☑ topdown：可选参数，用于指定遍历的顺序，如果值为 True，表示自上而下遍历（即先遍历根目录）；如果值为 False，表示自下而上遍历（即先遍历最后一级子目录）。默认值为 True。

☑ onerror：可选参数，用于指定错误处理方式，默认为忽略，如果不想忽略，也可以指定一个错误处理函数。通常情况下采用默认设置。

☑ followlinks：可选参数，默认情况下，walk() 函数不会向下转换成解析到目录的符号链接，将该参数值设置为 True，表示用于指定在支持的系统上访问由符号链接指向的目录。

☑ 返回值：返回一个包括 3 个元素的元组生成器对象 (dirpath, dirnames, filenames)。其中，dirpath 表示当前遍历的路径，是一个字符串；dirnames 表示当前路径下包含的子目录，是一个列表；filenames 表示当前路径下包含的文件，也是一个列表。

例如，要遍历指定目录“F:\program\Python\Code\01”，可以使用下面的代码：

```
import os                                            # 导入os模块
tuples = os.walk("F:\\program\\Python\\Code\\01")    # 遍历"F:\program\Python\Code\01"目录
for tuple1 in tuples:                                # 通过for循环输出遍历结果
    print(tuple1 ,"\n")                              # 输出每一级目录的元组
```

如果在“F:\program\Python\Code\01”目录下包括如图 10.23 所示内容，执行上面的代码将显示如图 10.24 所示结果。

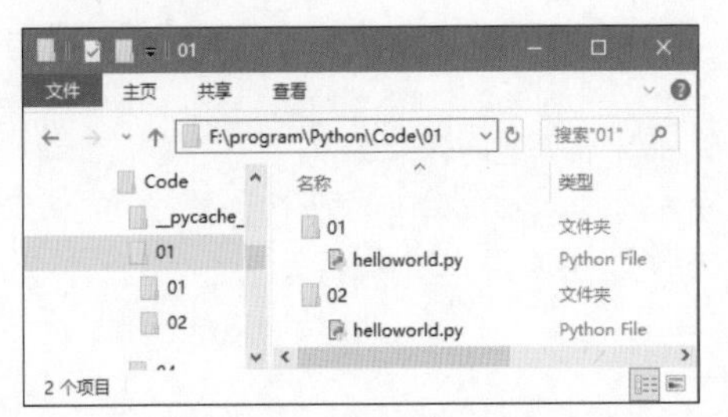

图 10.23　要遍历的目录

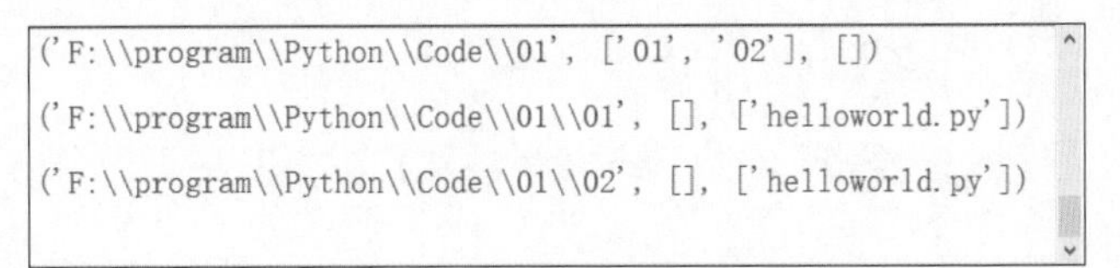

图 10.24　遍历指定目录的结果

注意

walk() 函数只在 UNIX 系统和 Windows 系统中有效。

图 10.24 得到的结果比较混乱，下面通过一个具体的实例，演示实现遍历目录时输出目录或文件的完整路径。

实例 05　遍历指定目录　　实例位置：资源包 \Code\SL\10\05

在 IDLE 中创建一个名称为 walk_list.py 的文件，首先在该文件中导入 os 模块，并定义要遍历的根目录，然后应用 for 循环遍历该目录，最后循环输出遍历到的文件和子目录，代码如下：

```
01  import os                                                  # 导入os模块
02  path = "C:\\demo"                                          # 指定要遍历的根目录
03  print("【",path,"】 目录下包括的文件和目录：")
04  for root, dirs, files in os.walk(path, topdown=True):     # 遍历指定目录
05      for name in dirs:                                      # 循环输出遍历到的子目录
06          print("●",os.path.join(root, name))
07      for name in files:                                     # 循环输出遍历到的文件
08          print("◎",os.path.join(root, name))
```

执行上面的代码，可能显示如图 10.25 所示结果。

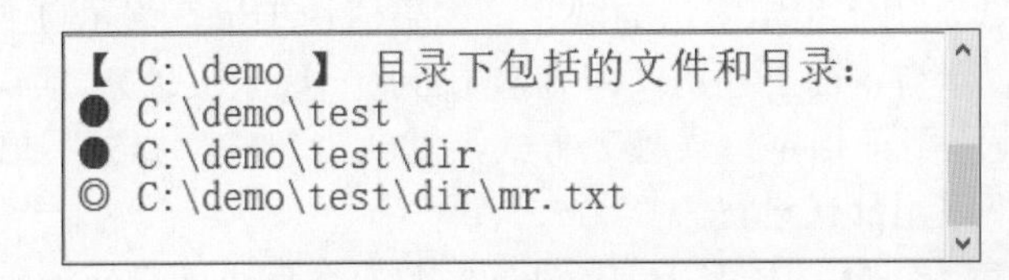

图 10.25　遍历指定目录

说明

读者得到的结果可能会与此不同，具体显示内容将根据具体的目录结构而定。

10.3 高级文件操作

Python 内置的 os 模块除了可以对目录进行操作，还可以对文件进行一些高级操作，具体函数如表 10.4 所示。

表 10.4　os 模块提供的与文件相关的函数

函　　数	说　　明
access(path,accessmode)	获取对文件是否有指定的访问权限（读取 / 写入 / 执行权限）。accessmode 的值是 R_OK（读取）、W_OK（写入）、X_OK（执行）或 F_OK（存在）。如果有指定的权限，则返回 1，否则返回 0
chmod(path,mode)	修改 path 指定文件的访问权限
remove(path)	删除 path 指定的文件路径
rename(src,dst)	将文件或目录 src 重命名为 dst
stat(path)	返回 path 指定文件的信息
startfile(path [, operation])	使用关联的应用程序打开 path 指定的文件

下面将对常用的操作进行详细介绍。

10.3.1 删除文件

视频讲解：资源包\Video\10\10.3.1 删除文件.mp4

Python 没有内置删除文件的函数，但是在内置的 os 模块中提供了删除文件的函数 remove()，该函数的基本语法格式如下：

```
os.remove(path)
```

其中，path 为要删除的文件路径，可以使用相对路径，也可以使用绝对路径。

例如，要删除当前工作目录下的 mrsoft.txt 文件，可以使用下面的代码：

```
import os                       # 导入os模块
os.remove("mrsoft.txt")         # 删除当前工作目录下的mrsoft.txt文件
```

执行上面的代码后，如果在当前工作目录下存在 mrsoft.txt 文件，即可将其删除，否则将显示如图 10.26 所示异常。

```
Traceback (most recent call last):
  File "C:\python\demo.py", line 2, in <module>
    os.remove("mrsoft.txt")
FileNotFoundError: [WinError 2] 系统找不到指定的文件。: 'mrsoft.txt'
```

图 10.26　要删除的文件不存在时显示的异常

为了屏蔽以上异常，可以在删除文件时先判断文件是否存在，只有存在时才执行删除操作。具体代码如下：

```
01 import os                      # 导入os模块
02 path = "mrsoft.txt"            # 要删除的文件
03 if os.path.exists(path):       # 判断文件是否存在
04     os.remove(path)            # 删除文件
05     print("文件删除完毕！")
06 else:
07     print("文件不存在！")
```

执行上面的代码，如果 mrsoft.txt 不存在，则显示以下内容：

```
文件不存在！
```

否则将显示以下内容，同时文件将被删除。

```
文件删除完毕！
```

10.3.2 重命名文件和目录

视频讲解：资源包\Video\10\10.3.2 重命名文件和目录.mp4

os 模块提供了重命名文件和目录的函数 rename()，如果指定的路径是文件，则重命名文件；如果指定的路径是目录，则重命名目录。rename() 函数的基本语法格式如下：

```
os.rename(src,dst)
```

其中，src 用于指定要进行重命名的目录或文件；dst 用于指定重命名后的目录或文件。

同删除文件一样，在进行文件或目录重命名时，如果指定的目录或文件不存在，也将抛出 FileNotFoundError 异常，所以在进行文件或目录重命名时，也建议先判断文件或目录是否存在，只有存在时才进行重命名操作。

例如，想要将“C:\demo\test\dir\mr\mrsoft.txt”文件重命名为“C:\demo\test\dir\mr\mr.txt”，可以使用下面的代码：

```
01  import os                                         # 导入os模块
02  src = "C:\\demo\\test\\dir\\mr\\mrsoft.txt"       # 要重命名的文件
03  dst = "C:\\demo\\test\\dir\\mr\\mr.txt"           # 重命名后的文件
04  if os.path.exists(src):                           # 判断文件是否存在
05      os.rename(src,dst)                            # 重命名文件
06      print("文件重命名完毕！")
07  else:
08      print("文件不存在！")
```

执行上面的代码，如果“C:\demo\test\dir\mr\mrsoft.txt”文件不存在，则显示以下内容：

```
文件不存在！
```

否则将显示以下内容，同时文件被重命名。

```
文件重命名完毕！
```

使用 rename() 函数重命名目录与重命名文件基本相同，只要把原来的文件路径替换为目录即可。例如，想要将当前目录下的 demo 目录重命名为 test，可以使用下面的代码：

```
01  import os                          # 导入os模块
02  src = "demo"                       # 重命名的当前目录下的demo
03  dst = "test"                       # 重命名为test
04  if os.path.exists(src):            # 判断目录是否存在
05      os.rename(src,dst)             # 重命名目录
06      print("目录重命名完毕！")
07  else:
08      print("目录不存在！")
```

注意

在使用 rename() 函数重命名目录时，只能修改最后一级的目录名称，否则将抛出如图 10.27 所示异常。

```
Traceback (most recent call last):
  File "C:\python\demo.py", line 4, in <module>
    os.rename(src,dst)
FileNotFoundError: [WinError 3] 系统找不到指定的路径。: 'demo\\mr' -> 'test\\mr'
```

图 10.27　重命名的不是最后一级目录时抛出的异常

10.3.3 获取文件基本信息

视频讲解

视频讲解：资源包\Video\10\10.3.3 获取文件基本信息.mp4

在计算机上创建文件后，该文件本身就会包含一些信息。例如，文件的最后一次访问时间、最后一次修改时间、文件大小等基本信息。通过 os 模块的 stat() 函数可以获取到文件的这些基本信息。stat() 函数的基本语法如下：

```
os.stat(path)
```

其中，path 为要获取文件基本信息的文件路径，可以是相对路径，也可以是绝对路径。

stat() 函数的返回值是一个对象，该对象包含如表 10.5 所示属性。通过访问这些属性可以获取文件的基本信息。

表 10.5　stat() 函数返回的对象的常用属性

属　性	说　明	属　性	说　明
st_mode	保护模式	st_dev	设备名
st_ino	索引号	st_uid	用户 ID
st_nlink	硬链接号（被连接数目）	st_gid	组 ID
st_size	文件大小，单位为字节	st_atime	最后一次访问时间
st_mtime	最后一次修改时间	st_ctime	最后一次状态变化的时间（系统不同返回结果也不同，例如，在 Windows 操作系统下返回的是文件的创建时间）

下面通过一个具体的实例演示如何使用 stat() 函数获取文件的基本信息。

实例 06　获取文件基本信息　　实例位置：资源包 \Code\SL\10\06

在 IDLE 中创建一个名称为 fileinfo.py 的文件，首先在该文件中导入 os 模块，然后调用 os 模块的 stat() 函数获取文件的基本信息，最后输出文件的基本信息，代码如下：

```
01  import os                                             # 导入os模块
02  fileinfo = os.stat("mr.png")                          # 获取文件的基本信息
03  print("文件完整路径：", os.path.abspath("mr.png"))     # 获取文件的完整数路径
04  # 输出文件的基本信息
05  print("索引号：",fileinfo.st_ino)
06  print("设备名：",fileinfo.st_dev)
07  print("文件大小：",fileinfo.st_size," 字节")
08  print("最后一次访问时间：",fileinfo.st_atime)
09  print("最后一次修改时间：",fileinfo.st_mtime)
10  print("最后一次状态变化时间：",fileinfo.st_ctime)
```

运行上面的代码，将显示如图 10.28 所示结果。

```
文件完整路径： C:\mr.png
索引号： 1688849860382481
设备名： 14470112803629490564
文件大小： 57658  字节
最后一次访问时间： 1700618242.2789938
最后一次修改时间： 1700186097.6615756
最后一次状态变化时间： 1700618235.3308303
```

图 10.28　获取并显示文件的基本信息

由于上面的结果中的时间和字节数都是一长串的整数，与我们平时见到的有所不同，所以一般情况下，为了让显示更加直观，还需要对这样的数值进行格式化。这里主要编写两个函数，一个用于格式化时间，另一个用于格式化代表文件大小的字节数。修改后的代码如下：

```
01  import os                                                    # 导入os模块
02  def formatTime(longtime):
03      '''格式化日期时间的函数
04          longtime：要格式化的时间
05      '''
06      import time                                              # 导入时间模块
07      return time.strftime('%Y-%m-%d %H:%M:%S',time.localtime(longtime))
08  def formatByte(number):
09      '''格式化文件大小的函数
10          number：要格式化的字节数
11      '''
12      for (scale,label) in [(1024*1024*1024,"GB"),(1024*1024,"MB"),(1024,"KB")]:
13          if number>= scale:                                   # 如果文件大小大于或等于1KB
14              return "%.2f %s" %(number*1.0/scale,label)
15          elif number == 1:                                    # 如果文件大小为1字节
16              return "1 字节"
17          else:                                                # 处理小于1KB的情况
18              byte = "%.2f" % (number or 0)
19      # 去掉结尾的.00，并且加上单位“字节”
20      return (byte[:-3] if byte.endswith('.00') else byte)+" 字节"
21  if __name__ == '__main__':
22      fileinfo = os.stat("mr.png")                             # 获取文件的基本信息
23      print("文件完整路径：", os.path.abspath("mr1.png"))      # 获取文件的完整数路径
24      # 输出文件的基本信息
25      print("索引号：",fileinfo.st_ino)
26      print("设备名：",fileinfo.st_dev)
27      print("文件大小：",formatByte(fileinfo.st_size))
28      print("最后一次访问时间：",formatTime(fileinfo.st_atime))
29      print("最后一次修改时间：",formatTime(fileinfo.st_mtime))
30      print("最后一次状态变化时间：",formatTime(fileinfo.st_ctime))
```

执行上面的代码，将显示如图 10.29 所示结果。

```
文件完整路径： C:\mr.png
索引号： 1688849860382481
设备名： 14470112803629490564
文件大小： 56.31 KB
最后一次访问时间： 2023-11-22 09:57:22
最后一次修改时间： 2023-11-17 09:54:57
最后一次状态变化时间： 2023-11-22 09:57:15
```

图 10.29　格式化后的文件基本信息

10.4 实战

实战一：根据当前时间创建文件

在指定目录中，批量创建文件，文件名为 %Y%m%d%H%M%S 格式的当前时间（精确到秒）。例如，创建文件的时间为 2018 年 4 月 18 日 9 点 18 分 38 秒，则该文件的文件名为 20180418091838.txt。为了防止出现重名的文件，在每创建一个文件后，让程序休眠一秒。效果如图 10.30 和图 10.31 所示。

```
请输入需要生成的文件数：5
file 1:20231122100341.txt
file 2:20231122100342.txt
file 3:20231122100343.txt
file 4:20231122100344.txt
file 5:20231122100345.txt
生成文件成功！
```

图 10.30　在 IDLE 中显示的结果

20231122100341.txt	2023/11/22
20231122100342.txt	2023/11/22
20231122100343.txt	2023/11/22
20231122100344.txt	2023/11/22
20231122100345.txt	2023/11/22

图 10.31　在计算机上创建的文件

实战二：批量添加文件夹

在指定的目录中，批量创建指定个数的文件夹（即目录），效果如图 10.32 和图 10.33 所示。

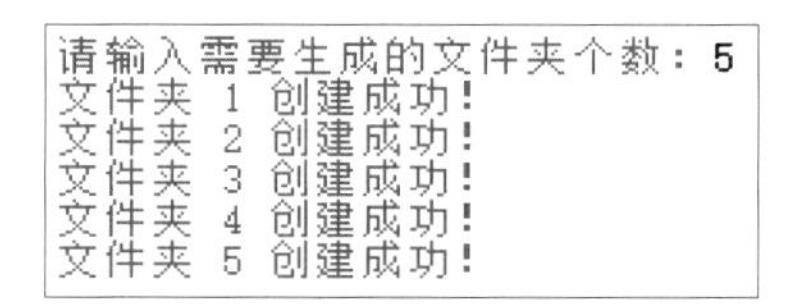

图 10.32　在 IDLE 中显示的结果

图 10.33　在计算机上创建的文件夹

10.5 小结

本章首先介绍了如何应用 Python 自带的函数进行基本文件操作，然后介绍了如何应用 Python 内置的 os 模块及其子模块 os.path 进行目录相关的操作，最后介绍了如何应用 os 模块进行高级文件操作，例如删除文件、重命名文件和目录，以及获取文件基本信息等。本章介绍的这些内容都是 Python 中进行文件操作的基础，在实际开发中，为了实现更为高级的功能，通常会借助其他的模块。例如，要进行文件压缩和解压缩可以使用 shutil 模块。这些内容本章中没有涉及，读者可以在掌握了本章介绍的内容后，自行查找相关资源学习。

本章 e 学码：关键知识点拓展阅读

BufferedReader 对象　　getcwd() 函数 -os.getcwd() 函数的用法
FileNotFoundError 异常

第 11 章

使用 Python 操作数据库

（视频讲解：1 小时 15 分钟）

本章概览

程序运行的时候，数据都是在内存中的。当程序终止的时候，通常都需要将数据保存到磁盘上，前面我们学习了将数据写入文件，保存在磁盘上。为了便于程序保存和读取数据，并能直接通过条件快速查询到指定的数据，数据库（Database）这种专门用于集中存储和查询的软件应运而生。本章将介绍数据库编程接口的知识，以及使用 SQLite 和 MySQL 存储数据的方法。

知识框架

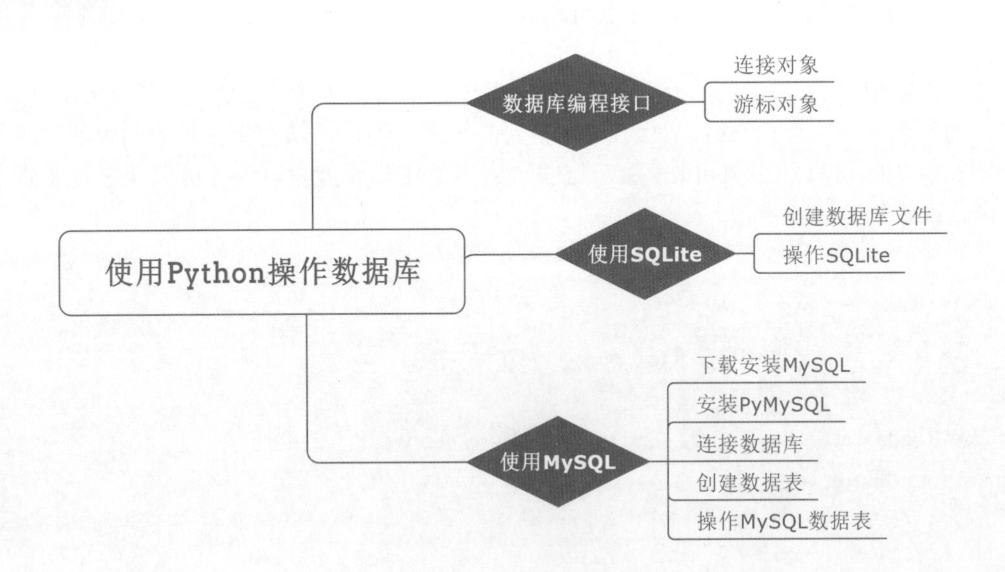

11.1 数据库编程接口

在项目开发中，数据库应用必不可少。虽然数据库的种类有很多，如 SQLite、MySQL、Oracle 等，但是它们的功能基本都是一样的。为了对数据库进行统一的操作，大多数语言都提供了简单的、标准化的数据库编程接口（API）。在 Python Database API 2.0 规范中，定义了 Python 数据库 API 的各个部分，如模块接口、连接对象、游标对象、类型对象和构造器、DB API 的可选扩展，以及可选的错误处理机制等。下面重点介绍一下数据库编程接口中的连接对象和游标对象。

11.1.1 连接对象

视频讲解：资源包\Video\11\11.1.1 连接对象.mp4

数据库连接对象（Connection Object）主要提供获取数据库游标对象和提交、回滚事务，以及关闭数据库连接的方法。

1. 获取连接对象

如何获取连接对象呢？这就需要使用 connect() 函数。该函数有多个参数，具体使用哪个参数，取决于使用的数据库类型。例如，需要访问 Oracle 数据库和 MySQL 数据库，则必须同时下载 Oracle 和 MySQL 数据库模块。这些模块在获取连接对象时，都需要使用 connect() 函数。connect() 函数常用的参数及说明如表 11.1 所示。

表 11.1　connect() 函数常用的参数及说明

参　　数	说　　明
dsn	数据源名称，给出该参数表示数据库依赖
user	用户名
password	用户密码
host	主机名
database	数据库名称

例如，使用 PyMySQL 模块连接 MySQL 数据库，示例代码如下：

```
01  import pymysql
02  conn = pymysql.connect(host='localhost',
03                         user='user',
04                         password='passwd',
05                         db='test',
06                         charset='utf8',
07                         cursorclass=pymysql.cursors.DictCursor)
```

上述代码中，pymysql.connect() 使用的参数与表 11.1 中的并不完全相同。在使用时，要以具体的数据库模块为准。

2. 连接对象的方法

connect() 函数返回连接对象。这个对象表示目前和数据库的会话，连接对象支持的方法如表 11.2 所示。

表 11.2　连接对象的方法

方 法 名	说　明
close()	关闭数据库连接
commit()	提交事务
rollback()	回滚事务
cursor()	获取游标对象，操作数据库，如执行 DML 操作、调用存储过程等

commit() 方法用于提交事务，事务主要用于处理数据量大、复杂度高的数据。如果操作的是一系列的动作，比如张三给李四转账，有如下 2 个操作：

☑ 张三账户金额减少

☑ 李四账户金额增加

这时使用事务可以维护数据库的完整性，保证 2 个操作要么全部执行，要么全部不执行。

11.1.2 游标对象

视频讲解：源包\Video\11\11.1.2　游标对象.mp4

游标对象（Cursor Object）代表数据库中的游标，用于指示抓取数据操作的上下文，主要提供执行 SQL 语句、调用存储过程、获取查询结果等方法。

如何获取游标对象呢？通过使用连接对象的 cursor() 方法，可以获取到游标对象。游标对象的属性如下所示：

☑ description：数据库列类型和值的描述信息。

☑ rowcount：返回结果的行数统计信息，如 SELECT、UPDATE、CALLPROC 等。

游标对象的方法如表 11.3 所示。

表 11.3　游标对象方法

方 法 名	说　明
callproc(procname,[, parameters])	调用存储过程，需要数据库支持
close()	关闭当前游标
execute(operation[, parameters])	执行数据库操作，SQL 语句或者数据库命令
executemany(operation, seq_of_params)	用于批量操作，如批量更新
fetchone()	获取查询结果集中的下一条记录
fetchmany(size)	获取指定数量的记录
fetchall()	获取结果集的所有记录
nextset()	跳至下一个可用的结果集
arraysize	指定使用 fetchmany() 获取的行数，默认为 1
setinputsizes(sizes)	设置在调用 execute() 方法时分配的内存区域大小
setoutputsize(sizes)	设置列缓冲区大小，对大数据列（如 LONGS 和 BLOBS）尤其有用

11.2 使用 SQLite

与其他许多数据库管理系统不同，SQLite 不是一个客户端 / 服务器结构的数据库引擎，而是一种嵌入式数据库，它的数据库就是一个文件。SQLite 将整个数据库，包括定义、表、索引以及数据本身，作为一个单独的、可跨平台使用的文件存储在主机中。由于 SQLite 本身是用 C 语言写的，而且体积很小，所以，经常被集成到各种应用程序中。Python 就内置了 SQLite3，所以在 Python 中使用 SQLite，不需要安装任何模块，直接使用。

11.2.1 创建数据库文件

视频讲解：资源包\Video\11\11.2.1 创建数据库文件.mp4

由于 Python 中已经内置了 SQLite3，所以可以直接使用 import 语句导入 SQLite3 模块。Python 操作数据库的通用的流程如图 11.1 所示。

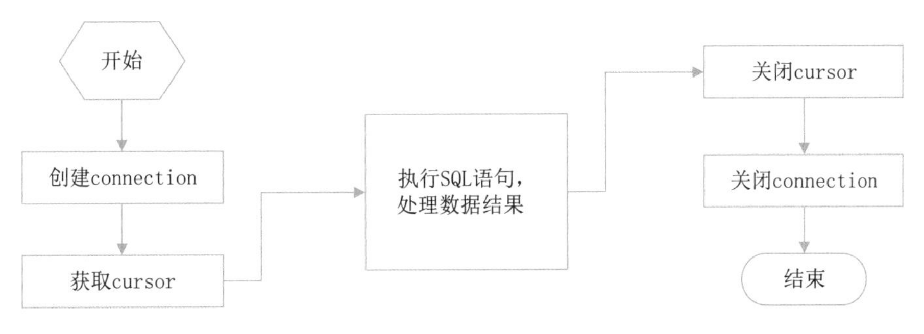

图 11.1　操作数据库流程

实例 01　创建 SQLite 数据库文件　　实例位置：资源包\Code\SL\11\01

创建一个名为 mrsoft.db 的数据库文件，然后执行 SQL 语句创建一个 user（用户）表，user 表包含 id 和 name 两个字段。具体代码如下：

```
01 import sqlite3
02 # 连接到SQLite数据库
03 # 数据库文件是mrsoft.db，如果文件不存在，会自动在当前目录创建
04 conn = sqlite3.connect('mrsoft.db')
05 # 创建一个Cursor
06 cursor = conn.cursor()
07 # 执行一条SQL语句，创建user表
08 cursor.execute('create  table  user (id int(10)  primary key, name varchar(20))')
09 # 关闭游标
10 cursor.close()
11 # 关闭Connection
12 conn.close()
```

上述代码中，使用 sqlite3.connect() 方法连接 SQLite 数据库文件 mrsoft.db，由于 mrsoft.db 文件并不存在，所以会在本实例 Python 代码同级目录下创建 mrsoft.db 文件，该文件包含了 user 表的相关信息。mrsoft.db 文件所在目录如图 11.2 所示。

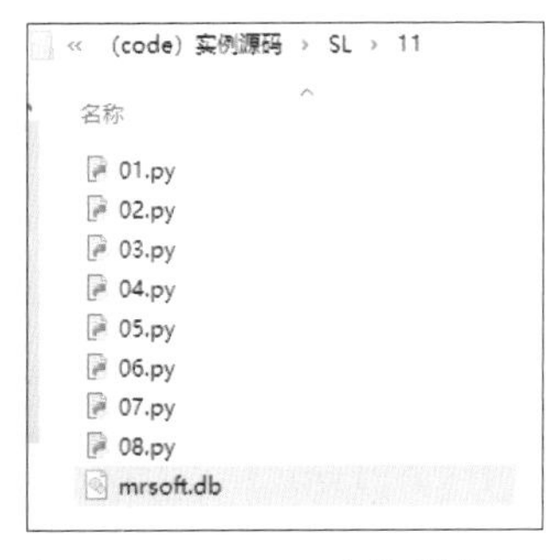

图 11.2　mrsoft.db 文件所在目录

再次运行实例 01 时，会提示错误信息：sqlite3.OperationalError:table user alread exists，这是因为 user 表已经存在。

11.2.2 操作 SQLite

视频讲解：资源包\Video\11\11.2.2 操作SQLite.mp4

1. 新增用户数据信息

为了向数据表中新增数据，可以使用如下 SQL 语句：

```
insert into 表名(字段名1,字段名2,…,字段名n)  values (字段值1,字段值2,…,字段值n)
```

在 user 表中，有 2 个字段，字段名分别为 id 和 name。而字段值需要根据字段的数据类型来赋值，如 id 是一个长度为 10 的整数，name 是长度为 20 的字符串型数据。向 user 表中插入 3 条用户信息记录，则 SQL 语句如下：

```
cursor.execute ('insert into user (id, name) values ("1", "MRSOFT")')
cursor.execute ('insert into user (id, name) values ("2", "Andy")')
cursor.execute ('insert into user (id, name) values ("3", "明日科技小助手")')
```

下面通过一个实例介绍向 SQLite 数据库中插入数据的流程。

实例 02 新增用户数据信息　　实例位置：资源包 \Code\SL\11\02

由于在实例 01 中已经创建了 user 表，所以本实例可以直接操作 user 表，向 user 表中插入 3 条用户信息。此外，由于是新增数据，需要使用 commit() 方法提交事务。因为对于增加、修改和删除操作，使用 commit() 方法提交事务后，如果相应操作失败，可以使用 rollback() 方法回滚到操作之前的状态。新增用户数据信息的具体代码如下：

```
01  import sqlite3
02  # 连接到SQLite数据库
03  # 数据库文件是mrsoft.db
04  # 如果文件不存在，会自动在当前目录创建
05  conn = sqlite3.connect('mrsoft.db')
06  # 创建一个Cursor
07  cursor = conn.cursor()
08  # 执行一条SQL语句，插入一条记录
09  cursor.execute('insert into user (id, name) values ("1", "MRSOFT")')
10  cursor.execute('insert into user (id, name) values ("2", "Andy")')
11  cursor.execute('insert into user (id, name) values ("3", "明日科技小助手")')
12  # 关闭游标
13  cursor.close()
14  # 提交事务
15  conn.commit()
16  # 关闭Connection
17  conn.close()
```

向 user 表插入数据（第 09～11 行）

提交事务（第 15 行）

运行该实例，会向 user 表中插入 3 条记录。为验证程序是否正常运行，可以再次运行，如果提示如下信息，说明插入成功（因为 user 表中已经保存了上一次插入的记录，所以再次插入会报错）。

```
sqlite3.IntegrityError: UNIQUE constraint failed: user.id
```

2. 查看用户数据信息

查找 user 表中的数据可以使用如下 SQL 语句：

```
select  字段名1,字段名2,字段名3,… from 表名  where 查询条件
```

查看用户信息的代码与插入数据信息大致相同，不同点在于使用的 SQL 语句。此外，查询数据时通常使用如下 3 种方式：

☑ fetchone()：获取查询结果集中的下一条记录。

☑ fetchmany(size)：获取指定数量的记录。

☑ fetchall()：获取结果集的所有记录。

下面通过一个实例来学习这 3 种查询方式的区别。

实例 03　使用 3 种方式查询用户数据信息　　实例位置：资源包 \Code\SL\11\03

分别使用 fetchone、fetchmany 和 fetchall 这 3 种方式查询用户信息，具体代码如下：

```
01  import sqlite3
02  # 连接到SQLite数据库,数据库文件是mrsoft.db
03  conn = sqlite3.connect('mrsoft.db')
04  # 创建一个Cursor
05  cursor = conn.cursor()
06  # 执行查询语句
07  cursor.execute('select * from user')
08  # 获取查询结果
09  result1 = cursor.fetchone()          获取查询结果的语句块
10  print(result1)
11
12  # 关闭游标
13  cursor.close()
14  # 关闭Connection
15  conn.close()
```

使用 fetchone() 方法返回的 result1 为一个元组，执行结果如下：

```
(1,'MRSOFT')
```

（1）修改实例 03 代码，将获取查询结果的语句块代码修改如下：

```
result2 = cursor.fetchmany(2)        # 使用fetchmany方法查询多条数据
print(result2)
```

使用 fetchmany() 方法传递一个参数，其值为 2，默认为 1。返回的 result2 为一个列表，列表中包含 2 个元组，运行结果如下：

```
[(1,'MRSOFT'),(2,'Andy')]
```

（2）修改实例 03 代码，将获取查询结果的语句块代码修改如下：

```
result3 = cursor.fetchall()          # 使用fetchmany方法查询多条数据
print(result3)
```

使用 fetchall() 方法返回的 result3 为一个列表，列表中包含所有 user 表中数据组成的元组，运行结果如下：

```
[(1,'MRSOFT'),(2,'Andy'),(3,'明日科技小助手')]
```

（3）修改实例 03 代码，将获取查询结果的语句块代码修改如下：

```
cursor.execute('select * from user where id > ?',(1,))
result3 = cursor.fetchall()
print(result3)
```

在 select 查询语句中，使用问号作为占位符代替具体的数值，然后使用一个元组来替换问号（注意，不要忽略元组中最后的逗号）。上述查询语句等价于：

```
cursor.execute('select * from user where id > 1')
```

执行结果如下：

```
[(2,'Andy'),(3,'明日科技小助手')]
```

说明

使用占位符的方式可以避免 SQL 注入的风险，推荐使用这种方式。

3. 修改用户数据信息

修改 user 表中的数据可以使用如下 SQL 语句：

```
update  表名  set 字段名 = 字段值  where 查询条件
```

下面通过一个实例来学习如何修改表中数据。

实例 04　修改用户数据信息　　实例位置：资源包 \Code\SL\11\04

将 SQLite 数据库 user 表中 ID 为 1 的数据 name 字段值“mrsoft”修改为“MR”，并使用 fetchAll 获取表中的所有数据。具体代码如下：

```
01  import sqlite3
02  # 连接到SQLite数据库，数据库文件是mrsoft.db
03  conn = sqlite3.connect('mrsoft.db')
04  # 创建一个Cursor:
05  cursor = conn.cursor()
06  cursor.execute('update user set name = ? where id = ?',('MR',1))
07  cursor.execute('select * from user')
08  result = cursor.fetchall()
09  print(result)
10  # 关闭游标
11  cursor.close()
12  # 提交事务
13  conn.commit()
14  # 关闭Connection:
15  conn.close()
```

执行结果如下：

```
[(1, 'MR'), (2, 'Andy'), (3, '明日科技小助手')]
```

4. 删除用户数据信息

删除 user 表中的数据可以使用如下 SQL 语句：

```
delete  from 表名  where 查询条件
```

下面通过一个实例来学习如何删除表中数据。

实例 05　删除用户数据信息　　实例位置：资源包 \Code\SL\11\05

将 SQLite 数据库 user 表中 ID 为 1 的数据删除，并使用 fetchAll 获取表中的所有数据，查看删除后的结果。具体代码如下：

```
01  import sqlite3
02  # 连接到SQLite数据库，数据库文件是mrsoft.db
03  conn = sqlite3.connect('mrsoft.db')
04  # 创建一个Cursor:
05  cursor = conn.cursor()
06  cursor.execute('delete from user where id = ?',(1,))
07  cursor.execute('select * from user')
08  result = cursor.fetchall()
09  print(result)
10  # 关闭游标
11  cursor.close()
12  # 提交事务
13  conn.commit()
14  # 关闭Connection:
15  conn.close()
```

执行上述代码后，user 表中 ID 为 1 的数据将被删除。运行结果如下：

```
[(2, 'Andy'), (3, '明日科技小助手')]
```

11.3 使用 MySQL

11.3.1 下载安装 MySQL

视频讲解：资源包\Video\11\11.3.1　下载安装MySQL.mp4

MySQL 是一款开源的数据库软件，由于其免费特性而得到了全世界用户的喜爱，是目前使用人数最多的数据库。下面将详细讲解如何下载和安装 MySQL 库。

1. 下载 MySQL

（1）在浏览器的地址栏中输入地址“https://dev.mysql.com/downloads/windows/installer/8.0.html”，并按下 <Enter> 键，将进入到当前最新版本 MySQL 8.0 的下载页面，选择离线安装包，如图 11.3 所示。

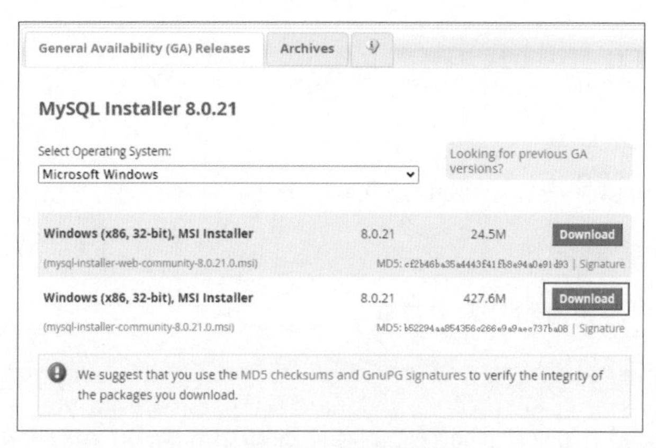

图 11.3　下载 MySQL

单击“Download”按钮下载，进入开始下载页面，如果有 MySQL 的账户，可以单击“Login”按钮，登录账户后下载；如果没有可以直接单击下方的“No thanks, just start my download.”超链接，跳过注册步骤，直接下载，如图 11.4 所示。

图 11.4　不注册下载

2. 安装 MySQL

下载完成以后，开始安装 MySQL。双击安装文件，在安装界面中勾选“I accept the license terms”，点击“Next”，进入选择安装类型界面。其中有 5 种类型，说明如下：

☑ Developer Default：安装 MySQL 服务器及开发 MySQL 应用所需的工具。工具包括开发和管理服务器的 GUI 工作台、访问操作数据的 Excel 插件、与 Visual Studio 集成开发的插件、通过 .NET/Java/C/C++/OBDC 等访问数据的连接器、例子和教程、开发文档。

☑ Server only：仅安装 MySQL 服务器，适用于部署 MySQL 服务器。

☑ Client only：仅安装客户端，适用于基于已存在的 MySQL 服务器进行 MySQL 应用开发的情况。

☑ Full：安装 MySQL 所有可用组件。

☑ Custom：自定义需要安装的组件。

MySQL 会默认选择“Developer Default”类型，这里选择“Server only”类型，如图 11.5 所示，选择默认选项，单击“Next”按钮进行安装。

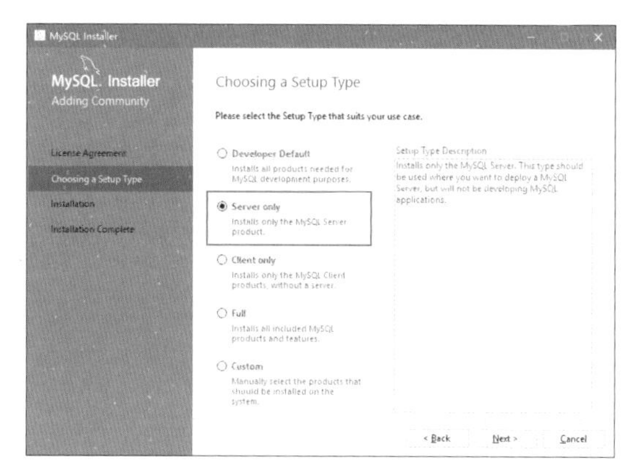

图 11.5　选择安装类型

3. 设置环境变量

安装完成以后，默认的安装路径是“C:\Program Files\MySQL\MySQL Server 8.0\bin”。下面设置环境变量，以便在任意目录下使用 MySQL 命令。右键单击“计算机”→“属性”，打开控制面板主页，选择“高级系统设置”→“环境变量”→“PATH”，单击“编辑”。将“C:\Program Files\MySQL\MySQL Server 8.0\bin”写在变量值中。如图 11.6 所示。

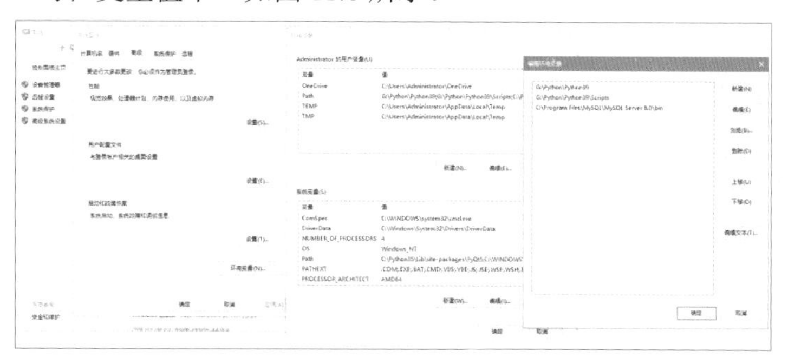

图 11.6　设置环境变量

4. 启动 MySQL

使用 MySQL 数据库前，需要先启动 MySQL。在 cmd 窗口中，输入命令行“net start mysql80”来启动 MySQL 8.0。启动成功后，使用账户和密码进入 MySQL。输入命令“mysql –u root –p”，接着提示“Enter password:”，输入密码“root”（笔者用户名和密码均为 root）即可进入 MySQL。如图 11.7 所示。

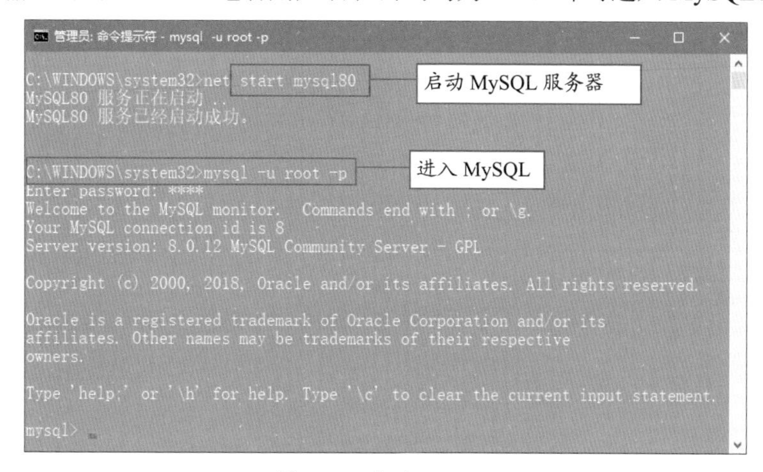

图 11.7　启动 MySQL

5. 使用 Navicat for MySQL 管理软件

在命令提示符下操作 MySQL 数据库的方式对初学者并不友好，而且需要有专业的 SQL 语言知识，所以各种 MySQL 图形化管理工具应运而生，其中 Navicat for MySQL 就是一个广受好评的桌面版 MySQL 数据库管理和开发工具。它使用图形化的用户界面，可以让用户使用和管理数据库更为轻松。

首先下载、安装 Navicat for MySQL，然后新建 MySQL 连接，如图 11.8 所示。

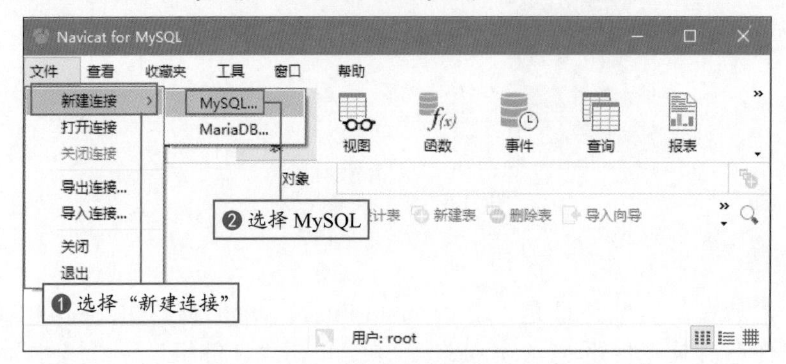

图 11.8 新建 MySQL 连接

接下来，输入连接信息：连接名输入“studyPython”，主机名或 IP 地址输入“localhost”或“127.0.0.1”，密码输入“root”，如图 11.9 所示。

单击“确定”按钮，创建完成。此时，双击“localhost”，即进入“localhost”数据库，如图 11.10 所示。

图 11.9 输入连接信息

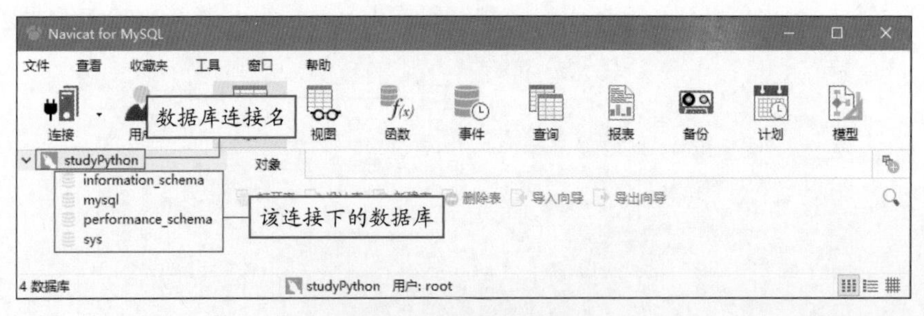

图 11.10 Navicat 主页

下面使用 Navicat 创建一个名为“mrsoft”的数据库，步骤为：右键单击“studyPython”，选择“新建数据库”，填写数据库信息。如图 11.11 所示。

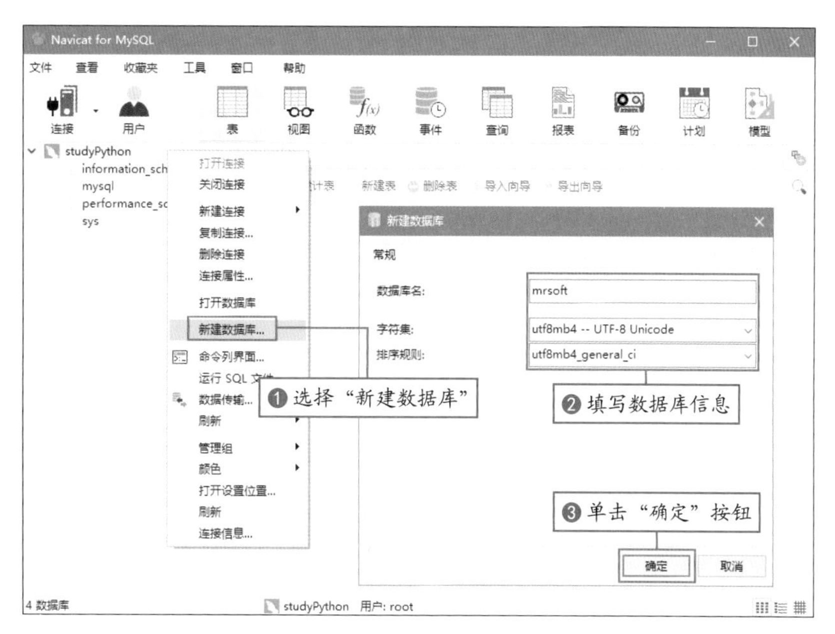

图 11.11　创建数据库

说明

关于 Navicat for MySQL 的更多操作，请查阅相关资料。

11.3.2 安装 PyMySQL

视 频 讲 解

视频讲解：资源包\Video\11\11.3.2 安装PyMySQL.mp4

由于 MySQL 服务器以独立的进程运行，并通过网络对外服务，所以，需要支持 Python 的 MySQL 驱动来连接到 MySQL 服务器。在 Python 中支持 MySQL 的数据库模块有很多，我们选择使用 PyMySQL。

PyMySQL 的安装比较简单，在 cmd 中执行如下命令：

```
pip install PyMySQL
```

运行结果如图 11.12 所示。

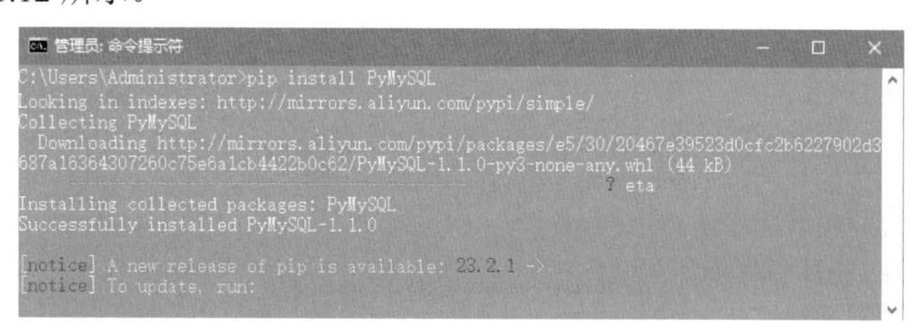

图 11.12　安装 PyMySQL

11.3.3 连接数据库

视 频 讲 解

视频讲解：资源包\Video\11\11.3.3 连接数据库.mp4

使用数据库的第一步是连接数据库。接下来使用 PyMySQL 连接数据库。由于 PyMySQL 也遵循 Python Database API 2.0 规范，所以操作 MySQL 数据库的方式与 SQLite 相似。我们可以通过类比的方式来学习。

实例 06 使用 PyMySQL 连接数据库 | 实例位置：资源包 \Code\SL\11\06

前面我们已经创建了一个 MySQL 连接“studyPython”，并且在安装数据库时设置了数据库的用户名“root”和密码“root”。下面通过 connect() 方法连接 MySQL 数据库 mrsoft，具体代码如下：

```
01  import pymysql
02
03  # 打开数据库连接,host:主机名或IP; user: 用户名; password: 密码; database: 数据库名称
04  db = pymysql.connect(host="localhost",user= "root",password= "root",database= "mrsoft")
05  # 使用cursor()方法创建一个游标对象cursor
06  cursor = db.cursor()
07  # 使用execute()方法执行SQL查询
08  cursor.execute("SELECT VERSION()")
09  # 使用fetchone()方法获取单条数据
10  data = cursor.fetchone()
11  print ("Database version : %s " % data)
12  # 关闭数据库连接
13  db.close()
```

上述代码中，首先使用 connect() 方法连接数据库，然后使用 cursor() 方法创建游标，接着使用 execute() 方法执行 SQL 语句查看 MySQL 数据库版本，然后使用 fetchone() 方法获取数据，最后使用 close() 方法关闭数据库连接。执行结果如下：

```
Database version : 8.0.21-log
```

11.3.4 创建数据表

视频讲解：资源包\Video\11\11.3.4 创建数据表.mp4

数据库连接成功以后，我们就可以为数据库创建数据表了。下面通过一个实例，使用 execute() 方法来为数据库创建表 books（图书表）。

实例 07 创建 books 图书表 | 实例位置：资源包 \Code\SL\11\07

books 表包含 id（主键）、name（图书名称）、category（图书分类）、price（图书价格）和 publish_time（出版时间）5 个字段。创建 books 表的 SQL 语句如下：

```
CREATE TABLE books (
  id int(8) NOT NULL AUTO_INCREMENT,
  name varchar(50) NOT NULL,
  category varchar(50) NOT NULL,
  price decimal(10,2) DEFAULT NULL,
  publish_time date DEFAULT NULL,
  PRIMARY KEY (id)
) ENGINE=MyISAM AUTO_INCREMENT=1 DEFAULT CHARSET=utf8;
```

在创建数据表前，使用如下语句：

```
DROP TABLE IF EXISTS `books`;
```

如果 mrsoft 数据库中已经存在 books，那么先会删除 books，然后再创建 books 数据表。具体代码如下：

```
01  import pymysql
02
03  # 打开数据库连接
04  db = pymysql.connect(host="localhost",user= "root",password= "root",database= "mrsoft")
05  # 使用cursor()方法创建一个游标对象cursor
06  cursor = db.cursor()
07  # 使用 execute()方法执行SQL，如果表存在则删除
08  cursor.execute("DROP TABLE IF EXISTS books")
09  # 使用预处理语句创建表
10  sql = """
11  CREATE TABLE books (
12    id int(8) NOT NULL AUTO_INCREMENT,
13    name varchar(50) NOT NULL,
14    category varchar(50) NOT NULL,
15    price decimal(10,2) DEFAULT NULL,
16    publish_time date DEFAULT NULL,
17    PRIMARY KEY (id)
18  ) ENGINE=MyISAM AUTO_INCREMENT=1 DEFAULT CHARSET=utf8;
19  """
20  # 执行SQL语句
21  cursor.execute(sql)
22  # 关闭数据库连接
23  db.close()
```

运行上述代码后，mrsoft 数据库下就已经创建了一个 books 表。打开 Navicat（如果已经打开，则按下 <F5> 键刷新），发现 mrsoft 数据库下多了一个 books 表，右键单击 books，选择设计表，效果如图 11.13 所示。

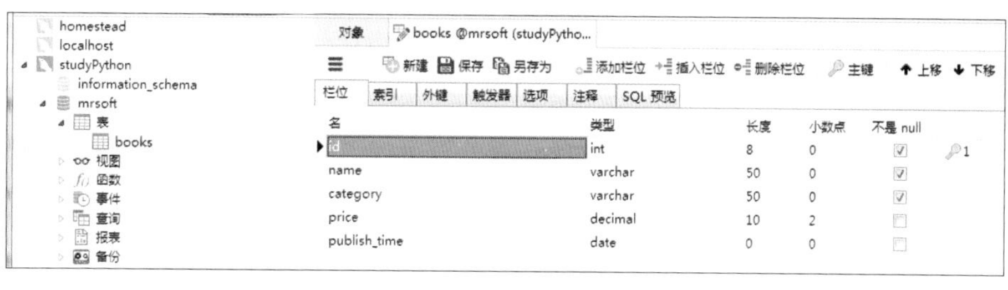

图 11.13　创建 books 表效果

11.3.5 操作 MySQL 数据表

视频讲解：资源包\Video\11\11.3.5 操作MySQL数据表.mp4

MySQL 数据表的操作主要包括数据的增删改查，与操作 SQLite 类似，这里我们通过一个实例讲解如何向 books 表中新增数据，至于修改、查找和删除数据则不再赘述。

实例 08　向 books 图书表添加图书数据　　｜实例位置：资源包 \Code\SL\11\08

在向 books 图书表中插入图书数据时，可以使用 excute() 方法添加一条记录，也可以使用 executemany() 方法批量添加多条记录，executemany() 方法的语法格式如下：

```
executemany(operation, seq_of_params)
```

☑ operation：操作的 SQL 语句。

☑ seq_of_params：参数序列。

executemany() 方法批量添加多条记录的具体代码如下：

```
01  import pymysql
02
03  # 打开数据库连接
04  db = pymysql.connect(host="localhost",user= "root",password= "root",database= "mrsoft",charset="utf8")
05  # 使用cursor()方法获取操作游标
06  cursor = db.cursor()
07  # 数据列表
08  data = [("零基础学Python",'Python','79.80','2018-5-20'),
09          ("Python从入门到精通",'Python','69.80','2018-6-18'),
10          ("零基础学PHP",'PHP','69.80','2017-5-21'),
11          ("PHP项目开发实战入门",'PHP','79.80','2016-5-21'),
12          ("零基础学Java",'Java','69.80','2017-5-21'),
13          ]
14  try:
15      # 执行sql语句，插入多条数据
16      cursor.executemany("insert into books(name, category, price, publish_time)
values (%s,%s,%s,%s)", data)
17      # 提交数据
18      db.commit()
19  except:
20      # 发生错误时回滚
21      db.rollback()
22
23  # 关闭数据库连接
24  db.close()
```

说明

（1）使用 connect() 方法连接数据库时，额外设置字符集 charset=utf-8，可以防止插入中文时出错。

（2）在使用 insert 语句插入数据时，使用 %s 作为占位符，可以防止 SQL 注入。

运行上述代码，在 Navicat 中查看 books 表数据，如图 11.14 所示。

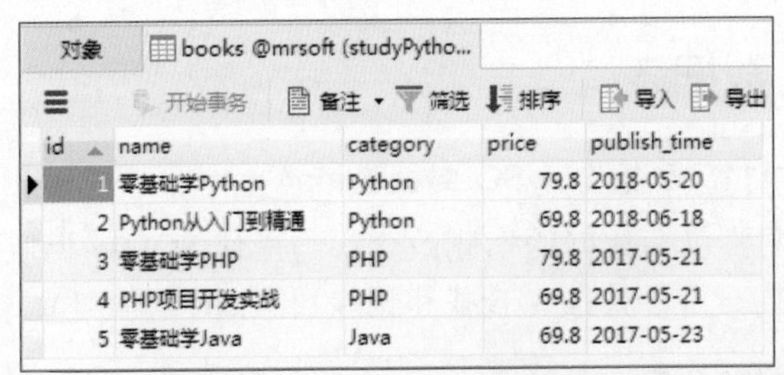

id	name	category	price	publish_time
1	零基础学Python	Python	79.8	2018-05-20
2	Python从入门到精通	Python	69.8	2018-06-18
3	零基础学PHP	PHP	79.8	2017-05-21
4	PHP项目开发实战	PHP	69.8	2017-05-21
5	零基础学Java	Java	69.8	2017-05-23

图 11.14　books 表数据

11.4 实战

实战一：获取指定数据表中的信息

打印 MySQL 的 books 表中图书的名称和价格，效果如图 11.15 所示。

```
图书：《零基础学Python》，价格：￥79.80元
图书：《Python从入门到精通》，价格：￥69.80元
图书：《零基础学PHP》，价格：￥69.80元
图书：《PHP项目开发实战入门》，价格：￥79.80元
图书：《零基础学Java》，价格：￥69.80元
```

图 11.15　打印图书名称和价格效果图

实战二：查找指定年份之后的图书信息

查询 MySQL 的 books 表中图书价格小于 70 元并且为 2017 年以后出版的所有图书，效果如图 11.16 所示。

```
图书：《Python从入门到精通》，价格：￥69.80元，出版日期：2018-06-18
图书：《零基础学PHP》，价格：￥69.80元，出版日期：2017-05-23
图书：《零基础学Java》，价格：￥69.80元，出版日期：2017-05-23
```

图 11.16　筛选指定图书

实战三：批量删除指定的图书信息

删除 MySQL 的 books 表中所有分类为 PHP 的图书，删除完成后查看所有图书，效果如图 11.17 所示。

```
图书：《零基础学Python》，价格：￥79.80元
图书：《Python从入门到精通》，价格：￥69.80元
图书：《零基础学Java》，价格：￥69.80元
```

图 11.17　删除特定图书

11.5 小结

本章主要介绍了使用 Python 操作数据库的基础知识。通过本章的学习，读者能够理解 Python 数据库编程接口，掌握 Python 操作数据库的通用流程及数据库连接对象的常用方法，并具备独立完成设计数据库的能力。希望本章能够起到抛砖引玉的作用，帮助读者在此基础上更深层次地学习 Python 操作 SQLite 和 MySQL 数据库的相关技术。

本章 e 学码：关键知识点拓展阅读

API　　SQL 注入　　占位符

MySQL 服务器　　事务

e 学码

第12章

GUI 界面编程

（视频讲解：2 小时 15 分钟）

本章概览

到目前为止，所有输入和输出都只是 IDLE 中的简单文本。现代的计算机程序都会使用大量的图形。如果我们的程序中也有一些图形就太好了。在这一章中，我们会开始建立一些简单的 GUI。这说明从现在开始，我们的程序看上去就会像你平常熟悉的那些程序一样，将会有窗口、按钮之类的图形。

知识框架

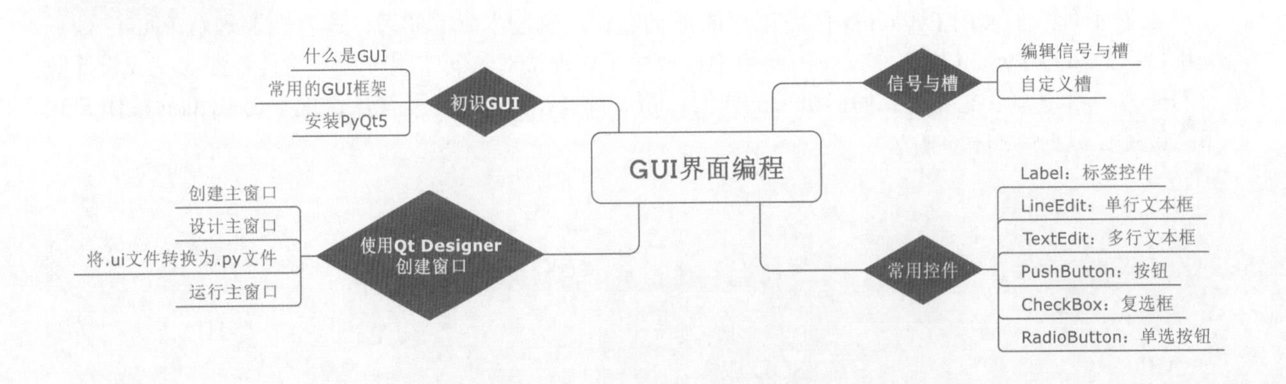

12.1 初识 GUI

12.1.1 什么是 GUI

视 频 讲 解

视频讲解：资源包\Video\12\12.1.1 什么是GUI.mp4

GUI 是 Graphical User Interface（图形用户界面）的缩写。在 GUI 中，并不只是键入文本和返回文本，用户可以看到窗口、按钮、文本框等图形，可以用鼠标单击，还可以通过键盘键入。GUI 是与程序交互的一种不同的方式。GUI 的程序有 3 个基本要素：输入、处理和输出，如图 12.1 所示，但它们的输入和输出更丰富、更有趣一些。

图 12.1　GUI 的 3 要素

12.1.2 常用的 GUI 框架

视频讲解：资源包\Video\12\12.1.2 常用的GUI框架.mp4

对于 Python 的 GUI 开发，有很多工具包供我们选择。其中一些流行的工具包如表 12.1 所示。

表 12.1　流行的 GUI 工具包

工　具　包	描　　述
wxPython	wxPython 是 Python 语言的一套优秀的 GUI 图形库，允许 Python 程序员很方便地创建完整的、功能健全的 GUI 用户界面
Kivy	Kivy 是一个开源工具包，能够让使用相同源代码创建的程序跨平台运行。它主要关注创新型用户界面开发，如多点触摸应用程序
Flexx	Flexx 是一个纯 Python 工具包，用来创建图形化界面应用程序，可使用 Web 技术进行界面的渲染
PyQt	PyQt 是 Qt 库的 Python 版本，支持跨平台
Tkinter	Tkinter（也叫 Tk 接口）是 Tk 图形用户界面工具包标准的 Python 接口。Tk 是一个轻量级的跨平台图形用户界面（GUI）开发工具
Pywin32	Windows Pywin32 允许你像 VC 一样来使用 Python 开发 Win32 应用
PyGTK	PyGTK 让你用 Python 轻松创建具有图形用户界面的程序
pyui4win	pyui4win 是一个开源的采用自绘技术的界面库

每个工具包都有其优缺点，所以工具包的选择取决于你的应用场景。本章将详细介绍 PyQt5 的使用方法。

12.1.3 安装 PyQt5

视频讲解：资源包\Video\12\12.1.3 安装 PyQt5.mp4

在使用 PyQt5 时，推荐使用第三方开发工具 PyCharm。PyCharm 可以在它的官方下载页面 https://www.jetbrains.com/pycharm/download/ 中下载到。这里下载免费社区版。下载完成后，双击得到的 PyCharm 安装包，根据向导界面进行安装。安装完成后，在开始菜单选择 JetBrains → PyCharm Community Edition 2021.2，即可启动 PyCharm 程序。然后就可以搭建使用 PyQt5 的开发环境了，具体步骤如下：

（1）第一次启动 PyCharm，将首先进入阅读协议页，选中“I confirm that I have read and accept the terms of this User Agreement”复选框，单击 Continue 按钮，进入 PyCharm 欢迎页，单击“Create New Project”按钮，创建一个 Python 项目“demopyqt5”。

（2）在第一次创建 Python 项目时，需要设置项目的存放位置及 Python 解释器。这里需要注意的是，设置 Pyhton 解释器应该是设置 python.exe 文件的地址，如图 12.2 所示。设置完成后，单击 Create 按钮，即可进入 PyCharm 开发工具的主窗口。

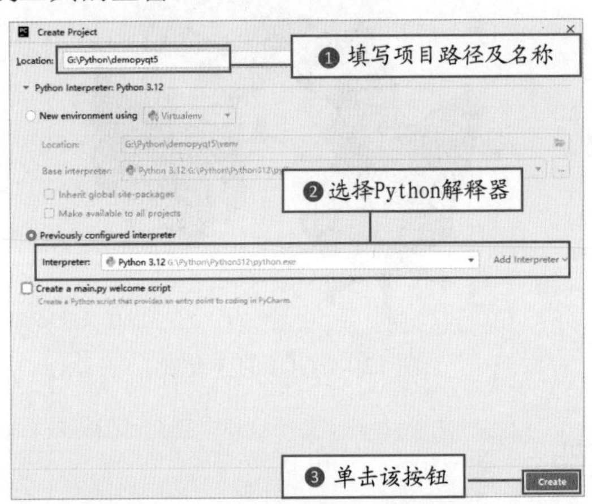

图 12.2 创建项目并设置 Python 解释器

（3）项目创建完成后，就可以安装 PyQt5 模块了。具体方法如下：

在 PyCharm 开发工具的主窗口中，依次选择 File → Settings 菜单项，打开 Settings 窗口，在该窗口中，展开 Project 节点，单击“Project Interpreter”选项，再单击窗口右侧底部的“+”按钮，如图 12.3 所示。

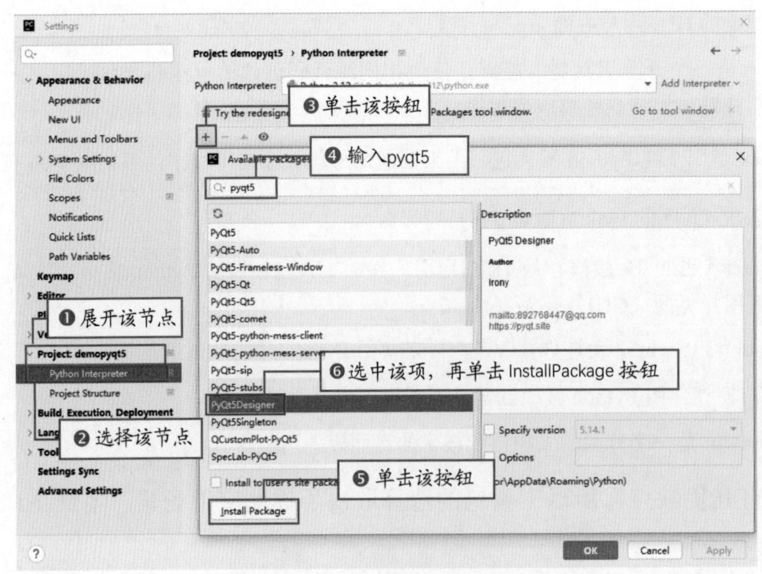

图 12.3 Settings 窗口

在安装 PyQt5 模块前，可以先查看一下当前 Python 是否已经安装，如果已经安装，则不需要再重复安装。判断是否安装的方法为：在单击“+”号前，Settings 窗口的列表中如果已经存在该模块名称，则说明已经安装；或者在 Available Packages 窗口中输入模块名称后，结果列表中的文字是蓝色的，也表示已经安装。

（4）PyQt5 模块包安装完成后，还需要配置 PyQt5 的设计器，通过它可以实现可视化界面设计。在 PyCharm 开发工具的主窗口中，依次选择 File → Settings 菜单项，打开 Settings 窗口，在该窗口中依次选择 Tools → External Tools 选项，然后在右侧单击“+”按钮，弹出“Create Tool”窗口，该窗口中，首先在 Name 文本框中填写工具名称为“Qt Designer”，然后单击 Program 右侧的文件夹图标，选择安装 pyqt5designer 模块时自动安装的 designer.exe 文件，该文件位于 Python 安装目录下的“Lib\site-packages\QtDesigner\”文件夹中，最后在“Working directory”文本框中输入“$ProjectFileDir$”，表示项目文件目录，单击 OK 按钮，如图 12.4 所示。

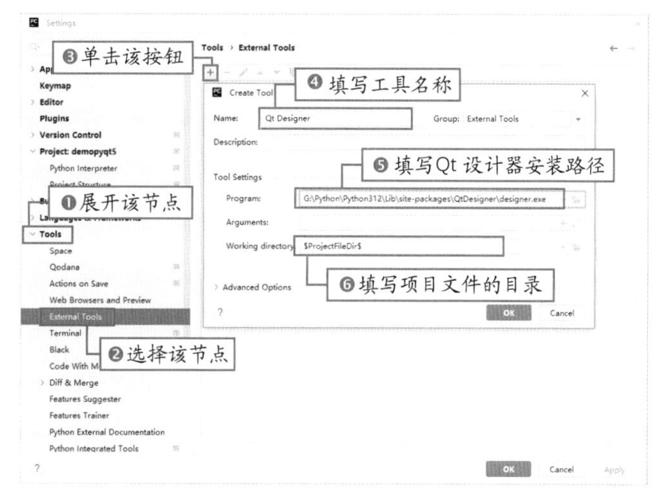

图 12.4　配置 QT 设计器

（5）配置将 .ui 文件转换为 .py 文件的转换工具。在步骤（4）所示的窗口右侧，单击“+”按钮，弹出“Create Tool”窗口，在“Name”文本框中输入工具名称为“PyUIC”，然后单击 Program 右侧的文件夹图标，选择 Python 解释器对应的 python.exe 文件，该文件位于当前 Python 安装目录的 Scripts 文件夹中，接下来在 Arguments 文本框中输入将 .ui 文件转换为 .py 文件的命令“-m PyQt5.uic.pyuic $FileName$ -o $FileNameWithoutExtension$.py”，最后在“Working directory”文本框中输入“$FileDir$”，它表示 UI 文件所在的路径，单击 OK 按钮，如图 12.5 所示。

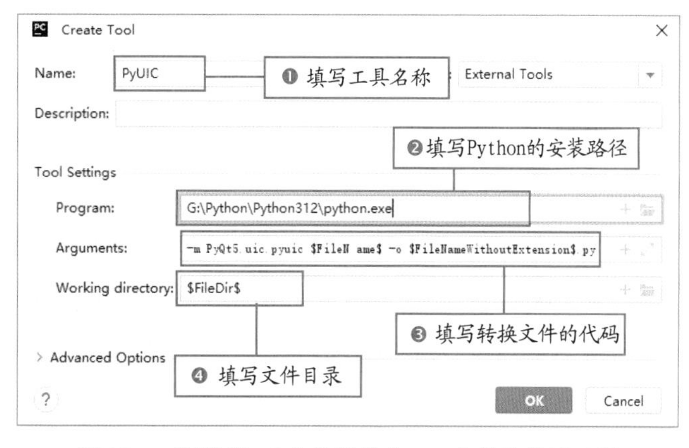

图 12.5　配置将 .ui 文件转换为 .py 文件的快捷工具

在 Program 文本框中输入或者选择的路径一定不要含有中文，以避免路径无法识别的问题。

12.2 使用 Qt Designer 创建窗口

视频讲解：资源包\Video\12\12.2 使用Qt Designer创建窗口.mp4

PyQt5 提供了一个 Qt Designer，中文名称为 Qt 设计师，它是一个强大的可视化 GUI 设计工具。通过使用 Qt Designer 设计 GUI 程序界面，可以大大提高开发效率。

使用 Qt Designer 创建窗口之前，先来了解 PyQt5 中的 3 种常用的窗口。即 MainWindow、Widget 和 Dialog，它们的说明如下：

☑ MainWindows：即主窗口，它主要为用户提供一个带有菜单栏、工具栏和状态栏的窗口。

☑ Widget：通用窗口，在 PyQt5 中，没有嵌入到其他控件中的控件都称为窗口。

☑ Dialog：对话框窗口，主要用来执行短期任务，或者与用户进行交互，没有菜单栏、工具栏和状态栏。

这里主要对 MainWindow 主窗口进行介绍。

12.2.1 创建主窗口

通过 Qt Designer 设计器创建主窗口的方法非常简单，具体步骤如下：

（1）在 PyCharm 的菜单栏中依次单击 Tools → External Tools → Qt Designer 菜单，如图 12.6 所示。

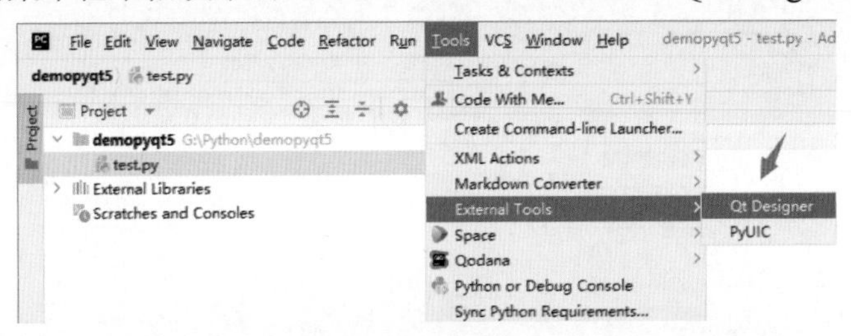

图 12.6 在 PyCharm 菜单中选择“Qt Designer”菜单

（2）即可打开 Qt Designer 设计器，并显示“新建窗体”窗口。在“新建窗体”窗口中选择“Main Window”选项，然后单击“创建”按钮即可，如图 12.7 所示。

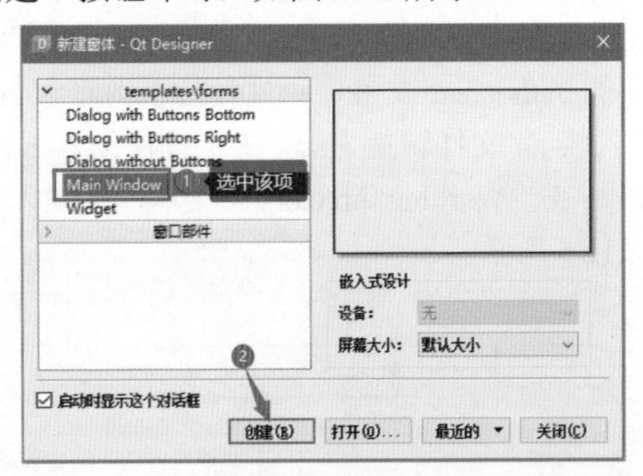

图 12.7 创建主窗口

12.2.2 设计主窗口

创建完主窗口后，主窗口中默认只有一个菜单栏和一个状态栏。此时的 Qt Designer 设计器如图 12.8 所示。

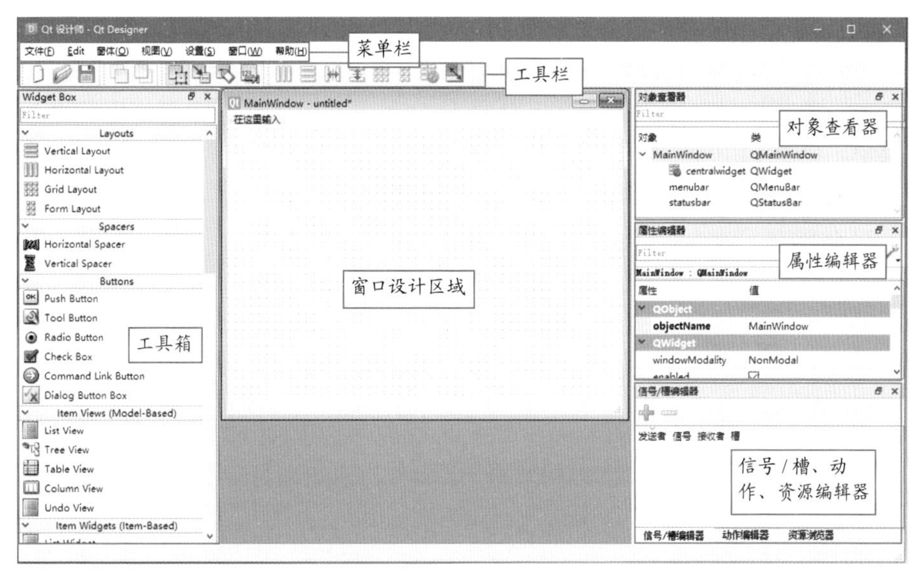

图 12.8 Qt Designer 设计器

我们要设计主窗口，只需要根据自己的需求，在左侧的“Widget Box”工具箱中选中相应的控件，然后按住鼠标左键，将其拖放到主窗口中的指定位置即可，操作如图 12.9 所示。

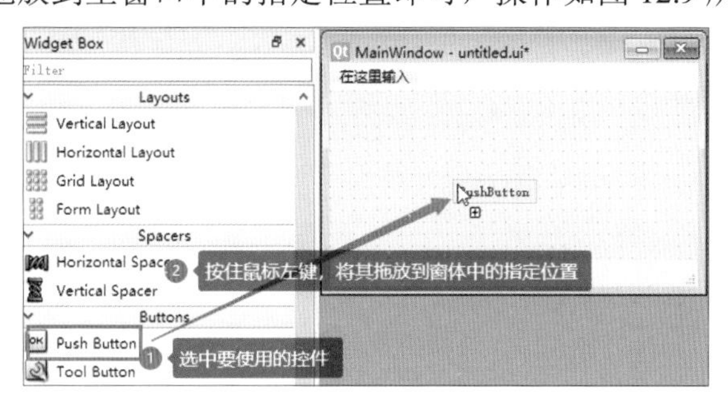

图 12.9　设计主窗口

Qt Designer 设计器提供了预览窗口效果的功能，可以预览设计的窗口在实际运行时的效果，以便根据该效果进行调整。具体使用方式为，在 Qt Designer 设计器的菜单栏中选择“窗体”→“预览于”，然后选择相应的风格菜单项即可，这里提供了 3 种风格的预览方式，分别为 windowsvista 风格、Windows 风格和 Fusion 风格，如图 12.10 所示。读者根据需要选择即可。

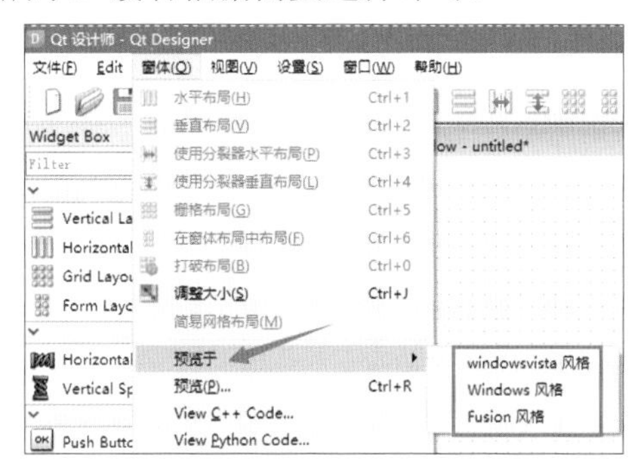

图 12.10 选择预览窗口的菜单

12.2.3 将 .ui 文件转换为 .py 文件

在 12.1.3 节中，我们配置了将 .ui 文件转换为 .py 文件的扩展工具 PyUIC，在 Qt Designer 窗口中就可以使用该工具将 .ui 文件转换为对应的 .py 文件。步骤如下：

（1）在 Qt Designer 设计器窗口设计完的 GUI 窗口中，按下 <Ctrl + S> 快捷键将窗体 UI 保存到指定路径下，这里我们直接保存到创建的 Python 项目中。

（2）在 PyCharm 的项目导航窗口中选择保存的 .ui 文件，然后依次选择菜单栏中的 Tools → External Tool → PyUIC 菜单，如图 12.10 所示。

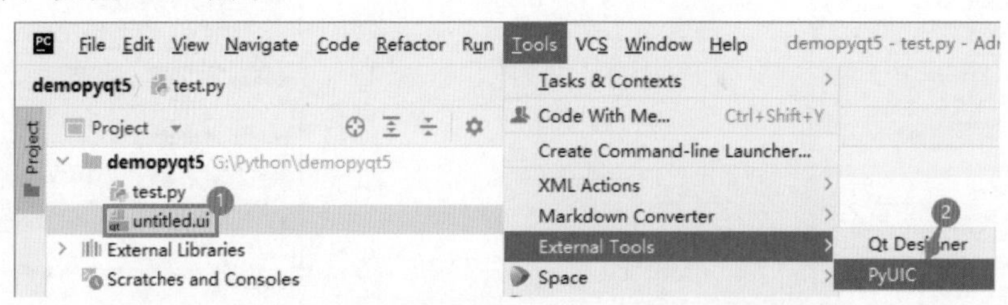

图 12.11　在 PyCharm 中选择 .ui 文件，并选择 PyUIC 菜单

（3）即可自动将选中的 .ui 文件转换为同名的 .py 文件，双击即可查看代码，如图 12.12 所示。

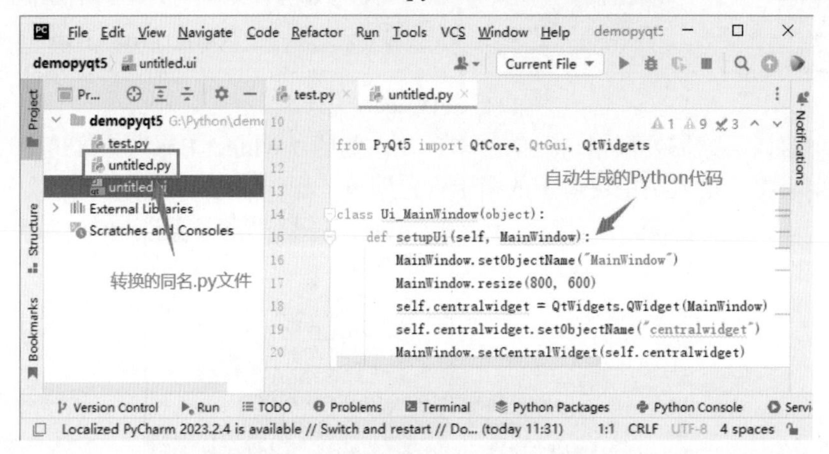

图 12.12　转换生成的 .py 文件及代码

注意

每选择一次 PyUIC 菜单项就会实现一次将 .ui 文件转换为 .py 文件，也就会重新生成一次 Python 代码，从而导致对 .py 文件的更改丢失。所以，当需要重新执行转换操作时，需要做好代码备份。

12.2.4 运行主窗口

通过上面的步骤，已经将在 Qt Designer 中设计的窗体转换为了 .py 脚本文件，但还不能运行，因为转换后的文件代码中没有程序入口，因此需要通过判断名称是否为 __main__ 来设置程序入口，并在其中添加以下代码，实现通过 MainWindow 对象的 show() 函数来显示窗口。

```
01 import sys
02 # 程序入口，程序从此处启动PyQt设计的窗口
03 if __name__ == '__main__':
04     app = QtWidgets.QApplication(sys.argv)
05     MainWindow = QtWidgets.QMainWindow()                  # 创建窗口
06     ui = Ui_MainWindow()                                  # 创建PyQt设计的窗口
07     ui.setupUi(MainWindow)                                # 初始化设置
08     MainWindow.show()                                     # 显示窗口
09     sys.exit(app.exec_())                                 # 程序关闭时退出进程
```

添加以上代码后，在当前的 .py 文件中单击右键，在弹出的快捷菜单中选择 Run 'untitled'，即可运行。这里的 untitled 为生成的 .py 文件的名称。

12.3　信号与槽

视频讲解：资源包\Video\12\12.3 信号与槽.mp4

信号（signal）与槽（slot）是 Qt 的核心机制，也是进行 PyQt5 编程时对象之间通信的基础。在 PyQt5 中，每一个 QObject 对象（包括各种窗口和控件）都支持信号与槽机制，通过信号与槽的关联，就可以实现对象之间的通信，当信号发射时，连接的槽函数（方法）将会自动执行。在 PyQt5 中，信号与槽是通过对象的 signal.connect() 方法进行连接的。

PyQt5 的窗口控件中有很多内置的信号，例如图 12.13 所示为 MainWindow 主窗口的部分内置信号与槽。

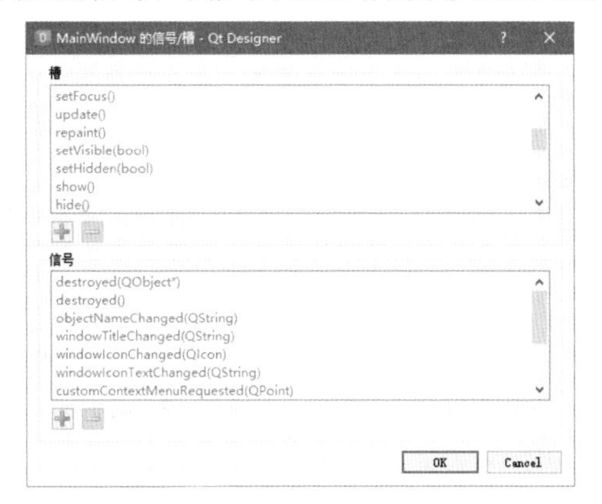

图 12.13　MainWindow 主窗口的部分内置信号与槽

PyQt5 中使用信号与槽的主要特点如下：

☑ 一个信号可以连接多个槽。

☑ 一个槽可以监听多个信号。

☑ 信号与信号之间可以互联。

☑ 信号与槽的连接可以跨线程。

☑ 信号与槽的连接方式既可以是同步，也可以是异步。

☑ 信号的参数可以是任何 Python 类型。

信号与槽的连接工作如图 12.14 所示。

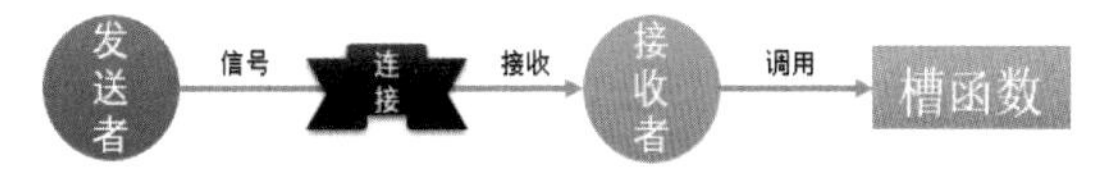

图 12.14　信号与槽的连接工作示意图

12.3.1 编辑信号与槽

通过信号与槽实现单击按钮关闭主窗口的运行效果，具体操作步骤如下：

（1）打开 Qt Designer 设计器，从左侧的工具箱中向窗口中添加一个 PushButton 按钮，并设置按钮的 text 属性为“关闭”，然后选中添加的“关闭”按钮，在菜单栏中选择“编辑→信号 / 槽”菜单项，再按住鼠标左键拖动至窗口空白区域，如图 12.15 所示。

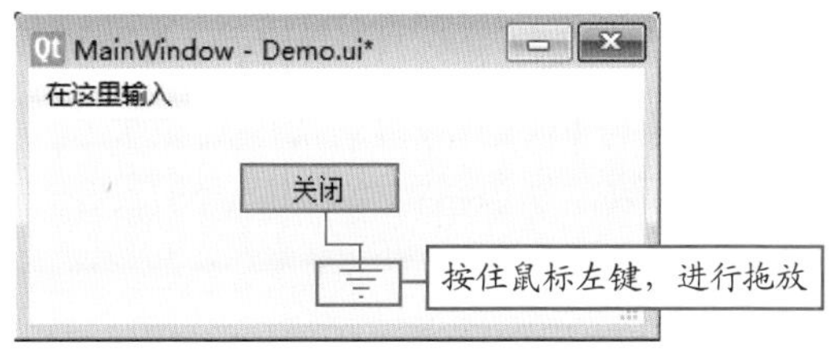

图 12.15　编辑信号 / 槽

说明

PushButton 是 PyQt5 中提供的一个控件，它是一个命令按钮控件，在单击执行一些操作时使用，将在 12.4.4 小节中详细讲解该控件的使用方法，这里直接使用即可。

（2）拖动至窗口空白区域松开鼠标后，将自动弹出“配置连接”对话框，首先选中“显示从 QWidget 继承的信号和槽”复选框，然后在上方的信号与槽列表中分别选择“clicked()”和“close()”，如图 12.16 所示。

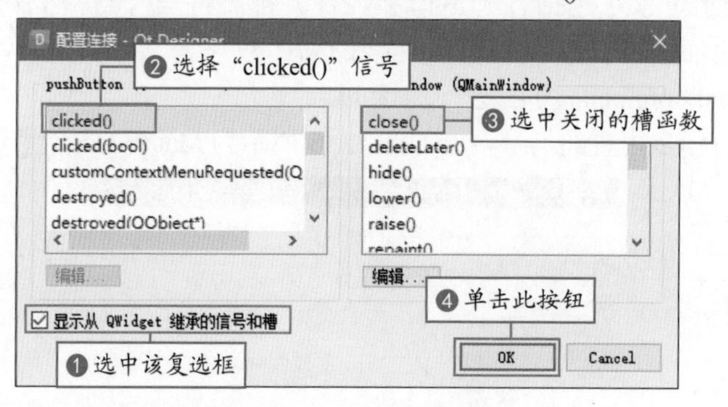

图 12.16 设置信号与槽

说明

在图 12.16 中，选中的 clicked() 为按钮的信号，然后选中的 close() 为槽函数（方法），工作逻辑是，单击按钮时发射 clicked 信号，该信号被主窗口的槽函数（方法）close() 所捕获，并触发关闭主窗口的行为。

（4）单击 OK 按钮，即可完成信号与槽的关联，效果如图 12.17 所示。

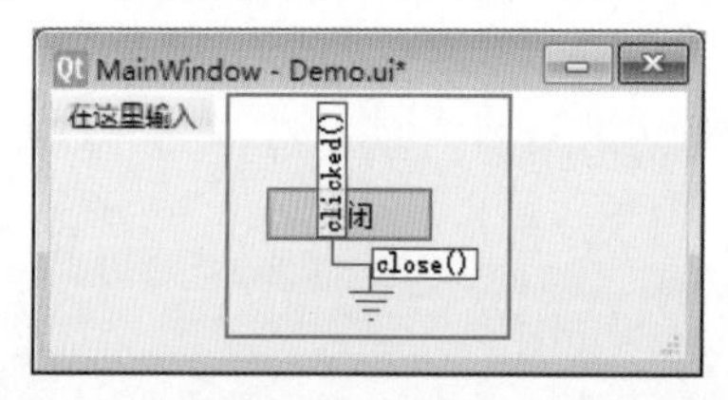

图 12.17 设置完成的信号与槽关联效果

保存 .ui 文件，并使用 PyCharm 中配置的 PyUIC 工具将其转换为 .py 文件，转换后实现单击按钮关闭窗口的关键代码如下：

```
self.pushButton.clicked.connect(MainWindow.close)
```

为转换后的 Python 代码添加程序入口，然后运行程序，效果如图 12.18 所示，单击“关闭”按钮，即可关闭当前窗口。

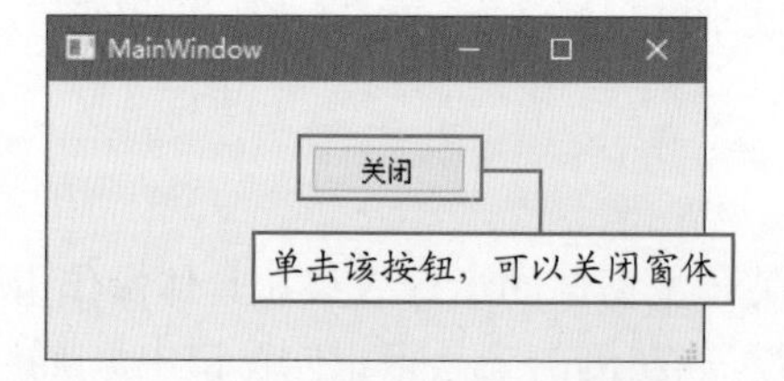

图 12.18 关闭窗口的运行效果

12.3.2 自定义槽

前面我们介绍了如何将控件的信号与 PyQt5 内置的槽函数相关联，除此之外，用户还可以自定义槽，自定义槽本质上就是自定义一个函数，使该函数实现相应的功能。

实例 01 信号与自定义槽的绑定 | **实例位置：资源包 \Code\SL\12\01**

自定义一个槽函数，实现单击按钮时，弹出一个“欢迎进入 PyQt5 编程世界”的信息提示框。代码如下：

```
01  def showMessage(self):
02      from PyQt5.QtWidgets import QMessageBox  # 导入QMessageBox类
03      # 使用information()方法弹出信息提示框
04      QMessageBox.information(MainWindow,"提示框","欢迎进入PyQt5编程世界",QMessageBox.Yes
| QMessageBox.No,QMessageBox.Yes)
```

说明

上面代码中用到了 QMessageBox 类，该类是 PyQt5 中提供的一个对话框类，用于弹出一个提示对话框。

自定义槽函数之后，即可与信号进行关联，比如，这里与 PushButton 按钮的 clicked 信号关联，即在单击 PushButton 按钮时，弹出信息提示框。将自定义槽连接到信号的代码如下：

```
self.pushButton.clicked.connect(showMessage)  # 绑定自定义槽函数
```

运行程序，单击窗口中的 PushButton 按钮，即可弹出信息提示框，效果如图 12.19 所示。

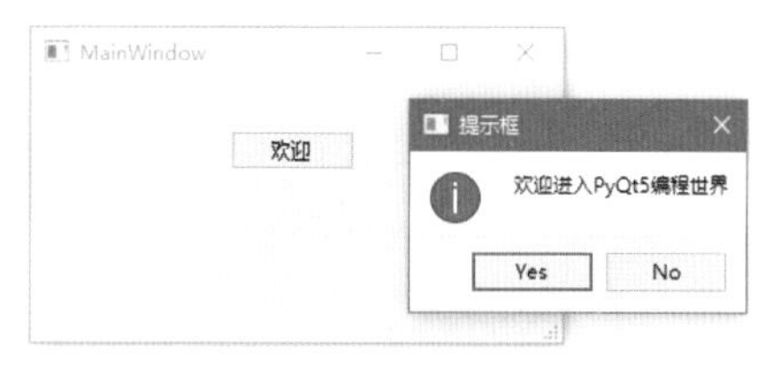

图 12.19 将自定义槽连接到信号

12.4 常用控件

控件是用户可以用来输入或操作数据的对象，相当于汽车中的方向盘、油门、刹车、离合器等，它们都是对汽车进行操作的控件。在 PyQt5 中，控件的基类是 QFrame 类，而 QFrame 类继承自 QWidget 类，QWidget 类是所有用户界面对象的基类。下面将对 PyQt5 中的常用控件进行介绍。

12.4.1 Label：标签控件

视频讲解：资源包\Video\12\12.4.1 Label标签控件.mp4

Label 控件又称为标签控件，它主要用于显示用户不能编辑的文本，标识窗体上的对象（例如，给文本框、列表框添加描述信息等），它对应 PyQt5 中的 QLabel 类，Label 控件本质上是 QLabel 类的一个对象。在使用 Label 控件时，最常用的有以下几种设置。

1. 设置标签文本

可以通过两种方法设置 Label（标签）控件显示的文本：第一种是直接在 Qt Designer 设计器的属性编辑器中设置 text 属性，第二种是通过代码设置。在 Qt Designer 设计器的属性编辑器中设置 text 属性的效果如图 12.20 所示。

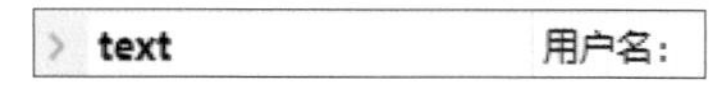

图 12.20 设置 text 属性

第二种方法是直接通过 Python 代码进行设置，需要用到 QLabel 类的 setText() 方法。

实例 02　为 Label 控件设置标签文本示例　　实例位置：资源包\Code\SL\12\02

将 PyQt5 窗口中的 Label 控件的文本设置为“用户名：”，代码如下：

```
01  self.label = QtWidgets.QLabel(self.centralwidget)
02  self.label.setGeometry(QtCore.QRect(30, 30, 314, 81))
03  self.label.setText("用户名：")
```

说明

将 .ui 文件转换为 .py 文件时，Lable 控件所对应的类为 QLabel，即在控件前面加了一个“Q”，表示它是 Qt 的控件，其他控件也是如此。

2. 设置标签文本的对齐方式

PyQt5 中支持设置标签中文本的对齐方式，主要用到 alignment 属性，在 Qt Designer 设计器的属性编辑器中展开 alignment 属性，可以看到两个值，分别为 Horizontal 和 Vertical，其中，Horizontal 用来设置标签文本的水平对齐方式，取值有 4 个，具体说明如表 12.2 所示。

表 12.2　Horizontal 取值及说明

值	说　明	值	说　明
AlignLeft	左对齐	AlignRight	右对齐
AlignHCenter	水平居中对齐	AlignJustify	两端对齐

Vertical 用来设置标签文本的垂直对齐方式，取值有 3 个，具体说明如表 12.3 所示。

表 12.3　Vertical 取值及说明

值	说　明	值	说　明
AlignTop	顶部对齐	AlignBottom	底部对齐
AlignVCenter	垂直居中对齐		

使用代码设置 Label 标签文本的对齐方式，需要用到 QLabel 类的 setAlignment() 方法，例如，将标签文本的对齐方式设置为水平左对齐、垂直居中对齐，代码如下：

```
self.label.setAlignment(QtCore.Qt.AlignLeft|QtCore.Qt.AlignVCenter)
```

3. 设置文本换行显示

假设将标签文本的 text 值设置为“每天编程 1 小时，从菜鸟到大牛”，在标签宽度不足的情况下，系统会默认只显示部分文字，如图 12.21 所示。遇到这种情况，可以设置标签中的文本换行显示。只需要在 Qt Designer 设计器的属性编辑器中，将 wordWrap 属性后面的复选框选中即可，如图 12.22 所示，换行显示后的效果如图 12.23 所示。

图 12.21　显示长文本的一部分　　图 12.22　设置 wordWrap 属性　　图 12.23　换行显示文本

使用代码设置 Label 标签文本换行显示，需要用到 QLabel 类的 setWordWrap() 方法，代码如下：

```
self.label.setWordWrap(True)
```

4. 为标签设置图片

为 Label 标签设置图片时，需要使用 QLabel 类的 setPixmap() 方法，该方法中需要有一个 QPixmap

对象，表示图标对象，代码如下：

```
01  from PyQt5.QtGui import QPixmap                 # 导入QPixmap类
02  self.label.setPixmap(QPixmap('test.png'))       # 为label设置图片
```

效果如图 12.24 所示。

图 12.24　在 Label 标签中显示图片

5. 获取标签文本

获取 Label 标签中的文本需要使用 QLabel 类的 text() 方法，例如，下面代码在控制台中打印 Label 中的文本：

```
print(self.label.text())      # 获取Label的文本
```

12.4.2 LineEdit：单行文本框

视频讲解：资源包\Video\12\12.4.2 LineEdit单行文本框.mp4

LineEdit 是单行文本框，该控件只能输入单行字符串。LineEdit 控件对应 PyQt5 中的 QLineEdit 类，该类的常用方法及说明如表 12.4 所示。

表 12.4　QLineEdit 类的常用方法及说明

方　法	说　明
setText()	设置文本框内容
text()	获取文本框内容
setPlaceholderText()	设置文本框浮显文字
setMaxLength()	设置允许文本框内输入字符的最大长度
setAlignment()	设置文本对齐方式
setReadOnly()	设置文本框只读
setFocus()	使文本框得到焦点
setEchoMode()	设置文本框显示字符的模式。有以下 4 种模式： QLineEdit.Normal：正常显示输入的字符，这是默认设置 QLineEdit.NoEcho：不显示任何输入的字符（不是不输入，只是不显示） QLineEdit.Password：显示与平台相关的密码掩码字符，而不是实际输入的字符 QLineEdit.PasswordEchoOnEdit：在编辑时显示字符，失去焦点后显示密码掩码字符
setValidator()	设置文本框验证器，有以下 3 种模式： QIntValidator：限制输入整数 QDoubleValidator：限制输入小数 QRegExpValidator：检查输入是否符合设置的正则表达式
setInputMask()	设置掩码，掩码通常由掩码字符和分隔符组成，后面可以跟一个分号和空白字符，空白字符在编辑完成后会从文本框中删除，常用的掩码有以下几种形式： 日期掩码：0000-00-00 时间掩码：00:00:00 序列号掩码：>AAAAA-AAAAA-AAAAA-AAAAA-AAAAA;#
clear()	清除文本框内容

QLineEdit 类的常用信号有以下两个：

☑ textChanged：当更改文本框中的内容时发射该信号。

☑ editingFinished：当文本框中的内容编辑结束时发射该信号，以按下回车键为编辑结束标志。

说明

对于 LineEdit 控件的属性也可以像 Label 控件一样，直接在 Qt Designer 设计器的属性编辑器中设置，其他控件也是如此，这里不再赘述。

实例 03 设计带用户名和密码的登录窗口

实例位置：资源包 \Code\SL\12\03

使用 LineEdit 控件，并结合 Label 控件制作一个简单的登录窗口，其中包含用户名和密码输入框，密码要求是 8 位数字，并且以掩码形式显示，步骤如下：

（1）打开 Qt Designer 设计器，根据需求，从工具箱中向主窗口放入两个 Label 控件与两个 LineEdit 控件，然后分别将两个 Label 控件的 text 值修改为“用户名：”和“密码：”，如图 12.25 所示。

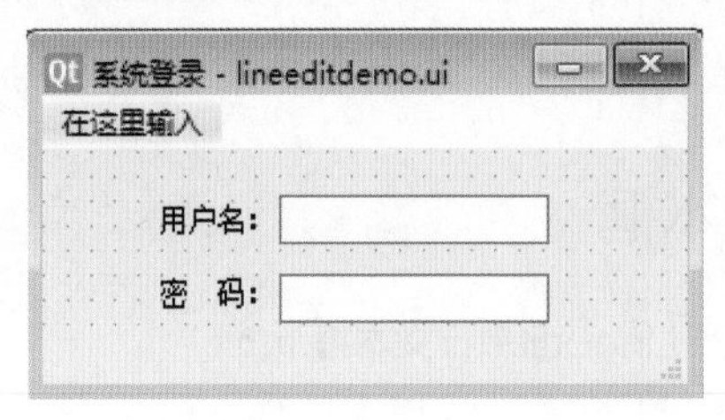

图 12.25 系统登录窗口设计效果

（2）设计完成后，保存为 .ui 文件，并使用 PyUIC 工具将其转换为 .py 文件，并在表示密码的 LineEdit 文本框下面使用 setEchoMode() 将其设置为密码文本，同时使用 setValidator() 方法为其设置验证器，控制只能输入 8 位数字，代码如下：

```
01  self.lineEdit_2.setEchoMode(QtWidgets.QLineEdit.Password)            # 设置文本框为密码
02  self.lineEdit_2.setValidator(QtGui.QIntValidator(10000000,99999999)) # 设置只能输入8位数字
```

（3）为 .py 文件添加程序入口，代码如下：

```
01  import sys
02  # 主方法，程序从此处启动PyQt设计的窗体
03  if __name__ == '__main__':
04      app = QtWidgets.QApplication(sys.argv)
05      MainWindow = QtWidgets.QMainWindow() # 创建窗体对象
06      ui = Ui_MainWindow()                 # 创建PyQt设计的窗体对象
07      ui.setupUi(MainWindow)               # 调用PyQt窗体的方法对窗体对象进行初始化设置
08      MainWindow.show()                    # 显示窗体
09      sys.exit(app.exec_())                # 程序关闭时退出进程
```

说明

在将 .ui 文件转换为 .py 文件后，如果要运行 .py 文件，必须添加程序入口，后面将不再重复提示。

运行程序，效果如图 12.26 所示。

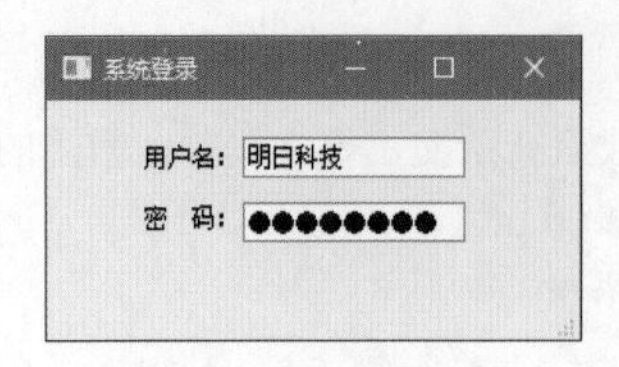

图 12.26 运行效果

说明

在密码文本框中输入字母或者超过 8 位数字时，系统将自动控制其输入，文本框中不会显示任何内容。

12.4.3 TextEdit：多行文本框

视频讲解

视频讲解：资源包\Video\12\12.4.3 TextEdit多行文本框.mp4

TextEdit 是多行文本框控件，主要用来显示多行的文本内容，当文本内容超出控件的显示范围时，该控件将显示垂直滚动条。另外，TextEdit 控件不仅可以显示纯文本内容，还支持显示 HTML 网页。

TextEdit 控件对应 PyQt5 中的 QTextEdit 类，该类的常用方法及说明如表 12.5 所示。

表 12.5　QTextEdit 类的常用方法及说明

方　法	说　明
setPlainText()	设置文本内容
toPlainText()	获取文本内容
setTextColor()	设置文本颜色，例如，将文本设置为红色，可以将该方法的参数设置为 QtGui.QColor(255,0,0)
setTextBackgroundColor()	设置文本的背景颜色，颜色参数与 setTextColor() 中相同
setHtml()	设置 HTML 文档内容
toHtml()	获取 HTML 文档内容
wordWrapMode()	设置自动换行
clear()	清除所有内容

实例 04　多行文本框应用示例

实例位置：资源包 \Code\SL\12\04

使用 Qt Designer 设计器创建一个 MainWindow 窗口，在其中添加两个 TextEdit 控件，然后保存为 .ui 文件，使用 PyUIC 工具将 .ui 文件转换为 .py 文件，然后分别使用 setPlainText() 方法和 setHtml() 方法为两个 TextEdit 控件设置要显示的文本内容，代码如下：

```
01  # 设置纯文本显示
02  self.textEdit.setPlainText("能够登上金字塔的只有两种动物，一种是雄鹰，一种是蜗牛。"
03                             "我们大部分人也许不是雄鹰，但是我们每个人都可以拥有蜗牛的精神。")
04  # 设置HTML文本显示
05  self.textEdit_2.setHtml("能够登上金字塔的只有两种动物，<font color='red' size=12>一种是雄鹰，一种是蜗牛。</font>"
06                             "我们大部分人也许不是雄鹰，但是我们每个人都可以拥有蜗牛的精神。")
```

为 .py 文件添加程序入口代码，然后运行程序，效果如图 12.27 所示。

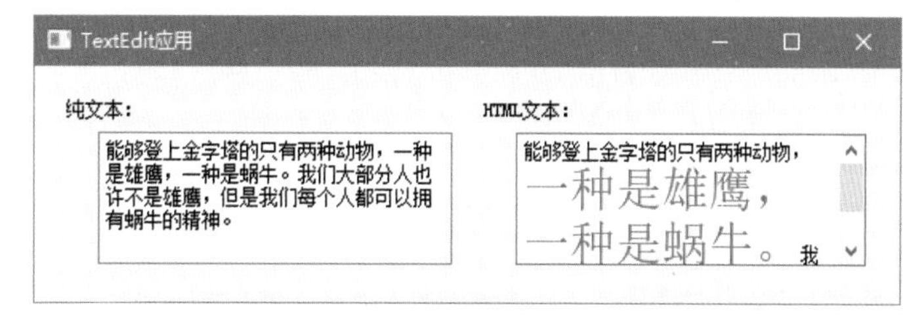

图 12.27　使用 TextEdit 控件显示多行文本和 HTML 文本

12.4.4 PushButton：按钮

视频讲解：资源包\Video\12\12.4.4 PushButton按钮.mp4

PushButton 是 PyQt5 中最常用的控件之一，它被称为按钮控件，允许用户通过单击来执行操作。PushButton 控件既可以显示文本，也可以显示图像，当该控件被单击时，它看起来像是被按下然后被释放。

PushButton 控件对应 PyQt5 中的 QPushButton 类，该类的常用方法及说明如表 12.6 所示。

表 12.6 QPushButton 类的常用方法及说明

方　法	说　明
setText()	设置按钮所显示的文本
text()	获取按钮所显示的文本
setIcon()	设置按钮上的图标，可以将参数设置为 QtGui.QIcon(' 图标路径 ')
setIconSize()	设置按钮图标的大小，参数可以设置为 QtCore.QSize(int width,int height)
setEnabled()	设置按钮是否可用，参数设置为 False 时，按钮为不可用状态
setShortcut()	设置按钮的快捷键，参数可以设置为键盘中的按键或组合键，例如 'Alt+0'

PushButton 按钮最常用的信号是 clicked，当按钮被单击时，会发射该信号，执行相应的操作。

实例 05 设计用户登录窗口

实例位置：资源包\Code\SL\12\05

完善实例 03，为系统登录窗口添加“登录”和“退出”按钮，当单击“登录”按钮时，弹出用户输入的用户名和密码；而当单击“退出”按钮时，关闭当前登录窗口。代码如下：

```
01 from PyQt5 import QtCore, QtGui, QtWidgets
02 from PyQt5.QtGui import QPixmap,QIcon
03 class Ui_MainWindow(object):
04     def setupUi(self, MainWindow):
05         MainWindow.setObjectName("MainWindow")
06         MainWindow.resize(225, 121)
07         self.centralwidget = QtWidgets.QWidget(MainWindow)
08         self.centralwidget.setObjectName("centralwidget")
09         self.pushButton = QtWidgets.QPushButton(self.centralwidget)
10         self.pushButton.setGeometry(QtCore.QRect(40, 83, 61, 23))
11         self.pushButton.setObjectName("pushButton")
12         self.pushButton.setIcon(QIcon(QPixmap("login.ico"))) # 为“登录”按钮设置图标
13         self.label = QtWidgets.QLabel(self.centralwidget)
14         self.label.setGeometry(QtCore.QRect(29, 22, 54, 12))
15         self.label.setObjectName("label")
16         self.label_2 = QtWidgets.QLabel(self.centralwidget)
17         self.label_2.setGeometry(QtCore.QRect(29, 52, 54, 12))
18         self.label_2.setObjectName("label_2")
19         self.lineEdit = QtWidgets.QLineEdit(self.centralwidget)
20         self.lineEdit.setGeometry(QtCore.QRect(79, 18, 113, 20))
21         self.lineEdit.setObjectName("lineEdit")
22         self.lineEdit_2 = QtWidgets.QLineEdit(self.centralwidget)
23         self.lineEdit_2.setGeometry(QtCore.QRect(78, 50, 113, 20))
```

```
24          self.lineEdit_2.setObjectName("lineEdit_2")
25          self.lineEdit_2.setEchoMode(QtWidgets.QLineEdit.Password)  # 设置文本框为密码
26          # 设置只能输入8位数字
27           self.lineEdit_2.setValidator(QtGui.QIntValidator(10000000, 99999999))
28          self.pushButton_2 = QtWidgets.QPushButton(self.centralwidget)
29          self.pushButton_2.setGeometry(QtCore.QRect(120, 83, 61, 23))
30          self.pushButton_2.setObjectName("pushButton_2")
31          self.pushButton_2.setIcon(QIcon(QPixmap("exit.ico")))  # 为"退出"按钮设置图标
32          MainWindow.setCentralWidget(self.centralwidget)
33          self.retranslateUi(MainWindow)
34          # 为"登录"按钮的clicked信号绑定自定义槽函数
35          self.pushButton.clicked.connect(self.login)
36          # 为"退出"按钮的clicked信号绑定MainWindow窗口自带的close槽函数
37          self.pushButton_2.clicked.connect(MainWindow.close)
38          QtCore.QMetaObject.connectSlotsByName(MainWindow)
39      def login(self):
40          from PyQt5.QtWidgets import QMessageBox
41          # 使用information()方法弹出信息提示框
42        QMessageBox.information(MainWindow, "登录信息", "用户名："+self.lineEdit.
   text()+"  密码："+self.lineEdit_2.text(), QMessageBox.Ok)
43      def retranslateUi(self, MainWindow):
44              _translate = QtCore.QCoreApplication.translate
45                MainWindow.setWindowTitle(_translate("MainWindow", "系统登录"))
46                self.pushButton.setText(_translate("MainWindow", "登录"))
47                self.label.setText(_translate("MainWindow", "用户名："))
48              self.label_2.setText(_translate("MainWindow", "密  码："))
49              self.pushButton_2.setText(_translate("MainWindow", "退出"))
50  import sys
51  # 主方法，程序从此处启动PyQt设计的窗体
52  if __name__ == '__main__':
53     app = QtWidgets.QApplication(sys.argv)
54     MainWindow = QtWidgets.QMainWindow()      # 创建窗体对象
55     ui = Ui_MainWindow()                      # 创建PyQt设计的窗体对象
56     ui.setupUi(MainWindow)                    # 调用PyQt窗体的方法对窗体对象进行初始化设置
57     MainWindow.show()                         # 显示窗体
58     sys.exit(app.exec_())                     # 程序关闭时退出进程
```

上面代码中为“登录”按钮和“退出”按钮设置图标时，用到了两个图标文件 login.ico 和 exit.ico，需要提前准备好这两个图标文件，并将它们复制到 .py 文件的同级目录下。

运行程序，输入用户名和密码，单击“登录”按钮，可以在弹出的提示框中显示输入的用户名和密码，如图 12.28 所示，而单击“退出”按钮，可以直接关闭当前窗口。

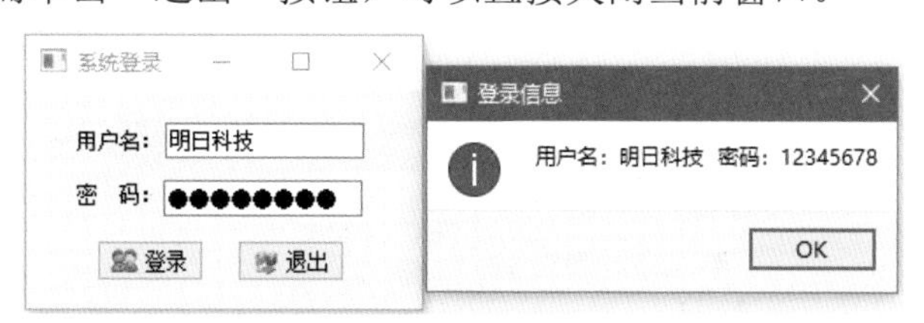

图 12.28　制作登录窗口

12.4.5 CheckBox：复选框

视频讲解：资源包\Video\12\12.4.5 CheckBox复选框.mp4

CheckBox 是复选框控件，它用来表示是否选取了某个选项条件，常用于为用户提供具有是 / 否或真 / 假值的选项，它对应 PyQt5 中的 QCheckBox 类。

它为用户提供“多选多”的选择，提供了 QT.Checked（选中）、QT.Unchecked（未选中）和 QT.PartiallyChecked（半选中）3 种状态。如果需要半选中状态，需要使用 QCheckBox 类的 setTristate() 方法使其生效，并且可以使用 checkState() 方法查询当前状态。

CheckBox 控件最常用的信号是 stateChanged，在复选框的状态发生改变时发射。

实例 06　特别关注好友窗体设计　　实例位置：资源包 \Code\SL\12\06

在 Qt Designer 设计器中创建一个窗口，实现通过复选框的选中状态设置特别关注好友的功能。在窗口中添加 5 个 CheckBox 控件，文本分别设置为“明日科技”“无语”“大鱼”“凌心儿”“岸芷汀兰”，主要用来表示要设置的特别关注好友；添加一个 PushButtion 控件，用来显示选择的好友。设计完成后保存为 .ui 文件，并使用 PyUIC 工具将其转换为 .py 代码文件。在 .py 代码文件中自定义一个 getvalue() 方法，用来根据 CheckBox 控件的选中状态记录特别关注的好友，代码如下：

```
01  def getvalue(self):
02      oper=""                                  # 记录特别关注好友
03      if self.checkBox.isChecked():            # 判断复选框是否选中
04          oper+=self.checkBox.text()           # 记录选中的好友
05      if self.checkBox_2.isChecked():
06          oper +='\n'+ self.checkBox_2.text()
07      if self.checkBox_3.isChecked():
08          oper+='\n'+ self.checkBox_3.text()
09      if self.checkBox_4.isChecked():
10          oper+='\n'+ self.checkBox_4.text()
11      if self.checkBox_5.isChecked():
12          oper+='\n'+ self.checkBox_5.text()
13      from  PyQt5.QtWidgets import QMessageBox
14      # 使用information()方法弹出信息提示，显示所有选中的好友
15      QMessageBox.information(MainWindow, "提示", "您想要特别关注的好友如下：\n"+oper,
QMessageBox.Ok)
```

将“设置”按钮的 clicked 信号与自定义的槽函数 getvalue() 相关联，代码如下：

```
self.pushButton.clicked.connect(self.getvalue)
```

为 .py 文件添加程序入口的代码，然后运行程序，选中特别关注好友复选框，单击“设置”按钮，即可在弹出提示框中显示所有选中的好友，如图 12.29 所示。

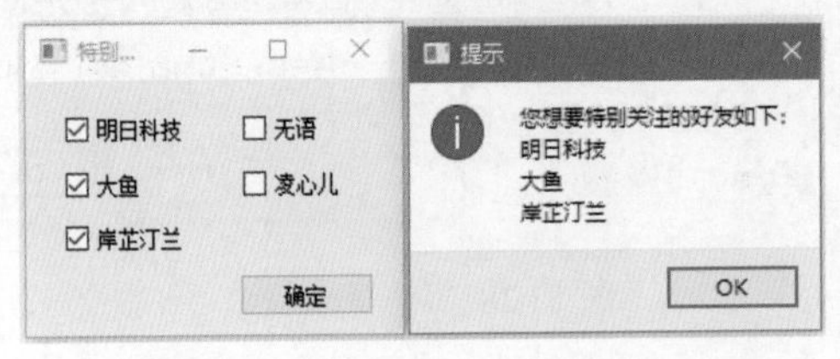

图 12.29 通过复选框选择特别关注好友

12.4.6 RadioButton：单选按钮

视频讲解：资源包\Video\12\12.4.6 RadioButton单选按钮.mp4

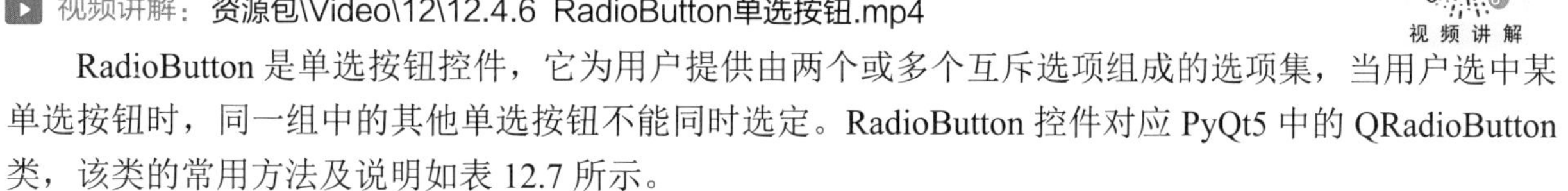

RadioButton 是单选按钮控件，它为用户提供由两个或多个互斥选项组成的选项集，当用户选中某单选按钮时，同一组中的其他单选按钮不能同时选定。RadioButton 控件对应 PyQt5 中的 QRadioButton 类，该类的常用方法及说明如表 12.7 所示。

表 12.7　QRadioButton 类的常用方法及说明

方　法	说　明
setText()	设置单选按钮显示的文本
text()	获取单选按钮显示的文本
setChecked() 或者 setCheckable()	设置单选按钮是否为选中状态，True 为选中状态，False 为未选中状态
isChecked()	返回单选按钮的状态，True 为选中状态，False 为未选中状态
setText()	设置单选按钮显示的文本

RadioButton 控件常用的信号有两个：clicked 和 toggled，其中，clicked 信号在每次单击单选按钮时都会发射，而 toggled 信号则在单选按钮的状态改变时才会发射，因此，通常使用 toggled 信号监控单选按钮的选择状态。

例如，为一个名称为 radioButton 的单选按钮绑定监控单选按钮的选择状态的槽函数，代码如下：

```
self.radioButton.toggled.connect(self.自定义槽函数名)
```

使用单选按钮控件时，还经常需要判断其是否处于选中状态，假设单选按钮名称为 radioButton，可以使用下面的代码。

```
self.radioButton.isChecked()
```

说明

限于篇幅，本书只介绍 PyQt5 提供的部分常用控件，具体内容可以参考官方 API 文档。

12.5 小结

本章主要介绍了 Python 的 GUI 编程，包括 GUI 的基础知识及 Python 常用的 GUI 框架。在众多 GUI 框架中，我们选择了知名的 PyQt5 进行详细讲解。学习了使用 Qt Designer 可视化设计器创建窗口，使用信号与槽实现事件绑定，以及 PyQt5 提供的常用控件的使用等内容。通过本章的学习，读者能够了解 Python 的 GUI 相关知识，并使用 PyQt5 编写交互式的图形界面。

本章 e 学码：关键知识点拓展阅读

GUI　　　　槽
Qt Designer　　　　控件

第13章

Pygame 游戏编程

（视频讲解：1 小时 24 分钟）

本章概览

Python 深受广大开发者青睐的一个重要原因是它应用领域非常广泛，其中就包括游戏开发。而使用 Python 进行游戏开发的首选模块就是 Pygame。本章我们来学习一下如何使用 Pygame 开发游戏。与其他章节不同的是，本章的侧重点不是讲解理论知识，而是在编写游戏的过程中学习 Pygame。我们会先通过“跳跃的小球”游戏学习 Pygame 基础知识，然后应用 Pygame 实现“Flappy Bird”游戏。

知识框架

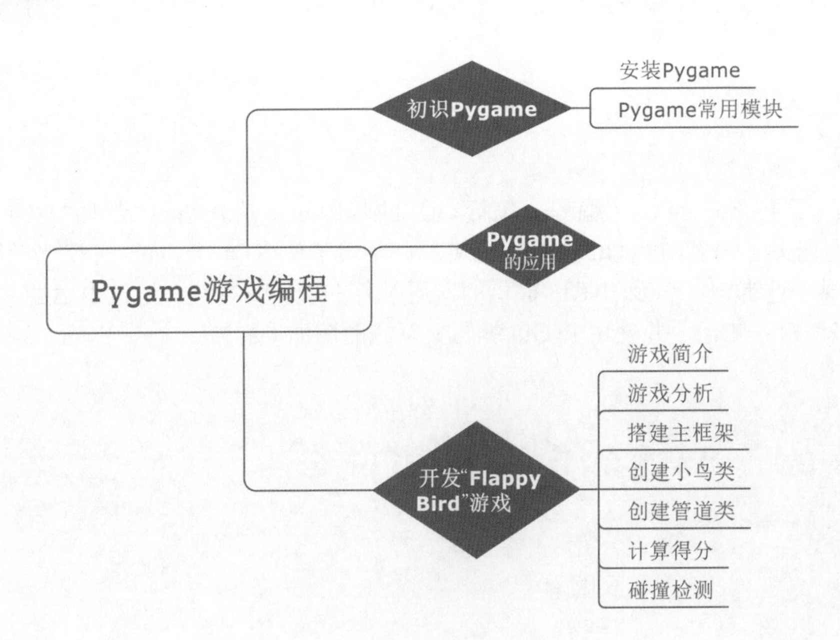

13.1 初识 Pygame

Pygame 是跨平台的 Python 模块，专为电子游戏设计（包含图像、声音），创建在 SDL（Simple DirectMedia Layer）基础上，允许实时电子游戏研发而不被低级语言（如汇编语言）束缚。基于这一设想，所有需要的游戏功能和理念（主要是图像方面）都完全简化为游戏逻辑本身，所有的资源结构都可以由高级语言（如 Python）提供。

13.1.1 安装 Pygame

视频讲解：资源包\Video\13\13.1.1 安装Pygame.mp4

Pygame 的官方网址是 www.pygame.org，在该网址中可以查找到 Pygame 相关文档。Pygame 的安装非常简单，只需要一行命令：

```
pip  install pygame
```

运行结果如图 13.1 所示。

```
管理员: 命令提示符
C:\Users\Administrator>pip install pygame
Looking in indexes: http://mirrors.aliyun.com/pypi/simple/
Collecting pygame
  Downloading http://mirrors.aliyun.com/pypi/packages/66/57/1311ff5bbd64093795f64c66910
bbc12b7c5d83ca95766cce7ba501ff7e7/pygame-2.5.2-cp312-cp312-win_amd64.whl (10.8 MB)
                                                    13.4 MB/s eta
Installing collected packages: pygame
Successfully installed pygame-2.5.2

[notice] A new release of pip is available: 23.2.1 ->
[notice] To update, run:

C:\Users\Administrator>
```

图 13.1　安装 Pygame

接下来，检测一下是否安装成功。打开 IDLE，输入如下命令：

```
import pygame
```

如果运行结果如图 13.2 所示，则说明安装成功。

```
IDLE Shell 3.12.0
File  Edit  Shell  Debug  Options  Window  Help
Python 3.12.0 (tags/v3.12.0:0fb18b0, Oct  2 2023, 13:03:39) [MSC v.1935 64 bit (
AMD64)] on win32
Type "help", "copyright", "credits" or "license()" for more information.
>>> import pygame
pygame 2.5.2 (SDL 2.28.3, Python 3.12.0)
Hello from the pygame community. https://www.pygame.org/contribute.html
>>> |
                                                              Ln: 6  Col: 0
```

图 13.2　查看 Pygame 版本

13.1.2 Pygame 常用模块

视频讲解：资源包\Video\13\13.1.2 Pygame常用模块.mp4

Pygame 做游戏开发的优势在于不需要过多考虑与底层开发相关的内容，而可以把工作重心放在游戏逻辑上。例如，Pygame 中集成了很多和底层开发相关的模块，如访问显示设备、管理事件、使用字体等。Pygame 常用模块如表 13.1 所示。

表 13.1 Pygame 常用模块

模块名	功能
pygame.cdrom	访问光驱
pygame.cursors	加载光标
pygame.display	访问显示设备
pygame.draw	绘制形状、线和点
pygame.event	管理事件
pygame.font	使用字体
pygame.image	加载和存储图片
pygame.joystick	使用游戏手柄或者类似的东西
pygame.key	读取键盘按键
pygame.mixer	访问声音
pygame.mouse	访问鼠标
pygame.movie	播放视频
pygame.music	播放音频
pygame.overlay	访问高级视频叠加
pygame.rect	管理矩形区域
pygame.sndarray	操作声音数据
pygame.sprite	操作移动图像
pygame.surface	管理图像和屏幕
pygame.surfarray	管理点阵图像数据
pygame.time	管理时间帧信息
pygame.transform	缩放和移动图像

下面，使用 pygame 的 display 模块和 event 模块创建一个 Pygame 窗口，代码如下：

```
01  # -*- coding:utf-8 -*-
02  import sys                                  # 导入sys模块
03  import pygame                               # 导入pygame模块
04
05  pygame.init()                               # 初始化pygame
06  size = width, height = 320, 240             # 设置窗口
07  screen = pygame.display.set_mode(size)      # 显示窗口
08
09  # 执行死循环，确保窗口一直显示
10  while True:
11      # 检查事件
12      for event in pygame.event.get():        # 遍历所有事件
13          if event.type == pygame.QUIT:       # 如果单击关闭窗口，则退出
14              pygame.quit()                   # 退出pygame
15              sys.exit()
```

运行结果如图 13.3 所示。

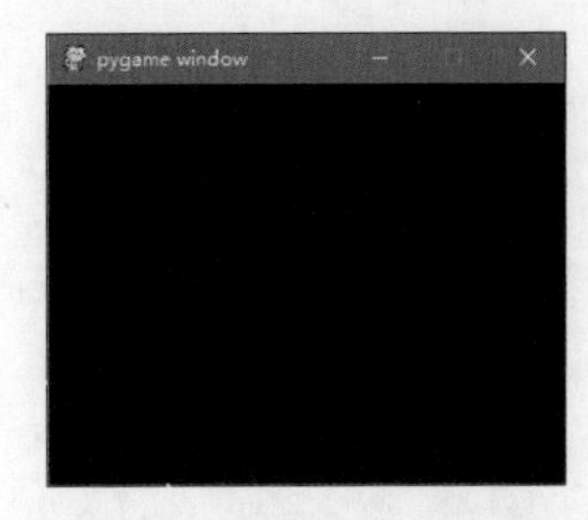

图 13.3 Pygame 创建游戏窗口

13.2 Pygame 的基本应用

视频讲解：资源包\Video\13\13.2 Pygame的基本应用.mp4

Pygame 有很多模块，每个模块又有很多方法，在此不能够逐一讲解。下面，我们通过一个实例来学习 Pygame，然后再分解代码，讲解代码中的模块。

实例 01　制作一个跳跃的小球游戏　｜ 实例位置：资源包 \Code\SL\13\01

创建一个游戏窗口，然后在窗口内创建一个小球。以一定的速度移动小球，当小球碰到游戏窗口的边缘时，小球弹回，继续移动。按照如下步骤实现该功能：

（1）创建一个游戏窗口，宽和高设置为 640 像素 ×480 像素。代码如下：

```
01  import sys                                # 导入sys模块
02  import pygame                             # 导入pygame模块
03
04  pygame.init()                             # 初始化pygame
05  size = width, height = 640, 480           # 设置窗口
06  screen = pygame.display.set_mode(size)    # 显示窗口
```

上述代码中，首先导入 pygame 模块，然后调用 init() 方法初始化 pygame 模块。接下来，设置窗口的宽和高，最后使用 display 模块显示窗体。display 模块的常用方法如表 13.2 所示。

表 13.2　display 模块的常用方法

方 法 名	功　能
pygame.dispaly.init	初始化 display 模块
pygame.dispaly.quit	结束 display 模块
pygame.dispaly.get_init	如果 display 模块已经被初始化，则返回 True
pygame.dispaly.set_mode	初始化一个准备显示的界面
pygame.dispaly.get_surface	获取当前的 Surface 对象
pygame.dispaly.flip	更新整个待显示的 Surface 对象到屏幕上
pygame.dispaly.update	更新部分内容显示到屏幕上，如果没有参数，则与 flip 功能相同

（2）运行上述代码，会出现一个一闪而过的黑色窗口，这是因为程序执行完成后会自动关闭。如果想让窗口一直显示，需要使用 while True 让程序一直执行，此外，还需要设置关闭按钮。具体代码如下：

```
01  # -*- coding:utf-8 -*-
02  import sys                                    # 导入sys模块
03  import pygame                                 # 导入pygame模块
04
05  pygame.init()                                 # 初始化pygame
06  size = width, height = 640, 480               # 设置窗口
07  screen = pygame.display.set_mode(size)        # 显示窗口
08
09  # 执行死循环，确保窗口一直显示
10  while True:
11      # 检查事件
```

```
12        for event in pygame.event.get():
13            if event.type == pygame.QUIT:        # 如果单击关闭窗口，则退出
14                pygame.quit()                    # 退出pygame
15                sys.exit()
```

上述代码中，添加了轮询事件检测。pygame.event.get() 能够获取事件队列，使用 for…in 遍历事件，然后根据 type 属性判断事件类型。这里的事件处理方式与 GUI 类似，如 event.type 等于 pygame.QUIT 表示检测到关闭 pygame 窗口事件，而 pygame.KEYDOWN 表示键盘按下事件，pygame.MOUSEBUTTONDOWN 表示鼠标按下事件等。

（3）在窗口中添加小球。我们先准备好一张 ball.png 图片，然后加载该图片，最后将图片显示在窗口中，具体代码如下：

```
01  # -*- coding:utf-8 -*-
02  import sys                              # 导入sys模块
03  import pygame                           # 导入pygame模块
04
05  pygame.init()                           # 初始化pygame
06  size = width, height = 640, 480         # 设置窗口
07  screen = pygame.display.set_mode(size)  # 显示窗口
08  color = (255, 227, 132)                 # 设置颜色
09
10  ball = pygame.image.load("ball.png")    # 加载图片
11  ballrect = ball.get_rect()              # 获取矩形区域
12
13  # 执行死循环，确保窗口一直显示
14  while True:
15      # 检查事件
16      for event in pygame.event.get():
17          if event.type == pygame.QUIT:   # 如果单击关闭窗口，则退出
18              pygame.quit()               # 退出pygame
19              sys.exit()
20
21      screen.fill(color)                  # 填充颜色
22      screen.blit(ball, ballrect)         # 将图片画到窗口上
23      pygame.display.flip()               # 更新全部显示
```

上述代码中，使用 image 模块的 load() 方法加载图片，返回值 ball 是一个 Surface 对象。Surface 是用来代表图片的 pygame 对象，可以对一个 Surface 对象进行涂画、变形、复制等各种操作。事实上，屏幕也只是一个 Surface，pygame.display.set_mode 就返回了一个屏幕 Surface 对象。如果将 ball 这个 Surface 对象画到 screen Surface 对象，需要使用 blit() 方法，最后使用 display 模块的 flip() 方法更新整个待显示的 Surface 对象到屏幕上。Surface 对象的常用方法如表 13.3 所示。

表 13.3　Surface 对象的常用方法

方　法　名	功　　能
pygame.Surface.blit	将一个图像画到另一个图像上
pygame.Surface.convert	转换图像的像素格式
pygame.Surface.convert_alpha	转化图像的像素格式，包含 alpha 通道的转换
pygame.Surface.fill	使用颜色填充 Surface
pygame.Surface.get_rect	获取 Surface 的矩形区域

运行上述代码，结果如图 13.4 所示。

（4）下面该让小球动起来了。ball.get_rect() 方法返回值 ballrect 是一个 Rect 对象，该对象有一个 move() 方法可以用于移动矩形。move(x,y) 函数有两个参数，第一个参数是 X 轴移动的距离，第二个参数是 Y 轴移动的距离。窗体左上角坐标为 (0,0)，如果设置 move(100,50)，小球移动后的坐标位置如图 13.5 所示。

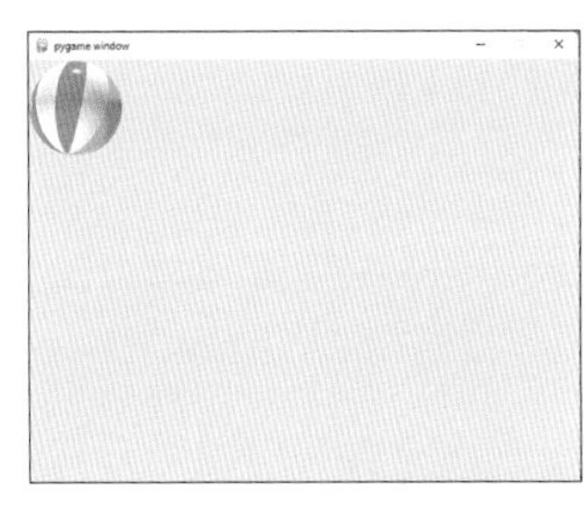

图 13.4　在窗口中添加小球

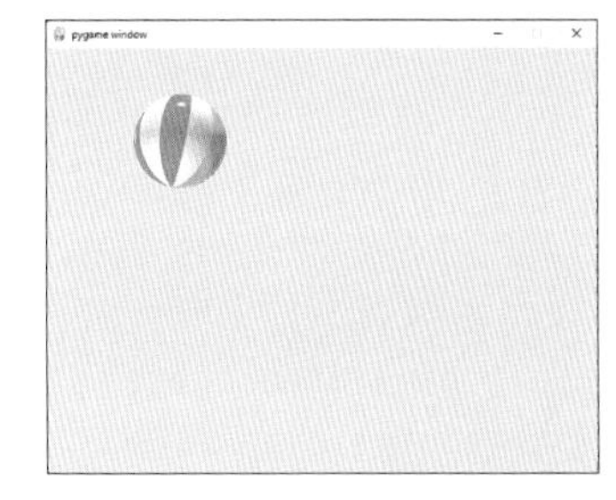

图 13.5　移动后的坐标位置

为实现小球不停地移动，将 move() 函数添加到 while 循环内，具体代码如下：

```
01  # -*- coding:utf-8 -*-
02  import sys                                  # 导入sys模块
03  import pygame                               # 导入pygame模块
04
05  pygame.init()                               # 初始化pygame
06  size = width, height = 640, 480             # 设置窗口
07  screen = pygame.display.set_mode(size)      # 显示窗口
08  color = (255, 227, 132)                     # 设置颜色
09
10  ball = pygame.image.load("ball.png")        # 加载图片
11  ballrect = ball.get_rect()                  # 获取矩形区域
12
13  speed = [5,5]                               # 设置移动的X轴、Y轴距离
14  # 执行死循环，确保窗口一直显示
15  while True:
16      # 检查事件
17      for event in pygame.event.get():
18          if event.type == pygame.QUIT:       # 如果单击关闭窗口，则退出
19           pygame.quit()                      # 退出pygame
20           sys.exit()
21
22      ballrect = ballrect.move(speed)         # 移动小球
23      screen.fill(color)                      # 填充颜色
24      screen.blit(ball, ballrect)             # 将图片画到窗口上
25      pygame.display.flip()                   # 更新全部显示
```

（5）运行上述代码，发现小球在屏幕中一闪而过，其实，小球并没有真正消失，而是移动到了窗体之外，此时需要添加碰撞检测的功能。当小球与窗体任一边缘发生碰撞，则更改小球的移动方向。具体代码如下：

```
01  # -*- coding:utf-8 -*-
02  import sys                                  # 导入sys模块
03  import pygame                               # 导入pygame模块
04
```

```
05    pygame.init()                                   # 初始化pygame
06    size = width, height = 640, 480                 # 设置窗口
07    screen = pygame.display.set_mode(size)          # 显示窗口
08    color = (255, 227, 132)                         # 设置颜色
09
10    ball = pygame.image.load("ball.png")            # 加载图片
11    ballrect = ball.get_rect()                      # 获取矩形区域
12
13    speed = [5,5]                                   # 设置移动的X轴、Y轴距离
14    # 执行死循环，确保窗口一直显示
15    while True:
16        # 检查事件
17        for event in pygame.event.get():
18            if event.type == pygame.QUIT:           # 如果单击关闭窗口，则退出
19                pygame.quit()                       # 退出pygame
20                sys.exit()
21
22        ballrect = ballrect.move(speed)             # 移动小球
23        # 碰到左右边缘
24        if ballrect.left < 0 or ballrect.right > width:
25            speed[0] = -speed[0]
26        # 碰到上下边缘
27        if ballrect.top < 0 or ballrect.bottom > height:
28            speed[1] = -speed[1]
29
30        screen.fill(color)                          # 填充颜色
31        screen.blit(ball, ballrect)                 # 将图片画到窗口上
32        pygame.display.flip()                       # 更新全部显示
```

上述代码中，添加了碰撞检测功能。如果碰到左右边缘，更改 X 轴数据为负数；如果碰到上下边缘，则更改 Y 轴数据为负数。运行结果如图 13.6 所示。

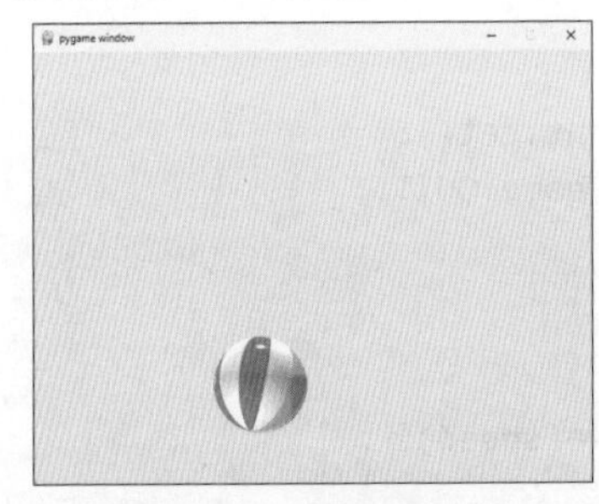

图 13.6 小球不停地跳跃

（6）运行上述代码，发现好像有多个小球在飞快移动，这是因为运行上述代码的时间非常短，导致肉眼观察出现错觉。因此需要添加一个“时钟”来控制程序运行的时间。这时就需要使用 Pygame 的 time 模块。使用 Pygame 时钟之前，必须先创建 Clock 对象的一个实例，然后在 while 循环中设置多长时间运行一次。具体代码如下：

```
01    # -*- coding:utf-8 -*-
02    import sys                                      # 导入sys模块
03    import pygame                                   # 导入pygame模块
04
05    pygame.init()                                   # 初始化pygame
```

```
06    size = width, height = 640, 480           # 设置窗口
07    screen = pygame.display.set_mode(size)    # 显示窗口
08    color = (255, 227, 132)                   # 设置颜色
09
10    ball = pygame.image.load("ball.png")      # 加载图片
11    ballrect = ball.get_rect()                # 获取矩形区域
12
13    speed = [5,5]                             # 设置移动的X轴、Y轴距离
14    clock = pygame.time.Clock()               # 设置时钟
15    # 执行死循环，确保窗口一直显示
16    while True:
17        clock.tick(60)                        # 每秒执行60次
18        # 检查事件
19        for event in pygame.event.get():
20            if event.type == pygame.QUIT:     # 如果单击关闭窗口，则退出
21                pygame.quit()                 # 退出pygame
22                sys.exit()
23
24        ballrect = ballrect.move(speed)       # 移动小球
25        # 碰到左右边缘
26        if ballrect.left < 0 or ballrect.right > width:
27            speed[0] = -speed[0]
28        # 碰到上下边缘
29        if ballrect.top < 0 or ballrect.bottom > height:
30            speed[1] = -speed[1]
31
32        screen.fill(color)                    # 填充颜色
33        screen.blit(ball, ballrect)           # 将图片画到窗口上
34        pygame.display.flip()                 # 更新全部显示
```

至此，我们完成了“跳跃的小球”游戏。

13.3 开发“Flappy Bird”游戏

13.3.1 游戏简介

视频讲解：资源包\Video\13\13.3.1 游戏简介.mp4

“Flappy Bird”是一款鸟类飞行游戏，由越南河内独立游戏开发者阮哈东（Dong Nguyen）开发。在这款游戏中，玩家只需要用一根手指来操控，单击手机屏幕，小鸟就会往上飞。不断地单击屏幕，小鸟就会不断地往高处飞；松开手指，则会快速下降。玩家要控制小鸟一直向前飞行，并且注意躲避途中高低不平的管子。如果小鸟碰到了障碍物，游戏就会结束。每当小鸟飞过一组管道，玩家就会获得 1 分。

13.3.2 游戏分析

视频讲解：资源包\Video\13\13.3.2 游戏分析.mp4

在“Flappy Bird”游戏中，主要有两个对象：小鸟和管道。可以创建 Bird 类和 Pineline 类来分别

表示这两个对象。小鸟可以通过上下移动来躲避管道，所以在 Bird 类中创建一个 birdUpdate() 方法，实现小鸟的上下移动。为了体现小鸟向前飞行的特征，可以让管道一直向左侧移动，这样在窗口中就好像小鸟在向前飞行。所以，在 Pineline 类中也创建一个 updatePipeline() 方法，实现管道的向左移动。此外，还要创建 3 个函数：createMap() 函数用于绘制地图；checkDead() 函数用于判断小鸟的生命状态；getResult() 函数用于获取最终分数。最后在主逻辑中，实例化类并调用相关方法，实现相应功能。

13.3.3 搭建主框架

视频讲解：资源包\Video\13\13.3.3 搭建主框架.mp4

通过前面的分析，我们可以搭建起“Flappy Bird”游戏的主框架。“Flappy Bird”游戏有两个对象：小鸟和管道。先来创建这两个类，类中具体的方法可以先使用 pass 语句代替。然后创建一个绘制地图的函数 createMap()。最后，在主逻辑中绘制背景图片。关键代码如下：

```
01 import pygame
02 import sys
03 import random
04
05 class Bird(object):
06       """定义一个鸟类"""
07       def __init__(self):
08           """定义初始化方法"""
09           pass
10
11       def birdUpdate(self):
12           pass
13
14 class Pipeline(object):
15       """定义一个管道类"""
16       def __init__(self):
17           """定义初始化方法"""
18           pass
19
20       def updatePipeline(self):
21           """水平移动"""
22           pass
23
24 def createMap():
25       """定义创建地图的方法"""
26       screen.fill((255, 255, 255))                    # 填充颜色
27       screen.blit(background, (0, 0))                 # 填入到背景
28       pygame.display.update()                         # 更新显示
29
30  if __name__ == '__main__':
31       """主程序"""
32       pygame.init()                                   # 初始化pygame
33       size   = width, height = 400, 650               # 设置窗口
34       screen = pygame.display.set_mode(size)          # 显示窗口
35       clock  = pygame.time.Clock()                    # 设置时钟
```

```
36        Pipeline = Pipeline()                        # 实例化管道类
37        Bird = Bird()                                # 实例化鸟类
38        while True:
39            clock.tick(60)                           # 每秒执行60次
40            # 轮询事件
41            for event in pygame.event.get():
42                if event.type == pygame.QUIT:
43                    pygame.quit()                    # 退出
44                    sys.exit()
45
46            background = pygame.image.load("assets/background.png")  # 加载背景图片
47            createMap()                              # 绘制地图
```

运行结果如图 13.7 所示。

图 13.7 游戏主框架运行结果

13.3.4 创建小鸟类

视频讲解

视频讲解：资源包\Video\13\13.3.4 创建小鸟类.mp4

下面来创建小鸟类。该类需要初始化很多参数，所以定义一个 __init__() 方法，用来初始化各种参数，包括鸟飞行的几种状态、飞行的速度、跳跃的高度等。然后定义 birdUpdate() 方法，该方法用于实现小鸟的跳跃和坠落。接下来，在主逻辑的轮询事件中添加键盘按下事件或鼠标单击事件，如按下鼠标，使小鸟上升等。最后，在 createMap() 方法中显示小鸟的图像。关键代码如下：

```
01 import pygame
02 import sys
03 import random
04
05 class Bird(object):
06     """定义一个鸟类"""
07     def __init__(self):
08         """定义初始化方法"""
09         self.birdRect = pygame.Rect(65, 50, 50, 50)      # 鸟的矩形
10         # 定义鸟的3种状态列表
11         self.birdStatus = [pygame.image.load("assets/1.png"),
```

```
12                                  pygame.image.load("assets/2.png"),
13                                  pygame.image.load("assets/dead.png")]
14          self.status = 0                                    # 默认飞行状态
15          self.birdX = 120                                   # 鸟所在的X轴坐标
16          self.birdY = 350                                   # 鸟所在的Y轴坐标，即上下飞行的高度
17          self.jump = False                                  # 默认情况小鸟自动降落
18          self.jumpSpeed = 10                                # 跳跃高度
19          self.gravity = 5                                   # 重力
20          self.dead = False                                  # 默认小鸟生命状态为活着
21
22      def birdUpdate(self):
23           if self.jump:
24              # 小鸟跳跃
25              self.jumpSpeed -= 1                            # 速度递减，上升越来越慢
26              self.birdY -= self.jumpSpeed                   # 鸟的Y轴坐标减小，小鸟上升
27          else:
28              # 小鸟坠落
29              self.gravity += 0.2                            # 重力递增，下降越来越快
30              self.birdY += self.gravity                     # 鸟的Y轴坐标增加，小鸟下降
31          self.birdRect[1] = self.birdY                      # 更改Y轴位置
32
33  class Pipeline(object):
34      """定义一个管道类"""
35      def __init__(self):
36          """定义初始化方法"""
37          pass
38
39      def updatePipeline(self):
40          """水平移动"""
41          pass
42
43  def createMap():
44      """定义创建地图的方法"""
45      screen.fill((255, 255, 255))                           # 填充颜色
46      screen.blit(background, (0, 0))                        # 填入到背景
47      # 显示小鸟
48      if Bird.dead:                                          # 撞管道状态
49          Bird.status = 2
50      elif Bird.jump:                                        # 起飞状态
51          Bird.status = 1
52      screen.blit(Bird.birdStatus[Bird.status], (Bird.birdX, Bird.birdY)) # 设置小鸟的坐标
53      Bird.birdUpdate()                                      # 鸟移动
54      pygame.display.update()                                # 更新显示
55
56  if __name__ == '__main__':
57      """主程序"""
58      pygame.init()                                          # 初始化pygame
59      size   = width, height = 400, 650                      # 设置窗口
60      screen = pygame.display.set_mode(size)                 # 显示窗口
61      clock  = pygame.time.Clock()                           # 设置时钟
```

```
62          Pipeline = Pipeline()                             # 实例化管道类
63          Bird = Bird()                                     # 实例化鸟类
64          while True:
65              clock.tick(60)                                # 每秒执行60次
66              # 轮询事件
67              for event in pygame.event.get():
68                  if event.type == pygame.QUIT:
69                      pygame.quit()
70                      sys.exit()
71                  if (event.type == pygame.KEYDOWN or event.type == pygame.MOUSEBUTTONDOWN) and
72                                                    not Bird.dead:
73                    Bird.jump = True                        # 跳跃
74                      Bird.gravity = 5                      # 重力
75                      Bird.jumpSpeed = 10                   # 跳跃速度
76
77              background = pygame.image.load("assets/background.png")  # 加载背景图片
78              createMap()                                   # 创建地图
```

上述代码在 Bird 类中设置了 birdStatus 属性，该属性是一个鸟类图片的列表，列表中包括了鸟类 3 种飞行状态，根据小鸟的不同状态加载相应的图片。在 birdUpdate() 方法中，为了达到较好的动画效果，使 jumpSpeed 和 gravity 两个属性逐渐变化。运行上述代码，在窗体内创建一只小鸟，默认情况小鸟会一直下降。当单击一下鼠标或按一下键盘，小鸟会跳跃一下，高度上升。运行效果如图 13.8 所示。

图 13.8　添加小鸟后的运行效果

13.3.5 创建管道类

视频讲解：资源包\Video\13\13.3.5 创建管道类.mp4

创建完鸟类后，接下来创建管道类。同样，在 __init__() 方法中初始化各种参数，包括设置管道的坐标，加载上下管道图片等。然后在 updatePipeline() 方法中，定义管道向左移动的速度，并且当管道移出屏幕时，重新绘制下一组管道。最后，在 createMap() 函数中显示管道。关键代码如下：

```
01  import pygame
02  import sys
03  import random
```

```
04
05 class Bird(object):
06     # 省略部分代码
07
08 class Pipeline(object):
09     """定义一个管道类"""
10     def __init__(self):
11         """定义初始化方法"""
12         self.wallx    = 400;                    # 管道所在X轴坐标
13         self.pineUp   = pygame.image.load("assets/top.png")          # 加载上管道图片
14         self.pineDown = pygame.image.load("assets/bottom.png")       # 加载下管道图片
15     def updatePipeline(self):
16         """"管道移动方法"""
17      self.wallx -= 5                  # 管道X轴坐标递减，即管道向左移动
18      # 当管道运行到一定位置，即小鸟飞越管道，分数加1，并且重置管道
19      if self.wallx < -80:
20          self.wallx = 400
21
22 def createMap():
23     """定义创建地图的方法"""
24     screen.fill((255, 255, 255))        # 填充颜色
25     screen.blit(background, (0, 0))     # 填入到背景
26
27     # 显示管道
28     screen.blit(Pipeline.pineUp,(Pipeline.wallx,-300))               # 上管道坐标位置
29     screen.blit(Pipeline.pineDown,(Pipeline.wallx,500))              # 下管道坐标位置
30     Pipeline.updatePipeline()           # 管道移动
31
32     # 显示小鸟
33     if Bird.dead:                       # 撞管道状态
34         Bird.status = 2
35     elif Bird.jump:                     # 起飞状态
36         Bird.status = 1
37     screen.blit(Bird.birdStatus[Bird.status], (Bird.birdX, Bird.birdY)) # 设置小鸟的坐标
38     Bird.birdUpdate()                   # 鸟移动
39
40     pygame.display.update()             # 更新显示
41
42 if __name__ == '__main__':
43     # 省略部分代码
44     while True:
45         clock.tick(60)                  # 每秒执行60次
46         # 轮询事件
47         for event in pygame.event.get():
48             if event.type == pygame.QUIT:
49                 pygame.quit()
50                 sys.exit()
51             if (event.type == pygame.KEYDOWN or event.type == pygame.MOUSEBUTTONDOWN) and
52                                         not Bird.dead:
```

```
53              Bird.jump = True        # 跳跃
54              Bird.gravity = 5        # 重力
55              Bird.jumpSpeed = 10     # 跳跃速度
56
57          background = pygame.image.load("assets/background.png")  # 加载背景图片
58          createMap()                 # 创建地图
```

上述代码中，在 createMap() 函数内，设置先显示管道，再显示小鸟。这样做是为了当小鸟与管道图像重合时，小鸟的图像显示在上层，而管道的图像显示在底层。运行结果如图 13.9 所示。

图 13.9　添加管道后的效果

13.3.6 计算得分

视频讲解：资源包\Video\13\13.3.6 计算得分.mp4

当小鸟飞过管道时，玩家得分加 1。这里对于飞过管道的逻辑做了简化处理：当管道移动到窗体左侧一定距离后，默认为小鸟飞过管道，使分数加 1，并显示在屏幕上。在 updatePipeline() 方法中已经实现该功能，关键代码如下：

```
01  import pygame
02  import sys
03  import random
04
05  class Bird(object):
06      # 省略部分代码
07  class Pipeline(object):
08      # 省略部分代码
09      def updatePipeline(self):
10          """"管道移动方法"""
11          self.wallx -= 5                         # 管道X轴坐标递减，即管道向左移动
12          # 当管道运行到一定位置，即小鸟飞越管道，分数加1，并且重置管道
13          if self.wallx < -80:
14              global score
15              score += 1
16              self.wallx = 400
```

```
17
18  def createMap():
19      """定义创建地图的方法"""
20      # 省略部分代码
21
22      # 显示分数
23      screen.blit(font.render('Score:'+str(score),-1,(255, 255, 255)),(100, 50)) # 设置颜色及坐标位
置
24      pygame.display.update()                         # 更新显示
25
26  if __name__ == '__main__':
27      """主程序"""
28      pygame.init()                                   # 初始化pygame
29      pygame.font.init()                              # 初始化字体
30      font = pygame.font.SysFont(None, 50)            # 设置默认字体和大小
31      size   = width, height = 400, 680               # 设置窗口
32      screen = pygame.display.set_mode(size)          # 显示窗口
33      clock  = pygame.time.Clock()                    # 设置时钟
34      Pipeline = Pipeline()                           # 实例化管道类
35      Bird = Bird()                                   # 实例化鸟类
36      score = 0                                       # 初始化分数
37      while True:
38          # 省略部分代码
```

运行效果如图 13.10 所示。

图 13.10　显示分数

13.3.7 碰撞检测

视频讲解：资源包\Video\13\13.3.7 碰撞检测.mp4

当小鸟与管道相撞时，小鸟颜色变为灰色，游戏结束，并且显示总分数。在 checkDead() 函数中通过 pygame.Rect() 可以分别获取小鸟的矩形区域对象和管道的矩形区域对象，该对象有一个 colliderect() 方法可以判断两个矩形区域是否相撞。如果相撞，设置 Bird.dead 属性为 True。此外，当小鸟飞出窗体时，设置 Bird.dead 属性为 True。最后，用两行文字显示游戏得分。关键代码如下

```
01   import pygame
02   import sys
03   import random
04
05   class Bird(object):
06       # 省略部分代码
07   class Pipeline(object):
08    # 省略部分代码
09   def createMap():
10       # 省略部分代码
11   def checkDead():
12       # 上方管子的矩形位置
13       upRect = pygame.Rect(Pipeline.wallx,-300,
14                            Pipeline.pineUp.get_width() - 10,
15                            Pipeline.pineUp.get_height())
16
17       # 下方管子的矩形位置：
18    downRect = pygame.Rect(Pipeline.wallx,500,
19                           Pipeline.pineDown.get_width() - 10,
20                           Pipeline.pineDown.get_height())
21    # 检测小鸟与上下方管子是否碰撞
22    if upRect.colliderect(Bird.birdRect) or downRect.colliderect(Bird.birdRect):
23        Bird.dead = True
24    # 检测小鸟是否飞出上下边界
25    if not 0 < Bird.birdRect[1] < height:
26        Bird.dead = True
27        return True
28    else :
29        return False
30
31 def getResutl():
32    final_text1 = "Game Over"
33    final_text2 = "Your final score is:  " + str(score)
34    ft1_font = pygame.font.SysFont("Arial", 70)                # 设置第一行文字字体
35    ft1_surf = font.render(final_text1, 1, (242,3,36))         # 设置第一行文字颜色
36    ft2_font = pygame.font.SysFont("Arial", 50)                # 设置第二行文字字体
37    ft2_surf = font.render(final_text2, 1, (253, 177, 6))      # 设置第二行文字颜色
38    # 设置第一行文字显示位置
39    screen.blit(ft1_surf, [screen.get_width()/2 - ft1_surf.get_width()/2, 100])
40    # 设置第二行文字显示位置
41    screen.blit(ft2_surf, [screen.get_width()/2 - ft2_surf.get_width()/2, 200])
42    pygame.display.flip()               # 更新整个待显示的Surface对象到屏幕上
43
44 if __name__ == '__main__':
45    """主程序"""
46    # 省略部分代码
47    while True:
48        # 省略部分代码
49        background = pygame.image.load("assets/background.png") # 加载背景图片
```

```
50          if checkDead() :                        # 检测小鸟生命状态
51              getResutl()                         # 如果小鸟死亡，显示游戏总分数
52          else :
53              createMap()                         # 创建地图
```

上述代码的 checkDead() 方法中，upRect.colliderect(Bird.birdRect) 用于检测小鸟的矩形区域是否与上面的管道的矩形区域相撞，colliderect() 函数的参数是另一个矩形区域对象。运行结果如图 13.11 所示。

图 13.11　碰到管道后的效果

说明　本实例已经实现了“Flappy Bird”游戏的基本功能，但还有很多需要完善的地方，如设置游戏的难度，包括设置管道的高度、小鸟的飞行速度等，读者朋友可以尝试完善该游戏。

13.4 小结

本章主要讲解如何使用 Pygame 开发游戏。其中通过“跳跃的小球”游戏来了解 Pygame 的基本使用，然后利用 Python 逐步开发一个知名游戏“Flappy Bird”。通过本章的学习，希望读者可以掌握 Pygame 的基础知识，并使用 Python 面向对象的思维方式开发一个 Python 小游戏，进一步体会 Python 编程的乐趣。

本章 e 学码：关键知识点拓展阅读

alpha 通道　　　　轮询事件
createMap() 函数　　碰撞检测

第14章

网络爬虫开发

（视频讲解：2 小时 35 分钟）

本章概览

随着大数据时代的来临，网络信息也变得更多，网络爬虫在互联网中的地位将越来越重要。本章将介绍通过 Python 语言实现网络爬虫的常用技术，以及常见的网络爬虫框架，最后将通过一个实战项目详细介绍爬虫爬取数据的整个过程。

知识框架

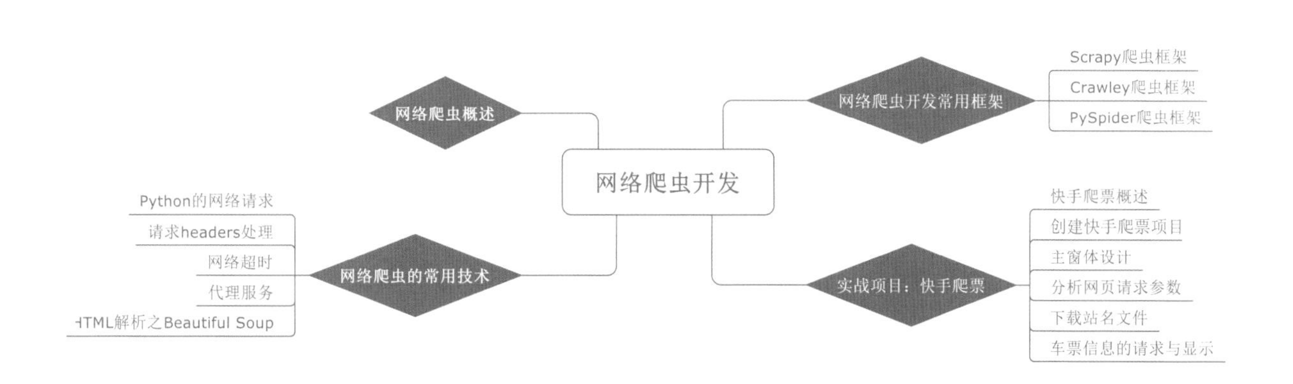

14.1 网络爬虫概述

视频讲解：资源包\Video\14\14.1 网络爬虫概述.mp4

网络爬虫（又被称为网络蜘蛛、网络机器人，在某社区中经常被称为网页追逐者），可以按照指定的规则（网络爬虫的算法）自动浏览或抓取网络中的信息。通过 Python 可以很轻松地编写爬虫程序或者脚本。

一个通用的网络爬虫基本工作流程如图 14.1 所示。

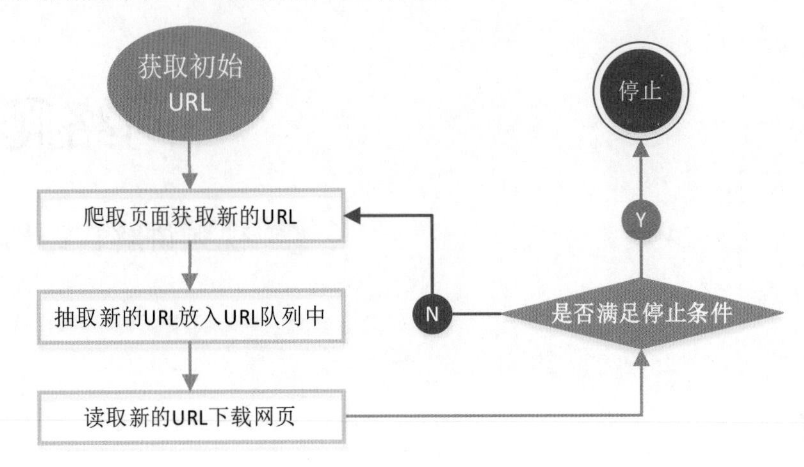

图 14.1　通用的网络爬虫基本工作流程

网络爬虫的基本工作流程如下：

（1）获取初始的 URL，该 URL 地址是用户自己指定的初始爬取的网页。

（2）爬取对应 URL 地址的网页时，获取新的 URL 地址。

（3）将新的 URL 地址放入 URL 队列中。

（4）从 URL 队列中读取新的 URL，然后依据新的 URL 爬取网页，同时从新的网页中获取新的 URL 地址，重复上述的爬取过程。

（5）设置停止条件，如果没有设置停止条件，爬虫会一直爬取下去，直到无法获取新的 URL 地址为止。设置了停止条件后，爬虫将会在满足停止条件时停止爬取。

14.2 网络爬虫的常用技术

14.2.1 Python 的网络请求

视频讲解：资源包\Video\14\14.2.1 Python的网络请求.mp4

在上一节中多次提到了 URL 地址与下载网页，这两项是网络爬虫必备而又关键的功能，说到这两个功能必然会提到 HTTP。本节将介绍在 Python 中实现 HTTP 网络请求常见的三种方式：urllib、urllib3 以及 requests。

1. urllib 模块

urllib 是 Python 自带模块，该模块中提供了一个 urlopen() 方法，通过该方法指定 URL 发送网络请求来获取数据。urllib 提供了多个子模块，具体的模块名称与含义如表 14.1 所示。

表 14.1　urllib 中的子模块

模 块 名 称	描　　述
urllib.request	该模块定义了打开 URL（主要是 HTTP）的方法和类，例如，身份验证、重定向、cookie 等
urllib.error	该模块中主要包含异常类，基本的异常类是 URLError
urllib.parse	该模块定义的功能分为两大类：URL 解析和 URL 引用
urllib.robotparser	该模块用于解析 robots.txt 文件

通过 urllib.request 模块实现发送请求并读取网页内容的简单示例如下：

```
import urllib.request    # 导入模块

# 打开指定需要爬取的网页
response = urllib.request.urlopen('https://www.baidu.com')
html = response.read()   # 读取网页代码
print(html)              # 打印读取内容
```

上面的示例中，是通过 get 请求方式获取百度的网页内容。下面通过使用 urllib.request 模块的 post 请求实现获取网页信息的内容，示例如下：

```
import urllib.parse
import urllib.request

# 将数据使用urlencode编码处理后，再使用encoding设置为utf-8编码
data = bytes(urllib.parse.urlencode({'word': 'hello'}), encoding='utf8')
# 打开指定需要爬取的网页
response = urllib.request.urlopen('http://httpbin.org/post', data=data)
html = response.read()         # 读取网页代码
print(html)                    # 打印读取内容
```

说明

这里通过 http://httpbin.org/post 网站进行演示，该网站可以作为练习使用 urllib 的一个站点使用，可以模拟各种请求操作。

2. Urllib3 模块

Urllib3 是一个功能强大、条理清晰、用于 HTTP 客户端的 Python 库，许多 Python 的原生系统已经开始使用 Urllib3。Urllib3 提供了很多 Python 标准库里所没有的重要特性：

☑ 线程安全。
☑ 连接池。
☑ 客户端 SSL / TLS 验证。
☑ 使用大部分编码上传文件。
☑ Helpers 用于重试请求并处理 HTTP 重定向。

☑ 支持 gzip 和 deflate 编码。
☑ 支持 HTTP 和 SOCKS 代理。
☑ 100%的测试覆盖率。

通过 Urllib3 模块实现发送网络请求的示例代码如下：

```
import urllib3

# 创建PoolManager对象，用于处理与线程池的连接以及线程安全的所有细节
http = urllib3.PoolManager()
# 对需要爬取的网页发送请求
response = http.request('GET','https://www.baidu.com/')
print(response.data)      #打印读取内容
```

post 请求实现获取网页信息的内容，关键代码如下：

```
# 对需要爬取的网页发送请求
response = http.request('POST','http://httpbin.org/post',fields={'word': 'hello'})
```

注意

在使用 Urllib3 模块前，需要在 Python 中通过 pip install urllib3 命令进行模块的安装。

3. requests 模块

使用 requests 是 Python 中实现 HTTP 请求的一种方式，它是第三方模块，该模块在实现 HTTP 请求时要比 urllib 模块简化很多，操作更加人性化。在使用 requests 模块时需要通过执行 pip install requests 命令进行该模块的安装。requests 模块的功能特性如下：

☑ Keep-Alive & 连接池
☑ 国际化域名和 URL
☑ 带持久 Cookie 的会话
☑ 浏览器式的 SSL 认证
☑ 自动内容解码
☑ 基本 / 摘要式的身份认证
☑ 优雅的 key/value Cookie
☑ 自动解压
☑ 流下载
☑ 连接超时
☑ Unicode 响应体
☑ HTTP(S) 代理支持
☑ 文件分块上传
☑ 分块请求
☑ 支持 .netrc

以 GET 请求方式为例，打印多种请求信息的示例代码如下：

```
import requests                               # 导入模块

response = requests.get('https://www.baidu.com')
print(response.status_code)                   # 打印状态码
print(response.url)                           # 打印请求url
print(response.headers)                       # 打印头部信息
print(response.cookies)                       # 打印cookie信息
print(response.text)                          # 以文本形式打印网页源码
print(response.content)                       # 以字节流形式打印网页源码
```

以 POST 请求方式发送 HTTP 网络请求的示例代码如下：

```python
import requests

data = {'word': 'hello'}                                    # 表单参数
# 对需要爬取的网页发送请求
response = requests.post('http://httpbin.org/post', data=data)
print(response.content)                                     # 以字节流形式打印网页源码
```

requests 模块不仅提供了以上两种常用的请求方式，还提供以下多种网络请求的方式。代码如下：

```python
requests.put('http://httpbin.org/put',data = {'key':'value'})     #PUT请求
requests.delete('http://httpbin.org/delete')                      #DELETE请求
requests.head('http://httpbin.org/get')                           #HEAD请求
requests.options('http://httpbin.org/get')                        #OPTIONS请求
```

你可能发现请求的 URL 地址中参数是跟在“?”的后面，例如“httpbin.org/get?key=val”。requests 模块提供了传递参数的方法，允许使用 params 关键字参数，以一个字符串字典来提供这些参数。例如，传递“key1=value1”和“key2=value2”到“httpbin.org/get”，可以使用如下代码：

```python
import requests

payload = {'key1': 'value1', 'key2': 'value2'}          # 传递的参数
# 对需要爬取的网页发送请求
response = requests.get("http://httpbin.org/get", params=payload)
print(response.content)                                  # 以字节流形式打印网页源码
```

14.2.2 请求 headers 处理

视频讲解：资源包\Video\14\14.2.2 请求headers处理.mp4

有时在请求一个网页内容时，发现无论通过 GET 或者是 POST 以及其他请求方式，都会出现 403 错误。产生这种错误是由于该网页为了防止恶意采集信息而使用了反爬虫设置，从而拒绝了用户的访问。此时可以通过模拟浏览器的头部信息来进行访问，这样就能解决以上反爬设置的问题。下面以 requests 模块为例介绍请求头部 headers 的处理，具体步骤如下：

（1）通过浏览器的网络监视器查看头部信息。首先通过火狐浏览器打开对应的网页地址，然后按下 <Ctrl + Shift + E> 快捷键打开网络监视器，再刷新当前页面，网络监视器将显示如图 14.2 所示数据变化。

查看器　控制台　调试器　{} 样式编辑器　性能　内存　网络　存储

所有　HTML　CSS　JS　XHR　字体　图像　媒体　WS　其他　持续日志　禁用缓存　过滤 URL

状态	方法	文件	域名	触发...	类型	传输	大...	0 毫秒
200	GET	/	www.baidu....	document	html	31.20 KB	112.22 KB	→ 93 ms
304	GET	bd_logo1.png	www.baidu....	img	png	已缓存	7.69 KB	→ 66 ms
304	GET	baidu_jgylogo3.gif	www.baidu....	img	gif	已缓存	705 字节	→ 288 ms
304	GET	jquery-1.10.2.min_65682a2.js	ss1.bdstatic...	script	js	已缓存	0 字节	→ 39 ms
304	GET	zbios_efde696.png	ss1.bdstatic...	img	png	已缓存	3.28 KB	→ 50 ms
304	GET	icons_5859e57.png	ss1.bdstatic...	img	png	已缓存	14.05 KB	→ 57 ms
304	GET	all_async_search_b8644da.js	ss1.bdstatic...	script	js	已缓存	0 字节	→ 24 ms
304	GET	every_cookie_4644b13.js	ss1.bdstatic...	script	js	已缓存	0 字节	→ 26 ms

图 14.2　网络监视器的数据变化

（2）选中第一条信息，右侧的消息头面板中将显示请求头部信息，然后复制该信息，如图 14.3 所示。

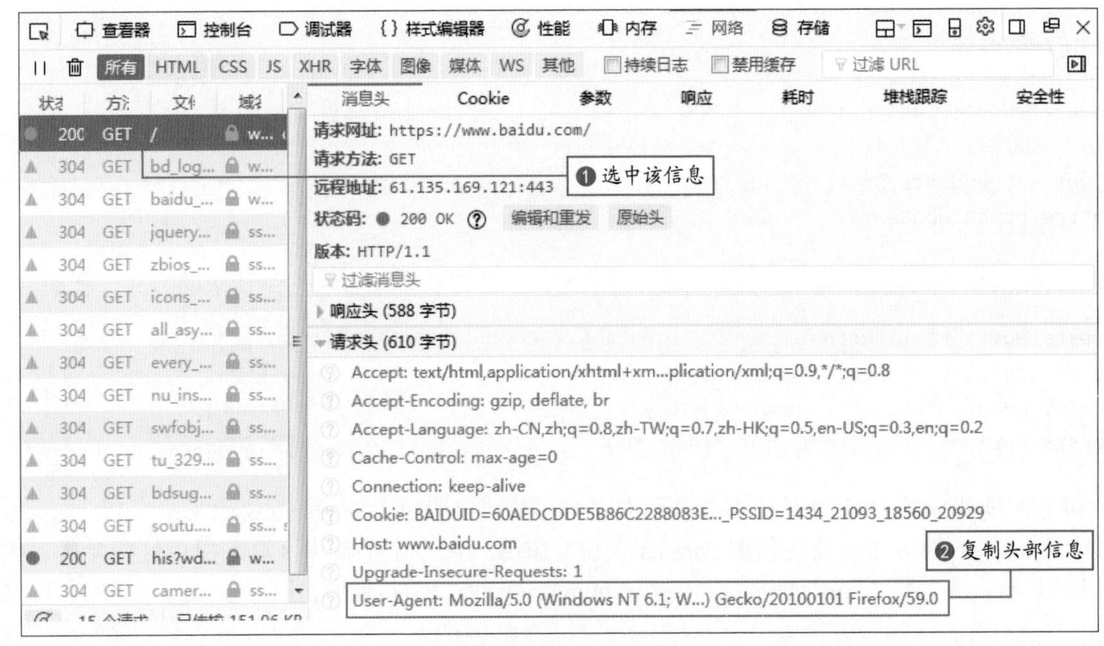

图 14.3　复制头部信息

（3）实现代码。首先创建一个需要爬取的 URL 地址，然后创建 headers 头部信息，再发送请求等待响应，最后打印网页的代码信息。实现代码如下：

```
import requests
url = 'https://www.baidu.com/'                          # 创建需要爬取网页的地址
# 创建头部信息
headers = {'User-Agent':'OW64; rv:59.0) Gecko/20100101 Firefox/59.0'}
response  = requests.get(url, headers=headers)          # 发送网络请求
print(response.content)                                 # 以字节流形式打印网页源码
```

14.2.3 网络超时

视频讲解：**资源包\Video\14\14.2.3 网络超时.mp4**

在访问一个网页时，如果该网页长时间未响应，系统就会判断访问超时，所以无法打开网页。下面通过代码来模拟一个网络超时的现象，代码如下：

```
import requests
# 循环发送请求50次
for a in range(1, 50):
    try:     # 捕获异常
        # 设置超时为0.5秒
        response = requests.get('https://www.baidu.com/', timeout=0.5)
        print(response.status_code)                            # 打印状态码
    except Exception as e:                                     # 捕获异常
        print('异常'+str(e))                                    # 打印异常信息
```

打印结果如图 14.4 所示。

```
200
200
200
异常HTTPSConnectionPool(host='www.baidu.com', port=443): Read timed out. (read timeout=1)
200
200
200
200
```

图 14.4　异常信息

说明

上面的代码中，模拟进行了 50 次请求，并且设置了超时的时间为 0.5 秒，所以在 0.5 秒内服务器未做出响应将视为超时，将超时信息打印在控制台中。根据以上的模拟测试结果，可以确认在不同的情况下设置不同的 timeout 值。

说起网络异常信息，requests 模块同样提供了 3 种常见的网络异常类，示例代码如下：

```
import requests
# 导入requests.exceptions模块中的三种异常类
from requests.exceptions import ReadTimeout,HTTPError,RequestException
# 循环发送请求50次
for a in range(1, 50):
    try:                                              # 捕获异常
        # 设置超时为0.5秒
        response = requests.get('https://www.baidu.com/', timeout=0.5)
        print(response.status_code)                   # 打印状态码
    except ReadTimeout:                               # 超时异常
        print('timeout')
    except HTTPError:                                 # HTTP异常
        print('httperror')
    except RequestException:                          # 请求异常
        print('reqerror')
```

14.2.4 代理服务

视频讲解：资源包\Video\14\14.2.4 代理服务.mp4

在爬取网页的过程中，经常会出现不久前可以爬取的网页现在无法爬取了，这是因为您的 IP 被爬取网站的服务器所屏蔽了。此时代理服务可以为您解决这一麻烦，设置代理时，首先需要找到代理地址，例如，“http://122.114.31.177:808”和“https://122.114.31.177:8080”。示例代码如下：

```
import requests

proxy = {'http': '122.114.31.177:808',
         'https': '122.114.31.177:8080'}  # 设置代理ip与对应的端口号
# 对需要爬取的网页发送请求
response = requests.get('https://www.mingrisoft.com/', proxies=proxy)
print(response.content)                   # 以字节流形式打印网页源码
```

注意

由于示例中的代理 IP 是免费的，所以使用的时间不固定，超出使用的时间范围该地址将失效。在地址失效或者地址错误后，控制台将显示如图 14.5 所示错误信息。

```
Traceback (most recent call last):
  File "G:\Python\Python312\Lib\site-packages\urllib3\connection.py", line 203, in _new_conn
    sock = connection.create_connection(
           ^^^^^^^^^^^^^^^^^^^^^^^^^^^^

  File "G:\Python\Python312\Lib\site-packages\urllib3\util\connection.py", line 85, in create_connection
    raise err
  File "G:\Python\Python312\Lib\site-packages\urllib3\util\connection.py", line 73, in create_connection
    sock.connect(sa)
TimeoutError: [WinError 10060] 由于连接方在一段时间后没有正确答复或连接的主机没有反应，连接尝试失败。
```

图 14.5　代理地址失效或错误所提示的信息

14.2.5 HTML 解析之 Beautiful Soup

视频讲解

视频讲解：资源包\Video\14\14.2.5 HTML解析之Beautiful Soup.mp4

Beautiful Soup 是一个用于从 HTML 和 XML 文件中提取数据的 Python 库。Beautiful Soup 提供了一些简单的函数用来处理导航、搜索、修改分析树等功能。Beautiful Soup 模块中的查找提取功能非常强大，而且非常便捷，通常可以节省程序员大量的工作时间。

Beautiful Soup 自动将输入文档转换为 Unicode 编码，输出文档转换为 UTF-8 编码。你不需要考虑编码方式，除非文档没有指定一个编码方式，这时，Beautiful Soup 就不能自动识别编码方式了。然后，你仅仅需要说明一下原始编码方式就可以。

1. Beautiful Soup 的安装

Beautiful Soup 3 已经停止开发，目前推荐使用的是 Beautiful Soup 4，不过它已经被移植到 bs4 当中了，所以在导入时需要从 bs4 导入。安装 Beautiful Soup 有以下三种方式。

方式一：如果您使用的是最新版本的 Debian 或 Ubuntu Linux，则可以使用系统软件包管理器安装 Beautiful Soup，安装命令为：apt-get install python-bs4。

方式二：Beautiful Soup 4 是通过 PyPi 发布的，在 Windows 系统下可以通过 easy_install 或 pip 来安装，包名是 beautifulsoup4，它可以兼容 Python 2 和 Python 3。安装命令为 easy_install beautifulsoup4 或者 pip install beautifulsoup4。

注意

在使用 Beautiful Soup 4 之前需要先通过命令 pip install bs4 进行 bs4 库的安装。

方式三：如果当前的 Beautiful Soup 不是您想要的版本，可以通过下载源码的方式进行安装，源码的下载地址为“https://www.crummy.com/software/BeautifulSoup/bs4/download/”，然后在控制台中打开源码所在的路径，输入命令“python setup.py install”即可，如图 14.6 所示。

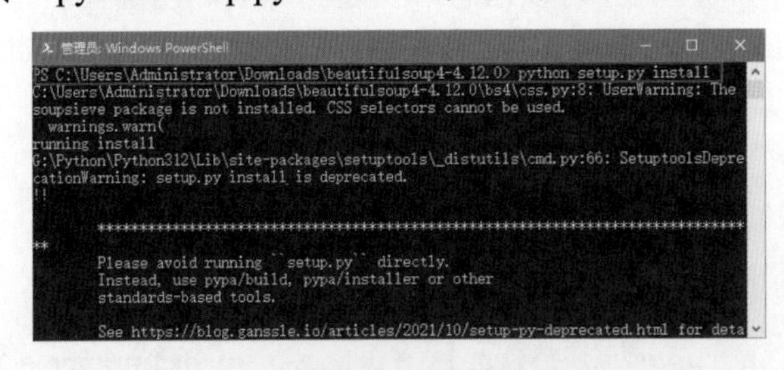

图 14.6　通过源码安装 Beautiful Soup

Beautiful Soup 支持 Python 标准库中包含的 HTML 解析器，也支持许多第三方 Python 解析器，其中包含 lxml 解析器。根据不同的操作系统，您可以使用以下命令之一安装 lxml：

☑ apt-get install python-lxml：适用于 Linux 系统。

☑ easy_install lxml：适用于 Windows 系统。

☑ pip install lxml：适用于 Windows 系统。

另一个解析器是 html5lib，它是一个用于解析 HTML 的 Python 库，按照 Web 浏览器的方式解析 HTML。您可以使用以下命令之一安装 html5lib：

☑ apt-get install python-html5lib：适用于 Linux 系统。
☑ easy_install html5lib：适用于 Windows 系统。
☑ pip install html5lib：适用于 Windows 系统。

表 14.2 中总结了每个解析器的优缺点。

表 14.2　解析器的比较

解 析 器	用 法	优 点	缺 点
Python 标准库	BeautifulSoup(markup, "html.parser")	Python 标准库 执行速度适中	（在 Python 2.7.3 或 3.2.2 之前的版本中）文档容错能力差
lxml 的 HTML 解析器	BeautifulSoup(markup, "lxml")	速度快 文档容错能力强	需要安装 C 语言库
lxml 的 XML 解析器	BeautifulSoup(markup, "lxml-xml") BeautifulSoup(markup, "xml")	速度快 唯一支持 XML 的解析器	需要安装 C 语言库
html5lib	BeautifulSoup(markup, "html5lib")	最好的容错性 以浏览器的方式解析文档 生成 HTML5 格式的文档	速度慢，不依赖外部扩展

2. Beautiful Soup 的使用

Beautiful Soup 安装完成以后，下面将介绍如何通过 Beautiful Soup 库进行 HTML 的解析工作，具体步骤如下：

（1）导入 bs4 库，然后创建一个模拟 HTML 代码的字符串，代码如下：

```
from bs4 import BeautifulSoup  # 导入BeautifulSoup库

# 创建模拟HTML代码的字符串
html_doc = """
<html><head><title>The Dormouse's story</title></head>
<body>
<p class="title"><b>The Dormouse's story</b></p>

<p class="story">Once upon a time there were three little sisters; and their names were
<a href="http://example.com/elsie" class="sister" id="link1">Elsie</a>,
<a href="http://example.com/lacie" class="sister" id="link2">Lacie</a> and
<a href="http://example.com/tillie" class="sister" id="link3">Tillie</a>;
and they lived at the bottom of a well.</p>

<p class="story">...</p>
"""
```

（2）创建 Beautiful Soup 对象，并指定解析器为 lxml，最后通过打印的方式将解析的 HTML 代码显示在控制台中，代码如下：

```
# 创建一个BeautifulSoup对象，获取页面正文
soup = BeautifulSoup(html_doc, features="lxml")
print(soup)                    # 打印解析的HTML代码
```

运行结果如图 14.7 所示。

```
<html><head><title>The Dormouse's story</title></head>
<body>
<p class="title"><b>The Dormouse's story</b></p>
<p class="story">Once upon a time there were three little sisters; and their names were
<a class="sister" href="http://example.com/elsie" id="link1">Elsie</a>,
<a class="sister" href="http://example.com/lacie" id="link2">Lacie</a> and
<a class="sister" href="http://example.com/tillie" id="link3">Tillie</a>;
and they lived at the bottom of a well.</p>
<p class="story">...</p>
</body></html>
```

图 14.7　显示解析后的 HTML 代码

如果将 html_doc 字符串中的代码，保存在 index.html 文件中，可以通过打开 HTML 文件的方式进行代码的解析，并且可以通过 prettify() 方法进行代码的格式化处理，代码如下：

```
# 创建BeautifulSoup对象打开需要解析的html文件
soup = BeautifulSoup(open('index.html'),'lxml')
print(soup.prettify())                        # 打印格式化后的代码
```

14.3 网络爬虫开发常用框架

视频讲解：资源包\Video\14\14.3　网络爬虫开发常用框架.mp4

爬虫框架就是一些爬虫项目的半成品，可以将一些爬虫常用的功能写好，然后留下一些接口，在不同的爬虫项目中，调用适合自己项目的接口，再编写少量的代码实现自己需要的功能。因为框架中已经实现了爬虫常用的功能，所以为开发人员节省了很多精力与时间。

14.3.1 Scrapy 爬虫框架

Scrapy 框架是一套比较成熟的 Python 爬虫框架，简单轻巧，并且非常方便，可以高效率地爬取 Web 页面，并从页面中提取结构化的数据。Scrapy 是一套开源的框架，所以在使用时不需要担心收取费用的问题。Scrapy 的官网地址为：https://scrapy.org，官网页面如图 14.8 所示。

图 14.8　Scrapy 的官网页面

Scrapy 开源框架为开发者提供了非常贴心的开发文档，文档中详细地介绍了该开源框架的安装及使用教程。

14.3.2 Crawley 爬虫框架

Crawley 也是用 Python 开发出的爬虫框架，该框架致力于改变人们从互联网中提取数据的方式。Crawley 的具体特性如下：

☑ 基于 Eventlet 构建的高速网络爬虫框架。
☑ 可以将数据存储在关系数据库中。如 MySQL、Oracle、SQLite 等数据库。
☑ 可以将爬取的数据导入为 JSON、XML 格式。
☑ 支持非关系数据库，例如，Mongodb 和 Couchdb。
☑ 支持命令行工具。
☑ 可以使用您喜欢的工具进行数据的提取，例如，XPath 或 Pyquery 工具。
☑ 支持使用 Cookie 登录或访问那些只有登录才可以访问的网页。
☑ 简单易学（可以参照示例）。

Crawley 的官网地址为：http://project.crawley-cloud.com，官网页面如图 14.9 所示。

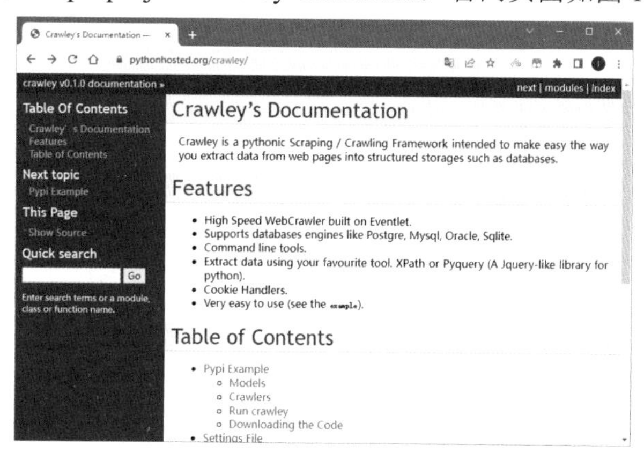

图 14.9　Crawley 的官网页面

14.3.3 PySpider 爬虫框架

相对于 Scrapy 框架而言，PySpider 框架还是新秀。PySpider 框架采用 Python 语言编写，分布式架构，支持多种数据库后端，强大的 WebUI 支持脚本编辑器、任务监视器、项目管理器及结果查看器。PySpider 框架的具体特性如下：

☑ Python 脚本控制，可以用任何你喜欢的 HTML 解析包（内置 Pyquery）。
☑ Web 界面编写调试脚本、启停脚本、监控执行状态、查看活动历史、获取结果产出。
☑ 支持 MySQL、MongoDB、Redis、SQLite、Elasticsearch、PostgreSQL 与 SQLAlchemy 等数据库。
☑ 支持 RabbitMQ、Beanstalk、Redis 和 Kombu 作为消息队列。
☑ 支持抓取 JavaScript 页面。
☑ 强大的调度控制，支持超时重爬及优先级设置。
☑ 组件可替换，支持单机 / 分布式部署，支持 Docker 部署。

14.4 实战项目：快手爬票

14.4.1 快手爬票概述

视频讲解

视频讲解：资源包\Video\14\14.4.1 快手爬票概述.mp4

无论是出差还是旅行，都无法离开交通工具的支持。现如今随着科技水平的提高，高铁与动车成为人们喜爱的交通工具。如果想要知道每列车次的时间信息，需要在各类的列车网站中进行查询。本节将通过 Python 的爬虫技术实现一个快手爬票工具，如图 14.10 所示。

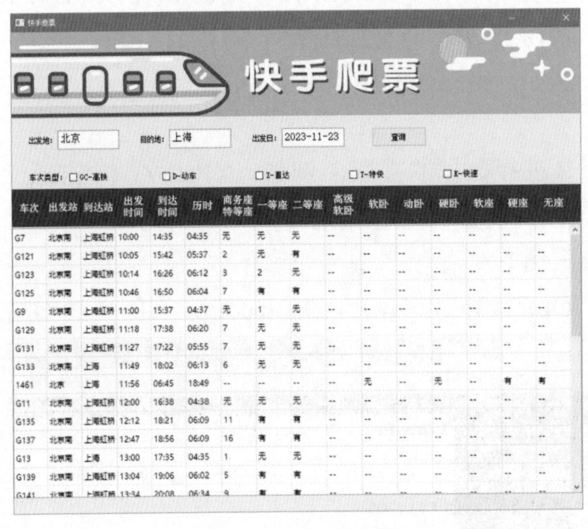

图 14.10　快手爬票

14.4.2 创建快手爬票项目

视频讲解：资源包\Video\14\14.4.2 创建快手爬票项目.mp4

在 PyCharm 中，创建一个 Python 项目，名称为“check tickets”。有时在创建 Python 项目时，需要设置项目的存放位置及 Python 解释器，这里需要注意的是，设置 Pyhton 解释器应该是 python.exe 文件的地址，如图 14.11 所示。设置完成后，单击 Create 按钮，即可进入 PyCharm 开发工具的主窗口，完成项目的创建。

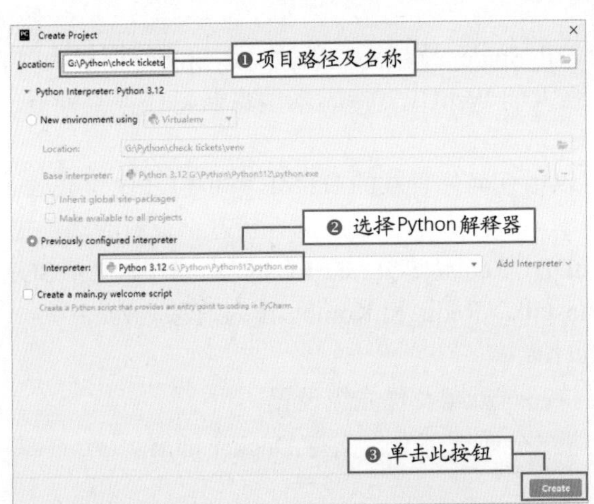

图 14.11　设置项目路径及 Python 解释器

14.4.3 主窗体设计

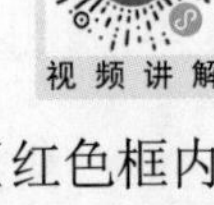

视频讲解：资源包\Video\14\14.4.3 主窗体设计.mp4

项目创建完成后，接下来将需要对快手爬票的主窗体进行设计，首先需要创建主窗体（红色框内），然后依次添加顶部图片（绿色框内）、查询区域（蓝色框内）、选择车次类型区域（紫色框内）、分类图片区域（黄色框内）、信息表格区域（棕色框内）。设计顺序如图 14.12 所示。

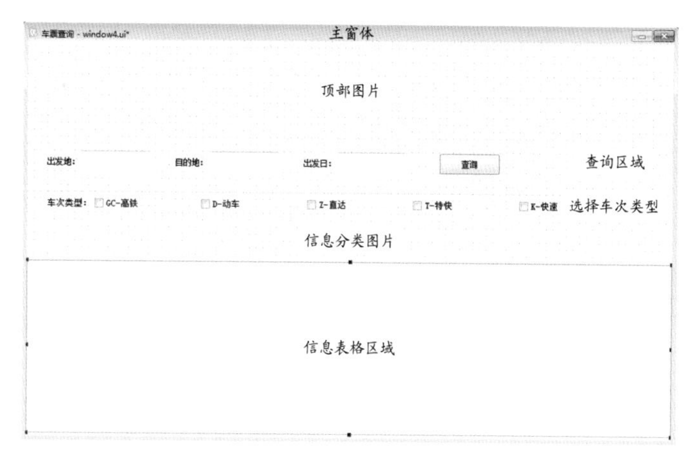

图 14.12　窗体设计思路

1. Qt 拖曳控件

了解了窗体设计思路以后，接下来需要实现快手爬票的窗体。由于在 12.1.3 小节中已经介绍了如何安装和配置 PyCharm 开发环境，所以创建窗体时只需要启动 PyCharm 开发工具即可，实现窗体的具体步骤如下：

（1）在 PyCharm 开发工具中创建新的 Python 项目，并在右侧指定项目名称与位置，如图 14.13 所示。

图 14.13　创建 python 项目

（2）项目打开完成后，在顶部的菜单栏中依次单击 Tools → External Tools → Qt Designer，如图 14.14 所示。

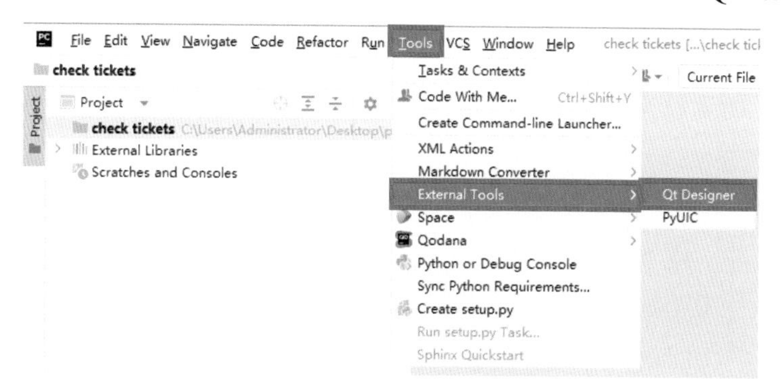

图 14.14　启动 Qt Designer

（3）之后，Qt 的窗口编辑工具将自动打开，并且会自动弹出一个“新建窗体”窗口，在该窗口中选择一个主窗体的模板，这里选择“Main Window”，然后单击“创建”按钮即可，如图 14.15 所示。

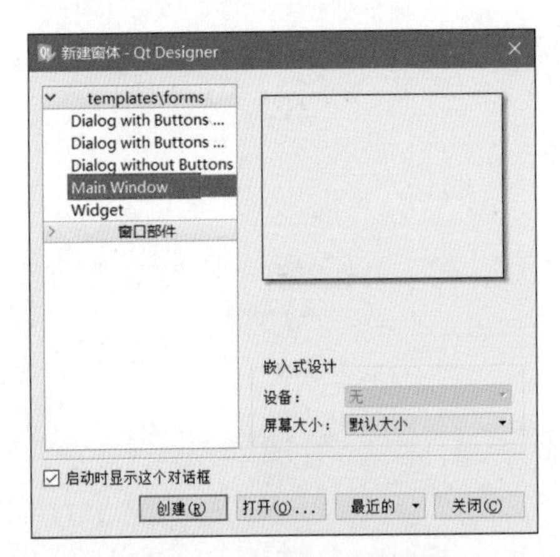

图 14.15　选择主窗体模板

（4）主窗体创建完成后，自动进入到 Qt Designer 的设计界面，顶部区域是菜单栏与快捷菜单选项，左侧区域是各种控件与布局，中间区域为编辑区域，可以将控件拖曳至该区域，也可以在这里预览窗体的设计效果。右侧上方是对象查看器，此处列出了所有控件及彼此所属的关系层。右侧中间的位置是属性编辑器，此处可以设置控件的各种属性。右侧底部的位置分别为信号 / 槽编辑器、动作编辑器及资源浏览器，具体如图 14.16 所示。

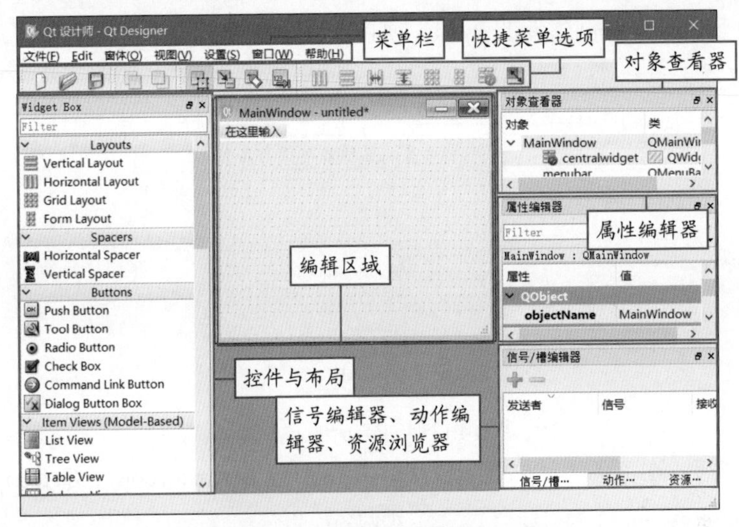

图 14.16　Qt Designer 的设计界面

（5）根据图 14.11 所示设计思路依次将指定的控件拖曳至主窗体中，首先添加主窗体容器内的控件，如表 14.3 所示。

表 14.3　主窗体容器与控件

对象名称	控件名称	描　述
centralwidget	QWidget	该控件与对象名称是创建主窗体后默认生成，为主窗体外层容器
label_title_img	QLabel	该控件位于主窗体容器内，用于设置顶部图片，对象名称自定义
label_train_img	QLabel	该控件位于主窗体容器内，用于设置分类图片，对象名称自定义
tableView	QTableView	该控件位于主窗体容器内，用于显示信息表格，对象名称自定义

向主窗体中添加查询区域容器与控件，如表 14.4 所示。

表 14.4　查询区域容器与控件

对象名称	控件名称	描　述
widget_query	QWidget	该控件用于显示查询区域，对象名称自定义，该控件为查询区域的容器
label	QLabel	该控件位于查询区域的容器内，用于显示“出发地：”文字，对象名称自定义
label_2	QLabel	该控件位于查询区域的容器内，用于显示“目的地：”文字，对象名称自定义
label_3	QLabel	该控件位于查询区域的容器内，用于显示“出发日：”文字，对象名称自定义
pushButton	QPushButton	该控件位于查询区域的容器内，用于显示“查询”按钮，对象名称自定义
textEdit	QTextEdit	该控件位于查询区域的容器内，用于显示“出发地”所对应的编辑框，对象名称自定义
textEdit_2	QTextEdit	该控件位于查询区域的容器内，用于显示“目的地”所对应的编辑框，对象名称自定义
textEdit_3	QTextEdit	该控件位于查询区域的容器内，用于显示“出发日”所对应的编辑框，对象名称自定义

向主窗体中添加选择车次类型容器与控件，如表 14.5 所示。

表 14.5　选择车次类型容器与控件

对象名称	控件名称	描　述
widget_checkBox	QWidget	该控件用于显示选择车次类型区域，对象名称自定义，该控件为选择车次类型区域的容器
checkBox_D	QCheckBox	该控件位于选择车次类型的容器内，用于选择动车类型，对象名称自定义
checkBox_G	QCheckBox	该控件位于选择车次类型的容器内，用于选择高铁类型，对象名称自定义
checkBox_K	QCheckBox	该控件位于选择车次类型的容器内，用于选择快车类型，对象名称自定义
checkBox_T	QCheckBox	该控件位于选择车次类型的容器内，用于选择特快类型，对象名称自定义
checkBox_Z	QCheckBox	该控件位于选择车次类型的容器内，用于选择直达类型，对象名称自定义
label_type	QLabel	该控件位于选择车次类型的容器内，用于显示“车次类型：”文字，对象名称自定义

说明

除了主窗体默认创建的 QWidget 控件，其他每个 QWidget 都是一个显示区域的容器，需要自行拖曳到主窗体当中，然后将每个区域对应的控件拖曳并摆放在当前的容器中。

注意

在拖曳控件时可以根据控件边缘的蓝色调节点设置控件的位置与大小，如图 14.17 所示。如果需要修改非常精确的参数值，可以在属性编辑器中进行设置，也可以在生成后的 Python 代码中对窗体的详细参数进行修改。在设置控件文字时，可以选中控件，然后在右侧的属性编辑器的 text 标签中进行设置，如图 14.18 所示。

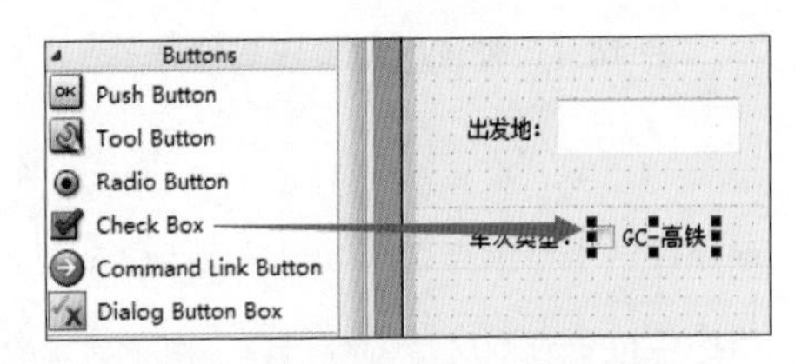

图 14.17　拖曳控件与设置大小

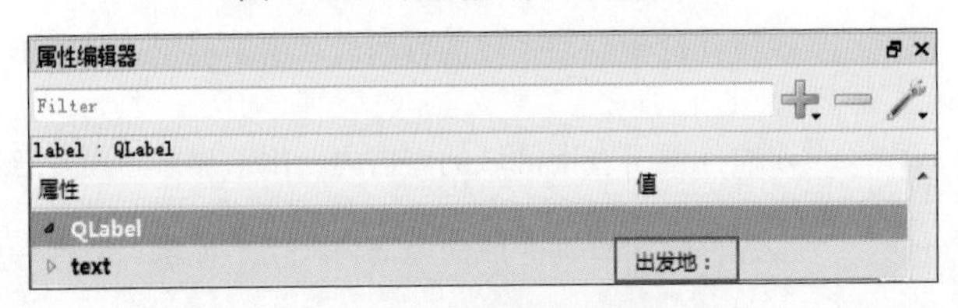

图 14.18　设置控件显示的文字

（6）窗体设计完成后，按下 <Ctrl+S> 快捷键保存窗体设计，文件名称为 window.ui，需要将该文件保存在当前项目的目录当中。再选中该文件，单击右键依次选择 External Tools → PyUIC 选项，将窗体设计的 .ui 文件转换为 .py 文件，如图 14.19 所示。转换后的 .py 文件将显示在当前目录中，如图 14.20 所示。

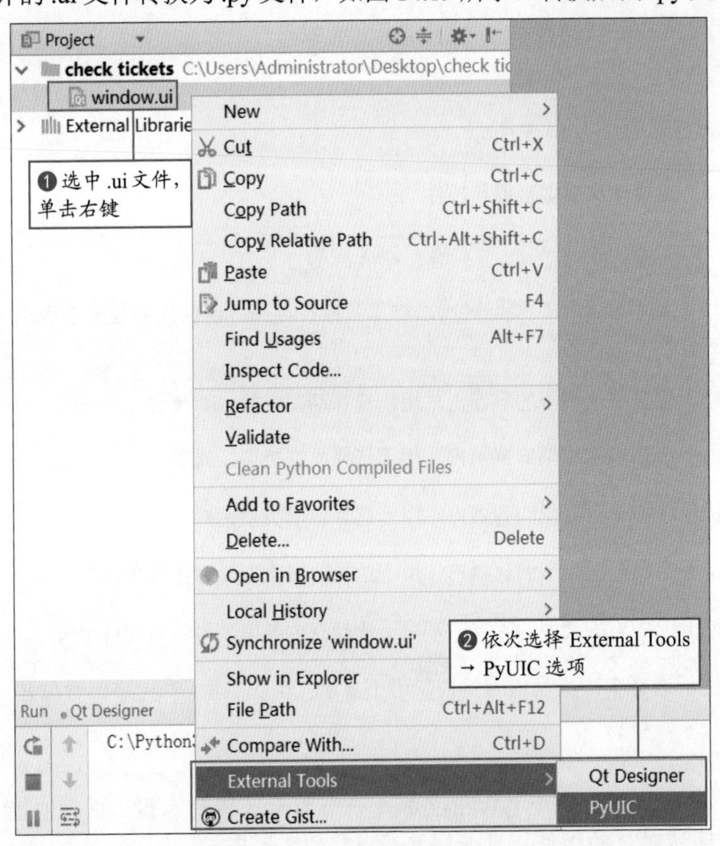

图 14.19　将 .ui 文件转换为 .py 文件

图 14.20　显示转换后的 .py 文件

2. 代码调试

打开 window.py 文件后，自动生成的代码中已经导入了 PyQt5 及其内部的常用模块。PyQt5 是一套 Python 绑定 Digia QT5 应用的框架，它可用于 3.X 版本中。它是功能最强大的 GUI 库之一。PyQt5 的类别分为多个模块，常见的模块与概述如表 14.6 所示。

表 14.6　PyQt5 的常见类别模块

模 块 名 称	描　述
QtCore	此模块用于处理时间、文件和目录、各种数据类型、流、URL、MIME 类型、线程或进程
QtGui	此模块包含类窗口系统集成、事件处理、二维图形、基本成像、字体和文本，以及一套完整的 OpenGL 和 OpenGL ES 的绑定
QtWidgets	此模块中包含的类提供了一组用于创建经典桌面风格用户界面的 UI 元素
QtMultimedia	此模块中包含的类用于处理多媒体内容和访问相机、收音机功能
QtNetwork	此模块中包含网络编程的类，通过这些类可使网络编程更简单、更便携，便于 TCP / IP 和 UDP 客户端和服务器的编码
QtPositioning	此模块中包含的类利用各种可能的来源来确定位置，包括卫星、Wi-Fi
QtWebSockets	此模块中包含实现 WebSocket 协议的类
QtXml	此模块中包含用于处理 XML 文件的类，该模块为 SAX 和 DOM API 提供了解决方法
QtSvg	此模块中提供了用于显示 SVG 文件内容的类，SVG 是可缩放矢量图形，用于描述 XML 中的二维图形
QtSql	此模块提供了用于处理数据库的类
QtTest	此模块包含的功能为 PyQt5 应用程序的单元测试

下面通过代码来调试主窗体中各种控件的细节处理，以及相应的属性。具体步骤如下：

（1）打开 window.py 文件，在右侧代码区域的 setupUi() 方法中修改主窗体的最大值与最小值，用于保持主窗体大小不变，无法扩大或缩小。代码如下：

```
MainWindow.setObjectName("MainWindow")                    # 设置窗体对象名称
MainWindow.resize(960, 786)                               # 设置窗体大小
MainWindow.setMinimumSize(QtCore.QSize(960, 786))         # 主窗体最小值
MainWindow.setMaximumSize(QtCore.QSize(960, 786))         # 主窗体最大值
self.centralwidget = QtWidgets.QWidget(MainWindow)        # 主窗体的widget控件
self.centralwidget.setObjectName("centralwidget")         # 设置对象名称
```

（2）将图片资源 img 文件夹复制到该项目中，然后导入 PyQt5.QtGui 模块中的 QPalette、QPixmap、QColor 用于对控件设置背景图片，为对象名为 label_title_img 的 Label 控件设置背景图片，该控件用于显示顶部图片。关键代码如下：

```
from PyQt5.QtGui import QPalette, QPixmap, QColor    # 导入QtGui模块

# 通过label控件显示顶部图片
self.label_title_img = QtWidgets.QLabel(self.centralwidget)
self.label_title_img.setGeometry(QtCore.QRect(0, 0, 960, 141))
self.label_title_img.setObjectName("label_title_img")
title_img = QPixmap('img/bg1.png')                   # 打开顶部位图
self.label_title_img.setPixmap(title_img)            # 设置调色板
```

（3）设置查询部分 widget 控件的背景图片，该控件起到容器的作用，在设置背景图片时并没有 Label 控件那么简单，首先需要为该控件开启自动填充背景功能，然后创建调色板对象，指定调色板背

景图片，最后为控件设置对应的调色板。关键代码如下：

```
# 查询部分的widget
self.widget_query = QtWidgets.QWidget(self.centralwidget)
self.widget_query.setGeometry(QtCore.QRect(0, 141, 960, 80))
self.widget_query.setObjectName("widget_query")
# 开启自动填充背景
self.widget_query.setAutoFillBackground(True)
palette = QPalette()                    # 调色板类
# 设置背景图片
palette.setBrush(QPalette.Background, QtGui.QBrush(QtGui.QPixmap('img/bg2.png')))
self.widget_query.setPalette(palette)  # 为控件设置对应的调色板即可
```

说明

根据以上两种设置背景图片的方法，分别为选择车次类型的 widget 控件与显示火车信息图片的 Label 控件设置背景图片。

（4）通过代码修改窗体或控件文字时，需要在 retranslateUi() 方法中进行设置，关键代码如下：

```
MainWindow.setWindowTitle(_translate("MainWindow", "车票查询"))
self.checkBox_T.setText(_translate("MainWindow", "T-特快"))
self.checkBox_K.setText(_translate("MainWindow", "K-快速"))
self.checkBox_Z.setText(_translate("MainWindow", "Z-直达"))
self.checkBox_D.setText(_translate("MainWindow", "D-动车"))
self.checkBox_G.setText(_translate("MainWindow", "GC-高铁"))
self.label_type.setText(_translate("MainWindow", "车次类型："))
self.label.setText(_translate("MainWindow", "出发地："))
self.label_3.setText(_translate("MainWindow", "目的地："))
self.label_4.setText(_translate("MainWindow", "出发日："))
self.pushButton.setText(_translate("MainWindow", "查询"))
```

（5）导入 sys 模块，然后在代码块的最外层创建 show_MainWindow() 方法，用于显示窗体。关键代码如下：

```
def show_MainWindow():
    app = QtWidgets.QApplication(sys.argv)  # 实例化QApplication类，作为GUI主程序入口
    MainWindow = QtWidgets.QMainWindow()    # 创建MainWindow
    ui = Ui_MainWindow()                    # 实例UI类
    ui.setupUi(MainWindow)                  # 设置窗体UI
    MainWindow.show()                       # 显示窗体
    sys.exit(app.exec_())                   # 当窗口创建完成，需要结束主循环过程
```

说明

sys 模块是 Python 自带的模块，该模块提供了一系列有关 Python 运行环境的变量和函数。sys 模块的常见用法与含义如表 14.7 所示。

表 14.7 sys 模块的常见用法

常 见 用 法	描　　述
sys.argv	该方法用于获取当前正在执行的命令行参数的参数列表
sys.path	该方法用于获取指定模块路径的字符串集合

续表

常 见 用 法	描　　述
sys.exit()	该方法用于退出程序，当参数非 0 时，会引发一个 SystemExit 异常，从而可以在主程序中捕获该异常
sys.platform	该方法用于获取当前系统平台
sys.modules	该方法用于加载模块的字典，每当程序员导入新的模块时，sys.modules 将自动记录该模块。当相同模块第二次导入时 Python 将从该字典中进行查询，从而加快程序的运行速度
sys.getdefaultencoding()	该方法用于获取当前系统编码方式

（6）在代码块的最外层模拟 Python 的程序入口，然后调用显示窗体的 show_MainWindow() 方法。关键代码如下：

```
if __name__ == "__main__":
    show_MainWindow()
```

在该文件的右键菜单中单击“Run ‘window’”将显示如图 14.21 所示“快手查票”主窗体界面。

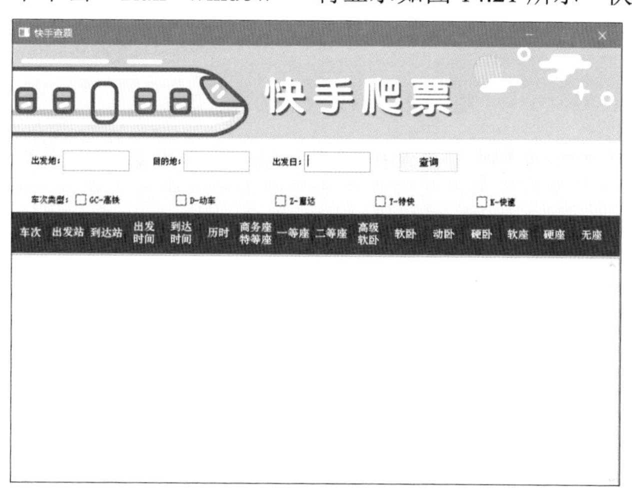

图 14.21　“快手查票”主窗体界面

14.4.4 分析网页请求参数

视频讲解：资源包\Video\14\14.4.4 分析请求参数.mp4

既然是爬票，那么一定需要一个爬取的对象，本节实战将通过 12306 中国铁路客户服务中心所提供的查票请求地址获取火车票的相关信息。在发送请求时，地址中需要填写必要的参数，否则后台将无法返回前台所需要的正确信息，所以首先需要分析网页请求参数，具体步骤如下：

（1）使用火狐浏览器打开 12306 官方网站，单击右侧导航栏中的“余票查询”，然后输入出发地与目的地，出发日期默认即可。按下 <Ctrl + Shift + E> 快捷键打开网络监视器，然后单击网页中的“查询”按钮，在网络监视器中将显示对应的网络请求，如图 14.22 所示。

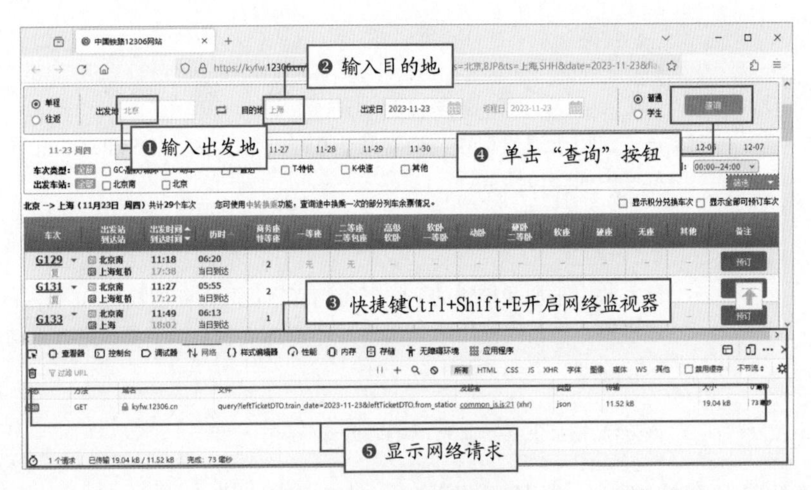

图 14.22　获取网络请求

（2）单击网络请求将显示请求细节窗口，在该窗口中默认会显示消息头的相关数据，此处可以获取完整的请求地址，如图 14.23 所示。

图 14.23　获取完整的请求地址

说明

随着 12306 官方网站的更新，请求地址会发生改变，要以当时获取的地址为准。

（3）在请求地址的上方选择参数选项，将显示该请求地址中的必要参数，如图 14.24 所示。

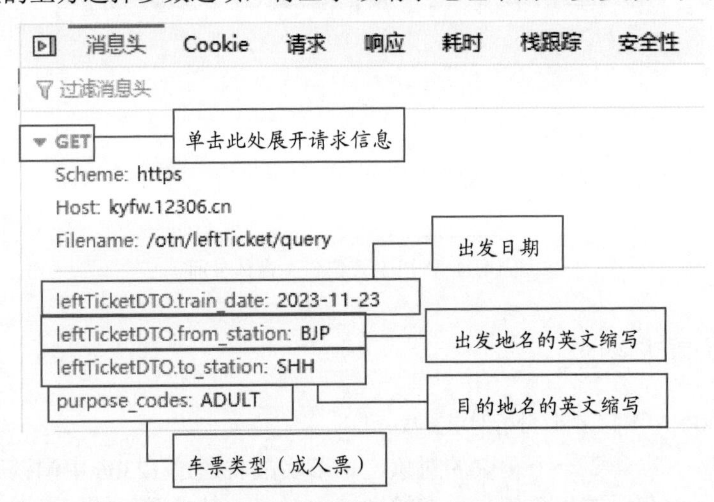

图 14.24　请求地址中的必要参数

14.4.5 下载站名文件

视频讲解

视频讲解：资源包\Video\14\14.4.5 下载站名文件.mp4

得到了请求地址与请求参数后，可以发现请求参数中的出发地与目的地均为车站名的英文缩写。而这个英文缩写的字母是通过输入的中文车站名转换而来的，所以需要在网页中仔细查找是否有将车站名自动转换为英文缩写的请求信息，具体步骤如下：

（1）关闭并重新打开网络监视器，然后按下快捷键 <F5> 进行余票查询网页的刷新，此时在网络监视器中选择类型为 js 的网络请求。在文件类型中仔细分析文件内容是否有与车站名相关的信息，如图 14.25 所示。

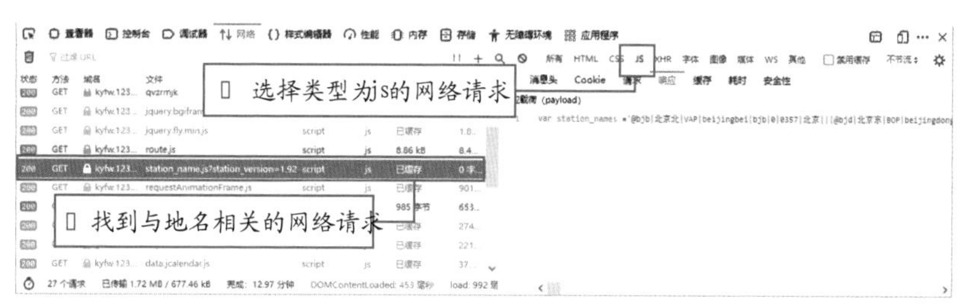

图 14.25　找到与车站名相关的信息

说明

在分析信息位置时，查询按钮仅仅实现了发送查票的网络请求，而并没有发现将文字转换为车站名缩写的相关处理，此时可以判断在进入余票查询页面时就已经得到了将车站名转换为英文缩写的相关信息，所以可以刷新页面查看网络监视器中的网络请求。

（2）选中与车站名相关的网络请求，在请求细节中找到该请求的完整地址。然后在网页中打开该地址测试返回数据，如图 14.26 所示。

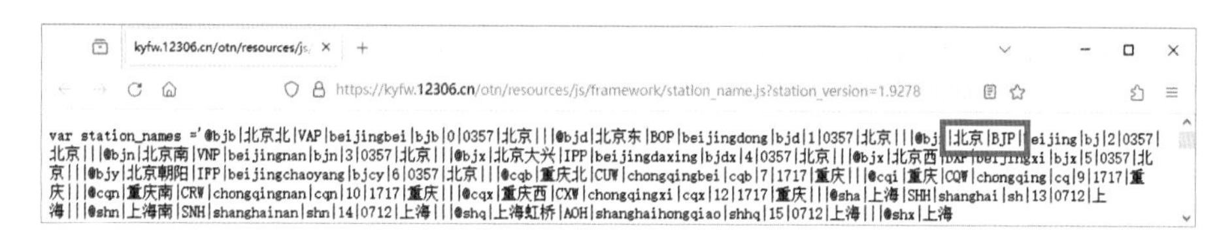

图 14.26　返回车站名英文缩写信息

说明

看到返回的车站名信息，此时可以确认根据该信息可以进行车站名汉字与对应的英文缩写转换。例如，可以在该条信息中找到北京对应的是 BJP。由于该条信息并没有自动转换的功能，所以需要将该信息以文件的方式保存在项目中。当需要转换时，在文件中查找对应的英文缩写即可。

（3）打开 PyCharm 开发工具，在 check tickets 目录的右键菜单中依次选择 New → Python File，创建一个名称为 get_stations.py 的文件，然后在菜单栏中依次选择 File → Default Settings，再参考 14.4.2 小节中的步骤（4）、步骤（5）安装 requests 模块即可。

（4）在 get_stations.py 文件中分别导入 requests 模块、re 模块及 os 模块，然后创建 getStation() 方法，该方法用于发送获取地址信息的网络请求，并将返回的数据转换为需要的类型。关键代码如下：

```
def getStation():
    # 发送请求获取所有车站名称，通过输入的站名称转换为查询地址的参数
    url = 'https://kyfw.12306.cn/otn/resources/js/framework/station_name.js?station_ver-
sion=1.9278'
    response = requests.get(url, verify=True)  # 请求并进行验证
    # 获取需要的车站名称
    stations = re.findall(u'([\u4e00-\u9fa5]+)\\|([A-Z]+)', response.text)
    stations = dict((stations), indent=4)       # 转换为字典类型
    stations = str(stations)                    # 转换为字符串类型否则无法写入文件
    write(stations)                             # 调用写入方法
```

说明

requests 模块为第三方模块，该模块主要用于处理网络请求；re 模块为 Python 自带的模块，主要通过正则表达式匹配并处理相应的字符串；os 模块为 Python 自带的模块，主要用于判断某个路径下的某个文件。

注意

随着 12306 官方网站的更新，请求地址会发生改变，要以当时获取的地址为准。

（5）创建 write() 方法、read() 方法及 isStations() 方法，分别用于写入文件、读取文件以及判断车站文件是否存在，代码如下：

```
def write(stations):
    file = open('stations.text', 'w', encoding='utf_8_sig')  # 以写模式打开文件
    file.write(stations)                                     # 写入文件
    file.close()
def read():
    file = open('stations.text', 'r', encoding='utf_8_sig')  # 以写模式打开文件
    data = file.readline()                                   # 读取文件
    file.close()
    return data
def isStations():
    isStations = os.path.exists('stations.text')             # 判断车站文件是否存在
    return isStations
```

（6）打开 window.py 文件，首先导入 get_stations 文件下的所有方法，然后在模拟 Python 的程序入口处修改代码。接下来判断是否存在所有车站信息的文件，如果没有该文件就下载车站信息的文件然后显示窗体，如果存在则直接显示窗体即可。修改后代码如下：

```
from get_stations import *              #导入get_stations文件下的所有方法

if __name__ == "__main__":
    if isStations() == False:           # 判断是否有所有车站的文件，没有就下载，有就直接显示窗体
        getStation()                    # 下载所有车站文件
        show_MainWindow()               # 调用显示窗体的方法
    else:
        show_MainWindow()               # 调用显示窗体的方法
```

（7）在 window.py 文件下，单在右键菜单中选择“Run ‘window’”菜单运行主窗体，主窗体界面显示后在 check tickets 目录下将自动下载 stations.text 文件，如图 14.27 所示，通过该文件可以实现车站名称与对应的英文缩写间的转换。

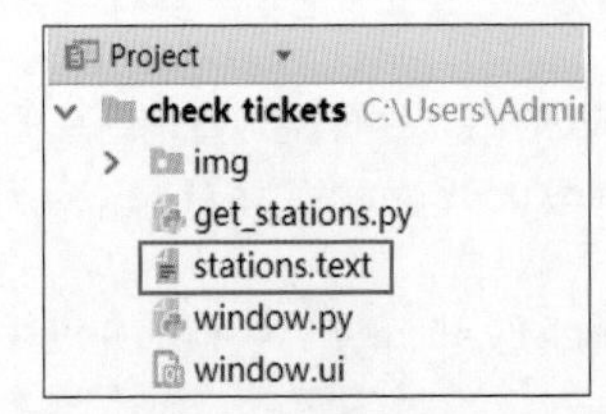

图 14.27　下载 stations.text 文件

14.4.6 车票信息的请求与显示

视频讲解

视频讲解：资源包\Video\14\14.4.6 获取车票信息并显示.mp4

1. 发送与分析车票信息的查询请求

得到了获取车票信息的网络请求地址，然后又分析出了请求地址的必要参数及车站名称转换的文件，接下来就需要将主窗体中输入的出发地、目的地及出发日期三个重要的参数配置到查票的请求地址中，然后分析并接收所查询车票的对应信息。具体步骤如下：

（1）在浏览器中打开 14.4.4 小节步骤（2）中的查询请求地址，然后在浏览器中将以 JSON 的方式返回车票的查询信息，如图 14.28 所示。

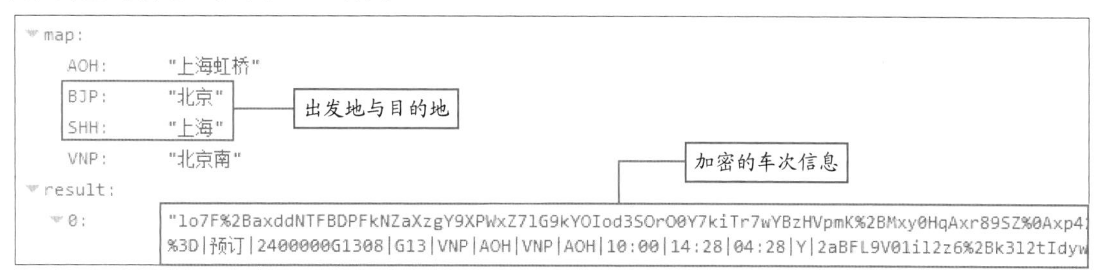

图 14.28　返回加密的车票信息

说明

在看到加密信息后先分析数据中是否含有可用的信息，例如，网页中的预订、时间、车次，在图 14.28 中的加密信息中含有“G13”的字样和时间信息。然后对照浏览器中余票查询的页面，查找对应车次信息，如图 14.29 所示，此时可以判断返回的 JSON 信息确实含有可用数据。

车次	出发站 到达站	出发时间 到达时间	历时
G13	北京南 上海虹桥	10:00 14:28	04:28 当日到达

图 14.29　对照可用数据

（2）发现可用数据后，在项目中创建 query_request.py 文件，在该文件中首先导入 get_stations 文件下的所有方法，然后分别创建名称为 data 与 type_data 的列表（list），分别用于保存整理好的车次信息与分类后的车次信息。代码如下：

```
from get_stations import *
from fake_useragent import UserAgent        # 导入伪造头部信息的模块
data = []                                    # 用于保存整理好的车次信息
type_data = []                               # 保存车次分类后最后的数据
headers = {"User-Agent": UserAgent().random, 'Cookie':'自己的Cookie'}   # 定义请求头信息
```

说明

由于返回的加密信息很杂乱，所以需要创建“data = []”列表（list）来保存后期整理好的车次信息，然后需要将车次分类（例如，高铁、动车等），最后创建“type_data = []”列表（list）来保存分类后的车次信息。获取自己的 Cookie 时，可以在图 14.28 中继续向下滚动，找到 Cookie 标签，复制其右侧的黑色内容即可。

（3）创建 query() 方法，在调用该方法时需要三个参数，分别为出发日期、出发地及目的地；然后创建查询请求的完整地址，并通过 format() 方法格式化地址；再将返回的 JSON 数据转换为字典类型；最后通过字典类型键值的方法取出对应的数据并进行整理与分类。代码如下：

```
def query(date, from_station, to_station):
    data.clear()  # 清空数据
```

```
        type_data.clear()  # 清空车次分类保存的数据
        # 查询请求地址
        url = 'https://kyfw.12306.cn/otn/leftTicket/query?
              leftTicketDTO.train_date={}&leftTicketDTO.from_station={}&
              leftTicketDTO.to_station={}&purpose_codes=ADULT'.format(
              date, from_station, to_station)
        # 发送查询请求
        response = requests.get(url,headers=headers)
        # # 将json数据转换为字典类型，通过键值对取数据
        result = response.json()
        result = result['data']['result']
        # 判断车站文件是否存在
        if isStations() == True:
            stations = eval(read())  # 读取所有车站并转换为dic类型
            if len(result) != 0:     # 判断返回数据是否为空
                for i in result:
                    # # 分割数据并添加到列表中
                    tmp_list = i.split('|')
                    # 因为查询结果中出发站和到达站为站名的缩写字母，
                    # 所以需要在车站库中找到对应的车站名称
                    from_station = list(stations.keys())[list(stations.values()).index(tmp_list[6])]
                    to_station = list(stations.keys())[list(stations.values()).index(tmp_list[7])]
                    # 创建座位数组，由于返回的座位数据中含有空既""，所以将空改成--这样好识别
                    seat = [tmp_list[3], from_station, to_station, tmp_list[8],
                          tmp_list[9], tmp_list[10], tmp_list[32], tmp_list[31],
                          tmp_list[30], tmp_list[21] , tmp_list[23], tmp_list[33],
                          tmp_list[28], tmp_list[24], tmp_list[29], tmp_ist[26]]
                          newSeat = []
                    # 循环将座位信息中的空既""，改成--这样好识别
                    for s in seat:
                        if s == "":
                            s = "--"
                        else:
                            s = s
                        newSeat.append(s)  # 保存新的座位信息
                    data.append(newSeat)
            return data                  # 返回整理好的车次信息
```

说明

因为返回的 JSON 信息顺序比较零乱，所以在获取指定的数据时，通过 tmp_list 分割后的列表将数据与浏览器余票查询页面中的数据逐个对比后，才能找出数据所对应的位置。通过对比后找到的数据位置如下：

```
'''5-7 目的地  3 车次  6 出发地  8 出发时间  9 到达时间  10 历时  26 无座  29 硬座
   24 软座  28 硬卧  33 动卧  23 软卧  21 高级软卧  30 二等座  31 一等座  32 商务座特等座
'''
```

数字为数据分割后 tmp_list 的索引值。

（4）依次创建获取高铁信息、移除高铁信息、获取动车信息、移除动车信息、获取直达信息、移

除直达信息、获取特快信息、移除特快信息、获取快速信息及移除快速信息的方法。这些方法用于车次分类数据的处理，代码如下：

```
# 获取高铁信息的方法
def g_vehicle():
    if len(data) != 0:
        for g in data:                          # 循环所有火车数据
            i = g[0].startswith('G')            # 判断车次首字母是不是高铁
            if i:                               # 如果是将该条信息添加到高铁数据中
                type_data.append(g)
#移除高铁信息的方法
def r_g_vehicle():
    if len(data) != 0:
        for g in data:
            i = g[0].startswith('G')
            if i:                               #移除高铁信息
                type_data.remove(g)
# 获取动车信息的方法
def d_vehicle():
    if len(data) != 0:
        for d in data:                          # 循环所有火车数据
            i = d[0].startswith('D')            # 判断车次首字母是不是动车
            if i == True:                       # 如果是将该条信息添加到动车数据中
                type_data.append(d)
# 移除动车信息的方法
def r_d_vehicle():
    if len(data) != 0:
        for d in data:
            i = d[0].startswith('D')
            if i == True:   #移除动车信息
                type_data.remove(d)

'''由于代码几乎相同，此处省略部分代码可在源码中进行查询
   省略.........
'''

# 获取快速车数据的方法
def k_vehicle():
    if len(data) != 0:
        for k in data:                          # 循环所有火车数据
            i = k[0].startswith('K')            # 判断车次首字母是不是快车
            if i == True:                       # 如果是将该条信息添加到快车数据中
                type_data.append(k)
# 移除快速车数据的方法
def r_k_vehicle():
    if len(data) != 0:
        for k in data:
            i = k[0].startswith('K')
            if i == True:                       # 移除快车信息
                type_data.remove(k)
```

2. 在主窗体中显示查票信息

完成了车票信息查询请求的文件后，接下来需要将获取的车票信息显示在快手爬票的主窗体当中。具体实现步骤如下：

（1）打开 window.py 文件，导入 PyQt5.QtCore 模块中的 Qt 类，然后导入 PyQt5.QtWidgets 模块与 PyQt5.QtGui 模块下的所有方法，再导入 query_request 文件中的所有方法。代码如下：

```
from PyQt5.QtCore import Qt                  # 导入Qt类
from PyQt5.QtWidgets import *                # 导入对应模块的所有方法
from query_request import *
from PyQt5.QtGui import *
```

（2）在 setupUi() 方法中找到用于显示车票信息的 tableView 表格控件。然后为该控件设置相关属性，关键代码如下：

```
# 显示车次信息的列表
self.tableView = QtWidgets.QTableView(self.centralwidget)
self.tableView.setGeometry(QtCore.QRect(0, 320, 960, 440))
self.tableView.setObjectName("tableView")
self.model = QStandardItemModel();  # 创建存储数据的模式
# 根据空间自动改变列宽度并且不可修改列宽度
self.tableView.horizontalHeader().setSectionResizeMode(QHeaderView.Stretch)
# 设置表头不可见
self.tableView.horizontalHeader().setVisible(False)
# 纵向表头不可见
self.tableView.verticalHeader().setVisible(False)
# 设置表格内容文字大小
font = QtGui.QFont()
font.setPointSize(10)
self.tableView.setFont(font)
# 设置表格内容不可编辑
self.tableView.setEditTriggers(QAbstractItemView.NoEditTriggers)
#垂直滚动条始终开启
self.tableView.setVerticalScrollBarPolicy(Qt.ScrollBarAlwaysOn)
```

（3）导入 time 模块，该模块提供了用于处理时间的各种方法。然后在代码块的最外层创建 get_time() 方法用于获取系统的当前日期，再创建 is_valid_date() 方法用于判断输入的日期是否是一个有效的日期字符串，代码如下：

```
import time

# 获取系统当前时间并转换请求数据所需要的格式
def get_time():
    # 获得当前时间时间戳
    now = int(time.time())
    # 转换为其他日期格式,如:"%Y-%m-%d %H:%M:%S"
    timeStruct = time.localtime(now)
    strTime = time.strftime("%Y-%m-%d", timeStruct)
    return strTime

def is_valid_date(str):
```

```
    '''判断是否是一个有效的日期字符串'''
    try:
        time.strptime(str, "%Y-%m-%d")
        return True
    except:
        return False
```

（4）依次创建 change_G()、change_D()、change_Z()、change_T()、change_K() 方法，以上方法均为车次分类复选框的事件处理，由于代码几乎相同，此处提供关键代码如下：

```
# 高铁复选框事件处理
def change_G(self, state):
    # 选中将高铁信息添加到最后要显示的数据当中
    if state == QtCore.Qt.Checked:
        #获取高铁信息
        g_vehicle()
        # 通过表格显示该车型数据
        self.displayTable(len(type_data), 16, type_data)
    else:
        # 取消选中状态将移除该数据
        r_g_vehicle()
        self.displayTable(len(type_data), 16, type_data)
```

（5）创建 checkBox_default() 方法，该方法用于将所有车次分类复选框取消勾选，代码如下：

```
# 将所有车次分类复选框取消勾选
def checkBox_default(self):
    self.checkBox_G.setChecked(False)
    self.checkBox_D.setChecked(False)
    self.checkBox_Z.setChecked(False)
    self.checkBox_T.setChecked(False)
    self.checkBox_K.setChecked(False)
```

（6）创建 messageDialog() 方法，用于显示主窗体非法操作的消息提示框；创建 displayTable() 方法，用于显示车次信息的表格与内容。代码如下：

```
# 显示消息提示框，参数title为提示框标题文字，message为提示信息
def messageDialog(self, title, message):
    msg_box = QMessageBox(QMessageBox.Warning, title, message)
    msg_box.exec_()
# 显示车次信息的表格
# train参数为共有多少趟列车，该参数作为表格的行。
# info参数为每趟列车的具体信息，例如有座、无座卧铺等。该参数作为表格的列
def displayTable(self, train, info, data):
    self.model.clear()
    for row in range(train):
        for column in range(info):
            # 添加表格内容
            item = QStandardItem(data[row][column])
            # 向表格存储模式中添加表格具体信息
            self.model.setItem(row, column, item)
    # 设置表格存储数据的模式
    self.tableView.setModel(self.model)
```

（7）创建 on_click() 方法，处理查询按钮的单击事件。在该方法中首先获取出发地、目的地与出发日期三个编辑框的输入内容，然后对三个编辑框中输入的内容进行合法检测，符合规范后调用 query() 方法提交车票查询的请求，并且将返回的数据赋值给 data，最后通过调用 displayTable() 方法实现在表格中显示车票查询的全部信息。代码如下：

```
# 查询按钮的单击事件
def on_click(self):
    get_from = self.textEdit.toPlainText()     # 获取出发地
    get_to = self.textEdit_2.toPlainText()     # 获取到达地
    get_date = self.textEdit_3.toPlainText()  # 获取出发时间
    # 判断车站文件是否存在
    if isStations() == True:
        stations = eval(read())                # 读取所有车站并转换为dic类型
        # 判断所有参数是否为空，出发地、目的地、出发日期
        if get_from != "" and get_to != "" and get_date != "":
            # 判断输入的车站名称是否存在，以及时间格式是否正确
            if get_from in stations and get_to in stations and is_valid_date(get_date):
                # 获取输入的日期是当前年初到现在一共过了多少天
                inputYearDay = time.strptime(get_date, "%Y-%m-%d").tm_yday
                # 获取系统当前日期是当前年初到现在一共过了多少天
                yearToday = time.localtime(time.time()).tm_yday
                # 计算时间差，也就是输入的日期减掉系统当前的日期
                timeDifference = inputYearDay - yearToday
                # 判断时间差为0时证明是查询当前的查票，
                # 以及29天以后的车票。12306官方要求只能查询30天以内的车票
                if timeDifference >= 0 and timeDifference <= 28:
                    # 在所有车站文件中找到对应的参数
                    from_station = stations[get_from]  # 出发地
                    to_station = stations[get_to]      # 目的地
                    # 发送查询请求,并获取返回的信息
                    data = query(get_date, from_station, to_station)
                    self.checkBox_default()            # 调用取消勾选所有车次分类复选框
                    if len(data) != 0:                 # 判断返回的数据是否为空
                        # 如果不是空的数据就将车票信息显示在表格中
                        self.displayTable(len(data), 16, data)
                    else:
                        self.messageDialog('警告', '没有返回的网络数据！')
                else:
                    self.messageDialog('警告', '超出查询日期的范围内,'
                                                '不可查询昨天的车票信息,以及29天以后的车票信息！')
            else:
                self.messageDialog('警告', '输入的站名不存在,或日期格式不正确！')
        else:
            self.messageDialog('警告', '请填写车站名称！')
    else:
        self.messageDialog('警告', '未下载车站查询文件！')
```

（8）在 retranslateUi() 方法中，首先设置出发日期的编辑框显示系统的当前日期，然后设置查询按钮的单击事件，最后分别设置高铁、动车、直达、特快以及快车复选框的选中与取消事件。关键代码如下：

```
self.textEdit_3.setText(get_time())                    # 出发日显示当天日期
self.pushButton.clicked.connect(self.on_click)         # 查询按钮指定单击事件的方法
self.checkBox_G.stateChanged.connect(self.change_G)    # 高铁选中与取消事件
self.checkBox_D.stateChanged.connect(self.change_D)    # 动车选中与取消事件
self.checkBox_Z.stateChanged.connect(self.change_Z)    # 直达车选中与取消事件
self.checkBox_T.stateChanged.connect(self.change_T)    # 特快车选中与取消事件
self.checkBox_K.stateChanged.connect(self.change_K)    # 快车选中与取消事件
```

（9）在 window.py 文件下，单击右键，选择“Run ‘window’”菜单运行主窗体，然后输入符合规范的出发地、目的地与出发日期，单击“查询”按钮将显示如图 14.30 所示界面。

图 14.30　显示查票信息

14.5 小结

本章主要介绍了什么是网络爬虫，以及网络爬虫的分类与基本原理，然后介绍了网络爬虫的常用技术：如何进行网络请求、headers 头部处理、网络超时、代理服务，以及解析 HTML 的常用模块。

在编写网络爬虫时，可以使用多种第三方模块库进行网络数据的爬取。在进行大型网站或网络数据的获取时，可以使用第三方开源的爬虫框架，这样可以通过框架中原有的接口实现自己需要的功能。实战项目“快手爬票”详细介绍了爬取网络信息的具体步骤。

通过学习本章内容，读者可以对 Python 网络爬虫有一定的了解，为今后相关的项目开发打下良好的基础。

本章 e 学码：关键知识点拓展阅读

URL　　SSL 认证　　关键字参数
Couchdb　　SystemExit 异常　　流下载
Elasticsearch　　timeout 值　　头部信息
HTTP 网络请求

第15章

Web 编程与常用框架

（视频讲解：1 小时 28 分钟）

本章概览

由于 Python 简单易懂，可维护性好，所以越来越多的互联网公司使用 Python 进行 Web 开发，如豆瓣、知乎等网站。本章将介绍Web开发基础知识，其中包括HTTP、Web服务器及前端基础知识，以及 WSGI 接口与 Flask 框架的使用。

知识框架

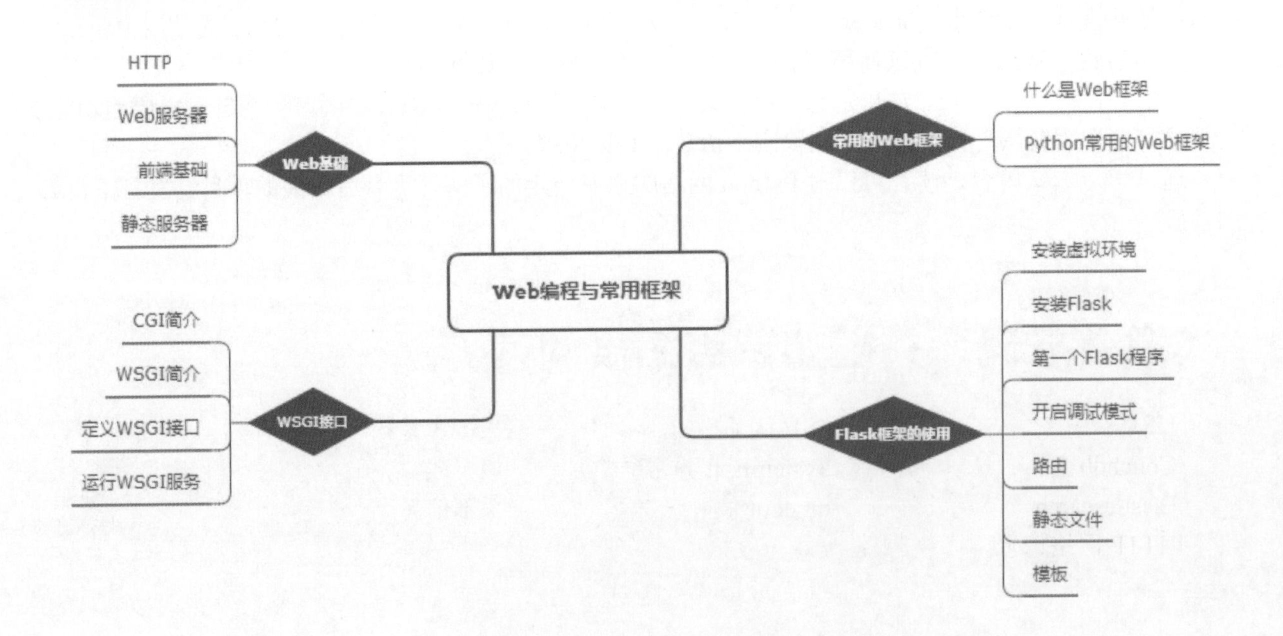

15.1 Web 基础

当用户打开浏览器，输入明日学院网址，然后按下 <Enter> 键，浏览器中就会显示明日学院官网的内容。在这个看似简单的用户行为背后，到底隐藏了些什么呢？

15.1.1 HTTP

视频讲解：资源包\Video\15\15.1.1 HTTP协议.mp4

在用户输入网址访问明日学院网站的例子中，用户浏览器被称为客户端，而明日学院网站被称为服务器。这个过程实质上就是客户端向服务器发起请求，服务器接收请求后，将处理后的信息（也称为响应）传给客户端。这个过程是通过 HTTP 协议实现的。

HTTP（HyperText Transfer Protocol），超文本传输协议，是互联网上应用最为广泛的一种网络协议。HTTP 是利用 TCP 在两台电脑（通常是 Web 服务器和客户端）之间传输信息的协议。客户端使用 Web 浏览器发起 HTTP 请求给 Web 服务器，Web 服务器发送被请求的信息给客户端。

15.1.2 Web 服务器

视频讲解：资源包\Video\15\15.1.2 Web服务器.mp4

当在浏览器中输入 URL 后，浏览器会先请求 DNS 服务器，获得请求站点的 IP 地址（即根据 URL 地址获取其对应的 IP 地址，如 101.201.120.85），然后发送一个 HTTP Request（请求）给拥有该 IP 的主机（明日学院的阿里云服务器），接着就会接收到服务器返回的 HTTP Response（响应），浏览器经过渲染后，以一种较好的效果呈现给用户。HTTP 基本原理如图 15.1 所示。

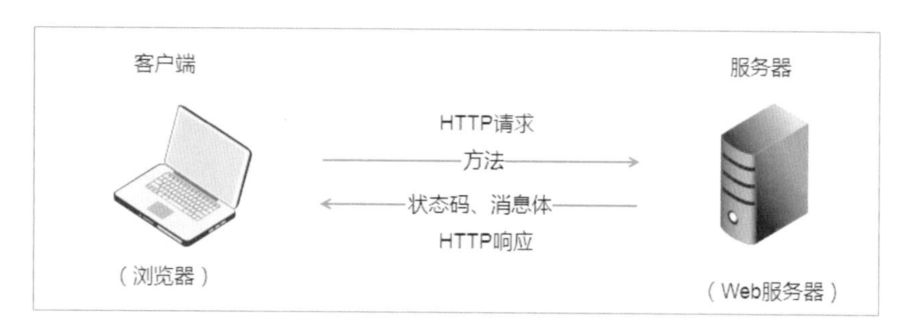

图 15.1　HTTP 基本原理

我们重点来看 Web 服务器。Web 服务器的工作原理可以概括为以下 4 个步骤：

（1）建立连接：客户端通过 TCP/IP 建立到服务器的 TCP 连接。

（2）请求过程：客户端向服务器发送 HTTP 请求包，请求服务器里的资源文档。

（3）应答过程：服务器向客户端发送 HTTP 应答包，如果请求的资源包含有动态语言的内容，那么服务器会调用动态语言的解释引擎负责处理“动态内容”，并将处理后的数据返回给客户端。由客户端解释 HTML 文档，在客户端屏幕上渲染图形结果。

（4）关闭连接：客户端与服务器断开。

步骤（2）中客户端向服务器端发起请求时，常用的请求方法如表 15.1 所示。

表 15.1　HTTP 的常用请求方法及其描述

方　法	描　述
GET	请求指定的页面信息，并返回实体主体
POST	向指定资源提交数据请求处理（例如提交表单或者上传文件）。数据被包含在请求体中。POST 请求可能会导致新的资源的建立或已有资源的修改
HEAD	类似于 GET 请求，只不过返回的响应中没有具体的内容，用于获取报头
PUT	从客户端向服务器传送的数据取代指定的文档的内容
DELETE	请求服务器删除指定的页面
OPTIONS	允许客户端查看服务器的性能

步骤（3）中服务器返回给客户端的状态码，可以分为 5 种类型，由它们的第一位数字表示，如表 15.2 所示。

表 15.2　HTTP 状态码及其含义

代　码	含　义
1**	信息，请求收到，继续处理
2**	成功，行为被成功地接收、理解和采纳
3**	重定向，为了完成请求，必须进一步执行动作
4**	客户端错误，请求包含语法错误或者请求无法实现
5**	服务器错误，服务器不能实现一种明显无效的请求

例如，状态码 200，表示请求已成功完成；状态码 404，表示服务器找不到给定的资源。

下面，我们用谷歌浏览器访问明日学院官网，查看一下请求和响应的流程。步骤如下：

（1）在谷歌浏览器中输入网址，按下 <Enter> 键，进入明日学院官网。

（2）按下 <F12> 键（或单击鼠标右键，选择“检查”选项），审查页面元素。运行效果如图 15.2 所示。

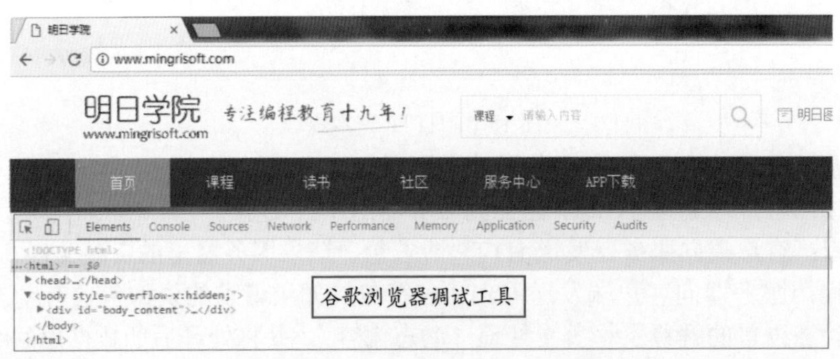

图 15.2　打开谷歌浏览器调试工具

（3）单击谷歌浏览器调试工具的“Network”选项，按下 <F5> 键（或手动刷新页面），单击调试工具中“Name”栏目下的“www.mingrisoft.com”，查看请求与响应的信息。如图 15.3 所示。

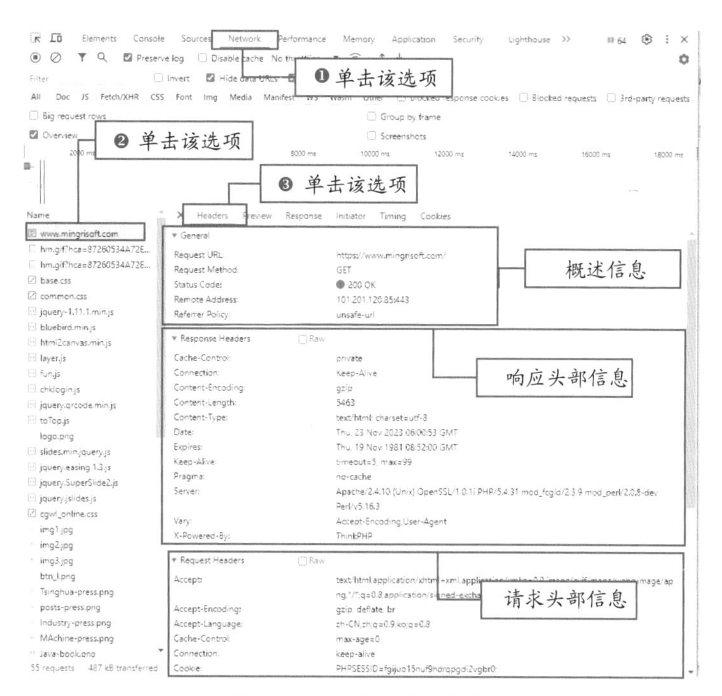

图 15.3　请求和响应信息

图 15.3 中的概述信息关键内容如下：

☑ Request URL：请求的 URL 地址，也就是服务器的 URL 地址。

☑ Request Method：请求方式是 GET。

☑ Status Code：状态码是 200，即成功返回响应。

☑ Remote Address：服务器 IP 地址是 101.201.120.85，端口号是 443。

15.1.3 前端基础

视频讲解

视频讲解：资源包\Video\15\15.1.3 前端基础.mp4

对于 Web 开发，通常分为前端（Front-End）和后端（Back-End）。“前端”是与用户直接交互的部分，包括 Web 页面的结构、Web 的外观视觉表现，以及 Web 层面的交互实现。“后端”则更多是与数据库进行交互以处理相应的业务逻辑，需要考虑的是如何实现功能、数据的存取、平台的稳定性与性能等。后端的编程语言包括 Python、Java、PHP、ASP.NET 等，而前端编程语言主要包括 HTML、CSS 和 JavaScript。

对于浏览网站的普通用户而言，更多的是关注网站前端的美观程度和交互效果，很少去考虑后端的实现，如图 15.4 所示。所以使用 Python 进行 Web 开发，需要具备一定的前端基础。

图 15.4　前端 VS 后端

1. HTML 简介

HTML 是用来描述网页的一种语言。HTML 指的是超文本标记语言（Hyper Text Markup Language），它不是一种编程语言，而是一种标记语言。标记语言是一套标记标签，这种标记标签通常被称为 HTML 标签，它们是由尖括号包围的关键词，比如 <html>。HTML 标签通常是成对出现的，比如 <h1> 和 </h1>。标签对中的第一个标签是开始标签，第二个标签是结束标签。Web 浏览器的作用是读取 HTML 文档，并以网页的形式显示它们。浏览器不会显示 HTML 标签，而是使用标签来解释页面的内容。如图 15.5 所示。

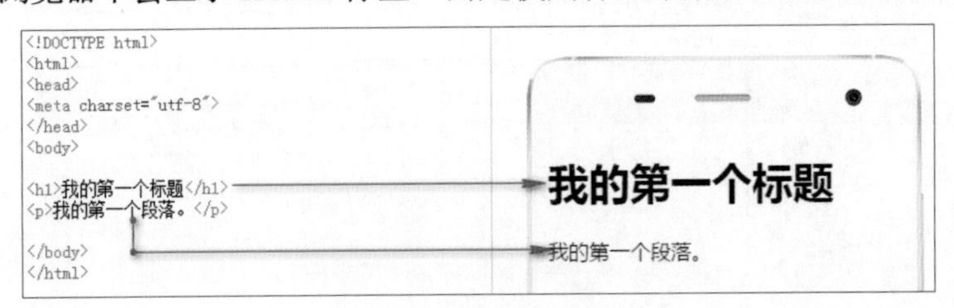

图 15.5　显示页面内容

在图 15.5 中，左侧是 HTML 代码，右侧是显示的页面内容。HTML 代码中，第一行的 <!DOCTYPE html> 表示使用的是 HTML5（最新 HTML 版本），其余的标签都是成对出现，并且在右侧的页面中，只显示标签里的内容，不显示标签。

更多 HTML 知识，请查阅相关教程。作为 Python Web 初学者，只需要掌握基本的 HTML 知识即可。

2. CSS 简介

CSS 是 Cascading Style Sheets（层叠样式表）的缩写。CSS 是一种标记语言，用于为 HTML 文档定义布局。例如，CSS 涉及字体、颜色、边距、高度、宽度、背景图像、高级定位等方面。运用 CSS 样式可以让页面变得美观，就像化妆前和化妆后的效果一样。如图 15.6 所示。

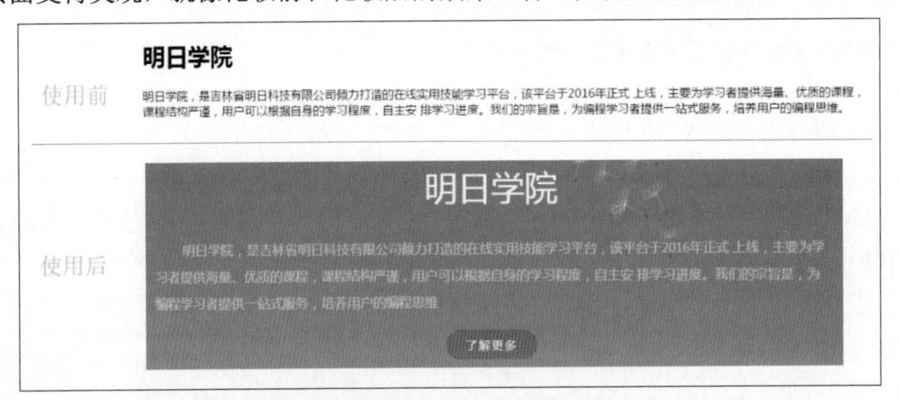

图 15.6　使用 CSS 前后效果对比

更多 CSS 知识，请查阅相关教程。作为 Python Web 初学者，只需要掌握基本的 CSS 知识即可。

3. JavaScript 简介

通常我们所说的前端就是指 HTML、CSS 和 JavaScript 三项技术。

☑ HTML：定义网页的内容。

☑ CSS：描述网页的样式。

☑ JavaScript：描述网页的行为。

JavaScript 是一种可以嵌入在 HTML 代码中由客户端浏览器运行的脚本语言。在网页中使用 JavaScript 代码，不仅可以实现网页特效，还可以响应用户请求实现动态交互的功能。例如，在用户注册页面中，需要对用户输入信息的合法性进行验证，包括是否填写了“邮箱”和“手机号”，填写的“邮箱”和“手机号”格式是否正确等。JavaScript 验证邮箱是否为空的效果如图 15.7 所示。

图 15.7　JavaScript 验证邮箱为空

说明

更多 JavaScript 知识，请查阅相关教程。作为 Python Web 初学者，只需要掌握基本的 JavaScript 知识即可。

15.1.4 静态服务器

视频讲解

视频讲解：资源包\Video\15\15.1.4 静态服务器.mp4

在 Web 中，纯粹 HTML 格式的页面通常被称为静态页面，早期的网站通常都是由静态页面组成的。如马云早期的创业项目“中国黄页”网站就是由静态页面组成的静态网站。

下面通过实例结合 Python 网络编程和 Web 编程知识，创建一个静态网站服务器。

实例 01　创建“明日学院”网站静态服务器　　|　**实例位置：资源包 \Code\SL\15\01**

创建一个“明日学院”官方网站，当用户输入网址 127.0.0.1:8000 或 127.0.0.1:8000/index.html 时，访问网站首页。当用户输入网址 127.0.0.1:8000/contact.html 时，访问“联系我们”页面。可以按照如下步骤实现该功能。

（1）创建 Views 文件夹，在 Views 文件夹下创建 index.html 页面作为“明日学院”网站首页，index.html 页面关键代码如下：

```
01  <!DOCTYPE html>
02  <html lang="UTF-8">
03  <head>
04    <title>
05       明日科技
06  </title>
07    </head>
08    <body class="bs-docs-home">
09  <!-- Docs master nav -->
10  <header class="navbar navbar-static-top bs-docs-nav" id="top">
11  <div class="container">
```

```
12     <div class="navbar-header">
13       <a href="/" class="navbar-brand">明日学院</a>
14     </div>
15     <nav id="bs-navbar" class="collapse navbar-collapse">
16       <ul class="nav navbar-nav">
17         <li>
18           <a href="http://www.mingrisoft.com/selfCourse.html" >课程</a>
19         </li>
20         <li>
21           <a href="http://www.mingrisoft.com/book.html">读书</a>
22         </li>
23         <li>
24           <a href="http://www.mingrisoft.com/bbs.html">社区</a>
25         </li>
26         <li>
27           <a href="http://www.mingrisoft.com/servicecenter.html">服务</a>
28         </li>
29         <li>
30           <a href="/contact.html">联系我们</a>
31         </li>
32       </ul>
33     </nav>
34   </div>
35 </header>
36     <!-- Page content of course! -->
37     <main class="bs-docs-masthead" id="content" tabindex="-1">
38   <div class="container">
39     <span class="bs-docs-booticon bs-docs-booticon-lg bs-docs-booticon-outline">MR</span>
40     <p class="lead">明日学院，是吉林省明日科技有限公司倾力打造的在线实用技能学习平台，该平台于
41 2016年正式上线，主要为学习者提供海量、优质的课程，课程结构严谨，用户可以根据自身的学习程度，自主
42   安排学习进度。我们的宗旨是，为编程学习者提供一站式服务，培养用户的编程思维。</p>
43     <p class="lead">
44       <a href="/contact.html" class="btn btn-outline-inverse btn-lg">联系我们</a>
45     </p>
46   </div>
47 </main>
48 </body>
49 </html>
```

（2）在 Views 文件夹下创建 contact.html 文件，作为明日学院的“联系我们”页面。关键代码如下：

```
01 <div class="bs-docs-header" id="content" tabindex="-1">
02     <div class="container">
03       <h1> 联系我们 </h1>
04         <div class="lead">
05           <address>
06                 电子邮件：<strong>mingrisoft@mingrisoft.com</strong>
07                 <br>地址：吉林省长春市南关区财富领域
```

```
08                <br>邮政编码：<strong>131200</strong>
09                <br><abbr title="Phone">联系电话:</abbr> 0431-84978981
10            </address>
11          </div>
12        </div>
13      </div>
```

（3）在 Views 同级目录下，创建 web_server.py 文件，用于实现客户端和服务器端的 HTTP 通信，具体代码如下：

```
01  # coding:utf-8
02  import socket                                          # 导入Socket模块
03  import re                                                      # 导入re正则模块
04  from multiprocessing import Process                    # 导入Process多进程模块
05
06  HTML_ROOT_DIR = "./Views"                              # 设置静态文件根目录
07
08  class HTTPServer(object):
09      def __init__(self):
10          """初始化方法"""
11          self.server_socket = socket.socket(socket.AF_INET, socket.SOCK_STREAM) # 创建Socket对象
12      def start(self):
13          """开始方法"""
14          self.server_socket.listen(128)                         # 设置最多连接数
15          print ('服务器等待客户端连接...')
16          # 执行死循环
17          while True:
18              client_socket, client_address = self.server_socket.accept() # 建立客户端连接
19              print("[%s, %s]用户连接上了" % client_address)
20              # 实例化进程类
21              handle_client_process = Process(target=self.handle_client, args=(client_socket,))
22              handle_client_process.start()           # 开启线程
23              client_socket.close()                   # 关闭客户端Socket
24
25      def handle_client(self, client_socket):
26          """处理客户端请求"""
27          # 获取客户端请求数据
28          request_data = client_socket.recv(1024)       # 获取客户端请求数据
29          print("request data:", request_data)
30          request_lines = request_data.splitlines()     # 按照行('\r', '\r\n', \n')分隔
31          # 输出每行信息
32          for line in request_lines:
33              print(line)
34          request_start_line = request_lines[0]         # 解析请求报文
35          print("*" * 10)
36          print(request_start_line.decode("utf-8"))
37          # 使用正则表达式，提取用户请求的文件名
38          file_name = re.match(r"\w+ +(/[^ ]*) ", request_start_line.decode("utf-8")).group(1)
39          # 如果文件名是根目录，设置文件名为file_name
40          if "/" == file_name:
```

```
41                file_name = "/index.html"
42            # 打开文件，读取内容
43            try:
44                file = open(HTML_ROOT_DIR + file_name, "rb")
45            except IOError:
46                # 如果存在异常，返回404
47                response_start_line = "HTTP/1.1 404 Not Found\r\n"
48                response_headers = "Server: My server\r\n"
49                response_body = "The file is not found!"
50            else:
51                # 读取文件内容
52                file_data = file.read()
53                file.close()
54                # 构造响应数据
55                response_start_line = "HTTP/1.1 200 OK\r\n"
56                response_headers = "Server: My server\r\n"
57                response_body = file_data.decode("utf-8")
58            # 拼接返回数据
59            response = response_start_line + response_headers + "\r\n" + response_body
60            print("response data:", response)
61            client_socket.send(bytes(response, "utf-8")) # 向客户端返回响应数据
62            client_socket.close()                        # 关闭客户端连接
63
64        def bind(self, port):
65            """绑定端口"""
66            self.server_socket.bind(("", port))
67
68    def main():
69        """主函数"""
70        http_server = HTTPServer()                       # 实例化HTTPServer()类
71        http_server.bind(8000)                           # 绑定端口
72        http_server.start()                              # 调用start()方法
73
74    if __name__ == "__main__":
75        main()                                   # 执行main()函数
```

上述代码中定义了一个 HTTPServer() 类，其中 __init__() 初始化方法用于创建 Socket 实例，start() 方法用于建立客户端连接，开启线程。handle_client() 方法用于处理客户端请求，主要功能是通过正则表达式提取用户请求的文件名。如果用户输入“127.0.0.1:8000/”则读取 Views/index.html 文件，否则访问具体的文件名。例如，用户输入“127.0.0.1:8000/contact.html”，读取 Views/contact.html 文件内容，将其作为响应的主体内容。如果读取的文件不存在，则将“The file is not found!”作为响应主体内容。最后，拼接数据返回客户端。

运行 web_server.py 文件，然后使用谷歌浏览器访问“127.0.0.1:8000/”，运行效果如图 15.8 所示。单击“联系我们”按钮，页面跳转至“127.0.0.1:8000/contact.html”，运行效果如图 15.9 所示。尝试访问一个不存在的文件，例如，在浏览器中访问“127.0.0.1:8000/test.html”，运行效果如图 15.10 所示。

图 15.8　明日学院主页

图 15.9　联系我们页面效果

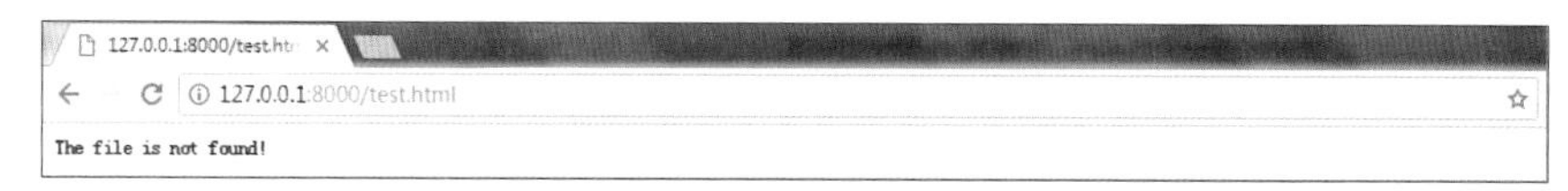

图 15.10　文件不存在时的页面效果

15.2 WSGI 接口

15.2.1 CGI 简介

视频讲解：资源包\Video\15\15.2.1 CGI简介.mp4

视 频 讲 解

在实例 01 中我们实现了一个静态网络服务器，但是当今 Web 开发已经很少使用纯静态页面，更多的是使用动态页面，如网站的登录和注册功能等。当用户登录网站时，需要输入用户名和密码，然后提交数据。Web 服务器不能处理表单中传递过来的与用户相关的数据，这不是 Web 服务器的职责。CGI 应运而生。

CGI（Common Gateway Interface），通用网关接口，它是一段程序，运行在服务器上。Web 服务器将请求发送给 CGI 应用程序，再将 CGI 应用程序动态生成的 HTML 页面发送回客户端。CGI 在 Web 服务器和应用之间起了交互作用，这样才能够处理用户数据，生成并返回最终的动态 HTML 页面。CGI 的工作方式如图 15.11 所示。

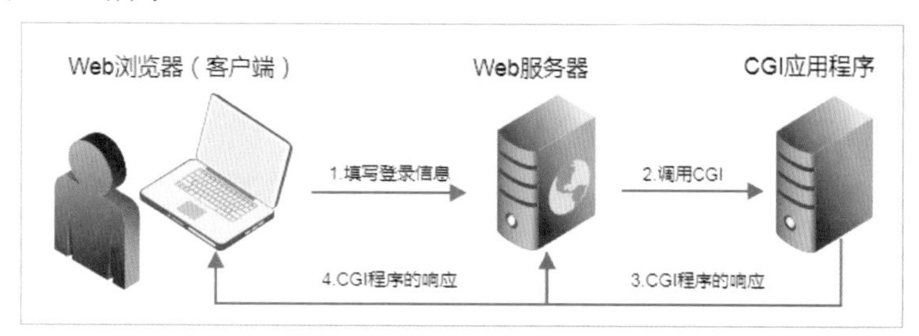

图 15.11　CGI 工作流程

CGI 有明显的局限性，例如，CGI 进程针对每个请求进行创建，用完就抛弃。如果应用程序接收数千个请求，就会创建大量的语言解释器进程，这将导致服务器停机。于是 CGI 的加强版 FastCGI（Fast Common Gateway Interface）应运而生。

FastCGI 使用进程 / 线程池来处理一连串的请求。这些进程 / 线程由 FastCGI 服务器管理，而不是 Web 服务器。FastCGI 致力于减少网页服务器与 CGI 程序之间交互的开销，从而使服务器可以同时处理更多的网页请求。

15.2.2 WSGI 简介

视频讲解：资源包\Video\15\15.2.2 WSGI简介.mp4

FastCGI 的工作模式实际上没有什么太大缺陷，但是在 FastCGI 标准下编写异步的 Web 服务还是不方便，所以 WSGI 就被创造出来了。

WSGI（Web Server Gateway Interface），即服务器网关接口，是 Web 服务器和 Web 应用程序或框架之间的一种简单而通用的接口。从层级上来讲要比 CGI/FastCGI 高级。WSGI 中存在两种角色：接收请求的 Server（服务器）和处理请求的 Application（应用），它们底层是通过 FastCGI 沟通的。当 Server 收到一个请求后，可以通过 Socket 把环境变量和一个 Callback 回调函数传给后端 Application，Application 在完成页面组装后通过 Callback 把内容返回给 Server，最后 Sever 再将响应返回给 Client。整个流程如图 15.12 所示。

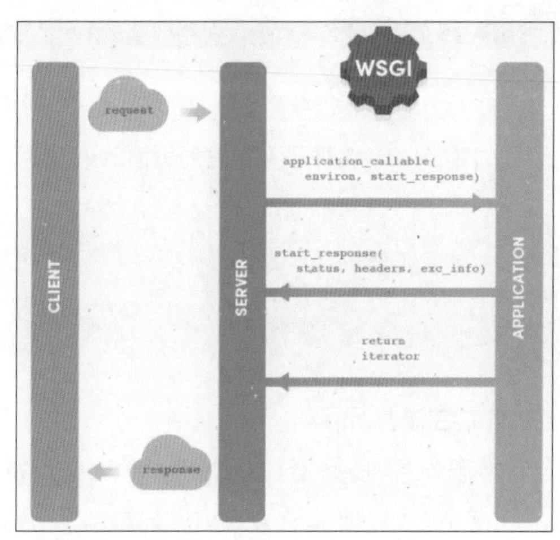

图 15.12　WSGI 工作流程

15.2.3 定义 WSGI 接口

视频讲解：资源包\Video\15\15.2.3 定义WSGI接口.mp4

WSGI 接口定义非常简单，它只要求 Web 开发者实现一个函数，就可以响应 HTTP 请求。我们来看一个最简单的 Web 版本的“Hello World!”，代码如下：

```
01  def application(environ, start_response):
02          start_response('200 OK', [('Content-Type', 'text/html')])
03          return [b'<h1>Hello, World!</h1>']
```

上面的 application() 函数就是符合 WSGI 标准的一个 HTTP 处理函数，它接收两个参数：

☑ environ：一个包含所有 HTTP 请求信息的字典对象。

☑ start_response：一个发送 HTTP 响应的函数。

整个 application() 函数本身没有涉及任何解析 HTTP 的部分，也就是说，把底层 Web 服务器解析部分和应用程序逻辑部分进行了分离，这样开发者就可以专心做一个领域了。

可是要如何调用 application() 函数呢？ environ 和 start_respons 这两个参数需要从服务器获取，所以 application() 函数必须由 WSGI 服务器来调用。现在，很多服务器都符合 WSGI 规范，如 Apache 服务器和 Nginx 服务器等。此外，Python 内置了一个 WSGI 服务器，这就是 wsgiref 模块。它是用 Python 编写的 WSGI 服务器的参考实现。所谓“参考实现”是指，该实现完全符合 WSGI 标准，但是不考虑任何运行效率，仅供开发和测试使用。

15.2.4 运行 WSGI 服务

视频讲解：资源包\Video\15\15.2.4 运行WSGI服务.mp4

使用 Python 的 wsgiref 模块可以不用考虑服务器和客户端的连接、数据的发送和接收等问题，而专注于业务逻辑的实现。下面我们通过一个实例应用 wsgiref 模块创建“明日学院”网站的课程页面。

实例 02　创建“明日学院”网站课程页面　|　实例位置：资源包 \Code\SL\15\02

创建“明日学院”官方网站课程页面，当用户输入网址“127.0.0.1 ： 8000/courser.html”时，访问课程介绍页面，可以按照如下步骤实现该功能：

（1）复制实例 01 的 Views 文件夹，在 Views 文件夹下创建 course.html 页面作为“明日学院”课程页面。course.html 页面关键代码如下：

```
01    <!DOCTYPE html>
02    <html lang="UTF-8">
03    <head>
04    <meta http-equiv="Content-Type" content="text/html; charset=UTF-8">
05    <meta http-equiv="X-UA-Compatible" content="IE=edge">
06    <meta name="viewport" content="width=device-width, initial-scale=1">
07    <title>
08        明日科技
09    </title>
10    <!-- Bootstrap core CSS -->
11    <link rel="stylesheet" href="https://cdn.bootcss.com/bootstrap/3.3.7/css/bootstrap.min.css"
12    </head>
13      <body class="bs-docs-home">
14        <!-- Docs master nav -->
15      <header class="navbar navbar-static-top bs-docs-nav" id="top">
16      <div class="container">
17        <div class="navbar-header">
18          <a href="/" class="navbar-brand">明日学院</a>
19        </div>
20        <nav id="bs-navbar" class="collapse navbar-collapse">
21          <ul class="nav navbar-nav">
22            <li>
23              <a href="/course.html" >课程</a>
24            </li>
25            <li>
26              <a href="http://www.mingrisoft.com/book.html">读书</a>
```

```
27              </li>
28              <li>
29                <a href="http://www.mingrisoft.com/bbs.html">社区</a>
30              </li>
31              <li>
32                <a href="http://www.mingrisoft.com/servicecenter.html">服务</a>
33              </li>
34              <li>
35                <a href="/contact.html">联系我们</a>
36              </li>
37            </ul>
38          </nav>
39        </div>
40      </header>
41            <!-- Page content of course! -->
42            <main class="bs-docs-masthead" id="content" tabindex="-1">
43          <div class="container">
44            <div class="jumbotron">
45              <h1 style="color: # 573e7d">明日课程</h1>
46              <p style="color: # 573e7d">海量课程，随时随地，想学就学。有多名专业讲师精心打造精品课程，
47                                      让学习创造属于你的生活</p>
48              <p><a class="btn btn-primary btn-lg" href="http://www.mingrisoft.com/selfCourse.html"
49                  role="button">开始学习</a></p>
50            </div>
51          </div>
52      </main>
53      </body>
54      </html>
```

（2）在 Views 同级目录下，创建 application.py 文件，用于实现 Web 应用程序的 WSGI 处理函数，具体代码如下：

```
01  def app(environ, start_response):
02      start_response('200 OK', [('Content-Type', 'text/html')])      # 响应信息
03      file_name = environ['PATH_INFO'][1:] or 'index.html'          # 获取url参数
04      HTML_ROOT_DIR = './Views/'                                     # 设置HTML文件目录
05      try:
06          file = open(HTML_ROOT_DIR + file_name, "rb")               # 打开文件
07      except IOError:
08          response = "The file is not found!"                        # 如果异常，返回404
09      else:
10          file_data = file.read()                                    # 读取文件内容
11          file.close()                                               # 关闭文件
12          response = file_data.decode("utf-8")                       # 构造响应数据
13
14      return [response.encode('utf-8')]                              # 返回数据
```

上述代码中，使用 application() 函数接收 2 个参数：environ 请求信息和 start_response 函数。通过 environ 来获取 URL 中的后缀文件名，如果为“/”则读取 index.html 文件，如果不存在则返回

“The file is not found!”。

（3）在 Views 同级目录下，创建 web_server.py 文件，用于启动 WSGI 服务器，加载 application() 函数，具体代码如下：

```
01  # 从wsgiref模块导入
02  from wsgiref.simple_server import make_server
03  # 导入编写的application函数
04  from application import app
05
06  # 创建一个服务器，IP地址为空，端口是8000，处理函数是app
07  httpd = make_server('', 8000, app)
08  print('Serving HTTP on port 8000...')
09  # 开始监听HTTP请求
10  httpd.serve_forever()
```

运行 web_server.py 文件，当显示“Serving HTTP on port 8000...”后，在浏览器的地址栏中输入网址“127.0.0.1:8000”，访问“明日学院”首页，运行结果如图 15.13 所示。然后单击顶部导航栏的“课程”链接，将进入明日学院的课程页面，运行效果如图 15.14 所示。

图 15.13　明日学院首页

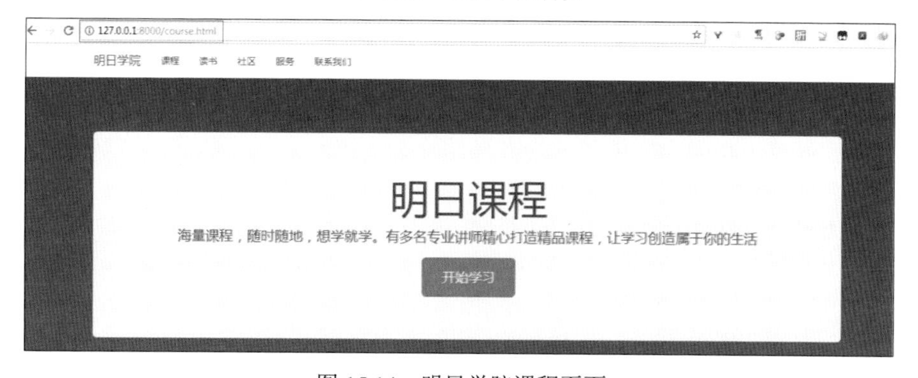

图 15.14　明日学院课程页面

15.3 常用的 Web 框架

如果你要从零开始建立一些网站，可能会注意到你不得不反复解决一些类似的问题。这样做是令人厌烦的，并且违反了良好编程的核心原则之一——DRY（不要重复自己）。即使是有经验的 Web 开发人员在创建新站点时也会遇到类似的问题。在实际开发中，通过使用 Web 框架可以解决这些问题。Python 为我们提供了许多框架，如 Flask、Django、Bottle 等。

15.3.1 什么是 Web 框架

视频讲解：资源包\Video\15\15.3.1 什么是Web框架.mp4

Web 框架全称为 Web 应用框架（Web Application Framework），用来支持动态网站、网络应用程序及网络服务的开发。Web 框架可以使用任何语言编写，换言之，每种语言都有对应的 Web 框架用来编写 Web 程序。框架会提供如下常用功能：

☑ 管理路由
☑ 访问数据库
☑ 管理会话和 Cookies
☑ 创建模板来显示 HTML
☑ 促进代码的重用

应用 Web 框架可以避免重复的开发过程，在创建新网站时，可以重复利用已有的框架，从而节省一部分人力，当然也能节省一部分开销，它可以算得上是网站开发过程的一大利器。

15.3.2 Python 常用的 Web 框架

视频讲解：资源包\Video\15\15.3.2 Python常用的Web框架.mp4

Python 中的 Web 框架可以称得上是百家争鸣，各种框架数不胜数。而关于这些框架孰优孰劣的讨论一直在持续，导致从事 Web 开发的人员不知道如何选择框架。本小节我们就来介绍一些当前主流的 Web 框架的特点。

1.Flask

Flask 是一款轻量级 Web 应用框架，它是基于 Werkzeug 实现的 WSGI 和 Jinja2 模板引擎。Flask 的作者是 Armin Ronacher。Flask 的设计哲学为：只保留核心，通过扩展机制来增加其他功能。Flask 的扩展环境非常丰富，Web 应用的每个环节基本上都有对应的扩展供开发者选择，即便没有对应的扩展，开发者自己也能轻松地实现一个。

2.Django

Django 最初被用来管理劳伦斯出版集团旗下一些以新闻内容为主的网站，它是以比利时的吉卜赛爵士吉他手 Django Reinhardt 的名字来命名的，和 Flask 是目前使用最广泛的 Web 框架。它能取得如此大的应用市场，很大程度上是因为提供了非常齐备的官方文档及一站式的解决方案，包含缓存、ORM/管理后台、验证、表单处理等，使开发复杂的数据库驱动的网站变得更加简单。但由于 Django 的系统耦合度太高，替换内置的功能往往会占用一些时间。

3.Bottle

Bottle 是一款轻量级的 Web 框架。它只有一个文件，代码只使用了 Python 标准库，却自带了路径映射、模板、简单的数据库访问等 Web 框架组件，而不需要额外依赖其他第三方库。它更符合微框架的定义，语法简单，部署也很方便。

4.Tornado

Tornado 全称为 Tornado Web Server，最初是由 FriendFeed 开发的非阻塞式 Web 服务器，现在的 Tornado 框架是被 FaceBook 收购后开源的版本。由于是非阻塞式服务器，Tornado 速度相当快，每秒钟可以处理数以千计的连接，这意味着对于长轮询、WebSocket 等 Web 服务来说，Tornado 是一个理想的 Web 框架。

15.4 Flask 框架的使用

Flask 依赖两个外部库：Werkzeug 和 Jinja2。Werkzeug 是一个 WSGI（在 Web 应用和多种服务器之间的标准 Python 接口）工具集，Jinja2 负责渲染模板。所以，在安装 Flask 之前，需要安装这两个外部库，而最简单的安装方式就是使用 Virtualenv 安装虚拟环境。

15.4.1 安装虚拟环境

视频讲解：资源包\Video\15\15.4.1 安装虚拟环境.mp4

安装 Flask 最便捷的方式是使用虚拟环境，Virtualenv 为每个不同项目提供一份 Python 安装。它并没有真正安装多个 Python 副本，但是却提供了一种巧妙的方式来让各项目环境保持独立。

1. 安装 Virtualenv

Virtualenv 的安装非常简单，可以使用如下命令进行安装：

```
pip install virtualenv
```

安装完成后，可以使用如下命令检测 Virtualenv 版本：

```
virtualenv --version
```

如果运行效果如图 15.15 所示，则说明安装成功。

图 15.15　查看 Virtualenv 版本

2. 创建虚拟环境

接下来使用 Virtualenv 命令在当前文件夹中创建 Python 虚拟环境。这个命令只有一个必需的参数，即虚拟环境的名字。创建虚拟环境后，当前文件夹中会出现一个子文件夹，名字就是上述命令中指定的参数，与虚拟环境相关的文件都保存在这个子文件夹中。按照惯例，一般虚拟环境会被命名为 venv。执行如下命令：

```
virtualenv venv
```

运行完成后，在运行的目录下，会新增一个“venv”文件夹，它保存着一个全新的虚拟环境，其中有一个私有的 Python 解释器，如图 15.16 所示。

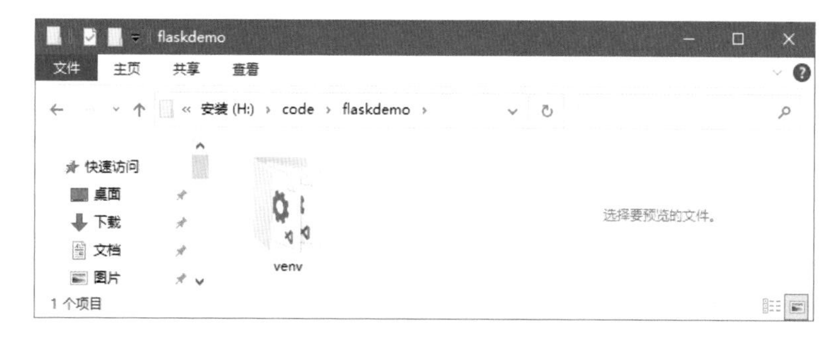

图 15.16　创建虚拟环境

说明

如果想要改变虚拟环境的位置，可以在执行创建虚拟环境的命令前，先将目录切换到相应的目录下。具体方法参见 1.1.2 小节的图 1.5。

3. 激活虚拟环境

在使用这个虚拟环境之前，需要先将其激活。可以通过下面的命令激活这个虚拟环境：

```
venv\Scripts\activate
```

激活之后的效果如图 15.17 所示。

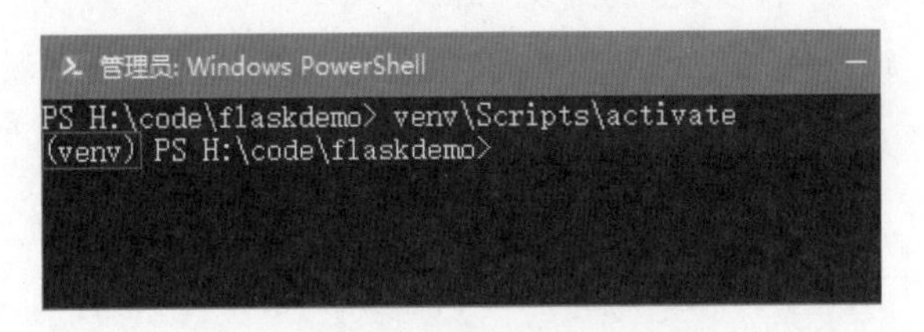

图 15.17 激活虚拟环境后效果

15.4.2 安装 Flask

视频讲解：资源包\Video\15\15.4.2 安装Flask.mp4

大多数 Python 包都使用 pip 实用工具安装，使用 Virtualenv 创建虚拟环境时会自动安装 pip。激活虚拟环境后，pip 所在的路径会被添加进 PATH。使用如下命令安装 Flask：

```
pip install flask
```

运行效果如图 15.18 所示。

图 15.18 安装 Flask

安装完成以后，可以通过如下命令查看所有安装包：

```
pip list --format columns
```

运行结果如图 15.19 所示。

```
管理员: Windows PowerShell
(venv) PS H:\code\flaskdemo> pip list --format columns
Package      Version
------------ -------
blinker      1.7.0
click        8.1.7
colorama     0.4.6
Flask        3.0.0
itsdangerous 2.1.2
Jinja2       3.1.2
MarkupSafe   2.1.3
pip          23.3.1
Werkzeug     3.0.1
(venv) PS H:\code\flaskdemo>
```

图 15.19　查看所有安装包

从图 15.19 可以看到，已经成功安装了 Flask，并且也安装了 Flask 的 2 个外部依赖库：Werkzeug 和 Jinja2。

15.4.3 第一个 Flask 程序

视频讲解

视频讲解：资源包\Video\15\15.4.3 第一个Flask程序.mp4

一切准备就绪，现在我们开始编写第一个 Flask 程序，由于是第一个 Flask 程序，当然要从最简单的“Hello World！”开始。

实例 03　输出“Hello World!”　　实例位置：资源包 \Code\SL\15\03

在 venv 同级目录下，创建一个 01 文件夹，在该文件夹下创建一个 hello.py 文件，代码如下：

```
01  from flask import Flask
02  app = Flask(__name__)
03
04  @app.route('/')
05  def hello_world():
06      return 'Hello World!'
07  if __name__ == '__main__':
08    app.run()
```

运行 hello.py 文件，运行效果如图 15.20 所示。

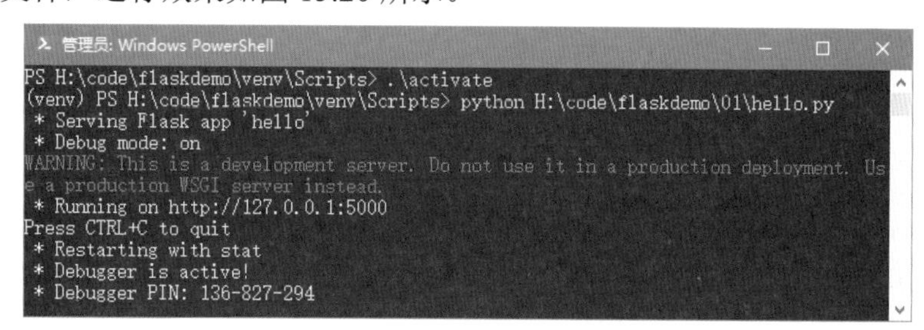

图 15.20　运行 hello.py 文件

然后在浏览器中输入网址“http://127.0.0.1:5000/”，运行效果如图 15.21 所示。

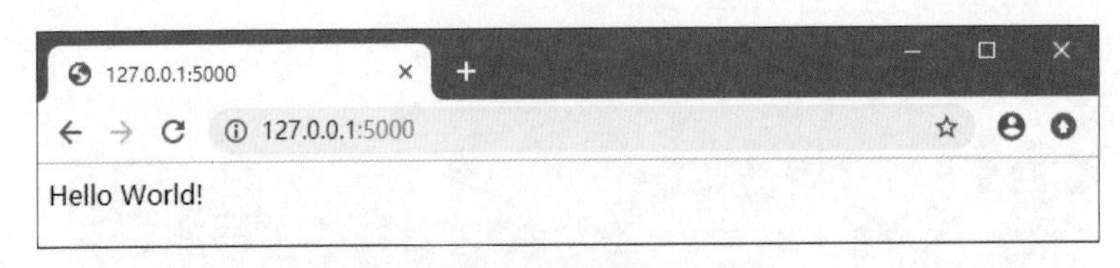

图 15.21 输出“Hello World”

那么，这段代码做了什么？我们根据代码行号逐行分析一下。

☑ 第 1 行，导入了 Flask 类。这个类的实例将会是我们的 WSGI 应用程序。

☑ 第 2 行，创建一个该类的实例。第一个参数是应用模块或者包的名称。如果使用单一的模块（如本实例），则应该使用“__name__”参数。如果作为模块导入，则应该设置参数为“__main__”或实际的导入名。这样 Flask 才知道到哪里去找模板、静态文件等。

☑ 第 4 行，使用 route() 装饰器告诉 Flask 什么样的 URL 能触发函数。

☑ 第 5 行，定义函数，这个函数返回要显示在用户浏览器中的信息。

☑ 第 8 行，其中“if__name__=='__main__':”可以确保服务器只会在该脚本被 Python 解释器直接执行的时候才会运行，而不是在模块导入的时候运行。

☑ 第 9 行，使用 run() 函数来让应用运行在本地服务器上。

说明

要关闭服务器，按下 <Ctrl+C> 组合键。

15.4.4 开启调试模式

视频讲解

视频讲解：资源包\Video\15\15.4.4 开启调试模式.mp4

run() 方法适用于启动本地的开发服务器，但是每次修改代码后都要手动重启它，这样并不够优雅，而且 Flask 可以做到更好。如果你启用了调试模式，服务器会在代码修改后自动重新载入，并在发生错误时提供一个相当有用的调试器。

有两种途径来启用调试模式。一种是直接在应用对象上设置：

```
app.debug = True
app.run()
```

另一种是作为 run() 方法的一个参数传入。

```
app.run(debug=True)
```

两种方法的效果完全一致，都能实现启用调试模式。

15.4.5 路由

视频讲解

视频讲解：资源包\Video\15\15.4.5 路由.mp4

客户端（例如 Web 浏览器）把请求发送给 Web 服务器，Web 服务器再把请求发送给 Flask 程序实例。程序实例需要知道对每个 URL 请求运行哪些代码，所以保存了一个 URL 到 Python 函数的映射关系。处理 URL 和函数之间关系的程序称为路由。

在 Flask 程序中定义路由的最简便方式，是使用程序实例提供的 app.route 修饰器，把修饰的函数注册为路由。下面的例子说明了如何使用这个修饰器声明路由：

```
01  @app.route('/')
02  def index():
03      return '<h1>Hello World!</h1>'
```

修饰器是 Python 语言的标准特性，可以使用不同的方式修改函数的行为。常用方法是使用修饰器把函数注册为事件的处理程序。

但是，不仅如此！你可以构造含有动态部分的 URL，也可以在一个函数上附着多个规则。

1. 变量规则

要给 URL 添加变量部分，你可以把这些特殊的字段标记为 <variable_name>，这个部分将会作为命名参数传递到你的函数。可以用 <converter:variable_name> 指定一个可选的转换器。

实例 04　根据参数输出相应信息　　实例位置：资源包 \Code\SL\15\04

创建 04 文件夹，在该文件夹下创建 add_params.py 文件，以实例 03 代码为基础，添加如下代码：

```
01  @app.route('/user/<username>')
02  def show_user_profile(username):
03      # 显示该用户名的用户信息
04      return 'User %s' % username
05
06  @app.route('/post/<int:post_id>')
07  def show_post(post_id):
08      # 根据ID显示文章，ID是整型数据
09      return 'Post %d' % post_id
10  @app.route('/user/<username>')
11  def show_user_profile(username):
12      # 显示该用户名的用户信息
13      return 'User %s' % username
14
15  @app.route('/post/<int:post_id>')
16  def show_post(post_id):
17      # 根据ID显示文章，ID是整型数据
18      return 'Post %d' % post_id
```

上述代码中使用了转换器，主要有下面几种：

☑ int：接受整数

☑ float：同 int，但是接受浮点数

☑ path：和默认的相似，但也接受斜线

运行 hello.py 文件，运行结果如图 15.22 和图 15.23 所示。

图 15.22　获取用户信息

图 15.23　获取文章信息

2. 构造 URL

当 Flask 匹配 URL 后，可以使用 url_for() 函数构造 URL，在这个函数中，可以使用函数名作为第一个参数，也可以使用 URL 规则定义的变量名称作为参数。

实例 05　使用 url_for() 函数获取 URL 信息　　实例位置：资源包 \Code\SL\15\05

创建 05.py 文件，在该文件夹下创建 url_for.py，以实例 04 为基础添加如下代码：

```
01 from flask import Flask , url_for
02 app = Flask(__name__)
03
04 # 省略其余代码
05
06  @app.route('/url/')
07  def get_url():
08      # 根据ID显示文章 ID是整型数据
09      return url_for('show_post',post_id=2)
10
11 if __name__ == '__main__':
12      app.run(debug=True)
```

上述代码中，设置“/url/”路由，访问该路由时，返回“show_post”函数的 URL 信息。运行结果如图 15.24 所示。

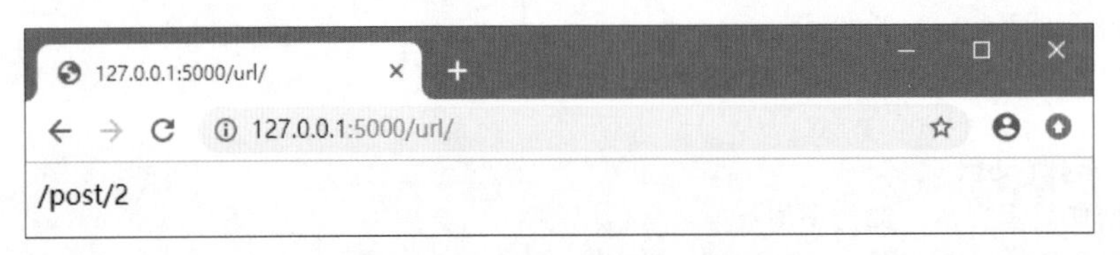

图 15.24 url_for() 函数应用效果图

3. HTTP 方法

HTTP（与 Web 应用会话的协议）有许多不同的访问 URL 方法。默认情况下，路由只回应 GET 请求，但是通过 route() 装饰器传递 methods 参数可以改变这个行为。代码如下：

```
01 @app.route('/login', methods=['GET', 'POST'])
02 def login():
03     if request.method == 'POST':
04         do_the_login()
05     else:
06         show_the_login_form()
```

HTTP 方法（也经常被叫作“谓词”）告知服务器，客户端想对请求的页面做些什么。常用的方法如表 15.3 所示。

表 15.3 常用的 HTTP 方法

方 法 名	说　明
GET	浏览器告知服务器：只获取页面上的信息并发给我。这是最常用的方法
HEAD	浏览器告诉服务器：欲获取信息，但是只关心消息头。应用应像处理 GET 请求一样来处理它，但是不分发实际内容。在 Flask 中你完全无须人工干预，底层的 Werkzeug 库已经替你处理好了
POST	浏览器告诉服务器：想在 URL 上发布新信息。并且，服务器必须确保数据已存储且仅存储一次。这是 HTML 表单通常发送数据到服务器的方法
PUT	类似 POST，但是服务器可能触发了存储过程多次，多次覆盖掉旧值。你可能会问这有什么用，当然这是有原因的。考虑到传输中连接可能会丢失，在这种情况下浏览器和服务器之间的系统可能安全地第二次接收请求，而不破坏其他东西。因为 POST 只触发一次，所以用 POST 是不可能的
DELETE	删除给定位置的信息
OPTIONS	给客户端提供一个敏捷的途径来弄清这个 URL 支持哪些 HTTP 方法。从 Flask 0.6 开始实现了自动处理

15.4.6 静态文件

视频讲解：资源包\Video\15\15.4.6 静态文件.mp4

动态 Web 应用也会需要静态文件，通常是 CSS 和 JavaScript 文件。理想状况下，你已经配置好 Web 服务器来提供静态文件，但是在开发中，Flask 也可以做到。只要在你的包或是模块的所在目录中创建一个名为 static 的文件夹，即可在应用中使用 /static 访问。

给静态文件生成 URL，使用特殊的“static”端点名，可以应用如下代码：

```
url_for('static', filename='style.css')
```

这个文件应该存储在文件系统上的“static/style.css”中。

15.4.7 模板

视频讲解：资源包\Video\15\15.4.7 模板.mp4

模板是一个包含响应文本的文件，其中包含用占位变量表示的动态部分，其具体值只在请求的上下文中才能知道。使用真实值替换变量，再返回最终得到的响应字符串，这一过程称为渲染。为了渲染模板，Flask 使用了一个名为 Jinja2 的强大模板引擎。

1. 渲染模板

默认情况下，Flask 在程序文件夹的 templates 子文件夹中寻找模板。下面通过一个实例学习如何渲染模板。

实例 06　渲染模板

实例位置：资源包 \Code\SL\15\06

创建 06 文件夹，在该文件夹中创建 templates 文件夹，然后创建 2 个文件，分别命名为 index.html 和 user.html。最后在 06 文件夹中创建 render.py 文件，渲染这些模板。目录结构如图 15.25 所示。

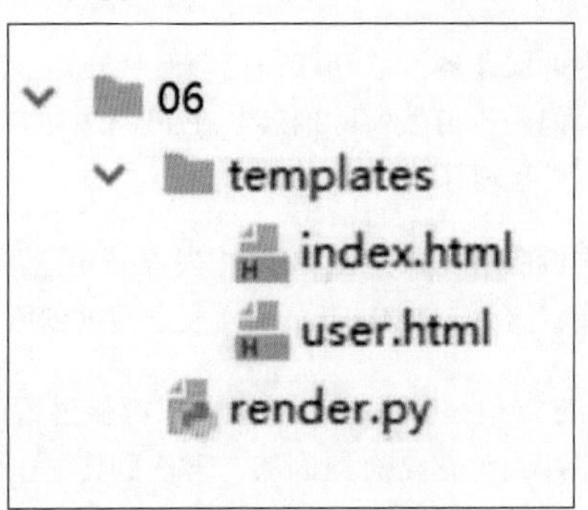

图 15.25 目录结构

templates/index.html 代码如下：

```
01  <!DOCTYPE html>
02  <html lang="en">
03  <head>
04      <meta charset="UTF-8">
05  </head>
06  <body>
07      <h1>Hello World!</h1>
08  </body>
09  </html>
```

templates/user.html 代码如下：

```
01  <!DOCTYPE html>
02  <html lang="en">
03  <head>
04      <meta charset="UTF-8">
05      <title>Title</title>
06  </head>
07  <body>
08      <h1>Hello, {{ name }}!</h1>
09  </body>
10  </html>
```

render.py 代码如下：

```
01  from flask import Flask
02  app = Flask(__name__)
03
04  @app.route('/')
05  def hello_world():
06      return render_template('index.html')
07
08  @app.route('/user/<username>')
09  def show_user_profile(username):
```

```
10  # 显示该用户名的用户信息
11      return render_template('user.html', name=name)
12
13  if __name__ == '__main__':
14      app.run(debug=True)
```

Flask 提供的 render_template 函数把 Jinja2 模板引擎集成到了程序中。render_template 函数的第一个参数是模板的文件名。随后的参数都是键值对，表示模板中变量对应的真实值。在这段代码中，第二个模板收到一个名为 name 的变量。前例中的 name=name 是关键字参数，这类关键字参数很常见，但如果你不熟悉它们，可能会觉得迷惑且难以理解。左边的“name”表示参数名，就是模板中使用的占位符；右边的“name”是当前作用域中的变量，表示同名参数的值。

运行 06/render.py 文件，效果与实例 04 相同。

2. 变量

实例 06 在模板中使用的 {{ name }} 结构表示一个变量，它是一种特殊的占位符，告诉模板引擎这个位置的值从渲染模板时使用的数据中获取。Jinja2 能识别所有类型的变量，甚至是一些复杂的类型，例如列表、字典和对象。在模板中使用变量的一些示例如下：

```
<p>从字典中取一个值: {{ mydict['key'] }}.</p>
<p>从列表中取一个值: {{ mylist[3] }}.</p>
<p>从列表中取一个带索引的值: {{ mylist[myintvar] }}.</p>
<p>从对象的方法中取一个值: {{ myobj.somemethod() }}.</p>
```

可以使用过滤器修改变量，过滤器名添加在变量名之后，中间使用竖线分隔。例如，下述模板以首字母大写形式显示变量 name 的值：

```
Hello, {{ name|capitalize }}
```

Jinja2 提供的部分常用过滤器如表 15.4 所示。

表 15.4　常用过滤器及其说明

名　　称	说　　明
safe	渲染值时不转义
capitalize	把值的首字母转换成大写，其他字母转换成小写
lower	把值转换成小写形式
upper	把值转换成大写形式
title	把值中每个单词的首字母都转换成大写
trim	把值的首尾空格去掉
striptags	渲染之前把值中所有的 HTML 标签都删掉

safe 过滤器需要特别说明一下。默认情况下，出于安全考虑，Jinja2 会转义所有变量。例如，一个变量的值为 '<h1>Hello</h1>'，Jinja2 会将其渲染成 '<h1>Hello</h1>'，浏览器能显示这个 h1 元素，但不会进行解释。很多情况下需要显示变量中存储的 HTML 代码，这时就可使用 safe

过滤器，如“{{content|safe}}”。

3. 控制结构

Jinja2 提供了多种控制结构，可用来改变模板的渲染流程。本节使用简单的例子介绍其中最常用的控制结构。

下面这个例子展示了如何在模板中使用条件控制语句：

```
01  {% if user %}
02  Hello, {{ user }}!
03  {% else %}
04  Hello, Stranger!
05  {% endif %}
```

另一种常见需求是在模板中渲染一组元素。以下代码展示了如何使用 for 循环实现这一需求：

```
01  <ul>
02  {% for comment in comments %}
03  <li>{{ comment }}</li>
04  {% endfor %}
05  </ul>
```

Jinja2 还支持宏，宏类似于 Python 代码中的函数。代码如下：

```
01  {% macro render_comment(comment) %}
02  <li>{{ comment }}</li>
03  {% endmacro %}
04  <ul>
05  {% for comment in comments %}
06  {{ render_comment(comment) }}
07  {% endfor %}
08  </ul>
```

为了重复使用宏，我们可以将其保存在单独的文件中，然后在需要使用的模板中导入如下代码：

```
01  {% import 'macros.html' as macros %}
02  <ul>
03  {% for comment in comments %}
04  {{ macros.render_comment(comment) }}
05  {% endfor %}
06  </ul>
```

需要在多处重复使用的模板代码片段可以写入单独的文件，再包含在所有模板中，以避免重复：

```
{% include 'common.html' %}
```

另一种重复使用代码的强大方式是模板继承，它类似于 Python 代码中的类继承。下面，创建一个名为 base.html 的基模板：

```
01  <html>
02  <head>
03  {% block head %}
04  <title>{% block title %}{% endblock %} - My Application</title>
05  {% endblock %}
06  </head>
07  <body>
08  {% block body %}
09  {% endblock %}
10  </body>
11  </html>
```

block 标签定义的元素可在衍生模板中修改。在本实例中，我们定义了名为 head、title 和 body 的块。注意，title 包含在 head 中。下面这个示例是基模板的衍生模板：

```
01  {% extends "base.html" %}
02  {% block title %}Index{% endblock %}
03  {% block head %}
04  {{ super() }}
05  <style>
06  </style>
07  {% endblock %}
08  {% block body %}
09  <h1>Hello, World!</h1>
10  {% endblock %}
```

extends 指令声明这个模板衍生自 base.html。在 extends 指令之后，基模板中的 3 个块被重新定义，模板引擎会将其插入适当的位置。注意新定义的 head 块，在基模板中其内容不是空的，所以使用 super() 获取原来的内容。

15.5 小结

本章内容涉及知识比较广泛，既有前端 HTML、CSS 和 JavaScript 技术，又有后端 Python 的 WSGI 知识，还有 Python 常用的 Web 框架，并且重点介绍了 Flask 框架的安装、基础知识和基本使用等内容。相信读者在学习完本章后，不仅能够对前端技术有一定的了解，还能够理解 CGI、FASTCGI 和 WSGI 的关系，也会对 Flask 框架有基本的了解，为使用 Flask 框架开发项目打下良好的基础。

本章 e 学码：关键知识点拓展阅读

Python 虚拟环境 -virtualenv
报头
标记语言
动态语言
基模板
耦合度
线程
渲染
衍生模板
异步

实战篇

第16章 看图猜成语小程序

微信小程序，简称小程序，是微信团队开发的一种不需要下载安装即可使用的应用，它实现了应用“触手可及”的梦想，用户扫一扫或搜一下即可打开应用。小程序是一种新的开放能力，开发者可以快速地完成开发。小程序可以在微信内被便捷地获取和传播，同时具有出色的使用体验。

随着小程序的异常火爆，越来越多的产品选择以小程序的方式展示给用户。其中，以学习、教育为主的小程序层出不穷。本章，我们将使用 Python Flask 框架开发一款寓教于乐的小程序——看图猜成语。

本项目采用 Flask 微型 Web 框架进行开发。由于 Flask 框架的灵活性，我们可任意组织项目的目录结构。文件夹组织结构如图 16.1 所示。

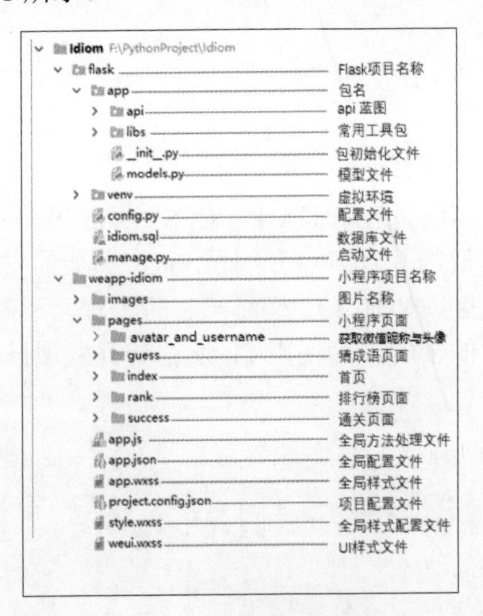

图 16.1 文件夹组织结构

看图猜成语小程序的预览效果如图 16.2、图 16.3、图 16.4 和图 16.5 所示。

图 16.2 小程序首页

图 16.3 答题页面

图 16.4 通关页面效果

图 16.5 排行榜模块

扫码继续阅读本章后面的内容。